普通高等教育"十三五"规划教材

植物保护专业教学法

齐慧霞　李双民　李明超　主编

科学出版社

北京

内 容 简 介

本书是为了适应高等师范院校植物保护教育专业及中等职业学校职教师资培养的需要而编写的。本书以职教师资所需要的植物保护专业教育理念、教学方法、教学能力为基本任务。全书共分"总论"和"植物保护专业主要教学法在教学中的应用"两篇内容，第一篇主要阐述了植物保护专业培养目标、教学设计、教学实践、教学评价及教学研究等内容；第二篇重点介绍了适合中等职业学校植物保护专业教学中的多种现代教学方法。

本书可作为高等师范教育植物保护专业学生、中等职业学校植物保护专业教师、种植专业教师上岗培训及骨干教师培训教材，也可用于相关专业教学研究机构、教师系统了解现代教学方法。

图书在版编目（CIP）数据

植物保护专业教学法/齐慧霞，李双民，李明超主编. —北京：科学出版社，2016

普通高等教育"十三五"规划教材
ISBN 978-7-03-048951-7

Ⅰ.①植… Ⅱ.①齐… ②李… ③李… Ⅲ.①植物保护－高等学校－教学参考资料 Ⅳ.①S4

中国版本图书馆 CIP 数据核字（2016）第 139016 号

责任编辑：丛 楠 / 责任校对：李 影
责任印制：徐晓晨 / 封面设计：黄华斌

科 学 出 版 社 出版
北京东黄城根北街 16 号
邮政编码：100717
http://www.sciencep.com

北京中石油彩色印刷有限责任公司 印刷

科学出版社发行 各地新华书店经销
*
2016 年 6 月第 一 版 开本：787×1092 1/16
2016 年 6 月第一次印刷 印张：19 3/4
字数：470 000
定价：59.00 元
（如有印装质量问题，我社负责调换）

植物保护专业职教师资培养主干课程
教材编委会

主　任　王文颇

副主任　乔亚科　周印富　董金皋　马桂珍　陈瑞修

委　员　（按姓氏笔画排序）

于泉林　马桂珍　王文颇　王秀平　孔德平　史凤玉　朱英波

乔亚科　齐慧霞　李桂兰　余金咏　陈瑞修　林　珊　周印富

赵宝柱　赵春明　贺字典　高素红　董金皋　暴增海

《植物保护专业教学法》编写委员会

主　编　齐慧霞（河北科技师范学院）

　　　　李双民（河北省昌黎县职业技术教育中心）

　　　　李明超（燕山大学）

副主编　温晓蕾（河北科技师范学院）

　　　　沈凤英（河北北方学院）

　　　　刘一健（河北科技师范学院）

　　　　贺　振（扬州大学）

　　　　张爱香（河北北方学院）

　　　　胡振妍（北京林业大学）

参　编　（按姓氏笔画排序）

　　　　王　英（河北省宽城县职业技术教育中心）

　　　　王成武（安徽省濉溪县职业教育中心）

　　　　王秀平（河北科技师范学院）

　　　　白晓蒙（河北省怀来县职业技术教育中心）

　　　　吴伟刚（河北北方学院）

　　　　张晓琴（甘肃省通渭县陇山职业中学）

　　　　陈啸天（河北省围场满族蒙古族自治县职业技术教育中心）

　　　　周向红（淮海工学院）

　　　　周建平（安徽材料工程学校）

　　　　高素红（河北科技师范学院）

　　　　梁亚萍（沈阳农业大学）

　　　　静大鹏（河北科技师范学院）

丛书序　编写说明

为贯彻落实全国教育工作会议和《国家中长期教育改革和发展规划纲要（2010—2020年)》精神，加快推进面向农村的职业教育的发展，培养适应现代职业教育发展要求的"双师型"教师，2011年教育部、财政部联合下发的《教育部 财政部关于实施职业院校教师素质提高计划的意见》（教职成〔2011〕14号）中指出，2012～2015年，支持职教师资培养工作基础好、具有相关学科优势的本科层次国家级职业教育师资基地等有关机构，牵头组织职业院校、行业企业等方面的研究力量，共同开发100个职教师资本科专业的培养标准、培养方案、核心课程和特色教材，加强职业教育师资培养体系的内涵建设。

河北科技师范学院作为全国重点建设教师培养培训基地，牵头承担了教育部、财政部"职业院校教师素质提高计划——本科专业职教师资培养资源开发项目"中的"植物保护专业职教师资培养资源开发项目"。"植物保护专业职教师资培养资源开发项目"的实施内容包括：植物保护专业的基础资料调查研究报告，植物保护专业教师标准，植物保护专业教师培养标准，植物保护专业教师培养质量评价方案，课程资源（专业课程大纲、主干课程教材、数字化资源库）的编制、研发和创编工作。

本套教材即为教育部、财政部"职业院校教师素质提高计划——植物保护专业职教师资培养资源开发项目"的成果之一。

本套植物保护专业主干课程教材的开发过程中，以先进的现代职教理念为引领，以培养造就高素质专业化中等职业学校教师为目标，以切实提高植物保护专业教师专业知识水平和专业能力为本位，注重把"专业性"、"职业性"、"师范性"三者深度融合在一起，针对植物保护本科专业中等职教师资培养的核心课程，力争开发出基于工作过程系统化设计思想和体现问题导向、案例引导、任务驱动、项目教学等职业教育教学方法要求，突出"强能力"、"重应用"职业教育特色的课程教材。

1. 教材编委会在项目前期广泛调研、分析的基础上，根据项目总体要求，确定开发《植物虫害与管理》、《植物病害与管理》、《植物化学保护》、《植物保护专业教学法》、《植物保护专业综合实践》等5部植物保护专业主干课程教材。

2. 本套教材的开发以项目总体要求、植物保护专业基础资料调查研究报告、《植物保护专业教师标准》、《植物保护专业教师培养标准》和《植物保护专业相关课程标准》为依据。

3. 教材开发中力求体现以下三方面的特点。

1）树立先进的职教理念，针对职业学校"教师专业化"的要求，聚焦于形成职业教育师范生的"职业能力"，既体现学科专业的基本要求，也体现培养教师专业精神、专业知识和专业能力的要求。

2）注意突破学科自身系统性、逻辑性的局限，体现知识的结构性原则，密切与培养对象生活、现代社会、科技、职业发展的联系，突出体现服务对象综合素质和职业能力培养的功能。

3）体现专业领域的最新理论知识、前沿技术和关键技能；内容综合化，涵盖植物保护各个技术领域的"四新"内容；强化岗位关键技能和生产实践能力的提高。

4．针对专业类（《植物虫害与防治》、《植物病害与管理》、《植物化学保护》）、教育教学类（《植物保护专业教学法》）、实践类（《植物保护专业综合实践》）等三类课程教材的不同特点，确定了不同的开发原则。

1）专业类课程教材依照"任务驱动"、"问题解决"的模式进行开发。教材内容的组织力求按照工作过程来进行序化，即以工作过程为参照系，将陈述性知识与过程性知识整合、理论知识与实践知识整合，一般以过程性知识为主，以陈述性知识为辅，根据工作过程确定教材体系结构。

2）教育教学类课程教材开发中力求避免宽泛的、一般性的职业教育教学理论介绍，着重于植物保护专业教学的专门理论和方法，使学生能够理解和掌握对学科专业知识进行教学分析的方法，掌握选择采用妥善的教育教学模式和教学方法的技巧。

3）实践类课程教材要重新整合各实践教学环节的教学训练内容，力求实践教学内容前后紧密衔接、由简单到复杂、由单项到综合，努力达到实践教学系统化、规范化；注重专业实践和教育教学实践的有机结合，注重选取专业教学方面的典型项目工作案例。

本套教材开发、编写过程中，王文颇、乔亚科、周印富根据项目专家指导委员会的意见，负责组织、协调各部教材的整体开发工作，并对各部教材的编写体例、编写大纲进行了最后修订。

本套教材在开发、编写过程中，得到了河北科技师范学院、淮海工学院、河北农业大学、沈阳农业大学、山东农业大学、四川农业大学、西北农林科技大学、云南农业大学、华南农业大学、河北大学、河北工程大学、北京林业大学、燕山大学、扬州大学、河南科技学院、河北省农业科学研究院植物保护研究所、河南省科学院、河北北方学院、保定职业技术学院、江苏农林职业技术学院、沧州农业职业技术学院、成都农业科技职业学院、黑龙江职业学院、黑龙江农业职业技术学院、黑龙江农业经济职业学院、安徽材料工程学校、河北省昌黎县职业技术教育中心、河北省宽城县职业技术教育中心、河北省围场满族蒙古族自治县职业教育技术中心、河北省怀来县职业技术教育中心、河北省武安市职教中心、河北省兴隆县职教中心、河北赞皇中学、安徽省濉溪县职业教育中心、甘肃省通渭县陇山职业中学、河北省农业广播电视学校兴隆分校、中央广播电视学校昌黎分校、广西田园生化股份有限公司、秦皇岛长胜农业科技发展有限公司等单位的领导和同志的大力支持，编写过程中参考和引用了大量的资料和成果，在此一并表示诚挚敬意和衷心的感谢。

由于编者水平有限，加之教材体例上打破了传统"教科书"式的平铺直叙，重点突出了教材内容编排的工作过程系统化设计思想和体现问题导向、案例引导、任务驱动、项目教学等职业教育教学方法和"强能力"、"重应用"的职教特色，使得教材内容体系的构建难度极大。因此，教材中难免出现疏漏、不足和一些不成熟的看法，甚至偏颇的拙见，敬请指正。

植物保护专业职教师资培养主干课程教材编委会

2016 年 4 月

前　　言

教育部、财政部 2012 年实施了“职教师资本科专业培养标准、培养方案、核心课程和特色教材开发项目”,河北科技师范学院牵头承担了该项目的植物保护专业职教师资培养标准、培养方案、核心课程和特色教材的研发工作。

植物保护专业教学法是植物保护专业的学科教育课程,是职业教育师范类专业教师教育的必修课,也是一门培养综合技能和职业岗位能力的课程。本教材在开发过程中充分考虑既要体现职业学校教师专业化的要求,聚焦于形成职教师范生的职业能力,又要避免宽泛的、一般性的职业教育教学理论介绍。力求将先进的教育理念、教学方法引入植物保护专业教学中来,使师范生能够理解和掌握对学科专业知识进行教学分析的方法,掌握选择采用适宜的教育教学模式和教学方法的技巧。充分考虑传授学生专业教学理论的同时,达到提升学生职业教育教学能力的目的。力求适应植物保护专业特点和教学内容的特殊要求,提供符合植物保护专业需要的教学方法。通过增加教学方法应用案例部分的比例,帮助专业教师提高教学法的应用能力。

本书由齐慧霞拟订编写提纲,李双民、李明超、温晓蕾、沈凤英、刘一健、贺振、张爱香、胡振妍及其他作者参加了讨论修改。

参加本教材的编写人员及编写内容如下。

陈啸天、高素红编写第一章、第二章;齐慧霞、李明超编写第三章;周建平、李双民编写第四章;王英、李双民编写第五章;李双民、刘一健、李明超编写第六章;温晓蕾、王秀平编写第七章;沈凤英、周向红编写第八章;吴伟刚、沈凤英编写第九章;张爱香、胡振妍编写第十章、第十一章;张晓琴、刘一健编写第十二章;梁亚萍编写第十三章;胡振妍、白晓蒙编写第十四章;王成武、齐慧霞编写第十五章;贺振、静大鹏编写第十六章、第十七章。

齐慧霞、李双民、李明超对书稿进行了审阅,最后由齐慧霞定稿。静大鹏、刘一健、胡振妍进行了书稿的文字编排工作,温晓蕾、沈凤英、贺振、张爱香也协助做了部分工作。曹克强教授(河北农业大学)、张桂荣教授(河北科技师范学院)、胡成副教授(河北省昌黎县职业技术教育中心)对教材进行了审定。教材开发、编写过程中,得到了河北科技师范学院、北京林业大学、沈阳农业大学、燕山大学、扬州大学、河北北方学院、淮海工学院、安徽材料工程学校、河北省昌黎县职业技术教育中心、安徽省濉溪县职业教育中心、甘肃省通渭县陇山职业中学、河北省宽城县职业技术教育中心、河北省围场满族蒙古族自治县职业技术教育中心、河北省怀来县职业技术教育中心等单位的大力支持。编写过程中参阅了同行专家的著作、论文,在此,表示衷心的感谢!对在编写过程中给予大力支持的单位和专家表示由衷的谢意！

在教材的开发、编写过程中，河北科技师范学院乔亚科教授、王文颇教授、周印富教授、李广臣副教授对教材的编写思路、编写大纲、编写体例及教材的审定等工作给予了大力的支持与指导，本教材的开发、编写也得到了项目组其他专家及植物保护专业相关教师的指导与协作，在此一并表示感谢！

基于编者水平所限，书中的疏漏、不足之处，在所难免，敬请读者指正，以便再版修改。

编　者

2016 年 3 月

目 录

第一篇 总 论

第二篇　植物保护专业主要教学法在教学中的应用

第一篇 总 论

第一章 植物保护专业概述及培养目标

【内容提要】 本章主要学习植物保护专业的现状、发展前景、从业岗位、职业群体及中等职业学校对师资的要求。

【学习目标】 了解植物保护专业的现状及发展前景。了解中等职业学校植物保护课程对教师的专业素养要求。掌握中等职业学校植物保护人才的从业岗位及岗位能力要求。

【学习重点】 中等职业学校植物保护人才的从业岗位及岗位能力要求。

一、植物保护专业现状与发展前景

植物保护（以下简称"植保"）专业课程是当前中等职业学校（以下简称"中职"）现代农艺技术和现代林业技术专业发展中不可缺少的课程组成部分，是专业发展中知识系统的基本保障。种植基础、作物生产技术、果树生产技术、蔬菜生产技术等专业课程以植物保护专业基础知识贯穿于整个教材体系，彰显出植物保护专业课程对中等职业学校农业类专业发展的重要作用。因此，作为一门学科、一个专业，植物保护在现代农业发展过程中将成为中等职业学校农业类专业发展的基础。植物保护是农学门类中的一级学科，是生命科学领域的传统优势专业，它以植物学、动物学、微生物学、农业生态学、信息科学为基础，研究有害生物的发生发展规律并提出综合治理技术，其下分设植物病理学、农业昆虫与害虫防治、农药学三个二级学科。这门学科是培养中等职业学校师资，使之毕业后能够胜任植物保护相关课程的教学、技术推广及教学研究工作；培养能够识别并防治农作物主要常见病害的人才。主要研究内容有植物病原的生物学、生理、遗传、系统分类理论和技术，形态和结构、分类和鉴定、各类病害的发生规律和防治技术等。随着生物技术、信息技术和仿生技术等高新技术在本专业的应用，植物保护专业将在新时期焕发出新的活力，为我国农业可持续发展、食品安全生产、植物检疫、农产品贸易等培养科技人才和提供技术保障。

植物保护专业以就业为导向，以"三农"服务为宗旨，走农学结合的道路，主动、灵活地适应社会需求，学生在第二学年和第三学年被分别安排到农药生产、营销、农作物生产等单位进行生产实习和顶岗实习，提前进入社会，大大提高了工作能力和就业竞争能力，毕业生深受用人单位欢迎，工资待遇较高。植物保护专业是一个有着良好发展前景的专业，因为现在中国人口约有 13 亿，到 2030 年将达到 16 亿左右，如何养活这么多人成为人们不得不面临的严峻问题。其实，人类生存所需要的粮食、蔬菜、油料、棉花无不与植物保护息息相关，特别是中国加入 WTO 以后，这些物质资料的生产正由过去的满足需求向高品位转化，这就要求人们不断改良品种、改善工作条件、改善管理机制，而植物保护在农业的可持续发展中恰恰起着至关重要的作用。

本课程是中等职业学校种植专业的一门主干专业课程。其任务是使学生具备从事农业生产和经营所必需的防治植物病虫草鼠害的基本知识和基本技能，能科学地开展综合防治，提高学生的全面素质和综合职业能力。

教材和教学中注重实践技能的培养，教学内容的安排以实践技能为单位，结合农业生产特点，以农时季节为主线，按照专业课的内容要求确定课程内容。教学中为了减少重复，应适当压缩理论部分，增加实践应用内容，以模块专题讲座的形式安排讲授内容，实施教学环节。

二、植物保护专业技术应用领域及职业分类

植物保护专业技术主要应用于农业生产第一线、区域农业生产和各级技术推广部门，该类技术人才可应职于各级植保站、植检站、植物病虫测报站、环保站、农药检测部门、农药生产部门、农业销售部门等，从事植物病虫害测报、有害生物防治、农药推广与营销、农业生产技术与服务和经营管理等工作。

植物保护专业毕业的学生职业导向比较复杂，但总体上可以划分为以下几个大类。

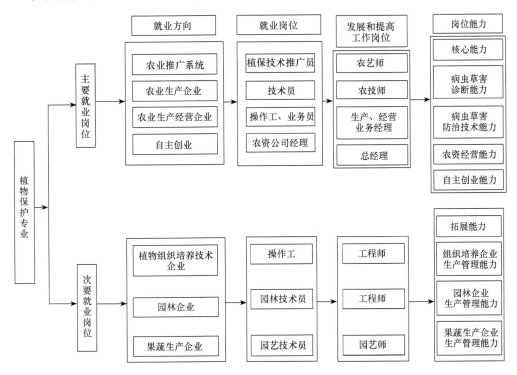

三、中等职业学校植物保护人才的从业岗位及岗位能力要求

植物保护专业为农业生产过程保驾护航，为农业高产、稳产提供技术支持，是促进农业产业结构有序发展的原动力。因此，对人才的需求非常广泛，归纳起来主要有以下几类人才。

1）掌握现代植物保护技术与操作技能，能运用新型农药和植保机械对病虫草害进行防护和治疗，具有创新意识和创新能力的植物医生。

实现农业产业化，需要不断提高安全性和稳定性，提高农业产值，有赖于新型农药和植保机械的开发与研究，而这些技能离不开植物医生的长期探索和研究。

2）能研究、引进、开发和推广应用优质、高效的植保新技术，能直接服务于农业生产各个环节的植保技术推广人才。

我国农业现代化的进程在不断加快，但是暴露出的质量问题也比较突出。人们在追求丰产增收的同时忽略了安全问题，淡化了农产品对人类健康的影响，因此，新型植保技术的应用急需在农业生产中进行推广和发展，新型植保技术的推广离不开植保技术推广人才。

3）熟悉农业生产过程中不同作物、林木、花卉、蔬菜的不同时期病虫草害的发生发展规律，掌握昆虫、病理、农药之间的相互关系，合理用药，安全用药以达到农业的最高产值，需要病虫害测报和农业管理人才。

随着工业化农业的发展，我国农业发展在发现问题的同时也逐步向现代农业转型，解决工业化农业给农产品、环境带来的危害，但是速度和力度还不够大，农业生产从业者对病虫草鼠害的相关知识还不具体，急需农业管理和病虫害测报人才。

4）熟悉农药生产和销售及农产品农药残留检测的专业技术人才。当前农药市场比较混乱，不管是进口的还是国产的，都具有一定的潜规则，大多数还在使用高毒、高残留的农药，严重影响了现代农业发展的进度和安全，因此，农药生产与销售、农产品农药残留检测成为现代农业向绿色农业转化中不可缺少的技术保障，相关人才也急需培养和发展。

5）具有动植物检验检疫技术的专门人才。动植物检疫是我国农业与国际、省际、区际农业发展的重要安全关口，为了制止和控制不同国家和地区之间病虫草害的蔓延和发展，动植物检验检疫成为植物保护专业不可或缺的课程组成部分，因此，动植物检疫人才的培养也急需加大力度。

植物保护专业最重要、最典型的职业是植保工，主要从事病虫害预测预报、农药生产与销售、病虫害诊断与防治等工作。从事的工作内容主要包括：①负责农林有害生物的定点监测工作；②负责将农林有害生物的监测结果上报农业部门；③负责农林有害生物监测点、诱剂、诱捕器的定位及安装；④负责农林有害生物发生种类调查工作；⑤负责农林疫情、疫病防控技术推广及无公害农药、生物农药、生物技术和物理技术的推广应用工作；⑥负责农林有害生物防治中的农药配置、剩余药液及废弃包装物处理工作；⑦负责农林一年中有害生物发生、防治情况的汇总工作，并分析来年农林优势有害生物及其发生动态。

四、中等职业学校植物保护课程对教师的专业素养要求

中等职业学校教师是履行中等职业学校教育教学工作职责的专业人员，要经过系统的培养与培训，具有良好的职业道德，掌握系统的专业知识和专业技能，专业课教师和实习指导教师要具有企事业单位工作经历或实践经验并达到一定的职业技能水平。《中等职业学校教师专业标准（试行）》是国家对合格中等职业学校教师专业素质的基本要求，是中等职业学校教师开展教育教学活动的基本规范，是引领中等职业学校教师专业发展的基本准则，是中等职业学校教师培养、准入、培训、考核等工作的基本依据。

（一）基本理念

1. 师德为先　　热爱职业教育事业，具有职业理想、敬业精神和奉献精神，践行社会主义核心价值体系，履行教师职业道德规范，依法执教。立德树人，为人师表，教书育人，自尊自律，关爱学生，团结协作。以人格魅力、学识魅力、职业魅力教育和感染学生，做学生职业生涯发展的指导者和健康成长的引路人。

2．学生为本　　树立人人皆可成才的职业教育观。遵循学生身心发展规律，以学生发展为本，培养学生的职业兴趣、学习兴趣和自信心，激发学生的主动性和创造性，发挥学生特长，挖掘学生潜质，为每一个学生提供适合的教育，提高学生的就业能力、创业能力和终身学习能力，促进学生健康快乐成长，学有所长，全面发展。

3．能力为重　　在教学和育人过程中，把专业理论与职业实践相结合，职业教育理论与教育实践相结合；遵循职业教育规律和技术技能人才成长规律，提升教育教学专业化水平；坚持实践、反思、再实践、再反思，不断提高专业能力。

4．终身学习　　学习专业知识、职业教育理论与职业技能，学习和吸收国内外先进职业教育理念与经验；参与职业实践活动，了解产业发展、行业需求和职业岗位变化，不断跟进技术进步和工艺更新；优化知识结构和能力结构，提高文化素养和职业素养；具有终身学习与持续发展的意识和能力，做终身学习的典范。

（二）中等职业学校师资标准

1．专业理念与师德

（1）职业理解与认识　　①贯彻党和国家教育方针政策，遵守教育法律法规；②理解职业教育工作的意义，把立德树人作为职业教育的根本任务；③认同中等职业学校教师的专业性和独特性，注重自身专业发展；④注重团队合作，积极开展协作与交流。

（2）对学生的态度与行为　　①关爱学生，重视学生身心健康发展，保护学生人身与生命安全；②尊重学生，维护学生合法权益，平等对待每一个学生，采用正确的方式方法引导和教育学生；③信任学生，积极创造条件，促进学生的自主发展。

（3）教育教学态度与行为　　①树立育人为本、德育为先、能力为重的理念，将学生的知识学习、技能训练与品德养成相结合，重视学生的全面发展；②遵循职业教育规律、技术技能人才成长规律和学生身心发展规律，促进学生职业能力的形成；③营造勇于探索、积极实践、敢于创新的氛围，培养学生的动手能力、人文素养、规范意识和创新意识；④引导学生自主学习、自强自立，养成良好的学习习惯和职业习惯。

（4）个人修养与行为　　①富有爱心、责任心，具有让每一个学生都能成为有用之才的坚定信念；②坚持实践导向，身体力行，做中教，做中学；③善于自我调节，保持平和心态；④乐观向上，细心耐心，有亲和力；⑤衣着整洁得体，语言规范健康，举止文明礼貌。

2．专业知识

（1）教育知识　　①熟悉技术技能人才成长规律，掌握学生身心发展规律与特点；②了解学生思想品德和职业道德形成的过程及其教育方法；③了解不同教育阶段及从学校到工作岗位过渡阶段学生的心理特点和学习特点，并掌握相关的教育方法；④了解学生集体活动的特点和组织管理方式。

（2）职业背景知识　　①了解所在区域经济发展情况、相关行业现状趋势与人才需求、世界技术技能前沿水平等基本情况；②了解所教专业与相关职业的关系；③掌握所教专业涉及的职业资格及其标准；④了解学校毕业生对口单位的用人标准、岗位职责等情况；⑤掌握所教专业的知识体系和基本规律。

（3）课程教学知识　　①熟悉所教课程在专业人才培养中的地位和作用；②掌握所

教课程的理论体系、实践体系及课程标准；③掌握学生专业学习认知特点和技术技能形成的过程及特点；④掌握所教课程的教学方法与策略。

（4）通识性知识　①具有相应的自然科学和人文社会科学知识；②了解中国经济、社会及教育发展的基本情况；③具有一定的艺术欣赏与表现知识；④具有适应教育现代化的信息技术知识。

3. 专业能力

（1）教学设计　①根据培养目标设计教学目标和教学计划；②基于职业岗位工作过程设计教学过程和教学情境；③引导和帮助学生设计个性化的学习计划；④参与校本课程开发。

（2）教学实施　①营造良好的学习环境与氛围，培养学生的职业兴趣、学习兴趣和自信心；②运用讲练结合、工学结合等多种理论与实践相结合的方式方法，有效实施教学；③指导学生主动学习和技术技能训练，有效调控教学过程；④应用现代教育技术手段实施教学。

（3）实训实习组织　①掌握组织学生进行校内外实训实习的方法，安排好实训实习计划，保证实训实习效果；②具有与实训实习单位沟通合作的能力，全程参与实训实习；③熟悉有关法律和规章制度，保护学生的人身安全，维护学生的合法权益。

（4）班级管理与教育活动　①结合课程教学并根据学生思想品德和职业道德形成的特点开展育人和德育活动；②发挥共青团和各类学生组织自我教育、管理与服务作用，开展有益于学生身心健康的教育活动；③为学生提供必要的职业生涯规划、就业创业指导；④为学生提供学习和生活方面的心理疏导；⑤妥善应对突发事件。

（5）教育教学评价　①运用多元评价方法，结合技术技能人才培养规律，多视角、全过程评价学生发展；②引导学生进行自我评价和相互评价；③开展自我评价、相互评价与学生对教师评价，及时调整和改进教育教学工作。

（6）沟通与合作　①了解学生，平等地与学生进行沟通交流，建立良好的师生关系；②与同事合作交流，分享经验和资源，共同发展；③与家长进行沟通合作，共同促进学生发展；④配合和推动学校与企业、社区建立合作互助的关系，促进校企合作，提供社会服务。

（7）教学研究与专业发展　①主动收集分析毕业生就业信息和行业企业用人需求等相关信息，不断反思和改进教育教学工作；②针对教育教学工作中的现实需要与问题，进行探索和研究；③参加校本教学研究和教学改革；④结合行业企业需求和专业发展需要，制订个人专业发展规划，通过参加专业培训和企业实践等多种途径，不断提高自身专业素质。

（三）中等职业学校植物保护课程对教师的专业素养要求

植物保护专业培养的是适应社会主义新农村建设和发展现代农业需要的，德、智、体、美全面发展的，具有与本专业相适应的人文素质、专业技能和管理能力的，有良好职业道德，能从事植物保护技术的推广，农药、化肥、种子等农业生产资料的营销一线岗位需要的高素质高技能的专门人才。

1.　知识目标　　植物病原菌、植物害虫、田间杂草、农田害鼠的分类鉴定、生物学特性、为害症状、发生规律、综合防除等基本知识；农药、化肥、种子等农业生产资料的基本特性、使用方法、注意事项，以及其在生产、营销、市场管理等环节中的技术和法律法规方面的知识；一定的外语表达和计算机应用能力，具备扎实的数学、物理、化学等基本理论知识，掌握生物科学和农业科学的基本理论、基本知识。

2.　能力目标　　主要农林作物病虫草害等诊断技术、预测预报技术、防治技术等职业能力；农药、化肥、种子等生产资料生产、企业管理、市场营销、技术开发和推广等能力；相关法律法规方面知识运用的综合职业能力；植物有害生物鉴定、识别、监测和控制的方法和技能；科技文献检索、资料查询的基本方法，具有一定的科学研究和实际工作能力。

3.　素质目标　　拥护党的基本路线，热爱祖国和人民，有强烈的责任感和事业心，有明确的职业理想，有诚实守信、遵纪守法的公民素质；具有面向基层、服务一线、爱岗敬业、踏实肯干、任劳任怨的敬业素质；具有胜任本专业岗位工作的过硬的体能素质、良好的心理素质、较好的人际沟通和组织协调的团队素质；为人热情、与人为善、富于同情心的人文素质；较强的自学和获取知识信息的进取素质；初步具备创业和创新素质；具备人际交往、公关礼仪等方面的基本素质。

思　考　题

1. 植保工从事的主要工作内容有哪些？
2. 中等职业学校植物保护课程对教师的专业素养有哪些要求？

第二章 中等职业学校植物保护课程教学目标

【内容提要】 本章主要学习教学目标的概念、功能及教学目标在教学中的重要作用，学习植物保护专业的课程设置及课程目标。

【学习目标】 掌握教学目标的概念、功能和分类。了解布卢姆教育目标分类学的具体内容。熟悉植物保护专业课程设置及课程目标。

【学习重点】 教学目标的概念、功能、分类。

第一节 教学目标概述

一、教学目标的概念

教学目标是指教学活动实施的方向和预期达成的结果，是一切教学活动的出发点和最终归宿。教学目标可以分为三个层次：一是课程目标；二是课堂教学目标；三是教育成才目标，这也是教学的最终目标。目前许多国家包括中国在内，广泛使用"布卢姆教育目标分类学"，布卢姆关于教学目标的分类有如下几个特点：第一，将全部教学目标划分为认知领域（cognitive domain）、情感领域（affective domain）和动作技能领域（psychomotor domain）；第二，以外显行为作为教学目标分类的对象；第三，教学目标是有层次结构的；第四，教学目标是超越学科内容的；第五，教学目标分类是一种工具。

1. 认知领域的目标分类 按照从简单到复杂的顺序分为 6 个层次：知识、领会、运用、分析、综合、评价。后 5 个层次属于理智能力和理智技能。

（1）知识 是指对具体事物、普遍原理、方法、过程或某种模式、结构或框架的回忆，简而言之，就是对各种现成知识的回忆。

（2）领会 是指个人知道传输给他的是什么，而且无需联系其他材料或看出其充分涵义，就能使用传输给他的材料或概念。

（3）运用 是指在某些特定的和具体的情境里使用抽象概念、原理。

（4）分析 是指把某一信息剖析为各种组成要素或部分，借以弄清楚各概念的相对层次，并使所表达的各概念之间明确化。

（5）综合 是指把各种要素和组成部分组合成一个整体。

（6）评价 是指为了特定的目的对材料和方法的价值作出判断，它包括两个具体类别或者说两个层次。

2. 情感领域的目标分类 按照价值内化的程度分为 5 个具体类别或者说 5 个层次：接受、反应、价值评价、组织、价值与价值体系的性格化。

（1）接受 指学习者愿意注意某特定的现象或刺激。例如，静听讲解、参加班级活动、意识到某问题的重要性等。学习结果包括从意识到某事物存在的简单注意到选择性注意、是低级的价值内化水平。

（2）反应 学习者主动参与，积极反应，表现出较高的兴趣。例如，完成教师布置的作业、提出意见和建议、参加小组讨论、遵守校纪校规等。学习的结果包括默认、愿意反应和满意的反应。这类目标与教师通常所说的"兴趣"类似，强调对特定活动的选择与满足。

（3）价值评价 指学习者用一定的价值标准对特定的现象、行为或事物进行评判。它包括接受或偏爱某种价值标准和为某种价值标准作出奉献。例如，欣赏文学作品，在讨论问题中提出自己的观点，刻苦学习外语等。这一阶段的学习结果所涉及的行为表现出一致性和稳定性，与通常所说的"态度"和"欣赏"类似。

（4）组织 指学习者在遇到多种价值观念呈现的复杂情境时，将价值观组织成一个体系，对各种价值观加以比较，确定它们的相互关系及它们的相对重要性，接受自己认为重要的价值观，形成个人的价值观体系。例如，先处理集体的事，然后考虑个人的事；或是形成一种与自身能力、兴趣、信仰等协调的生活方式等。值得重视的是，个人已建立的价值观体系可以因为新观念的介入而改变。

（5）价值与价值体系的性格化 指学习者通过对价值观体系的组织，逐渐形成个人的品性。各种价值被置于一个内在和谐的构架之中，并形成一定的体系，个人言行受该价值体系的支配；观念、信仰和态度等融为一体，最终的表现是个人世界观的形成。达到这一阶段以后，行为是一致的和可以预测的。例如，保持谦虚态度和良好的行为习惯，在团体中表现出合作精神等。

3．动作技能领域的目标分类 根据辛普森等于1972年的分类，将动作技能目标分成7级。

（1）知觉 指运用感官获得信息以指导动作，主要了解某动作技能的有关知识、性质、功能等。

（2）准备 指对固定的动作的准备，包括心理定向、生理定向和情绪准备。知觉是其先决条件，我国有人把知觉和准备阶段统称为动作技能学习的认知阶段。

（3）有指导的反应 指复杂动作技能学习的早期阶段，包括模仿和尝试错误，通过教师或一套适当的标准可判断操作的适当性。

（4）机械动作 指学习者的反应已成习惯，能熟练和自信地完成动作。这一阶段的学习结果涉及各种形式的操作技能，但动作模式并不复杂。

（5）复杂的外显反应 指包含复杂动作模式的熟练动作操作。操作的熟练以精确、迅速、连贯协调和轻松稳定为指标。

（6）适应 指技能的高度发展水平，学习者能修正自己的动作模式以适应特殊的装置或满足具体情境的需要。

（7）创新 指创造新的动作模式以适应具体情境。强调以高度发展的技能为基础进行创造。

制订目标的依据是解读课程标准、研读教材、了解学生。可以说课程标准是指导性文件，其中的理念、目标和实施建议都起着重要的指导作用，应该认真研读。

在新课程下，要制订恰当的教学目标，了解学生是非常重要的。以前普遍比较忽视这个问题，制订教学目标的出发点，是把学生的认知看成一张白纸。而现在的信息社会，学生认知的渠道，绝不仅仅是教材与课堂的学习，他们的认知渠道有很多。非零起点的问题，决定着在制订教学目标时，一定要先对学生有所了解。

二、教学目标的功能

教学目标是学生通过教学活动要达到的预期学习结果，是保证课堂教学活动顺利进行、提高教学效率的必然要求。教学目标的确定，可以为执教者选择教材内容、手段方法和科学评价教学结果提供相关依据，也可以为学习者提供明确的学习方向。有了明确、具体的目标，才能更好地创设教学情境、设计教学环节、利用教学资源、把握教学生成、评价教学效果等。教学目标的确定，必然要决定教学的设计，包括对学习材料的选择、对学习方法的确定、对学习情境的创设。同样，教学目标的确定，也必然决定教学的实施，包括教学的流程、时间的分配、课堂生成资源的捕捉与选择、课堂教学的调控。因此，课堂教学必须重视教学目标的确定。教学目标既是课堂教学的出发点，也是课堂教学的归宿。

1. 导向功能 教学目标能够引导教学的方向。其导向作用表现在以下几个方面：一是教学目标能使教学活动不至于陷入盲目的状态，而有助于使教学活动自觉地进行；二是教学目标能够使教学活动集中于有意义的方向，而避开无意义或者不符合预定方向的事物，有助于有意义的结果的达成；三是教学目标能够提高教学活动的效率，使教学活动做到事半功倍。

2. 激励功能 教学目标能够对师生产生激励作用。从学生的角度看，教学目标在激发学生学习动力方面的功能是十分明显的。首先，当教学目标与学生的内部需要相一致时，学生为了满足内部需要，就会为达到目标而努力；其次，当教学目标与学生的兴趣相一致时，这种教学目标就能够激发学生的学习活动，为实现目标而努力学习；最后，当教学目标的难度适中时，这种教学目标能够较明显地起到激励学习活动的作用。从教师的角度看，由于教学目标是清晰而具体的，教师每一次教学工作之后，都能够及时地了解目标达成的情况，看到学生的发展变化和不断进步，这有助于教师及时地肯定自我，增强前进的信心。

3. 评价功能 教学目标能够为教学评价提供标准。教学评价的对象是多方面的，涉及教师的教、学生的学等，因此教学评价的标准也是具体的、有针对性的。但教学评价的核心部分，主要就是看学生的发展变化是否符合预期的目标。由于教学目标的表述通常是围绕学生的发展变化来进行的，对教学效果的评价，可以以教学目标为依据，根据目标的达成度来判断教学效果的好坏、教学质量的高低，所以，教学目标具有标准的作用。

4. 调控功能 教学目标能够对教学过程起到调节和控制的作用。教学目标是具体的，能够对预期结果的标准和要求作出描述，用教学目标可以检测教学的效果，及时发现问题，诊断问题的成因，并对教学过程进行有针对性的调控，从而保证教学活动顺利地开展，取得实际的成效。

第二节　植物保护课程教学目标

一、植物保护课程教学目标的确立依据

为贯彻全国教育工作会议精神和教育规划纲要，建立健全教育质量保障体系，提高职业教育质量，教育部制定了《中等职业学校专业教学标准》（以下简称"专业教学标准"）。专业教学标准是指导和管理中等职业学校教学工作的主要依据，是保证教育教学质量和

人才培养规格的纲领性教学文件。

1. 指导思想 落实党的十八大精神，以科学发展观为指导，全面贯彻党的教育方针，落实教育规划纲要的要求，坚持以提高质量为核心的教育发展观，坚持以服务为宗旨、以就业为导向，充分发挥行业企业的作用，推进中等和高等职业教育协调发展，加快现代职业教育体系建设，保障人才培养质量，满足经济社会对高素质劳动者和技能型人才的需要，全面提升职业教育专业设置、课程开发的专业化水平。

2. 基本原则 坚持德育为先、能力为重，把社会主义核心价值体系融入教育教学全过程，着力培养学生的职业道德、职业技能和就业创业能力。

坚持教育与产业、学校与企业、专业设置与职业岗位、课程教材内容与职业标准、教学过程与生产过程的深度对接。以职业资格标准为制定专业教学标准的重要依据，努力满足行业科技进步、劳动组织优化、经营管理方式转变和产业文化对技能型人才的新要求。

坚持工学结合、校企合作、顶岗实习的人才培养模式，注重"做中学、做中教"，重视理论实践一体化教学，强调实训和实习等教学环节，突出职教特色。

坚持整体规划、系统培养，促进学生的终身学习和全面发展。正确处理公共基础课程与专业技能课程之间的关系，合理确定学时比例，严格教学评价，注重中高职课程衔接。

坚持先进性和可行性，遵循专业建设规律。注重吸收职业教育专业建设、课程教学改革优秀成果，借鉴国外先进经验，兼顾行业发展实际和职业教育现状。

二、植物保护课程教学目标的内容

（一）课程总目标

本专业为适应新世纪市场经济对人才的需要，选择培养坚持社会主义道路，德、智、体、美、劳全面发展，具有综合职业能力，在生产、服务一线工作的高素质劳动者和技能型人才。他们应当热爱社会主义祖国，能够将实现自身价值与服务祖国人民结合起来；具有基本的科学文化素养、继续学习的能力和创新精神；具有良好的职业道德，掌握必要的文化基础知识、专业知识和比较熟练的职业技能；具有较强的就业能力和一定的创业能力；具有健康的身体和心理；具有基本的欣赏美和创造美的能力。

本专业学生主要学习农作物种植、植物病害防治、农业害虫防治、植物栽培养护、园林绿地养护与管理、农业环境保护、市场营销等方面的基本理论和基本知识；掌握植物栽培、养护与管理，植物营养与施肥技术，植物病虫害的识别、调查和综合防治，环境监测与评价，农业生态效益分析，计算机技术等方面的基本技能；具有植物栽培、养护与管理，植物病虫害综合防控的技能；具有分析和解决植物养护、环境保护等方面问题的基本能力和一定的专业研究能力。

学制：三年全日制。

植物保护专业课程体系应贯彻"宽口径、厚基础、重实践、个性化"的人才培养方案。课程设置要体现出专业教育贯彻学生整个培养过程，摆脱以往先通识教育后专业教育的模式，使学生了解专业，依托专业塑造自己；合理配置学时，专业课程前移；弃陈出新，优化课程，满足教育教学与社会需求；压缩学时，增加选修课程，加强基础性，注重系统性，拓宽学生视野和思路，为学生自主学习和独立思考留出较为充裕的时间和空间；加强实践教学，培养学生创新精神和实践能力，使学生基本掌握农林业主要植物病虫草鼠害的发生发展规律，预测预报的基本方法，以及合理、安全使用农药的技术。

（二）具体目标

本课程的教学目标是：使学生基本掌握当地主要植物病虫草鼠害的发生发展规律，有效防治方法及预测预报的基本知识和方法，掌握合理、安全使用农药的技术，防止农药污染，保护生态环境。

1. 知识教学目标

1）掌握农业害虫识别的基本知识。

2）掌握植物病害诊断的基本知识。

3）了解植物病虫草鼠害的综合防治要点和各种防治方法。

4）熟悉当地主要作物病虫草鼠害的发生规律及特点。

2. 能力培养目标

1）能正确识别当地作物主要害虫种类。

2）在田间能正确诊断当地作物几大类主要病原的病害。

3）掌握植物病虫害的调查统计方法和病虫害的防治适期。

4）掌握安全、合理使用农药的技术。

5）基本具有对当地作物主要病虫草鼠害进行综合防治的能力。

6）调查了解当地作物病虫草鼠害的发生情况，初步具有综合分析问题和解决生产实际问题的能力。

3. 思想教育目标

1）具有生态环境保护意识。

2）具有从事病虫草鼠害防治工作的责任感和事业心。

3）培养实事求是的学风和创新精神。

思 考 题

1. 什么是教学目标？

2. 教学目标有哪些种类和功能？

3. 中等职业学校教师应具备哪些素质？

4. 植物保护专业毕业生应具备哪些素质？

第三章 / 中等职业学校植物保护课程及教学系统分析

【内容提要】 课程标准、课程标准制订的原则、课程标准开发的要点。植物保护课程教学资源与教学环境。植物保护课程教学重要内容及教学建议。中等职业学校学生情况分析。

【学习目标】 通过本章的学习掌握课程标准的概念和制订的原则。掌握课程标准开发的要点。了解植物保护课程教学资源与教学环境、学生情况。熟悉植物保护课程教学的主要内容。

【学习重点】 课程标准的概念和制订的原则。植物保护课程教学资源与教学环境、学生情况。

第一节 中等职业学校植物保护课程标准

课程标准在中国的发展已经有150年之久。在这一历史发展阶段中，其称谓也不是一成不变的，新中国成立以前，被称为课程标准有40年之久。1949年，新中国成立时，我国受苏联教育思想的影响，将课程标准称为教学计划和教学大纲。但是在新中国成立后到1997年，则一直被称为教学大纲，后经学者提议在课程改革中正式更名为课程标准。

一、课程标准的界定

什么是课程标准呢？顾明远主编的《教育大辞典》（第一卷）对课程标准的定义：课程标准是确定一定学段的课程水平及课程结构的纲领性文件。根据《基础教育课程改革纲要》的界定，课程标准体现国家对不同阶段的学生在知识与技能、过程与方法、情感态度与价值观等方面的基本要求，规定各门课程的性质、目标、内容框架，提出教学和评价建议，是教材编写、教学、评估和考试命题的依据，是国家管理课程和评价课程的基础。

职业教育的课程标准，是根据特定职业领域内一定学段的课程目标，以学生职业能力和职业技能的形成为重点，为教师的教和学生的学提供详细指导而编写的指导性文件。它是职业教育教材编写和出版的依据，也是职业教育教学工作必须达到的质量标准。所以，在开发中等职业学校课程标准时，必须重视普通教育与职业教育的差异，充分考虑职业学校课程标准的特殊性。

二、课程标准与教学大纲的不同

课程标准是对一门课程结束后的学习结果所作的具体描述，是教育质量在特定教育阶段应达到的具体指标，是管理和评价课程的基础，是课程设计、教材编写、教学设计与实施、教学工作评价和考试考核的依据。课程标准可以说是课程论的表述语，从教学论角度来看就是传统的教学大纲，但二者之间虽然内容大致相同，却也有一定的差异。

教学大纲是从教的角度，规定了教师教什么（教学内容），怎样教（教材分析与处理、课时安排），教到什么程度（教学要求，有 4 个层次，即了解、理解、掌握、运用）。课程标准是从学的角度，规定了学生学什么，怎样学，学到什么程度。职业教育课程标准与教学大纲的不同之处主要有以下几个方面。

1. 出发点与着重点不同　　教学大纲实际上是规定各教学科目的教学工作的一个纲领性文件，立足于教学过程。它的重点是规定教学内容，对教学知识点作了具体细致的要求。对知识点要求过细，导致教师在教学中很难把握知识点的难度。这种规定过多、过死的教学大纲不利于一纲多本的实现，不利于教师发挥其创造性。过分地关注教师教学，而忽视了学生的学习过程和学习结果也是教学大纲的一大缺点。

课程标准立足于课程本身，而不是教学过程。它主要是对学生经过某一学段之后学习结果的行为描述，而不是对教学内容的具体规定。如前所述，课程标准对每门课程的目标行为要求描述得很具体，具有很强的可操作性，对学生学习的结果也描述得很详尽，有利于不同水平教师对课程的理解与掌握。

2. 导向性不同　　教学大纲以学科为中心，而课程标准以学生、企业和行业需要为依据来确定教学内容。教学大纲重视学科知识的系统性，以学科需要作为课程目标要求，参照的主要是知识标准，具有很强的知识导向性，以掌握系统的学科知识为目的，按照学科知识的系统性来组织课程、培养学生。

课程标准则打破学科中心，以为学生终身发展服务为出发点和归宿，依据能力标准和职业技术标准来确定，有明确的"职业导向性"，导向于某个特定的职业岗位或岗位群。因此，要求教师以任务和项目为逻辑主线来整合各种知识技能，突出对学生职业能力与职业素养的培养。

3. 突出课程设计思路　　课程设计思路是课程标准在文本上最大的改革，也是最能体现职业教育课程特色的。在课程标准的课程设计思路中要研究一门具体课程的思路，要研究课程设置依据、课程目标定位、课程内容选择标准、项目设计思路、学习程度用语、学时和学分等内容。这些内容的设计都是与本专业的工作任务和特点密切相关的，尤其是项目设计，是要与企业、行业的真实项目相对应的。这里不仅体现了职业教育的特色，还体现了课程设计的整体性、连贯性。因此，可以说课程标准中突出的"课程设计思路"是对教学大纲的重要超越。

综上所述，可以对课程标准作如下的认识：第一，从教学大纲到课程标准并不仅仅是名称的改变，更是教育理念的改革和教育视角的切换，从立足于教学过程走向了立足于课程本身；第二，从关注教学内容到关注学习结果，其学习结果针对的是绝大多数学生，提出的是最低要求，而不是最高要求；第三，课程设计思路中要结合具体专业的工作任务特点，最能体现职业教育特色。

三、课程标准的制订

（一）课程标准制订的原则

课程标准制订应该遵循以下原则。

1. 明确性原则　　课程标准具有导向和标尺的作用，具体而明确的课程标准，能够引导师生围绕目标的实现有效地展开教学活动，恰当地组织教学过程，并且能以此为标尺，准确地检测教学效果。所谓明确性有两项标准：①能表明可观察到的学习结果；②能表明检测结果的方法与标准。

2．整体性原则　　标准的结构要合理，既有反映具有质与量规定性的行为标准，又有不忽视内部心理过程的定性标准。标准的内容要全面，既要有知识性的标准，又要有重视情感（兴趣、态度）意志和动手操作方面的标准。并且，要注意标准之间纵向和横向的关联性，以充分发挥标准的整体效应。

3．弹性原则　　标准的弹性有两层意思：一是区别对待，对不同学习层次的学生，制订不同水平的弹性标准，课程标准的低限是要求全体学生必须达到的最基本的目标，对于不能达标者，要采取补救措施，帮助他们及时达标；对学有余力的学生，则要求他们在达到目标的高限后，还应达到专为他们制订的横向拓宽的目标，促使他们脱颖而出。二是灵活变通，课程标准是教师预期学生的学习结构，带有很大的主观性，在教学过程中，如发现有未预料的变化，应及时调整标准，不要将它视为神圣不可变更的东西。

（二）课程标准编制的要求

制订课程标准在遵循以上原则的同时应该把握其编制的要求。

1．准确有度　　准确是指培养目标、岗位目标、知识与技能要求准确；有度是指同一课程不同专业的要求有所区分，同一专业的知识与技能有所区分。

2．具体可测　　因为课程标准是以达标为目的的教学，如果标准不可测，就无法评价是否达到标准。然而，不具体就不可测，可测是为了评价，如果课程学完之后，还不知道是否达到标准，这实际上就失去了教学的意义，所以标准必须具体可测。

3．简明易懂　　这就是要求课程标准表述要简洁、明了、通俗，重点突出、便于操作。

4．利教利学　　课程标准既要有利于教师教学，即指导性要强；又要有利于学生自主学习，即围绕标准教与学。

总之，制订课程标准的 4 个要求缺一不可，它实际上就是要求标准要正确、可测、易懂、好用，具有明确性、整体性和弹性。

四、课程标准开发的要点

课程标准开发的要点主要有以下几点。

1．课程定位要准确　　课程标准要对课程在专业人才培养过程中的地位、性质、价值与功能作出定性描述，根据专业人才培养目标和专业相关技术领域职业岗位（群）的任职要求，明确课程对学生职业能力培养和职业素质养成所起的是支撑作用还是促进作用，并明确前导课程、同步课程和后续课程。

2．课程设计思路要清晰　　充分体现以学生职业能力培养为目标，与行业企业共同开发课程的设计理念；遵循工学结合、系统化课程开发的基本规律，理清设计思路，分析完成典型工作任务所需的知识、技能和素质，参照行业职业资格标准，确定教学内容，合理选择企业真实的工作任务为载体，设计若干学习情境，将相关的知识、技能和素质按照学生的认知规律和职业成长规律，由易到难、由单一到复杂地融入各学习情境，通过对各学习情境的学习，实现知识、技能和素质的同步提高，掌握完成典型工作任务的职业能力。

3. 课程目标要明确 一是课程目标要与专业人才培养目标一致；二是要从知识、技能、态度 3 个维度确立课程目标，将素质教育的理念体现在课程标准之中；三是要按照完成工作任务的完整过程，清晰描述职业能力方面的目标。

4. 课程内容要适用 以动车组电机电器检修课程为例，主要包括：学会"做什么"，学会"用什么工具做"，学会"用什么方法做"，学会"用什么劳动组织方式做"，学会"工作有什么要求"。

5. 学习情境要系统 学习内容需要通过学习情境来承载。选取由易到难、由简单到复杂的若干个典型工作任务，将课程内容按照学生的认知规律和职业成长规律有机地嵌入其中，形成能力递进关系，学生在比较中学习，能力呈螺旋式上升。

6. 评价方式要多样 突出自评、互评、教师评等多元化考核主体，知识、技能、职业素养等多维度考核指标，笔试、口试、实操、作品展示、成果汇报等多样化考核方式，形成性考核与终结性考核相结合，淡化终结性评价和评价的筛选评判功能，强化过程评价和评价的教育发展功能。

中职课程标准应遵循规范性、系统性、明确性、职业性、开放性原则。

五、如何提升教师运用课程标准的能力

同样的课程标准，不同的教师使用结果却大相径庭。究其原因主要有二：一是课程领导力的不同；二是教师执行课程标准能力的差异。

至于如何提升教师运用课程标准的能力，实施基于课程标准的教学，国内外课程专家曾进行了探讨。国外课程专家 R.O.Mark（2005）认为，基于课程标准的教学应包括以下步骤：①确认标准，使目标更加明确；②分析选择标准并建立起框架；③描述学生的操作和成果；④选择学习活动并排列其顺序；⑤评估学生的操作和成果。崔允漷（2009）认为基于课程标准的教学应遵循以下环节：①明确内容目标；②选择评价任务；③制订评价标准；④设计课程以支持所有学生作出出色的表现；⑤规划教学策略以帮助所有学生完成课程的学习；⑥实施规划好的教学；⑦评估学生；⑧评价并修正整个过程。

课程专家提出的基于课程标准教学的基本环节和步骤来源于实际的教学情境，是对具体教学的提升和总结。这样的环节并不具有完全意义的普适性，每一种模式都需要教师不断与课程标准、课程内容、学生、环境等进行调适和修正。教师明确了基于课程标准的教学环节和步骤之后，还需要具备执行课程标准的意志力，即执行基于课程标准的决心和责任感。这种责任感和行动体现了教师是拥有实现课程标准愿望的人，是教师走向自我实现，走向整合、合作和成熟的特有的意识形式。

第二节 中等职业学校植物保护课程教学资源与教学环境

一、教学资源

（一）教学资源的概念

人们常说的课程资源也称教学资源，就是课程与教学信息的来源。不同的领域对教学资源的定义有不同的理解。人们对教学资源的定义是随着教育的发展而不断充实完善

的。20 世纪 90 年代，教学资源随教育技术的兴起被重新界定。美国学者认为，教学资源是指在教学过程中，支持教与学的所有资源，即一切可以被教师和学生开发和利用的、在教与学中使用的物质、能量和信息，包括各种学习材料、媒体设备、教学环境及人力资源等。我国学者乌美娜认为，所谓教学资源是指一切可以用于教育和教学的物质条件、自然条件和社会条件。我国学者田秀萍认为，教学资源的概念有广义和狭义之分，广义的教学资源指有利于实现课程和教学目标的各种因素，包括师资、设备、课程等；狭义的教学资源仅指信息形态的课程资源。在本研究中，使用广义的教学资源概念。教学资源可以理解为一切对课程和教学有用的物质和人力。

（二）教学资源的种类

目前学术界已经出现了多种对教学资源进行划分的方式，主要的有以下几类。

1. 根据存在形式（表现形式上）划分　　教学资源可以分为有形资源和无形资源。有形资源包括教材、教具、仪器设备等有形的物质资源；无形资源的范围更广，可以包括学生已有的知识和经验、家长的支持态度和能力等。

2. 根据来源划分　　教学资源可以分为校内资源、校外资源和网络化资源。校内资源，主要包括本校教师、学生、学校图书馆、实验室、专用教室、动植物标本、矿物标本、教学挂图、模型、录像片、投影片、幻灯片、电影片、录音带、VCD、电脑软件、教科书、参考书、练习册，以及其他各类教学设施和实践基地等。校外资源，主要指公共图书馆、博物馆、展览馆、科技馆、家长、校外学科专家、上级教研部门、大学设施、研究机构、有关政府部门、其他学校的设施、学术团体、野外、工厂、农村、商场、企业、公司、科技活动中心、少年宫、社区组织、电视、广播、报纸杂志等广泛的社会资源及丰富的自然资源。网络化资源，主要指多媒体化、网络化、交互化的以网络技术为载体开发的校内外资源。

3. 根据性质划分　　教学资源可以分为素材性资源和条件性资源。素材性资源包括知识、技能、经验、活动方式与方法等因素。条件性资源包括直接决定课程实施范围和水平的人力、物力和财力，时间、场地、媒介、设备、设施和环境等因素。

（三）教学资源的特点

教学资源作为课程教学环节中不可或缺的条件，有以下几方面的特点。

1. 广泛多样性　　从对教学资源类别的划分上就可以看出其广泛多样性。课程教学资源不单单指教科书，也绝不仅仅限于学校内的各种资源。它涉及学生学习与生活环境中所有有利于课程实施、有利于达到课程目标和实现教育目的的教育资源，它弥散在学校内外的方方面面。另外，课程资源广泛多样性的特点不仅表现在其分布和形态上，也体现在其价值、开发与利用的方法途径等方面。

2. 多质性　　简单的理解就是每个人看事物的角度不同，那么对此事物的描述就不一样，看待它的价值也就相应有高低，对利用此事物的使用途径自然也就会不同。同一教学资源对于不同的课程来说有不同的用途和价值，因此教学资源具有多质性的特点。例如，一株绿色植物或一头动物可以成为学生学习生物学知识的材料，也可用作美术教学中绘画的对象，还可用于环境、生态的研究学习中；同样是一件衣服，它的色彩、质地、产地、做工等，每个方面都是可以作为一个研究的方向，对不同的拥有者有不同的使用价值。

3．客观性 教学资源是客观存在的事物，具有主观性的是人，对其开发利用的程度则取决于人的主观能动性。

（四）教学资源的开发

1．教学资源开发与利用的原则 原则规范着人们的行为，是正确行动的根据、尺度和准则。课程资源的开发与利用不是随意而行的，同样需要一定的原则来规范。根据教学资源的基本特点，在资源开发与利用上应该遵循以下原则。

（1）针对性原则 教学资源的开发与利用是为了课程目标的有效达成，针对不同的课程目标应该开发与利用与之相应的课程资源，课程资源的选择要贴近生活。

（2）个性原则 尽管教学资源多种多样，但是相对于不同的地区、学校、学科和教师，可待开发与利用的教学资源具有极大的差异性。因此，资源的开发与利用应发挥区域优势，强化学校、学科及课程特色，体现教师教学风格，在此基础上进行合理的资源开发与利用。

（3）经济性原则 教学资源的开发与利用要用最少的开支和精力，达到最理想的效果，包括开支的经济性、时间的经济性、空间的经济性和学习的经济性等几个方面。

（4）实效性原则 在开发与利用教学资源时，一定要根据资源的不同特点，配合课程教学内容及教学目标，充分发挥教学资源的效能，避免盲目性和形式主义。

（5）开放性原则 教学资源的开发与利用要以开放的心态对待人类创造的一切文明成果，尽可能开发与利用有益于教育教学活动的一切可能的资源，并能够协调配合使用。

2．开发途径 教学资源的开发大致有以下 4 个途径，这些途径并不是截然分开的，在开发的时候需要有机地整合在一起。

（1）从学生的现状出发开发教学资源 所有的教学活动最终都要落实到学生的身上，开发出来的教学资源也是为他们服务的，学生是教学资源开发的重要导向。因此，教学资源开发要从两方面入手进行分析。

一是要对学生各方面的素质现状进行调查分析，看看这些学生的素质到底达到了多高的水平，这实际上是对学生接受和理解教学资源能力的一种把握。不同学校乃至不同班级学生的水平都是不一样的。国家级示范初中、省实验小学和一般初中、普通小学的学生素质是不一样的，在开发教学资源时，必须对此进行考虑，这不仅影响到教学资源的内容选择，还直接关系到开发的深度和广度。例如，同样是关于当地风土人情资源的开发，对于生源条件好的学校，可以在选择的量上和深度上超过一般的学校，让学生有一个比较深入的研究，甚至可以上升到文化层面进行思考；一般的学校可能更多地作一些通识性的介绍，让学生对家乡风貌有所了解，能热爱自己的家乡即可。

二是要对学生的兴趣及各种他们喜爱的活动进行研究，在此基础上开发教学资源。从学生的兴趣着眼开发出来的教学资源，是学生自己的教学资源，从某种程度上说也是最适合他们的，他们愿意参与进来，可以充分调动学生的积极性。所以，在开发教学资源时，要更多地从学生的角度来看待周围的一切。教师的视角和学生的视角是不一样的，教师要努力寻找学生的兴趣所在，力求选择出来的教学资源应该是"儿童化"、"学生化"的。这样，学生才感到亲切，才能更好地融入进去。千万不能是"教师化"、"成人化"的，因为开发出来的教学资源是提供给学生自我构建的，而不是简单地把教师眼中的教学资源倒进学生的脑袋里。

（2）从师资的条件出发开发教学资源　　师资条件是开发教学资源的基础要素，并直接制约着对教学资源的有效合理利用。有一些教学资源学生需求强烈，而且也非常感兴趣，但是限于师资的水平和特点，教师没有能力去开发或是开发出来效果不好。因此，从学校现有的师资情况出发，看看教师具有什么样的素质，他们在哪些方面有专长、特长，开发教学资源时教师才能游刃有余。可以说从师资的条件出发开发教学资源是一种非常实际的做法。

（3）从学校的特色出发开发教学资源　　所谓学校的特色也就是学校的资源优势，这种优势既可以是精神文化等软件方面的，也可以是设施设备等硬件方面的。要充分利用好学校教学资源的优势，这也是对学校进一步形成和探化学校办学特色的促进。教育部、农业部颁布的《关于在农村普通初中试行"绿色证书"教育的指导意见》，特别强调因地制宜、自主选择确定"绿色证书"教育的具体内容，就体现了这种教学资源的开发思路。

不同的学校具有各自独特的教学资源，"绿色证书"教育的内容也应该各不相同，实际上就是要求农村学校从自身的特色出发，挖掘学校的特色资源。具体到学校，有的学校是百年历史、声名显赫的老校，学校的文化积淀很深，培养出了一大批各行各业的拔尖人才，形成了学校与众不同的悠久人文传统，那么在教学资源的开发方面，就可以花力气向这个方向努力。学校要充分开发利用这方面的教学资源，通过各种文字、图片、影像及校友的讲述，让学生了解学校辉煌的过去，让学生在浓厚的学校文化氛围中生活和学习，被这种多年形成的文化熏陶和感染。有的学校硬件条件相当好，设施设备现代化的水平非常高，计算机已经在学校普及化，那么，就可以在信息类课程资源开发方面多用点心思，通过多种方式，让学生与信息技术紧密接触，使学校成为一所建构在信息技术基础之上的学校，不仅让学生掌握信息技术，更重要的是培养学生的信息素养。

（4）从社会的需要出发开发教学资源　　新一轮基础教育课程改革（以下简称"新课改"）的一个重要的理念就是关注学生的发展，强调以学生为本。但是，以学生为本并不排斥学校要为社会培养人才，毕竟学校的一个主要任务，就是要为社会输送合格的成员。从社会需求的角度开发教学资源，培养学生在这些方面的素质，可以让学生将来较好地适应社会。

总之，教学资源的开发与利用是一种极富主动性、创造性的工作，在具体的教学过程中，只要教师从学生的实际需要出发，开发、利用好课内外的教学资源，课堂必定会是一个风采迷人、朝气蓬勃的天地。

二、教学环境

教学环境主要是指学校教学活动的场所，各种教学设施、校风、班风、学风和师生人际关系等。教学环境是构成教学活动的重要因素，它对学生在学习过程中的认识、情感和行为，对教师教学活动的进程和效果均产生潜在的影响。可以说，教学环境的优劣在某种程度上决定着教学活动的成效。在教学实践中，教学环境对教学活动的顺利进行、对学生的身心健康发展，都发挥着极其重要的作用。

1. 校园整体环境的优化　　学校环境是学生思想品德形成和培养最重要的外部环境，校园整体环境的优化应包括以下方面。

（1）净化语言环境　　包括推广普通话；说话和气，讲究文明；提倡语言要朴实，不可大吹大擂。

（2）美化行为环境　要求学生对待工作、学习、生活和事业要严肃认真、积极进取，反对一味追求金钱和物质享受；对人要有礼貌，尊师敬长、尊老爱幼，为人正直、诚实、善良、不欺不诈；讲民主团结，和睦相处，讲究卫生。

（3）熏陶文化环境　学校在教学生活基础设施建设的基础上，着力打造专业文化长廊，对学生实施传统专业文化熏陶。同时，利用图书馆、教室、实验实训室、寝室、食堂、校园橱窗、校报、黑板报、校园广播等各种场所、宣传阵地，打造健康向上的校园文化。

2．管理环境的优化　正确有效的管理才能形成良好的教风和学风，要加强各项规章制度的建设，严格执行纪律，对违纪违规的学生要敢于管理，常规管理要常抓不懈。

在管理环境的优化上，可从三个层面进行。

第一层，选拔综合素质高的班主任或辅导员管理学生的生活、学习。

第二层，由系主任指导班主任监督教学过程的顺利完成，并定期检查班主任或辅导员的工作情况、学生的学习状态和任课教师的教学质量等。

第三层，由教务处督导检查整个教学活动，重点是教学计划、课程教学大纲的执行情况。

3．班级环境的优化　任何教学活动都必须在一定的教学空间中进行，不同的教学空间组织形式和空间密度对师生身心健康和教学活动的效果可以产生不同的影响。因此要适当控制班级规模，组建一个有凝聚力的班委会，形成良好的班风和学风。

4．考评环境的优化　在中职教育中，要形成一个良好的考评环境，有效地运用奖惩手段和竞争机制，严肃考纪，把握标准，保质保量地促进学生完成学业。

5．教学过程中教学环境的优化　学习活动是认知系统与情感系统共同参与的，在适宜的环境中，人的情感系统得到激发，学习的效率将大大提高。因此，教师在教学过程中应着意营造良好的学习氛围，改变传统的灌输式教学模式，充分调动学生的学习自主性，才能取得良好的教学效果。

6．教学媒体环境的优化　教学媒体是教学内容的载体，是教学内容的表现形式，是师生之间传递信息的工具，如实物、口头语言、图表、图像及动画等。教学媒体往往要通过一定的物质手段而实现，如书本、板书、投影仪、录像及计算机等。根据植物保护专业的教学特点和教学目标，中等职业学校应选择适合专业特点的教学媒体，创设优化的教学环境，特别是建设符合中等职业教育规律和特色的教学环境，达到科学、实用的目的。

7．专业化环境的优化　教学环境的专业文化渲染，可以使学生置身于专业环境中，强化对专业的认知和认同。如教学楼根据专业分楼层，在各楼层走廊布置专业展板，结合专业发展史、专业技术发展现状、植物病虫害原色图版、学生的实践照片、新产品等进行宣传，图文并茂，既普及专业常识，又美化环境。在实训基地的走廊、楼道展示行业先进人物事迹图片、学生技能作品实物或图片，建设专业橱窗，展示高品质、高水平的专业技术产品，以视觉冲击强化专业教育，培养学生的专业荣誉感和归属感。

8．企业化环境的优化　中职是为企业培养"懂技术、会技能"的职前教育机构，育人环境必须与企业工作环境吻合。企业文化是企业在长期生产、经营、发展过程中所形成的管理思想、管理方式、管理理论、群体意识及与之相适应的思维方式和行为规范的总和，它体现为企业价值观、经营理念和行为规范，是企业员工精神风貌的体现。中职应创造校企对接的文化氛围，塑造"准职业人"思想素质，使学生的素质、技能与企业需求相适应，充分彰显职业教育教学环境的职教特征，营造富含企业文化的教学氛围，使学生在学校就能了解企业文化并具有一定的职业能力和职业道德，为适应企业需求奠定基础。

按照职业教育人才培养目标定位的要求，规划校内实训基地的建设与管理，通过构建真实或仿真职业环境的实训基地，按企业生产场景布置，张贴生产操作流程、安全操作规程，让学生在真实和仿真的职业环境中得到陶冶，不断强化学生的职业意识。

第三节　中等职业学校植物保护课程教学内容及教学建议

一、教学重点内容及要求

本课程重点教学内容分析采用模块结构，其中通用模块和实践性教学模块为必修内容。在教学过程中，可根据各地农业生产实际情况，在选用模块中，选择当地主栽作物，重点讲授其主要病虫草鼠的防治技术。

对本课程安排的实验教学内容进行分析，各校根据当地实际情况及时调整和更新教学内容。技能实训主要安排当地主要植物病虫标本采集、识别与制作，当地主要病虫害的田间调查和防治，农药的配制、药效试验，农药品种调查等内容。

（一）通用模块

第一单元　农业昆虫识别技术

教学内容和要求：

教学内容	教学要求		
	了解	理解	掌握
昆虫概述	√		
昆虫的外部形态		√	
昆虫的繁殖、发育与习性		√	
昆虫与环境的关系	√		
农业昆虫重要类群的识别方法			√

能力培养：通过本单元的学习，学生能了解农业昆虫的一般形态特征，掌握昆虫各发育阶段的特点对指导防治的重要性，并能识别常见农业昆虫种类。

第二单元　植物病害诊断技术

教学内容和要求：

教学内容	教学要求		
	了解	理解	掌握
植物病害诊断技术			√
植物病害主要病原生物的识别		√	
植物侵染性病害的发生和发展	√		

能力培养：通过本单元的学习，学生能理解植物病害的概念、症状、类型；了解植物病害的侵染性病原物所致病害的症状特点和发病规律；掌握植物病害诊断的技术。

第三单元　植物病虫害调查统计和综合防治技术

教学内容和要求：

教学内容	教学要求		
	了解	理解	掌握
植物病虫害的田间调查和统计			√
植物病虫害的"两查两定"			√
植物病虫害综合防治的含义和观点		√	
植物病虫害防治的各种技术			√

能力培养：通过本单元的学习，学生学会对田间主要病虫害进行正确取样和调查，并对数据资料进行整理及统计；掌握"两查两定"方法和各种防治技术，根据不同病虫害发生的特点，制订综合防治方案。

第四单元　农药应用技术

教学内容和要求：

教学内容	教学要求		
	了解	理解	掌握
农药的基础知识	√		
农药的合理安全使用			√
常用农药使用技术			√
农药田间药效试验技术			√

能力培养：通过本单元的学习，学生了解农药的主要种类、毒性、剂型；掌握科学使用农药和安全用药的方法；理解合理施用农药与环境保护的关系，防止植物和环境污染；合理选择各种类型农药防治各类病虫草鼠害。

（二）选用模块

第五单元　水稻病虫害防治技术

教学内容和要求：

教学内容	教学要求		
	了解	理解	掌握
水稻病虫害的识别			√
水稻病虫害的一般发生规律	√		
水稻病虫害的综合防治技术			√

能力培养：通过本单元的学习，学生能识别水稻主要病虫害种类，了解其发生规律，用行之有效的方法防治水稻病虫害。

第六单元　麦类病虫害防治技术

教学内容和要求：

教学内容	教学要求		
	了解	理解	掌握
麦类病虫害的识别			√
麦类病虫害的一般发生规律	√		
麦类病虫害的综合防治技术			√

能力培养：通过本单元的学习，学生能识别麦类主要病虫害种类，了解其发生规律，用行之有效的方法防治麦类病虫害。

第七单元　棉花病虫害防治技术

教学内容和要求：

教学内容	教学要求		
	了解	理解	掌握
棉花病虫害的识别			√
棉花病虫害的一般发生规律	√		
棉花病虫害的综合防治技术			√

能力培养：通过本单元的学习，学生能识别棉花主要病虫害种类，了解其发生规律，用行之有效的方法防治棉花病虫害。

第八单元　油料作物病虫害防治技术

教学内容和要求：

教学内容	教学要求		
	了解	理解	掌握
油料作物病虫害的识别			√
油料作物病虫害的一般发生规律	√		
油料作物病虫害的综合防治技术			√

能力培养：通过本单元的学习，学生能识别油料作物主要病虫害种类，了解其发生规律，用行之有效的方法防治油料作物病虫害。

第九单元　杂粮病虫害防治技术

教学内容和要求：

教学内容	教学要求		
	了解	理解	掌握
杂粮作物病虫害的识别			√
杂粮作物病虫害的一般发生规律	√		
杂粮作物病虫害的综合防治技术			√

能力培养：通过本单元的学习，学生能识别杂粮作物主要病虫害种类，了解其发生规律，用行之有效的方法防治杂粮作物病虫害。

第十单元 果树病虫害防治技术

教学内容和要求：

教学内容	教学要求		
	了解	理解	掌握
果树作物病虫害的识别			√
果树作物病虫害的一般发生规律	√		
果树作物病虫害的综合防治技术			√

能力培养：通过本单元的学习，学生能识别当地主栽果树的主要病虫害种类，了解其发生规律，用行之有效的方法防治果树病虫害。

第十一单元 蔬菜病虫害防治技术

教学内容和要求：

教学内容	教学要求		
	了解	理解	掌握
蔬菜作物病虫害的识别			√
蔬菜作物病虫害的一般发生规律	√		
蔬菜作物病虫害的综合防治技术			√

能力培养：通过本单元的学习，学生能识别蔬菜主要病虫害种类，了解其发生规律，用行之有效的方法防治蔬菜作物病虫害。

第十二单元 糖料、烟草、茶树病虫害防治技术

教学内容和要求：

教学内容	教学要求		
	了解	理解	掌握
糖料、烟草、茶树病虫害的识别			√
糖料、烟草、茶树病虫害的一般发生规律	√		
糖料、烟草、茶树病虫害的综合防治技术			√

能力培养：通过本单元的学习，学生能识别糖料、烟草、茶树的主要病虫害种类，了解其发生规律，用行之有效的方法防治糖料、烟草、茶树的病虫害。

第十三单元 贮粮害虫防治技术

教学内容和要求：

教学内容	教学要求		
	了解	理解	掌握
贮粮害虫的识别			√
贮粮害虫的一般发生规律	√		
贮粮害虫的综合防治技术			√

能力培养：通过本单元的学习，学生能识别贮粮害虫主要种类，了解其发生规律，用行之有效的方法防治贮粮害虫。

第十四单元　农田杂草防除技术

教学内容和要求：

教学内容	教学要求		
	了解	理解	掌握
农田杂草的一般防除方法	√		
各类农田杂草的化学防除技术			√

能力培养：通过本单元的学习，学生了解农田杂草的一般防除方法及进行当地主要农田杂草的化学防除工作。

第十五单元　农田鼠害防治技术

教学内容和要求：

教学内容	教学要求		
	了解	理解	掌握
农田鼠类的基本知识	√		
农田鼠类的防治			√

能力培养：通过本单元的学习，学生了解农田鼠类的基本知识并掌握鼠害的防治方法。

（三）实践性教学模块

1. 基本实验、实习

实验、实习内容	教学要求		
	初步学会	基本掌握	熟练掌握
昆虫外部一般形态特征及各附器结构类型观察		√	
昆虫的变态类型和不同发育阶段的虫态观察		√	
主要农业昆虫及其重要科的昆虫识别			√
植物病害的类型和症状识别			√
各类侵染性病原所致病害症状观察			√
植物病虫害的调查统计方法		√	
运用"两查两定"方法，对主要病虫害发生时间和防治适期进行估测	√		
根据病虫草害发生特点，制订综合防治实施方案			√
常用农药剂型和农药质量的简易鉴别	√		
农药的稀释、混合、计算和使用技术			√
常用几种农药的配制			√
田间药剂试验的实施方法及撰写试验报告		√	

2. 选用实验、实习

实验、实习内容	教学要求		
	初步学会	基本掌握	熟练掌握
水稻病虫害的识别与防治			√
麦类病虫害的识别与防治			√
棉花病虫害的识别与防治			√
油料作物病虫害的识别与防治		√	
杂粮作物病虫害的识别与防治		√	

续表

实验、实习内容	教学要求		
	初步学会	基本掌握	熟练掌握
果树作物病虫害的识别与防治		√	
蔬菜作物病虫害的识别与防治		√	
糖料、烟草、茶树病虫害的识别与防治	√		
贮粮害虫的识别与防治	√		
农田杂草的防除		√	
农田鼠害的调查与防治		√	

二、教学建议

1）在教学方法上：要注意运用启发式教学引导学生独立思考，培养学生分析问题和解决问题的能力。教学活动既可以在课堂，也可以在田间、现场，边看边讲，边练边讲，尽可能采用灵活多样的教学方法及教学手段，以利于提高教学效率和教学质量，努力提高学生学习的兴趣。例如，以语言传授为主的教学内容可选择案例教学、问题情境教学、讨论教学、参与式教学、引导文教学等教学方法；以引导探究为主的教学内容可选择任务驱动教学、参与式教学、考察和调查法教学等教学方法；以实训为主的教学内容可选择实验法、考察和调查法、现场教学、项目教学等教学方法；以直观为主的教学内容可选择直观教学、演示教学、现场教学、实验教学、问题情境教学等教学方法。

2）在教学过程中：要理论联系实际，特别注意与当地生产实际的联系，不断补充植物保护在科研、生产、推广等方面的先进技术和成功经验，保证课程的适用性和先进性。

3）实验、实训、实习是培养学生掌握从事病虫草鼠害防治工作的基本操作技能和独立工作能力的重要环节，根据教学内容，充分利用学校教学基地、附近农村，组织参观学习和开展课余科研活动，以丰富学生的实践知识和锻炼学生的工作能力。

4）各地可根据本地区发生的病虫种类有所侧重。应结合本地生产需要和农事季节，进行时序和空间配置，调整课程内容，以利于学生实践技能的提高和运用。

三、考核评价

1．基础知识考核　　采用笔试，成绩按百分制评定。

2．技能考核　　可通过田间操作、实验实训、面试、科研活动等进行评价，或结合平时作业（或任务）、技能测试（或竞赛）、课堂提问等进行综合评价，成绩按优、良、及格、不及格评定。

四、植物保护专业教学模式改革建议

依据中等职业学校学生的心理特点，在教学模式上进行"因材施教"，才能达到理想的教学效果。

1．采用理论与实践的一体化教学模式　　理论指导实践，实践又反作用于理论。实践是理论的延伸，同时也是理论的再证明，而理论则在一定高度上指导实践。所以，理论与实践的一体化教学模式是比较切合当代中职教育实际和现代企业需求的教育教学模式。

将理论教学与实验实训有机结合。首先，要紧紧围绕提高学生的各项能力来确定本专业的课程体系和知识结构，明确设置课程在能力培养中必需的知识点，根据不同工种和不同层次需求选择编排，确定教学要求，并随时增加行业中出现的新知识、新技术。中等职业学校教育应该采用够用的理论基础知识与相对完善的实践操作有机结合的教学模式。

其次，传统的教学模式是先理论教学，后实践操作，理论与实践严重脱节，很少考虑用人单位对人才的需求，从而出现学而不专、一知半解等现象，甚至出现很多学生理论知识完备、操作技能有限导致无法胜任工作岗位的现象。理论与实践的一体化教学模式可以打破学科界限，以技能训练为核心组织教学内容、设置教学环节及进度，制订教学计划，从而使理论教学完全服从于技能训练，突出技能训练的主导地位。根据用人单位的需求确定专业培养目标，选择相应的理论知识组织教学，同时配合相关的技能训练，特别注重培养学生的知识应用能力，让他们能够用理论指导实践，通过实践验证理论。

2．降低理论难度，突出实践技能培养　适时调整课程设置和教学内容，不求学得过深，而要强调学会、够用、会用，通过三年的教育，学生能够熟悉或掌握一门实用技术或技能，以适应求职的需求，使学生在激烈的市场竞争中有立足之地。

3．激发学生兴趣，让学生在轻松愉悦的环境中获取知识和技能　一节课开头关系到整节课的效果，而好的开头又在于能激发学生的兴趣。既要吸引学生的注意力，又要使他们感到乐趣，更能促进他们的求知欲。

（1）多用实物教具和多媒体课件进行教学　这种方法能使学生从直观上认识事物，记忆深刻，兴趣浓厚。例如，学习植保器械时，教师应把液压泵、药液箱、喷杆等实物准备出来。学生不但可以观察它的外形，还可以观察它的内部结构，这样学生的学习积极性自然会提高。

（2）联系实际生活，创设情境教学　学习和实际生活联系起来，使学生更热爱学习，热爱生活。例如，对农药剂型的教学，农药在农业生产和生活中应用非常广泛，如杀虫剂、杀菌剂、除草剂、植物生长调节剂等，学生会迫不及待地想知道农药在人们生活中如何起到预防和治疗的功能。

可巧妙地利用表演、游戏等创造情境。例如，在讲授植保器械使用的时候，让学生分角色表演，学生自然能够轻松掌握它们的使用方法。

第四节　中等职业学校学生情况分析

一、中等职业学校学生学习风格分析

大多数中职学生是在初中后由于学业或家庭经济等问题进入中职学校的，他们在初中时期的学习经验使他们在学习过程中遇到了很多问题，而且在升入职业学校后，他们还面临着由普通教育向职业教育的转变。这使得他们与普通高中生相比，在学习目的、学习内容和学习方式等方面都有不同。以下从两个方面对中职学生的学习特点进行分析。

（一）职业教育对中职学生的要求层面

中职学生的学习特点有如下几点。

1．专业性　　普通教育以培养"通才"、完善人格品质为宗旨，不同于普通教育，职业教育以促进学生直接就业为主要目的。可以说，中职学生从步入校园的那天起，便有了自己的专业。中等职业教育强调学生在一定的文化素质基础上，熟练地掌握本专业的理论知识和基本操作技能，培养的是应用型的"专才"，凸显了专业性。学校的教学活动都围绕使学生获得专业知识和形成专业技能而进行。

2．职业性　　中职学生在毕业后直接面临的工作岗位，不仅要求他们具备相关的专业能力，还要求他们具有良好的职业素养。体现在中职学生的学习中，学校就要求他们在学习中多了解相关职业知识和要求，给他们的学习赋予职业性。而当前职业素养的高低也受到了用人单位的高度重视，很多用人单位表示学生的职业素养比其专业能力更为重要。因此，职业学校在基础素质课程中都设有职业素质课，以提高中职学生的职业素养。

3．全面性　　首先，这是由教育的本质决定的。职业教育属于教育范畴，我国教育部对中职教育的基本要求中提出了中等职业教育要"树立以全面素质为基础、以能力为本位的观念，培养与社会主义现代化建设要求相适应，德智体美等全面发展，具有综合职业能力，在生产、服务、技术和管理第一线工作的高素质劳动者和中初级专门人才"。其次，中职学生作为第一生产线的技术人员，其创新能力对企业的发展同样起着重要的作用。有调查表明，社会对中职学生的期盼按程度由重到轻依次排列为责任和事业心、诚信品格、时间和创新能力、专业技能。由此，中职学生除了学习专业技能外，还需要提高自身的综合素质，这样才能为用人单位所青睐。

4．强调实践操作能力　　职业学校要求学生能进行本专业的基本具体操作。中职学生的学习过程中非常注重实践和操作。坚实的实践操作能力是中职学生的立身之本。只有让中职学生通过不断实践和"在做中学"，才能使学生从中学到专业技术，才能发现学生遇到的问题，并及时指导和修正学生的不当操作，使中职学生在反复的实践练习中，逐步增强专业技能。

（二）中职学生层面

中职学生学习特点表现如下。

1．喜实践，厌理论　　大部分中职学生在初中阶段对课本上的理论知识都不感兴趣，他们厌倦于说教式的理论学习方式。但是，相较普通高中的学生，中职学生却有着他们自己的优势，即动手实践能力强，而且他们也热衷于此，他们更愿意在实际动手的过程中去接受理论知识，通过实践去验证理论，而不是盯着课本上的条条框框。如果教师在课堂中不注重把理论和实际相联系，通常会出现"台下晕倒一片"的现象。

2．重知识的实用性　　中职学生大多重视很强的实用性，表现在学习上就是对知识实用性的要求，这或许与他们的职业性和现代社会务实的背景有关。不少中职学生把知识是否对自己将来的生活、升学和工作有用作为是否学习的衡量指标，认为有用的知识就会努力去学，认为无用的就会产生厌学倾向。虽然，这种学习方式显得过于功利，但这也许是他们在短时间内实现自身价值提升的最佳选择。

3．学习动力不足　　学习动机是直接推动个体学习的心理动力，能激发并维持个体进行学习活动，并使个体的学习行为朝向一定学习目标。影响中职学生学习动力不足的因素主要有内部和外部两大方面的因素。

从内部因素分析，主要涉及学生自身的人格特质，如学生的兴趣爱好、好奇心、意志品质等。一般来说，对所学知识感兴趣、爱好、好奇心强、意志坚强的学生学习动机相对较强。而中职学生由于学业的压力和对教学方式的不适应常常会缺乏学习兴趣，加上很多中职学生的意志力不够强，克服困难的能力相对较弱，使得他们总是打不起精神来学习。

从外部因素分析，中职学生相对普通高中学生承受了更多来自社会、家庭和学校的外部影响。当前社会对中职教育的认可度和重视程度还不够，加上中职学校的入学门槛较低，中职学生常常被投以异样的眼光，同时家长对他们的失望也给他们带来了很大的影响和压力。这些都使得中职学生开始渐渐不相信自己，容易自暴自弃。学校中教师对他们的放任自流无形中使他们对新学习生活的憧憬逐渐消失，造成学习动力不足。

4. 学习方法不当 中职学生的学业成绩不佳，与他们所用的学习方法有很大关系。有调查表明，中职学生不存在智力方面的问题，造成他们学业不佳另有原因。吴福元用韦克斯勒成人智力量表（WAIS-RC）对中职学生进行了一项智力调查，结果发现中职学生的平均智商为116.08，属于中上智力水平或高智力水平；心理学家朱智贤主持的一项国家重点研究课题"中国儿童青少年心理发展与教育"的研究结果也证实了这一点。不少中职学生在初中阶段没有掌握有效的学习方法，不知道怎样更科学、更有效地去学习。他们对不同学科、不同任务所采用的学习方法趋于一致，满足于简单诵读、机械识记，这些不科学的学习方法往往导致他们的学业成绩不佳，同时又由于得不到相应的指导，从而对学习失去信心，导致厌学。

总之，从中职学生的学习特点中可以看出，他们既需要加强自身的专业能力和职业素养，也需要外界对其学习方法和学习心理上的引导，使他们正确认识和定位自身价值，提高学习兴趣，并引导他们拥有良好的学习心理，掌握正确的学习方法，最终实现有效的学习。

二、中等职业学校学生心理特点及成因分析

（一）心理特点

调查结果表明：农村中职学生心理健康状况总体来讲与其身心发展规律和特点基本符合，但有45%左右的农村中职学生存在不同程度的心理问题。主要表现在强迫、人际、抑郁、焦虑、敌对等5个方面的不足所导致的学生缺乏自信心和意志力、厌倦学习、成绩下降、过分自责、以自我为中心等人格方面的弱点。

农村中职学生来源于农村，毕业后的去向主要是进入高职院校或回到农村，通过调查得知农村中职学生主要具有以下几个特点。

1. "普高热"的从众心理 与初中成绩优异进入重点高中学习的学生相比感到就读中职无前途，近年来，尽管《职业教育法》已明确提出"职业教育是现代教育的重要组成部分"，但是，中职招生，特别是农村中职招生一再滑坡，而"普高热"一再升温，"重普高、轻中职"已成了社会一种普遍的心态。一些家长为了孩子能继续求学，无可奈何地把孩子送进中等职业学校，因此，进入农村中等职业学校的新生经受着来自社会多

方面的压力。

2．"挣钱还是读书"的矛盾心理　初中的学生经受着弃学打工挣钱的诱惑，以及中职毕业生仍回到农村或进入高职院校的学生毕业后工作仍难寻等现实，使进入农村职高的新生产生了"挣钱还是读书"的矛盾心态。

3．学习成绩不理想而自暴自弃的心理　初中毕业生中，最后被录取进入农村中等职业学校的大部分新生是各类初中阶段学校中成绩较差的学生，进入中职后他们深感不如人而陷入自卑，自律性也较差。

4．缺乏动力的放松心理　大部分学生缺乏高起点、高标准的目标理想，抱着"混日子"心态，缺乏上进的动力。

5．经济困难而使虚荣心难以满足的心理　来自农村的中职学生家庭经济条件普遍较差，感到跟不上时代的潮流。

6．不适应中职生活的畏难心理　独生子女比例高，他们从小得到家庭的疼爱，娇生惯养，生活上的依赖性强，离开双亲的呵护，面对能吃苦、勤动手、多自主的学习生活，容易产生畏难心理。

（二）成因分析

形成上述心理问题的主要原因概括如下。

1．自身原因　青年时期是"花的季节"，在这一阶段人的心理、生理逐渐走向成熟，封闭心理已成为这一时期的主要特征，趋于关闭封锁的外在表现和日益丰富、复杂的内心活动并存于同一个体，在这样一种消极情绪控制之下，封闭与外界的任何心理交流，这将是一个值得警惕的表征。加之学习压力加重及第二性征渐渐发育，性意识也慢慢成熟，此时，他们情绪较为敏感，易冲动，对异性充满了好奇与向往，特别关注自身外表形象及公众的评价，当然也会伴随着出现许多情感的困惑。例如，初恋的兴奋，失恋的沮丧，单恋的烦恼等。再者，有些学生因身体的缺陷也会使其感到不如人而有强烈的自卑感。因在学习上难取得令人满意的成绩，人的本能趋使有些学生在其他方面表现自己，因此便产生了强烈的表现欲望，但另一些学生便感到低人一等而自暴自弃。

2．环境影响　主要指家庭环境和社会环境的影响。

（1）家庭环境的影响　家庭是孩子成长的摇篮，是制造个性的工厂，家长是孩子的第一任教师和制造师。理论和实践经验都告诉人们，在中职学生心理健康发展的过程中，家庭起着非同小可的作用，家长的综合素质及其一言一行、家庭的教育方式及家长对孩子的期望态度等，无一不在影响着中职学生的心理健康状况及水平。

（2）社会环境的影响　中职学生生活在纷繁复杂的社会大环境中，各种各样的影响同时作用于青少年的心灵。有调查显示，我国一些中职学生的心理问题发生率呈上升的趋势。由此，可以看到社会因素对青少年心理发展的巨大影响。特别是社会上大众传媒也影响着中职学生的心理健康。现代社会中有很多影响能够直接作用于学生本身，如网络、广播、报纸、电视、电影、录像等，而且对学生具有一定的错误的导向作用。

3．学校教育的影响　学校对中职学生心理健康的影响具体体现在学习的压力、人际关系的复杂化、教师的期望和心理素质三个方面。

（1）学习的压力是影响学生心理健康的重要因素　　由于长期受应试教育的影响，大部分中等职业学校仍然把考试的分数作为衡量中职学生的唯一标准，评价方式单一，因错误的导向导致职业教育偏离其航向，随波逐流抓高考，而忽视学生创造性及操作能力的培养。中职学生因学习成绩上不去，加上教师的嘲讽、同学的轻视甚至家长的埋怨和打骂，学生会产生很大的压力。

（2）人际关系的复杂化　　处于这一时期的中职学生本来就具有一种闭锁性的心理特征，但同时也渴望与人的交往和沟通。但是，许多学生缺乏与人交往所应有的勇气和方法，以自我为中心，对人严，对己宽。在与教师、同学及父母的关系处理上容易产生矛盾，加之社会上某些不良思想的影响，这些都会影响他们与同学的相处。学生的孤独感、寂寞感，既有其年龄特点的因素，更有人际交往不良的因素，他们向往与他人交往，向往能交几个知心朋友。正如我国著名的心理学家丁赞教授所说："人类的心理适应最主要的就是对人际关系的适应，所以人类的心理病态主要是由于这人际关系的失调而来。"

（3）教师的期望和心理素质也直接影响学生的心理健康　　大部分中职学生学习差的原因是学习习惯差，态度不端正，学习目的性不强，加之中职教师"恨铁不成钢"，教学方法不适合学生的认知情感基础，"欲速则不达"，从而使学生更加厌倦学习，并且学习上的过大压力更导致他们产生厌学、学习焦虑等心理问题。同时，中职由于办学困难，难有特色且教学质量较低，社会对其评价较差，因此中职教师地位较低，这也给教师带来了无形的压力，如管理、教学质量如何提高等成为中职教师感到头痛的事情，教师没有成就感可言，这势必使教师的心理也遭到极大的打击，教师的情绪也会影响到学生的情绪。教师具备健康的心理素质，对学生心理健康发展具有重要的作用，相反，心理失调的教师，对学生心理的发展也会产生不良的影响。在学校里，教师与学生有长时间的面对面的接触机会，教师的言谈举止和教师的心境、情绪是构成整个教育环境的组成部分。因此，教师的心理素质直接影响学生的行为，影响学生的身心成长。

三、中等职业学校学生健康学习行为的培养

对于中等职业学校学生进行健康的学习行为养成非常必要，教师必须时刻关注学生的学习行为，并帮助学生进行健康行为养成。

第一，教师要帮助学生明确目标，树立信心。每个学生有了学习目标，就有了学习的动力，生活也就有了方向，学习、生活起来就会显得充实。第二，教师要主动接近学生，细心了解学生的个性特点，善于发现学生的长处和优点，并注意引导学生"扬长避短"，指导学生健康全面发展。第三，教师要注意发现学生的"闪光点"，并及时客观地评价和表扬，多肯定他们的成绩，引导班级形成一种积极上进、比学赶帮超的良好氛围。第四，教师还应该密切与家长保持沟通与联系，使学校教育与家庭教育有机地结合起来，真正做到全方位地把握学生的发展，保证教育教学的效果。第五，教师一定要做好学生的表率，用善意的语言、真实的感情、客观的说理、尊重的态度去引导学生，以自己的言行去影响学生，帮助他们形成健全的人格。

思　考　题

1. 什么是课程标准？课程标准制订的原则是什么？
2. 植物保护课程教学资源与教学环境主要有哪些种类？在教学中如何有效地应用？
3. 进行中等职业学校学生情况分析对搞好专业教学有何意义？

第四章 中等职业学校植物保护课程教学设计

【内容提要】 教学设计的含义、过程、特点及基本原则。教学设计的传播理论、学习理论、系统理论、教学理论及现代教学理念。教学方法选择的依据、程序及方法。教学媒体选择的原则、依据和方法。教学的科学性、生命性、直观性与实践性原则及教学过程设计与优化。不同知识类型的教学设计及优化课堂教学设计的方法。

【学习目标】 理解教学设计的概念及相关理论,掌握教学设计过程的 4 个阶段。理解教学方法选择的依据,掌握教学方法设计的基本程序,能够较为熟练地根据不同教学内容选择恰当的教学方法。了解不同种类教学媒体的特点,理解教学媒体选择的依据和原则,能因地制宜地选择适宜的教学媒体提高植物保护教学效果。掌握 8 种教学原则及其在教学中应用时的注意事项;理解教学过程的一般特点,了解不同教学模式的特点;掌握教学过程优化的标准及方法。理解植物保护专业课程不同知识类型的教学设计,掌握优化课堂教学内容设计的方法。

【学习重点】 教学设计的基本原则和相关理论。教学方法选择的依据、程序和方法。教学媒体选择的原则和依据。教学过程设计及优化的途径。优化课堂教学设计的方法。

第一节 教学设计及相关理论

一、教学设计概述

(一)教学设计的含义

教学设计(instructional design)是教学系统设计(instructional system design,ISD)的简称,它的发展综合了多种理论和技术的研究成果,由于参与教学系统设计研究与实践人员的背景不同,他们往往会从不同的视野来界定和理解教学设计的概念。

加涅在《教学设计原理》(1988 年)中指出:教学设计是一个系统化(systematic)规划教学系统的过程,教学系统本身是对资源和程序作出有利于学习的安排,任何组织机构,如果其目的旨在开发人的才能均可以被包括在教学系统中。

美国学者肯普(1994 年)给教学设计下的定义是,教学设计是运用系统方法分析研究教学过程中相互联系的各部分的问题和需求。在连续模式中确立解决它们的方法步骤,然后评价教学成果的系统计划过程。

乌美娜等(1994 年)认为,教学系统设计是运用系统方法分析教学问题和确定教学目标,建立解决教学问题的策略方案、试行解决方案、评价试行结果和对方案进行修改的过程。

何克抗等(2001 年)认为,教学设计是运用系统方法,将学习理论与教学理论的原理转换成对教学目标(或教学目的)、教学条件、教学方法、教学评价等教学环节进行具体计划的系统化过程。

帕顿(1998 年)在《什么是教学设计》中指出:教学设计是设计科学大家庭的一员,

设计科学各成员的共同特征是用科学原理及应用来满足人的需要。因此，教学设计是对学业业绩问题（performance problem）的解决措施进行策划的过程。

加涅、肯普、乌美娜、何克抗等在界定教学设计定义时，突出的是教学系统设计的系统特征，而帕顿则从设计科学的角度出发突出了教学系统设计的设计本质。

总之，教学设计（instructional design）是教学技术的重要组成部分，它是指教学的系统规划及教学方法的选择、安排与确定，也就是说，为了达到一定的教学目标，对教什么（课程内容）和怎么教（教学组织、教学模式、教学媒体等）进行选择、安排与规划。植物保护课程课堂教学设计也必须考虑教师的主导活动、学生的主体活动、教学内容的知识结构、教学媒体的运用及各要素之间如何互相协调，形成最佳的组合。

教学设计是教学理论向教学技术转化的桥梁。新课程追求的理想课堂要变成现实，要求教师必须依据教学设计的标准和模式，科学合理地写出具有创新性的优秀教学设计，从而使课堂教学达到最佳效果，提高教学质量。必须指出的是，首先，教学设计是教师依据一定的教学理论，在对学生学习能力与品德的本性及学习规律充分理解的基础上，通过周密而详细的设计，最终将教学理论转化为方法或技术。其次，教学理论对教学的指导作用，必须与学校实际和教学实践相结合才能发挥出来，两者的有机结合最终也是通过教学设计来实现的。因此，为了改进植物保护课程教学，除了认真研究相关教学理论外，还必须加强植物保护课程的教学设计工作，使教学理论转化为教学技术，有效提高课堂教学效果。

教学设计可由教学设计专业工作者或教学专家来进行，但植物保护课程的教学设计主要由从事教学工作的第一线专业教师来承担。随着新课改的深入及国家对精品课程、教学资源库建设的重视，各中职学校植物保护课程教学设计，也逐渐从以往的由任课教师针对一个班级就某一内容的教学进行设计和准备的模式，转向专业教研组就某门学科进行集体教学设计和准备，然后某位教师具体执行时根据自己任教班级学生情况、教师任教特点、教学材料准备情况等对教学设计进行必要的修改，然后具体实施。

（二）教学设计的过程

教学设计作为教学活动的系统规划和决策过程，所遵循的设计程序一般包括以下几个方面：一是设计和规定教学的预期目标，分析教学任务；二是分析学生已有的知识水平、基本技能及学生的学习动机与状态，设计和确定教学活动的起点状态；三是分析设计教学活动中学生从教学的起点状态向教学的最终目标状态发展中应当掌握的知识技能，以及应当形成的态度与行为习惯等；四是考虑并研究教学活动向学生呈现教学内容的方式与方法，以及所应提供的学习指导；五是研究和设计教学过程中所要进行的测量与评价的方式和方法等。

关于教学设计过程，目前有许多不同类型的理论模式。但是，可以从各种理论模式中抽取出 7 个基本组成部分，即学习需要分析、学习内容分析、学习目标的阐明、学习者分析、教学策略的制订、教学媒体的选择和利用及教学设计成果的评价，见表 4-1。

表 4-1　教学设计过程模式的基本组成部分

序号	模式的共同特征要素	各要素解决的问题
1	学习需要分析	解决教学的必要性和可行性
2	学习内容分析	解决"学什么"的问题
3	学习目标的阐明	解决"学到什么程度"的问题
4	学习者分析	明确学生是"什么状态"
5	教学策略的制订	用"什么方法"教学
6	教学媒体的选择和利用	如何选择和利用
7	教学设计成果的评价	实施的结果如何

　　从教学设计过程模式的 7 个基本组成部分中还可以进一步抽取出 4 个最基本的要素，即分析教学对象、制订教学目标、选择教学策略、开展教学评价。各种完整的教学设计过程都是在这 4 个基本要素（学习者、目标、策略、评价）的相互联系和相互制约所形成的构架上建立的。教学设计过程可以分为 4 个阶段，即前端分析阶段、学习目标的阐明与目标测试题的编制阶段、教学策略的制订阶段和教学设计成果的评价阶段。

　　1. 前端分析阶段　　优秀的教学设计，首先需要进行一系列的教学背景分析，即教学设计的前端分析。前端分析是美国学者哈利斯（J.Harless）在 1968 年提出的一个概念，指的是在教学设计过程开始的时候，先分析若干直接影响教学设计但又不属于具体设计事项的问题，主要指学习需要分析、学习内容分析和学习者分析。

　　学习需要分析就是通过内部参照分析或外部参照分析等，找出学习者的现状和期望之间的差距，确定需要解决的问题是什么，并确定问题的性质，形成教学设计项目的总目标，为教学设计的其他步骤打好基础。对于中等职业学校植物保护专业教师而言，在对学习需要分析时，最主要的工作是研读植物保护课程标准，根据课程标准规定的学生学习结果，来确定教学目标、设计评价、组织教学内容、实施教学、评价学生学习和改进教学等。只有这样，才能使教师的教学突破教师经验和教材的束缚，使教师的教学有方向感。例如，在植物病虫害预测预报中对田间调查的技能要求：①能识别当地主要病虫草鼠害和天敌 25 种以上；②能独立进行主要病虫发生情况的调查。这就要求教师在教学设计时应该充分结合本地区的植物病虫草鼠害发生特点及规律，对教材的内容进行必要的删减和增补，而不能拘泥于教材，照本宣科。

　　学习内容分析就是在确定好总的教学目标的前提下，分析学习者要实现总的教学目标，需要掌握哪些知识、技能和观点。通过对学习内容的分析，可以确定出学习者所需学习的内容的范围和深度，并能确定内容各组成部分之间的关系，为以后教学顺序的安排奠定好基础。例如，在进行高等教育出版社出版的《植物保护技术》"昆虫的习性"知识点的教学设计时，就应该充分考虑到了解昆虫的习性，掌握害虫的特点和薄弱环节，这有利于控制其发生为害，同时某些习性又是进行测报和防治的重要依据，还可根据益虫的特点进行保护和利用天敌等，所以说该知识点是后续害虫预测预报、综合防治等知识的重要基础，为此在教学设计时应列为教学重点，予以重点学习。

　　教学设计的一切活动都是为了促进学习者的学习，因此，要获得成功的教学设计，就需要对学习者进行很好的分析，以学习者的特征为教学设计的出发点。学习者特征是指影响学习过程有效性的学习者的经验背景。学习者特征分析就是要了解学习者的一般特征、学习风格，分析学习者学习教学内容之前所具有的初始能力，并确定教学的起点。教师在教学设计前，就应对中等职业学校植物保护专业学生进行分析，教师要充分认识到当前中等职业学校的学生理论基础较差，学习积极性不高，与此同时，也应看到绝大多数学生来自农村，对农业生产的对象有一定的感性认识，对新鲜事物具有较强的好奇心，又具有一定的动手能力等特点。所以，在教学设计时教师要注重发挥学生的优势，激发学生学习的积极性，从而有效地提高教学效果。

2. 学习目标的阐明与目标测试题的编制阶段　通过前端分析确定了总的教学目标，确定了教学的起点，并确定了教学内容的广度和深度及内容间的内在联系，这就基本确定了教与学的内容框架。在此基础上需要明确学习者在学习过程中应达到的学习结果或标准，这就需要阐明具体的学习目标，并编制相应的测试题。学习目标的阐明就是要以总的教学目标为指导，以学习者的具体情况和教学内容的体系结构为基础，按一定的目标编写原则，如加涅、布卢姆等的分类学，把对学习者的要求转化为一系列的学习目标，并使这些目标形成相应的目标体系，为教学策略的制订和教学评价的开展提供依据。同时要编写相应的测试题以便将来对学习者的学习情况进行评价。

根据新课改的要求，新的中等职业学校植物保护课程标准，从"知识与技能"、"过程与方法"、"情感态度与价值观"三个方面对课程和教学提出了具体要求，即通常所说的"三维目标"。

"知识与技能"目标，重视学生学习过程中基本知识的掌握和基本技能的形成。"过程与方法"目标，重视学生的学习经历和思维方式的变化发展。"情感态度与价值观"目标，重视学生内心的丰富体验，强调学生学习态度、科学态度、生活态度和人生态度的优化，倡导个人价值和社会价值的统一、科学价值和人文价值的统一、人类价值与自然价值的统一。三维目标既有各自明确的作用，又是相互依存的整体。

以植物保护技术课程中的"昆虫的翅"为例。"昆虫的翅"是昆虫形态学中的重要内容，又是昆虫分类到"目"的重要依据，它在教材中起着承前启后的作用。对"昆虫的翅"知识点的学习，既是掌握昆虫形态不可或缺的一部分，又为后面昆虫分类打下基础。本节内容还是培养学生专业兴趣、扩展知识面的良好题材。据此，本课的教学目标可考虑设计如下。

（1）知识与技能目标　①能指出昆虫翅的形状和简单构造，能说出常见昆虫的翅的质地和类型；②主动收集信息，尝试采集并制作一些地方常见昆虫的浸渍标本，提高学生的动手能力。

（2）过程与方法目标　①通过观察实验，提高观察和动手能力；②通过完成课堂提问，提高对比、归纳的能力。

（3）情感态度与价值观目标　通过领会多种有趣的昆虫知识，增强学生热爱自然、保护生态的意识，树立热爱科学、尊重生命的情怀，从而激发学习兴趣。

3. 教学策略的制订阶段　教学策略的制订就是根据特定的教学目标、教学内容、教学对象及当地的条件等，来合理地选择相应的教学顺序、教学方法、教学组织形式及相应的媒体。教学顺序的确定就是要确定教学内容各组成部分之间的先后顺序；教学方法的选择就是要通过讲授法、演示法、讨论法、练习法、实验法、示范-模仿法等不同方法的选择，来激发并维持学习者的注意和兴趣，传递教学内容；教学组织形式主要有集体授课、小组讨论和个别化自学三种形式，各种形式各有所长，需根据具体情况进行相应的选择；各种教学媒体具有各自的特点，需从教学目标、教学内容、教学对象、媒体特性及实际条件等方面，运用一定的媒体选择模型进行适当的选择。教学策略的制订是根据具体的目标、内容、对象等来确定的，要具体问题具体分析，不存在能适用于所有目标、内容、对象的教学策略。

以植物保护技术课程中的"昆虫的翅"为例。

（1）教材处理　　根据中等职业教育以就业为导向、以实用为原则的指导思想和学生实际，把新课教学和实验合二为一，实行理实一体化教学，强化了从观察和对比各种不同的翅到认识翅的类型这一基本技能和基础知识。教材中本节知识是按照先简单讲翅的意义，再介绍翅的构造和类型进行的。教师可以对知识点进行梳理和重新排序，可以把"意义"留到最后，引发学生课外探究的欲望。对教材中过难的、生产中几乎用不到的理论部分"翅的分区"和"模式脉相"进行删减，突出知识的实用性和趣味性。

（2）教学方法的选用　　新课改要求教学中要充分体现"以教师为主导，以学生为主体"的教育思想，让学生积极主动地参与到课堂教学中来，所以在教学方法选用上，教师可以采用竞赛法、观察法、探究法、实验法等，引导学生自主探究，形成"自主、合作、探究"主体性教学模式。对于"昆虫的翅"这节课的教学，教师可以采用以下教学方法：①实验法，通过观察不同昆虫浸渍标本翅的构造，引导学生发现它们的共同点与不同点，从而激发了学生学习兴趣，增加直观功能，提高学生的学习动力；②自主探究法，通过设置一系列的活动和问题，如昆虫的翅是什么形状，翅的表面是光滑的吗，翅上都有纹路吗，这些纹路叫什么、有什么作用等问题，引导学生积极思考，既活跃了课堂气氛，又培养了学生的探究能力；③媒体直观法，借助多媒体把不易观察到的部分用多媒体放大的方式展示出来，提高了课堂的教学效果。

4. 教学设计成果的评价阶段　　经过前三个阶段的工作，就形成了相应的教学方案和媒体教学材料，然后实施。最后要确定教学和学习是否合格，即进行教学评价。包括：①确定判断质量的标准；②收集有关信息；③使用标准来决定质量。具体在教学设计成果的评价阶段，就是要依据前面确定的教学目标，运用形成性评价和总结性评价等方法，分析学习者对预期学习目标的完成情况，对教学方案和教学材料的修改和完善提出建议，并以此为基础对教学设计各个环节的工作进行相应的修改。

评价是教学设计的一个重要组成部分。对于植物保护课程而言，要优化教学设计必须重视教学设计的评价环节，实际操作中，可以通过教研组集体备课的形式进行，如某教师作出某教学内容的教学设计后，可以通过课前说课的形式，听取教研组其他教师的意见，然后修改；修改后，再实施，并邀请组内教师进行课堂观察；课后开展评课，授课教师先谈教学体会，然后听课教师进行评价，在发现成功之处的同时，更加注重指出不足，提出改进意见，从而帮助教师进一步优化教学设计。

总而言之，教学设计的 4 个阶段之间是相互联系、相互作用，密不可分的。需要指出的是，这里人为地把教学设计过程分成诸多要素，是为了更加深入地了解和分析，掌握整个教学设计过程的技术。因此，在实际设计工作中，要从教学系统的整体功能出发，保证学习者、目标、策略、评价 4 要素的一致性，使各要素间相辅相成，产生整体效应。

另外，教学设计的教学系统是开放的，教学过程是动态的，涉及的如环境、学习者、教师、信息、媒体等各个要素也都是处于变化之中，因此教学设计工作具有灵活性的特点。教师应在学习借鉴别人模式的同时，充分掌握教学设计过程的要素，根据不同的情况要求，决定设计从何着手、重点解决哪些环节的问题，创造性地开发自己的模式，因地制宜地开展教学设计工作。

（三）教学设计的特点

1. 科学合理　　教育是艺术，但教育首先是一门科学，它的目的是培养人，教学设计就是围绕如何更有效地把知识传授给学生，为提高学生素质服务。植物保护课程教学设计既要符合教育教学的科学理论，又要符合植物保护学科的科学理论，才能达到培养植物保护专业人才的目的。

如有教师在进行"昆虫的习性"教学设计时，为讲解"昆虫的假死性"概念，利用了"鼠妇的假死性"小视频进行阐述，形象直观的视频收到了很好的教学效果。但由于鼠妇属于节肢动物门甲壳纲，不属于昆虫纲，因此在介绍昆虫的假死性时用鼠妇作为案例，是不科学的。

2. 严谨周密　　教育既然是科学，就要以科学的精神和科学的态度去处理教学事务。教学设计是最直接作用于学生，直接关系到人的素质培养的问题。因此，教学设计的整体应是严谨周密的，每一个细节都应是一丝不苟的，因设计不严密而产生的漏洞和错误，既会浪费教学时间，又无从谈教学效果。

3. 新颖有趣　　教学设计的艺术性就体现在新颖性和趣味性上。为实现同一教学目标，各位教师可以设计出不同的教学方案。墨守成规、枯燥呆板的方案是很难把教学双边活动统一起来的。优秀的教学设计要与时俱进，密切联系发展了的情况，灵活、艺术地处理教学。艺术性的外在表现是创新、独特、完美。优秀的教学设计还具有趣味性，有趣味才能调动学生学习的积极性，使学生学得轻松愉快。

例如，教师在进行"昆虫的口器"这节内容的教学设计时，如果照本宣科，对书本知识点逐一介绍，势必枯燥无味。有教师结合当年的时事新闻，通过播放新疆伊犁10万亩①草场发生蝗灾的视频，创设教学情境，激发学生的兴奋点，帮助学生理解害虫通过取食，对植物造成了严重的危害性，从而引出"昆虫的口器"知识的教学。在教学中教师通过解剖昆虫口器的实验，小组合作探究，引入竞争机制等，调动学生的学习兴趣，从而使课堂教学生动有趣。

（四）教学设计的基本原则

1. 系统性原则　　课堂教学设计就是应用系统的观点，从整体的角度出发，对课堂教学活动中的基本要素及各要素之间的相互关系进行认真的分析，比较各种不同要素组合产生的效果，从而选择最优的教学方案，获取最佳教学效益的过程。教师在进行课堂教学设计时，必须运用系统的方法，分析教师、学生、内容和媒体、方法等要素在课堂活动中的地位和作用，明确各要素之间及各要素和整个教学系统之间的相互关系，从而确定教学目标，选择教学媒体，制订教学策略，以实现教学系统功能的最优化。

例如，教师在教学设计中进行媒体设计时，必须从整个教学系统考察媒体和教师、

---

① 1 亩 ≈ 666.67m²

学生、教学内容等教学要素之间的相互关系，明确媒体在教学系统中的地位和作用，根据教学目标的需要制订出最适合学生学习的操作方案；如果不从系统整体的观点出发，只是孤立地考虑课堂教学活动中的某一方面，简单地满足某种需要，就不能够达到优化课堂教学的目的，有时甚至会对课堂教学形成干扰。

2. 发展为本原则　　"发展为本"是新课程倡导的一个核心教学理念。为此，现代课堂教学必须关注学生和教师自身的发展，根据时代要求，与时俱进，坚持以人为本，以学生发展和教师自身发展为本。以学生发展为本，要求教师在现代课堂教学中要有与素质教育相吻合的学生观。其核心成分应该是通过最优的课堂教学设计和有效的课堂教学活动，使每个学生的潜能都能得到有效的开发，以及每个学生都能获得最有效的发展，实现教学与发展的真正统一。这就要求教师在课堂教学设计中要体现以下三种要求。

1）要面向全体学生。无论是优等生还是后进生，在课堂上都应受到关注。

2）要面向每个学生的全面发展。课堂教学设计关注的不只是学生对基础知识和基本技能的掌握，还要关注学生学习知识的过程和方法，更要关注学生的情感、态度和价值观方面的提升和发展。

3）促进学生的全面发展应该是具有学生自身特征的个性发展，而不是一种统一规格、统一模式的发展。教师自身发展不仅是有效教学的目标之一，更是实现学生发展的基础和条件。

3. 学科特点原则　　任何一门学科都有各自不同的学科结构特点。因此，课堂教学也要遵循学科特点进行设计。植物保护是一门综合性很强的学科，衍生出许多交叉学科，具有明显的跨学科特色，涵盖植物病理学、农业昆虫学、植物化学保护等，该课程具有较强的专业理论性和实践性，所以在进行教学设计时既要注重基础理论的学习，又要考虑到实践技能的训练，强调理论与实践的结合。同时，主要植物病虫害种类教学设计还要充分考虑地区特点，因地制宜。

4. 接受性原则　　课堂教学设计最终是着眼于激发、促进、辅助学生的学习，并以帮助每个学生的学习为目的。所以，在教学设计上首先要使学生保持较高的注意力，并对学习内容持有积极探索的认知倾向。而要做到这点，最有效的方法就是增强教学设计的可接受性，使教学设计符合学生的需要，能调动、激发学生的学习兴趣，从而变学生被动学习为主动学习、化消极学习为积极学习，最终实现课堂教学真正建立在学生自主活动、主动探索的基础上，形成有利于学生的主体精神、创新意识健康发展的宽松的课堂教学环境。

例如，中等职业学校植物保护专业学生在施用农药方面的要求：①能使用背负式机动喷雾器；②能排除背负式机动喷雾器一般故障。那么按照可接受性原则，教师在教学设计时就应该准备背负式机动喷雾器若干台，实行理实一体化教学，进行模拟或者是实战教学，如果教师对着书本讲了一大堆机动喷雾器的组成、工作原理、注意事项，而不进行实际操作，教师讲得没劲，学生听得无味。

二、教学设计相关理论

（一）传播理论

信息传播是由信息源、信息内容、信息渠道与信息接受者为主要成分的系统。进行信息传播，必须对信息进行编码，考虑信息的结构与顺序是否符合信息接受者的思维与心理顺序。信息不能"超载",过于密集的信息直接影响传递效果,增加负担,而且不同信息的注意获得特性不同,有些材料宜于以视觉方式呈现,有些则宜于用听觉方式呈现,还可以运用多种暗示技巧来增强这种注意获得特性,更重要的是考虑信息接受者的特性(年龄、性别、偏好等),激发其内在学习动机等。

根据信息传播理论,要求教师在进行植物保护课程教学设计时,要注意在每节课的教学内容的确定上,不可贪多,否则就会出现"超载"现象。例如,教师在进行"昆虫与环境条件的关系"章节的教学设计时,就应该将其分2课时进行学习,由于昆虫是变温动物,生长发育、繁殖受温度的影响和支配,所以把握好"温度对昆虫的影响"知识是本章节的重点,应单独列为1课时学习,其他的气候因素、土壤因素、生物因素等列为1课时进行学习。

另外,植物保护课程具有较强的理论性和实践性,所以在教学设计时,采取适当的信息传播方式对于学生学习是非常重要的。对于病虫害的识别方面,采取标本、实物、多媒体、现场教学等方式进行直观教学效果较好;对于病虫害的田间调查,则采取现场教学、项目教学等方式效果较好。

(二)学习理论

在教学设计研究和实践中越来越重视学习理论的发展,正如美国教育心理学家加涅所说:"教学设计扎根于人类学习的条件的知识土壤之中的思想,看来是适合的。"学习理论在一定程度上描述、解释和预言了学习活动的规律性。学习理论是心理学的一个分支,每个学习理论家都对学习下了特定的定义,归纳起来,大致可以分成3类。

1. 行为主义学习理论　行为主义学习理论又称刺激-反应理论,是当今学习理论的主要流派之一。该理论认为,人类的思维是与外界环境相互作用的结果,即形成"刺激-反应"的联结。其主要观点:教学是一种按既定步骤进行的固定程序,相应的教学效果也是完全可以预期的,具有很强的重复性;学生的意识被看成是"一张白纸",教师用理性的结论把图画印到纸上,学生的学习不受个人头脑中原有认知图式的影响,仅取决于教师及教育环境的控制影响,考试的结果一般被看成是学生知识评价系统的全部。传统教学观主要的学习理论依据是行为主义。

2. 认知理论　认知理论探讨学习者内部的认知活动,其中主要是认知建构学习理论。建构主义强调,应当把学习者原有的知识经验作为新知识的生长点,引导学习者从原有的知识经验中,生长新的知识经验。其核心就是学习是以自身已有的知识和经验为基础的建构活动。学习者的个体差异(已有的知识、认知风格、学习态度、信心、动机、观念等)得到了充分的肯定,每一项新的学习活动都与学生已有的知识和经验直接相关,是动态的,每个人的经历和所处的社会环境不同,对世界的观察和理解也不一样。对学生知识的评价体系一般是建立在"问题解决"过程中学生对事物的理解和解决问题的能力之上。

3. 人本主义学习理论　人本主义认为,在教学过程中,应以"学生为中心",这是其"自我实现"的教育目的的必然产物,教学以学习者为中心,让学生成为学习的真正主体。

在认知理论和人本主义学习理论的指导下,职业教育课程教学设计也发生着转变,表现在:①由教师本位向学生本位转变;②由机械性向生成性转变;③由传递接受式为主向以引导探究为主要特征的多样化教学模式转变。

4．案例　　例如，"昆虫的口器"一节知识的教学，传统的做法是，教师借助昆虫口器的挂图或幻灯片（PPT）进行讲授，学生记住昆虫口器的类型、结构、功能及为害特点等。而根据职业教育教学改革的要求，则是进行小组合作探究式学习，可以进行如下设计。

第一个环节：视频导入（多媒体视频展示）。

观察蝗虫的体躯构造，通过播放新疆伊犁10万亩草场发生蝗灾的视频，知道害虫通过取食对植物造成了严重的危害性，从而引出昆虫的取食器官——昆虫的口器。

第二个环节：探索新知（包括两个方面，昆虫口器的构造和取食特点）。

1）昆虫口器的构造，昆虫的口器主要为咀嚼式口器和刺吸式口器两种类型：①首先通过多媒体展示咀嚼式口器（蝗虫）和刺吸式口器（蝉）的构造。②学生分组解剖观察咀嚼式口器的构造。以蝗虫作为标本，5人一组，在教师的演示和巡回指导下分别对蝗虫的上唇、上颚、下颚、下唇和舌进行解剖，然后把解剖的各部分按照顺序粘在一张白纸上。学生操作完毕后，可以在各组之间进行展示，要逐一对学生的"作品"给予全面客观科学的评定，对做得好的同学提出表扬；对操作合格的同学予以适当的鼓励；对出现的问题认真纠正。③学生分组解剖刺吸式口器（蝉）的构造，让学生用放大镜观察和解剖刺吸式口器的构造。

这样通过分组解剖观察蝗虫和蝉的口器，让学生更直观地对两种口器的构造有了清楚的认识，然后让学生分析两种口器构造的区别，最后通过多媒体图示展示出来。

2）取食特点：通过对口器构造的观察，让学生思考口器的构造不同，取食特点是否一样。

带着这个问题，通过观察几组熟悉的图片，采用分组讨论、代表发言，让学生判断出这些图片的口器类型，最后通过多媒体展示出咀嚼式口器和刺吸式口器的取食特点。

第三个环节：知识拓展（口器类型与害虫防治的关系）。

讨论：如何防治蝗灾？通过学生讨论发言，最后总结常用药剂的防治方法，同时让学生树立综合防治的思想意识。

第四个环节：检测训练。

完成新内容的学习后，设计了三道课上练习题（用幻灯片展示），分别针对三个知识点，考查学生对新内容的掌握情况，及时反馈教学效果。

第五个环节：课堂小结，布置作业。

总结：这节课学习的主要内容，强调本课的重点和难点。

作业：①绘制蝗虫口器的分解图；②课外查阅常见果树害虫图片。

案例应用体会：根据本课内容和学生的实际情况，教师改变了原来传统的授课方式，借助多媒体视频导入激发了学生的学习兴趣，通过标本解剖和讨论去探索和拓展知识，充分体现了学生的主体性，实现了教学目标，收到了较好的课堂教学效果。

（三）系统理论

系统理论以一般系统为研究对象，即研究适用于一切系统的模式、原则、方法和规律，并对其进行数学描述。系统理论指出，任何系统都包括5个要素：人、物、过程、外部限制因素和可用资源。这 5 个要素间有三种联系形式：①过程的时间顺序；②各因素间数据或信息流程；③从一个系统中输入或输出的原材料（人或物）。

系统理论把事物看成是由相互联系的部分所组成的具有特定功能的整体。它要求人们着眼于整体，从整体与部分、整体与环境之间的相互联系相互制约中选择解决问题的最佳方案。系统理论在教学设计上的运用，最根本特征是追求教学系统的整体优化。

就"园林植物病虫害防治"中"植物病害的发生发展"这节课来说，不仅要考虑这节课中的教学内容、学生、教师、教学条件等要素，把它本身作为整体来看待，同时，还要考虑这堂课与"园林植物病害的发生规律"这一章的教学甚至与本学科的关系。所以，教学系统作为一种"人为系统"，其本身是分层次的，而且由于参照点不同，系统的构成也是灵活多变的。当教师把课堂教学作为一个系统来对待时，系统教学设计主要是从"输入（建立目标）—过程（导向目标）—输出（评价目标）"这一视角来看待教学整体优化问题的。

（四）教学理论

教学理论是教育学的一个重要分支。它既是一门理论科学，也是一门应用科学；它既要研究教学的现象、问题，揭示教学的一般规律，也要研究利用和遵循规律解决教学实际问题的方法策略和技术。从规范性和处方性角度考虑，教学理论关心的是促进学习而不是描述学习。具体地说，教学理论主要研究"怎样教"的问题。

目前教学理论流派主要有哲学取向的教学理论、行为主义教学理论、认知教学理论、情感教学理论。职业教育作为以就业为导向的教育，与普通教育相比最大的不同点在于其专业鲜明的职业属性，因此，职业教育的专业教学论与普通教育的专业教学论不同。姜大源认为职业教育专业教学论创立的基本原则为：第一，教学目标要以该专业所对应的典型职业活动的工作能力为导向；第二，教学过程要以该专业对应的典型职业的职业活动的工作过程为导向；第三，教学行动要以该专业对应的典型的职业活动的工作情境为导向。

以职业教育的专业教学论为指导，教师在进行植物保护课程教学设计时，首先要考虑植物保护专业学生毕业后对接的职业岗位所要求具备的工作能力如病虫草害的识别、植物病虫害的预测预报、针对某一种病虫害拟出综合防治方案、化学保护等；然后将植物保护相关课程内容对接各职业活动的工作过程，拟出典型工作任务，如化学保护中农药稀释的工作程序；最后分析具体农药稀释该项职业活动的工作情境如何。在以上分析的基础上开展基于工作过程的行动导向教学，让学生通过行动来学习，真正体现了"做中学，做中教"的教学理念。

（五）现代教学理念

现代教学理念集中体现在重新确立课堂教学的价值观、教学观、学习观、过程观和评价观。

1. 价值观

1）课堂教学的知识与文化价值，既要注重知识的传授，又要注重与课本知识相关的信息。使学生在学习知识的同时，还可受到精神层面的熏陶，丰富他们的文化底蕴。

2）课堂教学的能力与方法价值，以培养能力为核心，以知识为载体，渗透科学的思维和分析方法。让教师明白：方法教学是最终教学。

3）课堂教学的道德与人格价值，课堂教学也是学生道德养成和人格健全的过程。职业要求教师"为人师表"，负有"教书育人"的双重责任。这是课堂教学的价值取向和教师职业特定的职责要求。

2. 教学观

1）教学的本质是"交往与互动"，没有师生的交流的教学就等于没有发生教学。"交流与互动"是课堂教学的基本形式。

2）教师是学习的组织者、合作者和引导者，而不是学生的"主宰"和"领导"，实施教学的前提是构建"新型的师生关系"。

3）教师要从根本上改造和完善学生的学习方式，教师要尽快转变"教学观念"，树立"服务意识"，课堂要围绕着学生的发展进行设计。

3. 学习观

1）学习的本质是教学过程中学生的"参与"和"活动"，倡导"在活动中学习，在活动中成长，在活动中发展"的学习观念。

2）学生是学习的主体，是发展中的人，是成长中的生命。教师不仅要关注学生的知识和技能、思想和方法，更要关注学生的情感、态度和价值观的形成。

4. 过程观　　教育的特殊性在于其过程的特殊性，在教育活动中"过程即目的、过程即结果"。在教学活动中关注学生成长的全过程，在过程中形成能力，在过程中掌握方法，在过程中得到发展。

5. 评价观　　按照新的教学理念，对课堂教学的评价标准可以概括为"六度"：①学生思维的自由度，自主、开放、活跃、创新；②学生课堂的参与度，主动、体验、表现、感悟；③知识技能的整合度，实际、理解、操作、训练；④师生情感的亲和度，交流、互动、亲切、和谐；⑤学习目标的清晰度，应用、分析、综合、评价；⑥学生能力的延展度，再现、升华、迁移、构建。

第二节　教学方法设计

教学方法是为实现教学目标，在教学过程中师生共同活动时所采用的一系列办法和措施。选用适合的教学方法，是教学设计的一个重要环节。目前，在教学实践中运用的教学方法有很多，在植物保护专业课程课堂教学中常用的教学方法主要有讲授法、讨论法、演示法、练习法、读书指导法、任务驱动法、参观教学法、现场教学法、自主学习法、角色扮演法、合作学习法、实验法、引导文法、案例教学法、项目教学法等。在教学中，要求教师综合考虑各种因素，适当地选择和运用教学方法，以收到良好的教学效果。

一、教学方法选择的依据

（一）依据教学目标选择教学方法

教学目标的选用，首先要指向教学目标的有效达成。不同的教学目标和教学任务，需要不同的教学方法去实现。例如，在进行植物病虫草害识别教学时，为使学生获得感性认识，就适宜采用直观教学法；在进行农药的配制知识教学时，主要是培养学生形成技能技巧，适宜采用练习法；为培养学生的探究精神，则可以采用探究法；为培养学生的合作意识采用小组合作学习法。

（二）依据教学内容特点选择教学方法

植物保护专业不同学科的知识内容与学习要求不同，不同阶段、不同单元、不同课时的内容与要求也不一致，这些都要求教学方法的选择具有多样性和灵活性的特点。例如，在学习"植物病害"概念时，学生对概念的理解容易出现歧义，这时可以采取讨论的方法，通过讨论使学生明白确定病害必须具备两个条件：一是必须有病理变化的过程；二是在农业生产上造成经济损失。这样学生就不难理解为什么"葱白、韭黄"不是病害，而水稻缺氮导致叶片枯黄、大白菜受真菌感染而腐烂都属于植物病害。学习"农药的销售"方面的知识，采用角色扮演的教学方法，效果较好；而在学习"水稻稻瘟病的综合防治技术"时，采取思维导图的方式，可以让学生清晰地拟定出综合防治的方案。农药品种市场调查，针对农药种类繁多、更新迅速这一特点，枯燥的课堂讲授使学生感到极其厌烦，不能满足学生要求。教学方式如果采用任务驱动教学法或采用现场教学的方法就会收到较好的效果。

（三）根据学生实际特点选择教学方法

学生的实际特点直接制约着教师对教学方法的选择，这就要求教师能够科学而准确地研究分析学生的上述特点，有针对性地选择和运用相应的教学方法。中等职业学校植物保护专业学生年龄一般是15~18岁，为青年初期，这是一生中身心发展最快的时期。这个时期他们的生理上表现是身体外形剧变，体内机能增强，肌肉发达、骨骼增粗等；在心理发展上智力飞跃发展，个性逐渐形成；在社会性发展方面表现，成人感特别强烈，就业焦虑感突出，事业的信心不足等。基于上述特点，在教师选择教学方法时，要注重培养学生的信心、职业岗位能力、探究能力、合作精神等，适当考虑探究法、小组合作法、项目教学法等进行教学。

（四）依据教师的自身素质选择教学方法

任何一种教学方法，只有适应了教师的素养条件，并能为教师充分理解和把握，才有可能在实际教学活动中有效地发挥功能和作用。因此，教师在选择教学方法时，还应当根据自己的实际优势，扬长避短，选择与自己最相适应的教学方法。例如，教师口头语言能力强，可选用讲授法；口头语言能力弱，可选择演示法、讨论法等。

（五）依据教学环境条件选择教学方法

教师在选择教学方法时，要在时间条件允许的情况下，最大限度地运用和发挥教学环境条件的功能与作用。近年来，各中等职业学校大力加强教学资源库、精品课程、实训基地、理实一体化教室的建设，优化了职业教育的教学环境，在植物保护课程教学时，教师应该结合学校具有的条件，因地制宜地选择适宜的教学法。例如，在葡萄产区开展葡萄病虫害调查时，可以采取现场教学法，组织学生到当地葡萄生产基地进行教学，可以有效地增强学生的感性认识。近几年来，栾树在我国南方地区种植面积逐步增加，栾多态毛蚜在居民社区和主干道路上时有暴发，严重影响居民的日常生活和行人的出行。因此，教师可以在春季栾树新叶展出后，让学生对栾树生长状态和栾多态毛蚜进行观察，并记录下该蚜虫的生活史和生活习性，引导学生理解植物与害虫、环境的关系，并掌握昆虫生活史、世代等基本概念及运用。

二、教学方法选择的程序

课堂教学方法的选择是决定课堂教学效果和效率高低的一个重要因素。巴班斯基认为要实现教学方法的优化，除了强调选择的标准之外还有一个优选的程序问题，他把选择教学方法的程序问题称作选择教学方法的算法，即开始选哪些方法，随后选哪些方法的步骤，巴班斯基和他的同事访问了许多教师，归纳出教师在选择教学方法时的一般思考顺序。

第一步：决定是选择由学生独立地学习该课题的方法，还是选择在教师指导下学习教材的方法。

第二步：决定是选择再现法，还是选择探索法。

第三步：决定是选择归纳的教学法，还是选择演绎的教学法。

第四步：决定关于选择口述法、直观法和实际操作法的如何结合问题。

第五步：决定关于选择激发学习活动的方法问题。

第六步：决定关于选择检查和自我检查的方法问题。

第七步：认真考虑不同教学方法相结合而成的不同方案，以防通过完成家庭作业和复习已学过的教材而发现学生学业程度上可能有的偏差。

教学方法的选择：根据现代职业教育理论对教学内容分析的成果，植物保护专业课程内容可以划分为陈述性知识、程序性知识和策略性知识三种类型，教师可以采用"内容-方法"思路针对不同的知识类型进行教学方法的选择。

（一）陈述性知识的教学方法

陈述性知识指涉及事实与概念、理论与原理方面的知识。"事实与概念"解答的是"是什么"的问题，"理解与原理"回答的是"为什么"的问题。在中等职业学校植物保护专业中，有关基本理论、基本原理等教学内容属于理论知识类，如农业昆虫的外部特征、昆虫的习性、植物病害的概念、植物病害的病原物、植物病害的症状及发生规律等知识都属于陈述性知识的范畴，这类教学内容理论性较强，需要识记和理解。教学方法选择除传统的讲授、复习、提问、启发、谈话等教学方法外，还应注意选用导学式教学法、思维导图法、引导文法等现代职业教育领域中较为典型的教学方法。

例如，对"昆虫的习性"的教学，如果单纯采用讲授法，平铺直叙地讲述，可能学生的积极性不高，兴趣不大。但如果采用导学式或者提问式教学法教学，设置以下问题：①农业生产上所讲的害虫主要是哪种食性的害虫？②单食性、寡食性、多食性三类害虫比较起来哪一种容易防治一些？③根据害虫的食性及其食性的专化性如何开展防治？④夏季的夜晚，有许多飞蛾为何总是聚集在教室日光灯或路灯周围飞翔？

⑤为什么小白菜上面喜欢"长"菜青虫?⑥生产上如何利用昆虫的趋性防治农业害虫?⑦生产上如何利用昆虫的假死性、群集性、迁飞性等进行农业害虫防治?在问题解答的过程中,引入竞争机制,可激发学生的学习兴趣,活跃课堂气氛,提高教学效果。

(二)程序性知识的教学方法

程序性知识回答的是"做什么"、"怎么做"的问题,是一种实践性知识,也称操作性知识。在中等职业学校植物保护专业的专业基础课和专业课中,需要采用实验、实训(含实习)等教学手段进行教学的内容属于程序性知识范畴。对这类教学内容而言,其教法的可适性较强,可以选用行动导向类教学方法,如实验法、实习作业法、观察法、调查法、演示法、参观法、项目教学法、任务驱动法等。

室外实践教学是植物保护学课程必不可少的组成部分。让学生实地采集或观察标本,可巩固课堂理论和实验的教学效果,现场进行指导分析的效果远远大于室内标本的观察,同时可在实地培养学生综合分析问题的能力。例如,在进行植物病害的症状(病状、病征)观察实验教学时,可改变传统的室内标本(长时间存放后褪绿,霉状物、粉状物等病征模糊)观察教学法,而把学生带到大自然,让学生有目的地观察活体实物标本,可清晰直观地看到番茄病毒病的花叶变色与叶片畸形、番茄疫病造成的坏死、黄瓜枯萎病的萎蔫(剖开病茎可看到维管束变褐)、黄瓜霜霉病叶片上的霜状霉层、灰霉病病部的霉状物、瓜类白粉病叶片上的粉状物、细菌性病害的菌脓等症状,这样既激发学生的学习兴趣,又增强实验的教学效果。

另外,对于中等职业学校植物保护专业的专业课程内容,教师可以对接植保工等相关职业岗位,将教学内容列为若干个项目任务,如农业害虫的识别、植物病害症状识别、植物病虫害的调查统计、拟定植物病虫害的综合防治方案、植物化学保护技术等,然后按着项目教学法进行教学,可以有效地提高学生的动手能力和操作技能。

(三)策略性知识的教学方法

策略性知识实际上就是关于"怎么做更好"的知识。在中等职业学校植物保护专业的专业基础课和专业课中,有关植物病虫害的综合防治技术、农药的合理安全使用技术、农药的田间药效试验技术、大田作物主要病虫害防治技术等操作性强、技术性强的教学内容,应着重选用行动导向、能力本位教学模式下的教学方法,如参与式教学法、项目教学法、案例教学法、任务驱动教学法、探究式教学法等。

参与式教学法常在植物保护技术课程上被应用。课前教师可布置与课程内容相关的小专题(如植物害源的种类与危害、植物保护的作用与地位、有害生物防治技术概况、化学农药的利与弊、生物天敌的利用、有害生物防治存在的问题等),让学生课下查阅资料,每次上课安排1～2位同学做5～10 min的专题小报告,教师和学生进行点评、讨论后引出新课内容。课上学生上讲台汇报时,语言表达能力、组织协调能力、逻辑思维能力等都会得到锻炼。一些任务可分小组安排,这样还能培养学生的团队协作能力、人际沟通能力。参与式教学的方法可进行角色互换,让学生讲课、教师点评、课上讨论,鼓励学生主动参与教学过程,这样学生课下就会查阅相关资料、认真思考、相互讨论,自学能力逐步提高，能够主动去发现问题、并想办法去解决问题，久而久之学生还能养成自我学习的好习惯。

在介绍农作物重要病虫草害时，因各种作物上病虫草害种类很多，不可能面面俱到，这里存在"教什么"、"怎么教"两个问题，显然"怎么教"更为重要，教师教完课后学生会应用才是教学的最终目的，案例式教学能很好地实现这一目标。教师可以结合地区区域特点选取重点案例进行讲解，能让学生掌握要领，理解针对一种病害、虫害或草害应该如何去了解其发生发展规律及如何结合新技术对其加以控制，并做到举一反三、触类旁通。当学生再遇到未讲解的或新发现的病虫草害问题时便知道如何去思考、研究和解决，这样就大大缓解了"教学内容多、学时少"的矛盾，提高课堂效率，使教学内容既不脱离教材，又能提高学生学习的积极性。

总之，植物保护专业教学法的选择既受教学系统中各种要素和学校教学条件的制约，又受不同施教者的个性差异影响，不能一概而论。这里只侧重从教学内容视角进行分析，不能僵化对待。在实际教学设计中，教师可根据具体情况灵活选择。选择的一般原则是内容可适性、条件可行性、可操作性和效果最佳性。法无定法，最宜者佳。

三、教学媒体设计

媒体是指承载、加工和传递信息的介质或工具。当某一媒体被用于教学目的时，作为承载教育信息的工具，则被称为教学媒体。教学媒体是教学内容的载体，是教学内容的表现形式，是师生之间传递信息的工具。

教学媒体大致可以分为两类，即传统教学媒体和现代教学媒体。传统教学媒体是指教学活动中常用的粉笔、黑板、教科书、挂图、标本、模型、实物等。现代教学媒体主要指应用现代技术记录、储存、运输、处理和呈现教育信息的载体，它由硬件和软件两部分组成。现代教学媒体的硬件指用以储存和传递教学信息的多种教学机器，如光学投影仪、幻灯机、录音机、录像机、计算机、数字视频展台、液晶投影仪等；现代教学媒体的软件是指录制或承载了教学信息的载体，如投影片、幻灯片、录音带、磁盘、光盘等。根据现代教学媒体对人类的感官的作用，可以分为视觉媒体（幻灯片、投影、微缩资料等）、听觉媒体（广播、录音、激光唱机、电子音响、电唱机等）、视听媒体（电影、电视、录像、DVD等）和交互多媒体（多媒体计算机辅助教学系统、语言实验教学系统、校园网络系统、互联网等）。现代教学媒体在运用形式上主要有以下几种：①基于视听媒体技术的教学形式；②基于卫星通信技术的远程教学形式；③基于多媒体计算机的教学形式；④基于计算机网络的教学形式；⑤基于计算机仿真技术的"虚拟现实"教学形式。

教育教学过程的本质是一种信息传递的活动，教育信息是用来表达教育内容的，而不同的教育内容，对信息类型及传递媒体往往有着不同的要求。因此，在教学过程中一定要针对相关的教学内容，在充分考虑不同教学媒体所起作用的同时，根据各种媒体的具体特点进行优化运用。

（一）教学媒体选择的原则

1. 最优决策原则　美国传播学家施拉姆（Wilber Schramm）提出的决定媒体选择

概率的公式，是选择媒体的最优决策的依据，如下：

媒体选择的概率（P）＝媒体功效（V）/付出的代价（C）

媒体功效是指媒体在实现教学目标过程中起作用的程度；付出的代价是指制作该媒体所需的费用（设备损耗、材料费、人员开支等）及所付出的努力程度（难易程度、花费时间等），也就是所谓的成本。由这个公式可知，付出的代价越小，功能越大，则媒体的使用价值越高，获得效益越大。因此，教师在选择教学媒体时，应根据教学内容和教学目标，尽最大可能选择代价小，但功效高的教学媒体，不能浪费资源。

如进行植物病害症状识别、昆虫种类识别等知识学习时，利用实物、标本、挂图或者 PPT 课件就能很好地满足教学需要，实现直观教学的效果，这时教师就没有必要做成 Flash 动画、音频视频来进行教学。

2. 有效信息原则 美国视听教育家戴尔在《视听教学法》这本书中提出了"经验之塔"的理论，其中指出各种教学媒体所体现的学习经验层次是不同的：有的属于具体的经验，有的属于替代的、间接的经验，有的则属于抽象的经验。因而，在具体教学中不同的教学内容应选择不同的教学媒体来体现。或者说，在具体教学中不同的教学媒体适合表现不同的教学内容。

学生的认知结构是逐步形成的，它不但与年龄有关，更与他们的知识、经验、思维的发展程度有关。因此，只有当选择的教学媒体所反映的信息与学生的认知结构及教学内容有一定的重叠时，教学媒体才能有效发挥作用。

对于中等职业学校植物保护专业学生来说，由于他们正处在青年初期，对新事物充满好奇心，容易接受新鲜事物并产生兴趣，动手能力也较强，在信息社会的今天，利用计算机网络能够激发他们的学习兴趣，提高学习效率。所以根据不同学校信息化建设水平，教师可以利用网络平台，开展课前预习、课堂仿真模拟训练、课后网上完成作业等形式进行植物保护专业课程学习。

例如，教师在进行"水稻稻飞虱综合防治技术"知识学习时，教师可以根据不同知识点对教学媒体作如下选择。

1）稻飞虱的识别：借助挂图或 PPT 投影，进行直观教学。

2）稻飞虱发生规律：借助视频资料学习，可以通过网上下载剪辑实现。

3）稻飞虱的田间调查：教师可以根据田间实践情况，自制微视频进行教学。

4）稻飞虱的综合防治技术：师生在共同学习该知识点之后，教师可以利用网络平台开展讨论，研究最佳的综合防治方案。

3. 适度性原则 在教学过程中应适当多采用教学媒体，因为多种媒体传递的教学信息量，一般会比只用一种媒体传递的教学信息量要大。但这并不是说媒体用得越多越好，因为课堂信息大了，还要考虑学生能不能接受，如果不能接受，再多的信息也是没有用的。

一般来说，如果运用了教学媒体，可以在教学过程中有效地明确教学目标，突出教学的重点、难点，那么教师就应该适时、适地地应用媒体。如果教学过程中，选用教学媒体后，并不能起到突出重难点，甚至还会造成喧宾夺主现象时，就坚决不用。

如在"昆虫的生殖和发育"内容学习时，教师可以利用 PPT 课件或挂图展示美丽的蝴蝶和令人害怕的毛毛虫图片，然后引导学生思考二者之间的关系，从而通过激发学生兴趣引入新课。在教学中为了简单明了地介绍完全变态和不完全变态的区别，教师可以借助"蝴蝶的一生"和"蝉的一生"等视频资料进行直观教学，然后引导学生观察讨论，找出二者之间的不同之处，可以很好地突出重点、突破难点。

4. 反馈互动原则　　反馈是课堂教学结构不可缺少的部分，是检测学习效果、了解学习动态的重要途径，也是体现以学生为中心，发挥学生主体作用的重要方法。应用现代教育技术提高教学效果，必须通过多种途径和多种形式建立最佳反馈渠道，既要让学生及时准确地获取反馈信息，以便将更多的知识内化为自身素质；又能使教师及时了解学生的学习态度、智力因素及非智力因素发展程度，以便调整自己的教学方式和策略。

以中等职业学校信息化建设为契机，教师要积极参与植物保护专业信息资源库、精品课程建设，并实现共建共享，从而能更方便地找到各种教学资源以帮助教学，并利用信息化网络平台，开展交互式学习，不断加强学生的主体地位。此过程中，教师起到指导、引领的作用，充分调动学生学习的主动性和积极性，帮助他们更好地学习。

5. 优化组合原则　　各种教学媒体都有各自的优点，也有各自的局限性，没有一种可以适合所有教学的"超级媒体"。

各种教学媒体的有机组合将会扬长避短、优势互补，取得整体优化的教学效果。一般来说，媒体组合不宜过于复杂，而以简洁实用、少而精、省时省力、易于操控为佳。要讲究教育经济学原理，以较小的代价取得较大的效果。能用传统教学媒体讲清楚的则不用现代教学媒体，能用简单媒体的则不用复杂媒体，能用低成本媒体的则不用高成本媒体。现代教学媒体操作总要占用一定的教学时间和资源，因此教师课前要熟练掌握所用媒体的功能和操作方法，各种附件和软件要准备齐全。

例如，在讲解昆虫的雌雄异型内容时，教师可以利用锹甲、蚧壳虫等昆虫标本让学生观察，但对于雌雄异型昆虫的微观差异如触角形状等无法观察，这时，就可以借助多媒体来教学，可以让学生更加形象地了解学习内容，提高学生的学习兴趣。讲到昆虫的内部结构时，教师可以借助 PPT 画面展示昆虫的消化系统、生殖系统等知识，而对于昆虫的血液循环是如何进行的，则可以播放一些 Flash 动画，让学生直观地了解昆虫血液循环模式。在学习昆虫的习性这部分知识时，用挂图或 PPT 画面就可以充分展示昆虫食性类型，而对于昆虫的趋光性、趋化性、趋温性、假死性、群集性、迁飞性等特性来说，如果用静态的画面不能很好地展示，这时，教师可以通过拍摄或下载微视频进行教学，可以实现化静为动、形象直观，更容易使学生快速而准确地掌握这部分知识。

总之，现代教育是一个十分复杂的系统，若不协调好其与媒体技术和教学艺术的关系，单从媒体设备、技能培训、教学资源建设等要素入手，难有根本性突破。要真正实现现代教学媒体在教学中的有效应用，必须以人为本而不是以媒体技术为本；从实际的教学需要出发而不是从媒体技术出发。只有将教育教学过程中各方面的因素结合起来，才能充分、合理、有效地发挥它的功能效益和优势，从而达到优化教育的目的。

（二）教学媒体选择的依据

1. 依据教学目标　　每个知识点都有具体的教学目标，为达到不同的教学目标常需要使用不同的媒体去传递教学信息。对于认知领域、动作技能领域和情感领域不同目标的培养，更需要考虑媒体的差异。

如进行"昆虫的口器"这节知识学习时，教师对教学目标的确定如下。

1）知识目标：①认识和理解昆虫口器的构造和取食特点；②掌握昆虫口器与药剂防治的关系。

2）能力目标：①培养学生的观察能力；②培养学生动手解剖和合作学习的能力。

3）情感目标：①发展学生的科学探究能力；②培养学生对自然和社会的责任感。

为了实现上述教学目标，教师在选择教学媒体时，可以基于三个方面考虑：一是为激发学生的学习兴趣，可以利用视频资料来介绍害虫对农业生产的危害性；二是可以利用图片或 PPT 课件等让学生观察、比较不同昆虫口器构造的区别，增强学生的感性认识；三是为更深入地理解昆虫的口器特点，教师还可以利用蝗虫、蝉等代表性昆虫，让学生进行分组开展解剖实验。所以，在本节课中教师需要准备的教学媒体是视频资料、图片、昆虫实物等，可以通过视频激趣导入、图片观察、实验感知，最终实现三维教学目标。

2. 依据教学内容　　植物保护专业的不同学科性质也不同，适用的教学媒体会有所区别；同一学科各章节内容不同，对教学媒体的使用也有不同要求。教学媒体的选择与组合必须符合教学内容的特点，对一些理论性强、枯燥的原理性知识及需要强调动态的教学内容应选择现代教学媒体；对一些操作性的程序性知识，最好选择实物等媒体进行实践操作，让学生在工作过程中进行感知。

例如，在学习"除草剂的选择性"这节知识时，对于除草剂为什么具有选择性的原理，学生不容易理解，为此，教学中如果教师借助计算机辅助教学（computer aided instruction，CAI）课件则能够形象直观地进行介绍，起到很好的教学效果；而对于"植物病害的识别"、"农业害虫的识别"等知识，教学中教师只需要选择图片、实物标本就能够达成教学目标；在学习"农药的稀释与配制"这节知识时，除了可以开展现场教学，进行植物保护实地教学，有效地提高学生的操作技能外，教师也可以通过课前下载或自制相关知识的微视频进行授课，能够达到同样的教学效果。

3. 依据教学对象　　不同年龄阶段的学生对事物的接受能力不一样，选用教学媒体时必须顾及他们的年龄特征。例如，对于中职学生而言，他们的注意力不易持久集中，如果仅凭教师的教授、语言表达的形式往往不能激发学生的学习兴趣，如果多用图片、实物标本、视频和 CAI 课件等能生动形象表达信息的媒体形式，则会收到较好的教学效果。例如，在进行"农业昆虫主要目、科的识别"知识学习时，教师如果照本宣科，教学目标达成度非常低；如果借助挂图，则会有效地激发学生兴趣，只是挂图中昆虫种类有限；PPT 课件信息量较大、图片颜色鲜艳，直观效果强，学生学习兴趣会更强；而如果教师采取学生采集昆虫、自制标本的形式进行教学，那么学生的学习是在"做中学"，这种基于行动导向的教学，教学目标达成度更高。

4. 依据教学条件　　教学中能否选用某种媒体，还要看当时当地的具体条件，其中包括资源状况、经济能力、师生技能、使用环境、管理水平等因素。在信息化技术越来越发达的今天，中等职业学校植物保护专业教师一方面要注重教学条件的改善，特别是教学资源的信息化技术改造，共建共享教学资源库、精品课程，购置教学软件等；另一方面，专业教师要注重个人综合素质的提高，特别是运用新技术、新媒体的能力水平，如多媒体课件、微视频、Flash 动画等的制作水平。

（三）教学媒体选择的方法

人们在大量的媒体应用实践中逐步总结出了一些选择媒体的方法，结合中等职业学校植物保护专业教学实际，教师可以从以下 4 个方面去考虑如何正确地进行教学媒体的选择和运用。

1. 必要性　　媒体不是越多越好，也不是每次必需，切忌过泛、过滥。媒体的运用是为了提高教学效果，而不是追求形式。

2. 针对性　　媒体的使用要切合目标，有助于突出教材的重难点，展示事物发展的前因后果、来龙去脉。

3. 启发性　　媒体的演示有利于创设教学情境，促使学生思考，切忌直接展示结论，越俎代庖。

4. 演示与讲解相结合　　媒体演示是为主或是为辅、是先演示后讲解、还是先讲解后演示、或是边讲解边演示，教师要心中有数，切忌讲解与演示脱节。

第三节　教学原则及教学过程设计

一、教学原则

教学原则是根据教育教学目的、反映教学规律而制订的指导教学工作的基本要求。它既指教师的教，也指学生的学，应贯彻于教学过程的各个方面和始终。它反映了人们对教学活动本质性特点和内在规律性的认识，是指导教学工作有效进行的指导性原则和行为准则。教学原则在教学活动中的正确和灵活运用，对提高教学质量和教学效率发挥着重要的保障性作用。

一般地说，教学活动越是能够符合教学原则，就越是容易成功；反之，教学活动越是脱离教学原则的要求，就越是可能失败。但由于教学活动是在不断发展的，并且教学模式多种多样，不同的教学模式需要不同的教学原则与之相适应，因而教学原则也处在不断变化与发展之中。总体上讲，教学论原理中的教学原则多数都适合中等职业学校植物保护专业的教学工作。

（一）科学性原则

一方面是指教学内容本身的科学性，另一方面是指教学方法的科学性，即教师在设计、组织指导教学活动的过程中，应当采用符合植物保护专业教学目标和内容要求的、符合学生身心发展和活动规律的、科学的方法。

贯彻科学性的教学原则，应当做到以下几点。

1）教师要立足中等职业学校植物保护专业，掌握所教课程的内容，了解学生将要从事职业的工作范围、环境和所在岗位的任务，了解学生应具备的知识能力的范围及一定的实际工作经验，这样，才能保证所传授的知识、技能和经验的正确性。

2）教师应系统地学习、掌握学生身心活动与发展的特点和规律，了解学生已有的基础和个性特征。只有这样，才能为所传授的知识、技能和经验选择正确的教学方式和方法。

3）植物保护专业的实践性和区域性特点，决定了很难有完全符合当时、当地实际的、系统全面的配套教材。教师除了领会和掌握现有的教学大纲和教材以外，还必须具有选择教学参考资料和编写教学参考资料的技术文件的能力。

（二）生命性原则

叶澜教授认为，教育除了鲜明的社会性之外，还有鲜明的生命性，人的生命是教育的基石，生命是教育思考的原点。从生命和教育的整体性出发，唤醒教育活动的每一个生命，让每一个生命真正 "活" 起来。

生命性原则就是在课堂教学中要追求人的生命性，课堂教学更应当注重人的生命性成长，使师生共同获得包括知识、能力、人格等的谐和发展。其基本理念是"四个还给"和"三个转换"。"四个还给"：一是把课堂还给学生，让课堂焕发出生命的活力；二是把班级还给学生，让班级充满成长的气息；三是把创造还给教师，让教育充满智慧的挑战；四是把精神发展的主动权还给学生，让学校充满生机勃勃。"三个转换"：一是以生命为核心的教育观念转换；二是实践层面的转换；三是师生关系在生存意义上的转换。

贯彻教学的生命性原则，应当做到以下几点。

第一，师生应共同经历生命成长。一方面，学生在学校学习、在课堂上活动，就是其生命展示与发展的过程，这就需要教师不再将课堂教学看作是对学生的灌输与压制；另一方面，课堂也是教师生命生长的地方，关注教师的生命成长，就需要教师有着强烈的上好每一节课的愿望，在充分实现促进学生发展的教学价值的基础上，实现自己的生命价值。

第二，师生应共同建构知识。教学最为基本的是知识的授受，并在知识授受的基础上，共同建构知识的意义。

第三，生命性教学的目标应体现出全面性。一方面关注的是通过教学使学生获得全面发展，不仅在知识、能力上得到发展，而且在情感、态度和价值观上也得到全面发展，最终形成健康人格；另一方面，激发学生的求知欲和学习兴趣，使学生能全身心地投入到教学活动中去，并在活动中体验学习的苦与乐，有利于学生形成健康的生命观。

第四，师生应交流互动。交往与互动意味着教师必须实现角色的转换，成为和学生平等的对话者，也意味着教师通过教学设计，适时调动学生的参与积极性，从而真正实现师生之间的互动。

第五，教学设计以关注生命为基础。任何关注人的发展的教学设计，都会为师生在教学过程中发挥创造性提供条件，会关注学生个体差异，会为每个学生提供积极活动的保证。

（三）直观性原则

直观性原则是指在教学过程中，教师充分利用各种实物、标本、模型和图表等直观媒体，通过引导学生开展多种形式的感知，丰富学生的感性认识，发展学生的观察力和形象思维，并为形成正确而深刻的理性认识奠定基础。由于中等职业学校植物保护学生年龄小，缺乏职业和生产经验，特别是对技术过程的想象力和抽象思维能力还很有限，因此，在教学中贯彻直观性的教学原则，是植物保护专业学生学习的必然规律。

贯彻直观性的教学原则，应当做到以下几点。

1）遵循直观性原则必须服务于最终的教学目标的完成。课堂教学的最终目的是为了完成教学目标，直观毕竟是教学的一种手段而已，因此，教师在具体的教学过程中，是否需要遵循直观性原则、如何遵循直观性原则，都必须紧紧围绕教学目标，正确地选择。那种为了直观而直观，为了营造课堂气氛而不顾教学目标能否达成的做法是不可取的。

2）遵循直观性原则必须结合其他的教学方法。遵循直观性原则并不排斥其他教学方法在教学实践中的应用，多种教学方法的有机组合才能构成一堂优质课。如在直观教学时，教师不失时机地设问，安排学生讨论等，通过多种教学方法的综合应用，引导学生去把握事物的特征，发现事物之间的联系，以解答学生在观察中的疑虑，获得较全面的感性知识，从而更深刻地掌握理性知识。

3）遵循直观性原则必须正确选择直观性教学手段。遵循直观性原则可采用多种教学手段，包括各种实物、标本、实验、参观、图片、图表、模型、幻灯片、视频及CAI课件等。在具体教学过程中，教师必须根据植物保护专业课程性质、教学的任务、教学内容和中职生的年龄特征正确选用，不论使用哪种直观教学手段，都要坚持典型性、代表性、有利于发展中职生的观察与思维等综合能力。

4）遵循直观性原则更应注重教师的引导。现代课堂教学提倡"以学生为中心"的教学理念，这种理念在课堂教学实践中是以"教师主导-学生主体"的教学结构得到贯彻落实的，可见，教师是一堂课的"导演"，教师在教学中"导"得如何就决定了一堂课的走向。因此，在课堂这个"舞台"上，教师必须精心设计、巧妙规划，做出色的"导演"，才能使学生的"戏"演得更精彩。

5）遵循直观性原则要重视运用语言直观。教师要积极运用形象化的语言说理、艺术性的语言激情、启迪性的语言启智、幽默性的语言激趣、生活化的语言释意，构建和谐高效的生态课堂。

（四）实践性原则

实践性原则是指植物保护专业教学要以职业实践为出发点、导向和最终的目标，这是由专业培养的目标决定的。在植物保护专业教学中，对学生实践能力的系统培养是最重要的，至于学生是否需要接受系统化理论教育的程度，则应取决于学生未来工作岗位的要求。

贯彻实践性的教学原则，应当做到以下几点。

1）教师应做到理论与实际相结合，理论教学应以实践教学的需要为依据。教师要围绕植物保护专业的培养目标，根据生产实际和学生未来职业发展的要求组织教学，并按照植物保护专业的发展状况、经济社会发展现状和日常生活实际情况补充教学内容，选择适当的教学方法。

2）充分发挥实践教学场地的作用，包括校内外实训基地、实验室和演示室等。充分利用校内外实训基地，对学生进行针对性强的、与实际工作一致的训练，帮助学生积累实际工作经验，提升学生就业的能力。

3）教师应具备与植物保护专业一致或相近的职业实践经验，了解学生毕业后所从事工作的实际要求，包括劳动生产技术、人员组织管理情况和行业发展现状等。

（五）接受性原则

接受性原则，就是要求教学的内容、深度和广度，教学的方法及教学组织形式等，符合学生的年龄、心理特征和文化知识水平，使学生在可承受的学习压力下，尽可能多地获得职业实践能力，并保持较高的学习热情。在中等职业学校植物保护专业教学中，不应当盲目攀比普通学校文化课教学的深度和广度，也不能简单照搬其他职业学校的教学内容甚至教材。

为贯彻此教学原则，应当做到以下两点。

1）教师应具备良好的教学理论基础和相应的实践能力，应能通过必要的教学简化，如采用教学媒体和变化语言表达方式等，选择与培养目标、学习难度与学生的接受能力基本一致的教学内容。教学简化包括水平简化和垂直简化，水平简化是对教学内容的精简过程，即选择与培养目标相符合的教学内容；垂直简化是通过适当的教学媒体和语言表达方式等手段，把教学内容的难度降低到能被学生接受的程度。例如，在介绍"园林植物病虫害防治"中的"昆虫的翅"这节知识时，观察和对比各种不同的翅到认识翅的类型是该节的基本技能和基础知识，而对那些过难的、生产中几乎用不到的理论部分进行删减，既降低难度，又突出了知识的实用性和趣味性。在进行"农药的销售"这方面知识学习时，教师可以采取角色扮演的教学方法，使教学内容情景化，激发学生的学习兴趣。

2）教师应了解学生的基本情况，如家庭环境、班级风气及对植物保护专业的认识和态度等，准确地估计学生的实际学习能力，科学地检查学生的现有水平，掌握职业学校学生的心理特征及职业能力的形成规律。

（六）系统性原则

中等职业学校植物保护专业教学，应按照植物保护职业所需的知识和技能，即职业岗位能力的内在联系系统地进行。职业教育与普通教育教学的系统性原则在内涵上既有相同之处，又有很大的差别。相同之处在于：两种形式教育的教学都必须保证教学的整体性，都要注意各个教学内容之间所固有的内在联系，教学工作必须循序渐进并保证相对的完整性。其主要的区别在于：普通教育教学的系统性是由教学科目本身的学科系统决定的，而职业教育教学的系统性则取决于职业活动的系统性，如植物保护专业的植物病虫害综合防治技术是由与植物病虫有关的专业理论知识、专业计算、和操作技能等组成的系统。

贯彻此教学原则，应当做到以下几点。

1）教师要了解职业岗位与培养目标的总体要求，了解各个教学内容之间的逻辑关系，了解专业理论教学内容与职业岗位要求间的具体联系，要注意植物保护专业理论教学与实践技能培养在内容选择、时间安排上的协调一致及各个科目之间的协调。

2）由于在实际的职业活动中，人们的行为过程总是按照所谓"完整的实践"模式进行的，即可划分为获取必要的资料信息、制订可行的工作计划、作出行动的决策、实施工作计划、在工作中控制保证质量和评价工作成就等6个步骤。因此，要求在植物保护专业的教学过程中，尽可能注意全面、系统地培养学生这6个方面的能力，以形成系统、完整的职业实践能力。

3）应处理好专业、专业基础和文化知识教学与"系统性"的关系。植物保护专业教育是为适应职业需要而进行的教育，它是以植物保护职业岗位的工作需求为出发点来设置课程和选择教学内容的。这种以职业岗位的工作需要选择的教学内容构成了植物保护专业教学的系统性，它不同于任何单独的学科知识系统，它是在专业教学中培养学生具有植物保护职业的完整、系统的从业能力的一个大系统。在这个大系统中包含许多元素，强调教学的系统性，首先是强调大系统的完整性，而不是子系统学科教学的完整性，各子系统教学都应服务于大系统教学目标的实现，否则就会混淆全面和局部的关系。

（七）教学与生产相结合原则

职业教育的教学与生产相结合是指在保证完成教学任务的前提下，进行一定的产品生产、技术推广和实业服务，做到培养人才与创造财富兼收并得。产教结合、校企合作，既使学生加深理解并运用了所学专业知识，又培养了他们操作技能和解决农业生产实际问题的能力，训练了职业素质，同时又创造一定的产品。产教结合，可以真正实现植物保护专业教师的"教"是在"做中教"，学生的"学"是在"做中学"。

为贯彻此教学原则，应当做到以下几点。

1）建立和完善相应的实习基地，包括各类校内实习场所、校内外实习实训基地，特别是生产性实训基地的建设。例如，在学校周边的农业生产基地建立相应作物的病虫害测报点，教师在组织学生进行病虫害调查的同时，可以指导学生针对当地的主要病虫害拟订综合防治计划，必要时开展化学防治。

2）教师应当具有将生产实习与教学相结合的能力，教师要善于运用实习和生产的各种教育因素对学生进行职业道德、职业技能和操作能力的教育。

3）要有明确的教育目的和要求，有明确的生产任务和要求，并建立必要的指导组织和规章制度。

（八）建构优先原则

所谓"建构优先原则"，其基本假设是学生的知识是自我构建的，是指要根据学生已有的经验和前人留下的有价值的文本和现存的观点，从周围的环境中主动地获取信息，从而构建属于学生的新的知识结构。其特征在于"基于行动、生成和建构意义的学，学生主动存在；基于支持、激励和咨询意义的教，教师反应存在。基于整体、过程和实践意义的境，情境真实存在。"建构优先教育原则突出学生学习的主体地位，让其在真实的工作过程中形成自身生成性知识和技能，彻底改变以往被动接受知识灌输的状况。建构优先教育原则常用于技能型、技术型人才培养的教学。

为贯彻此教学原则，应当做到以下几点。

1）以学生为本，注重能力的培养；以学生兴趣为本，注重自主学习。

2）突出科学性、情境性、人本性，推进课程内容与工学结合深度融合。

3）开发项目化课程，以工作过程为导向，实践与理论讲授有机整合，实现理实一体。

4）遵循认知规律，尊重学生个性发展，培养学生创新意识。

5）注重能力评价，考核注重过程。

二、教学过程

教学过程，即教学活动的展开过程，是教师根据一定的社会要求和学生身心发展的特点，借助一定的教学条件，指导学生主要通过认识教学内容从而认识客观世界，并在此基础上发展自身的过程。

（一）教学过程的一般特点

教学过程具有丰富的特点。

1. 双边性与周期性　　教学过程是教师与学生、教与学组成的双边活动过程，是教师的教与学生的学的矛盾统一。通过师生的双边活动，师生之间相互作用，不断发生碰撞、交流和融合。通过碰撞、交流达到融合以后，又出现新的矛盾——新知与旧知、未知与已知的矛盾，产生新的碰撞和交流，是一种波浪式的前进。教学周期的运转导致了教学过程的实现，各周期的运转可以描述为一个螺旋体。

2. 认知性与个性化　　教学过程是学生在教师指导下的特殊的认识过程。与人类其他的认识活动相比，它不是为了直接创造社会价值，而是为了实现学生个人的思维创造，即人类的"再创造"，因而，这种认识活动关注认识的结果，但更注重认识的过程，关注学生在认识活动中的发展。学习者必须积极地建构意义，通过对话及思考过程，获得对知识的理解，实现个人的发展。随着社会历史的发展，教学过程会越来越丰富化、生动化和个性化。

3. 实践性与社会性　　教学过程也是学生在教师指导下进行的学习实践活动。与此同时，教育、教学活动是自人类社会产生以来就具有的一种社会活动。新生一代通过接受、继承和发展上　代传授的文化成果得以生存和发展，体现出鲜明的社会性。

（二）教学过程的常见模式

1. 传递-接受模式　　该教学模式源于赫尔巴特的四段教学法，后来由前苏联凯洛夫等进行改造传入我国，在我国广为流行，很多教师在教学中自觉不自觉地都用这种方法教学。该模式以传授系统知识、培养基本技能为目标。其着眼点在于充分挖掘人的记忆力、推理能力与间接经验在掌握知识方面的作用，使学生比较快速有效地掌握更多的信息量。该模式强调教师的指导作用，认为知识是教师到学生的一种单向传递的作用，非常注重教师的权威性。

（1）理论基础　　根据行为心理学的原理设计，尤其受斯金纳操作性条件反射的训练心理学的影响，强调控制学习者的行为达到预定的目标。认为只要通过联系—反馈—强化这样反复的循环过程，就可以塑造有效的行为目标。

（2）基本程序　　该模式的基本教学程序：复习旧课—激发学习动机—讲授新课—

巩固练习—检查评价—间隔性复习。

复习旧课是为了强化记忆、加深理解、加强知识之间的相互联系和进行系统整理。激发学习动机是根据新课的内容，设置一定情境和引入活动，激发学生的学习兴趣。讲授新课是教学的核心，在这个过程中主要以教师的讲授和指导为主，学生一般要遵守纪律，跟着教师的教学节奏，按部就班地完成教师布置给他们的任务。巩固练习是学生在课堂上对新学的知识进行运用和练习解决问题的过程。检查评价是通过学生的课堂和家庭作业来检查学生对新知识的掌握情况。间隔性复习是为了强化记忆和加深理解。

（3）教学原则　　教师要根据学生的知识结构的认知水平对教学内容进行加工整理，力求使得所传授的知识与学生原有的认知结构相联系。充分发挥教师的主导作用，教师在传授知识的时候需要很高的语言表达能力，同时要对学生在掌握知识时常遇到的问题有所经验与觉察。

（4）辅助系统　　教学的辅助系统包括课本、黑板、粉笔、挂图、模型、投影仪等。

（5）教学效果　　优点：学生能在短时间内接受大量的信息，能够培养学生的纪律性，能够培养学生的抽象思维能力。

缺点：学生对接受的信息很难真正地理解，培养的是单一化、模式化的人格，不利于创新性、分析性学生的发展，不利于培养学生的创新思维和解决实际问题的能力。

（6）实施建议　　在介绍讲解性的内容上运用比较有效，当期望学生在短时间掌握一定的知识去应试时比较可行，教师不可在任何教学内容上都运用这种模式，否则长此以往必然造成一种"满堂灌"的教学模式，非常不利于学生的全面发展，从而培养出一大批没有思想与主见的高分低能者。

2. 自学-辅导模式　　自学-辅导式的教学模式是在教师的指导下自己独立进行学习的模式，这种教学模式能够培养学生的独立思考能力，在教学实践中很多教师在广泛地运用。

（1）理论基础　　从人本主义出发，注意发挥学生的主体性，以培养学生的学习能力为目标。这种教学模式基于先让学生独立学习，培养学生独立思考和学会学习的能力，然后教师根据学生的具体情况进行指导。

（2）基本程序　　自学-辅导式的基本教学程序：自学—讨论—启发—总结—练习巩固。

教师在教学中根据学生的最近发展区，布置一些有关新教学内容的学习任务，组织学生自学，在自学之后让学生交流讨论，发现所遇到的困难，然后教师根据这些情况对学生进行点拨和启发，总结出规律，再组织学生进行练习巩固。

（3）教学原则　　自学内容难度适宜，教师在教学过程中要适时点拨，先进行自主学习，然后教师进行指导概括和总结。

（4）辅助系统　　要提供必要的学习材料和学习的辅助设施，给学生自学提供有力的支持。

（5）教学效果　　优点：能够培养学生分析问题、解决问题的能力；有利于教师因材施教；能发挥学生的自主性和创造性；有利于培养学生相互合作的精神。

缺点：学生如果对自学内容不感兴趣，可能在课堂上一无所获；需要较长的时间；需要教师非常敏锐地观察学生的学习情况，必要时进行启发和调动学生的学习热情，针对不同学生进行讲解和教学，所以很难在大班教学中开展。

（6）实施建议　　最好选择难度适中、学生比较感兴趣的内容进行自学，教师要有很高的组织能力和业务水平，教师避免讲解而是多启发。

3. 问题-探究模式 问题-探究模式教学以问题解决为中心的，注重学生的独立活动，着眼于学生的思维能力的培养。

（1）理论基础 依据皮亚杰和布鲁纳的建构主义的理论，注重学生的前认知，注重体验式教学，培养学生的探究和思维能力。

（2）基本程序 该模式的基本教学程序：问题—假设—推理—验证—总结提高。

首先创设一定的问题情境提出问题，然后组织学生对问题进行猜想和作假设性的解释，再设计实验进行验证，最后总结规律。

（3）教学原则 建立一个民主宽容的教学环境，充分发挥学生的思维能力，教师要掌握学生的前认知特点，实施一定的教学策略。

（4）辅助系统 需要一定的供学生探究学习的设备和相关资料。

（5）教学效果 优点：能够培养学生的创新能力和思维能力，能够培养学生的民主与合作的精神，能够培养学生自主学习的能力。

缺点：一般只能在小班进行，需要较好的教学支持系统，教学需要的时间比较长。

（6）实施建议 在探究性教学中教师一定要尊重学生的主体性，创设一个宽容、民主、平等的教学环境，教师要对那些打破常规的学生予以一定的鼓励，不要轻易地对学生说对或错，教师要以引导为主，切不可轻易告知学生探究的结果。

4. 巴特勒学习模式 20世纪70年代，美国教育心理学家巴特勒提出教学的7要素，并提出"七段"教学论，在国际上影响很大。

（1）理论基础 它的主要理论依据是信息加工理论。

（2）基本程序 该模式的基本教学程序：设置情境—激发动机—组织教学—应用新知—检测评价—巩固练习—拓展与迁移。

（3）教学原则 巴特勒从信息加工理论出发，非常注重元认知的调节，利用学习策略对学习任务进行加工，最后生成学习结果。教师在利用这种模式的时候，要提醒学生反思自己的学习行为。要考虑各种步骤的组成要素，根据不同情况有所侧重。

（4）辅助系统 一般的课堂环境，掌握学习策略的教师。

（5）教学效果 这是一个普适性的教学模式，根据不同的教学内容可以转化为不同的教学法，只要教师灵活驾御就能达到想要的教学效果。

（6）实施建议 教师应该是一位研究型的教师，具有一定的教育学和心理学知识，掌握元认知策略，就可以灵活运用这种教学模式。

5. 情境教学模式 情境教学模式要求建立在有感染力的真实事件或真实问题的基础上。确定这类真实事件或问题被形象地比喻为"抛锚"，因为一旦这类事件或问题被确定了，整个教学内容和教学进程也就被确定了（就像轮船被锚固定一样）。

（1）理论基础 它的理论基础是建构主义。建构主义认为，学习者要想完成对所学知识的意义建构，即达到对该知识所反映事物的性质、规律及该事物与其他事物之间联系的深刻理解，最好的办法是让学习者到现实世界的真实环境中去感受、去体验（即通过获取直接经验来学习），而不是仅仅聆听别人（如教师）关于这种经验的介绍和讲解。由于抛锚式教学要以真实事例或问题为基础（作为"锚"），因此有时也被称为"实例式教学"或"基于问题的教学"或"情境性教学"。

（2）基本程序   抛锚式教学由这样几个环节组成：①创设情境——使学习能在和现实情况基本一致或相类似的情境中发生。②确定问题——在上述情境下，选择出与当前学习主题密切相关的真实性事件或问题作为学习的中心内容。选出的事件或问题就是"锚"，这一环节的作用就是"抛锚"。③自主学习——不是由教师直接告诉学生应当如何去解决面临的问题，而是由教师向学生提供解决该问题的有关线索，并特别注意发展学生的"自主学习"能力。④协作学习——讨论、交流，通过不同观点的交锋，补充、修正、加深每个学生对当前问题的理解。⑤效果评价——由于抛锚式教学的学习过程就是解决问题的过程，由该过程可以直接反映出学生的学习效果。因此，对这种教学效果的评价不需要进行独立于教学过程的专门测验，只需在学习过程中随时观察并记录学生的表现即可。

（3）教学原则   情境设置与产生问题一致，问题难易适中，要具有一定的真实性，在教学中要充分发挥学生的主体性。

（4）辅助系统   巧设情境，合作学习。

（5）教学效果   能培养学生的创新能力、解决问题能力、独立思考能力、合作能力等。

（6）实施建议   创设情境适时抛出问题，注意情境感染与熏陶作用。

6. 合作学习模式   它是一种通过小组形式组织学生进行学习的策略。小组取得的成绩与个体的表现是紧密联系的。

（1）理论基础   合作学习模式的理论基础主要有两个。一是由多伊奇于1949年在勒温的群体动力学理论的基础上提出的目标结构理论，他认为，在团体中，由于对个体达到目的奖励方式不同，导致在达到目标的过程中，个体之间的相互作用方式也不同。作用方式可以分为相互促进方式、相互对抗方式、相互独立方式等。二是由皮亚杰学派提出的发展理论，其主要观点是在适当任务中，学生之间的相互作用提高了他们对关键概念的掌握和理解。

（2）基本程序   该模式的基本教学程序：知识传授—小组学习—个人测验—得分计算—小组奖励。

（3）教学原则   合作学习的5个基本原则：第一，积极主动地相互信赖；第二，面对面的相互性促进作用；第三，个人责任；第四，社会技能；第五，评价和控制。

（4）辅助系统   约翰逊于1989年认为合作式学习必须具备五大要素：①个体积极的相互依靠；②个体有直接的交流；③个体必须都掌握小组获得的材料；④个体具备协作技巧；⑤群体策略。

（5）教学效果   合作式学习有利于发展学生个体思维能力和动作技能，增强学生之间的沟通能力和包容能力，还能培养学生的团队精神，提高学生的学业成绩。

（6）实施建议   合作学习中要注意处理好以下4个问题：首先，如果学得慢的学生需要学得快的学生的帮助，那么对于学得快的学生来说，在一定程度上就得放慢学习进度，影响自身发展。其次，能力强的学生有可能支配能力差或沉默寡言的学生，使后者更加退缩，前者反而更加不动脑筋。再次，合作容易忽视个别差异，影响对合作感到不自然的学生的学习进步。最后，小组的成就过多依靠个体的成就，一旦有个体因为能力不足或不感兴趣，则会导致合作失败。

7. 案例教学模式 20 世纪初，哈佛大学创造了案例教学模式，即围绕一定培训的目的把实际中真实的情景加以典型化处理，形成供学员思考分析和决断的案例（通常为书面形式），通过独立研究和相互讨论的方式来提高学生的分析问题和解决问题的能力的一种方法。

（1）理论基础　案例教学模式起源于 20 世纪 20 年代，由美国哈佛商学院（Harvard Business School）所倡导，当时是采取一种很独特的案例形式的教学，这些案例都是来自于商业管理的真实情境或事件，透过此种方式，有助于培养和发展学生主动参与课堂讨论，且实施之后，颇具成效。这种案例教学法到了 80 年代，才受到师资培育的重视，而国内教育界开始探究案例教学法，则是 90 年代以后。

（2）基本程序　案例教学模式的基本教学程序，大致可以归纳如下：第一步，收集班级真实生活情境资料；第二步，将所收集资料形成教学案例；第三步，进行班级团体讨论或班级小组讨论；第四步，讨论中，成员轮流担任领导者角色；第五步，归纳各组或团体意见。在案例讨论过程中，可以质疑他人的想法，学习如何发问，进而学习到独立思考、与人相处、解决冲突、尊重他人等能力。

（3）教学原则　案例教学有一个基本的假设前提，即学生能够通过对这些过程的研究与发现来进行学习，在必要的时候回忆出并应用这些知识与技能。案例教学模式非常适合于开发分析、综合及评估能力等高级智力技能。

（4）辅助系统　学习环境必须能为受训者提供案例准备及讨论案例分析结果的机会，必须安排受训者面对面地讨论或通过电子通信设施进行沟通。

（5）教学效果　优点：①能够实现教学相长。教学中，教师不仅是教师而且也是学生。一方面，教师是整个教学的主导者，掌握着教学进程，引导学生思考、组织讨论研究，进行总结、归纳。另一方面，在教学中通过共同研讨，不但可以发现自己的弱点，而且从学生那里可以了解到大量感性材料。②能够调动学生学习的主动性。教学中，由于不断变换教学形式，学生大脑兴奋不断转移，注意力能够得到及时调节，有利于学生精神始终维持最佳状态。③生动具体、直观易学。案例教学的最大特点是它的真实性。由于教学内容是具体的实例，加之采用是形象、直观、生动的形式，给人以身临其境之感，易于学习和理解。④能够集思广益。教师在课堂上不是"独唱"，而是和大家一起讨论思考，学生在课堂上也不是忙于记笔记，而是共同探讨问题。由于调动集体的智慧和力量，容易开阔思路，收到良好的效果。

（6）实施建议　①案例讨论中尽量摒弃主观臆想的成分，教师要掌握会场，引导讨论方向，要十分注意培养能力，不要走过场，摆花架子。②案例教学耗时较多，因而案例选择要精当，开始时组织案例教学要适度。③学生一般都具有实践经验，不必担心讨论不起来，但一定要有理论知识作底衬，即案例教学一定要在理论学习的基础上进行。

8. 概念教学模式　该模式的目标是使学习者通过体验所学概念的形成过程来培养他们的思维能力。该模式主要反映了认知心理学的观点，强调学习是认知结构的组织与重组的观点。

（1）理论基础　布鲁纳、古德诺和奥斯汀的思维研究理论。他们认为分类是把不同的事物当作相等看待，是将周围的世界进行简化和系统化的手段，从而建立一定的概念来理解纷繁复杂的世界。布鲁纳认为所谓的概念是根据观察进行分类而形成的思想或抽象化。在概念形成的过程中非常注重事物之中的一些相似成分，而忽略那些不同的地方。在界定概念的时候需要 5 个要素：名称、定义、属性、例子及与其他概念的相互关系。

（2）基本程序　　概念获得模式共包含的步骤：教师选择和界定一个概念—教师确定概念的属性—教师准备选择肯定和否定的例子—将学生导入概念化过程—呈现例子—学生概括并定义—提供更多的例子—进一步研讨并形成正确概念—概念的运用与拓展。

（3）教学原则　　帮助学生有效地习得概念是学校教育的基本任务之一。概念获得模式是采取"归纳—演绎"的思维形式。首先通过一些例子让学生发现概念的一些共同属性，掌握概念区别于其他概念的本质特征。学生在获得概念后还需要进行概念的理解，即引导学生从概念的内涵、外延、属、种、差别等方面去理解概念。为了强化学生对概念的理解，还应该对与概念相关的或相似的概念、逻辑相关概念、相对应的概念等进行辨析。学习的目的在于运用，在运用的过程中可以发现学生对概念的掌握程度，可以及时地采取补救措施。

（4）辅助系统　　需要大量正反例子，课前教师需要精心的准备。

（5）教学效果　　能够培养学生的归纳和演绎能力，能够形成比较清晰的概念，能够培养学生严谨的逻辑推理能力。

（6）实施建议　　针对概念性很强的内容实施教学，课前教师要对概念的内涵与外延进行很好的梳理。

（三）教学过程的优化

教学过程的优化是指在一定的教学条件下寻求合理的教学方案，使教师和学生花最少的时间和精力获得最好的教学效果。教学过程的优化不是一种特殊的教学方法或教学手段，是在全面考虑课程教学标准、教学任务设计、教学效果分析及可行的教学形式和方法的基础上，教师对教学过程进行目的性非常明确的安排，是教师有意识地、有科学根据地对教学过程的控制。教师的教学过程和学生的学习过程也是一个知识重建的过程，因此，师生活动的一切内外部条件，要围绕所有教学任务和完成这些任务所可能采用的形式和方法，同时教学过程还要重点考虑课程的目标要求。

1. 教学过程优化的标准　　经过教学实践，并借鉴巴班斯基教学过程优化的基本标准的总结，普遍认同的标准之一是效果标准，即每个学生在学习过程中达到他在该时期内实际可能达到的水平，包括知识水平和能力水平。也就是要从学习成绩、品德修养、智能发展三个方面全面衡量效果；标准之二是利用客观标准评价效果，即课程标准等；标准之三是评价要依据具体条件和实际可能。这三个标准可以分解为如下几点。

1）对于中职学生，在掌握知识和技能的过程中能够形成某种个性特征，在提高每个学生的接受知识能力、提高素养方面可能取得的最大成果。

2）学生在校期间用有限时间获得相应的职业技能。

3）让学生成为学习的主体，而教师充当指导者，以提高学生自主学习能力。

4）师生相互配合利用学校有限的教学资源完成教学任务。

2. 教学过程优化的方法　　实现中等职业学校植物保护专业教学过程优化所采用的方法不是单一的，也不是独立的，而是相互联系的、促使教学优化的各种方法的结合。

强调教师的教和学生的学必须是采用优化方法的有机统一，包括教学过程中教学任务、教学内容、教学方法、教学形式、教学效果等几个方面，又包括教学过程中的教学准备、教学过程控制及教学结果反馈；强调教师活动和学生活动的协调一致，从而找到在不加重师生负担的前提下提高教学质量的有效途径。将优化教学过程归纳为以下基本方法。

1）科学设计教学任务，提高学生的学习兴趣。中等职业学校植物保护专业的实践性很强，而且除部分学生将来升入高职、本科学习外，还有部分学生的就业岗位是面向生产一线技术操作环节，因此，结合中职学生现有知识及人才培养目标，将课程教学过程进行优化，将理论性知识分解为与生产实际或后续学习相关联的学习任务进行学习，使学生能够顺利完成后续专业课程学习，并应对生产实践需求。

2）分析学生现状，将任务内化为学习动力，以增强其主动学习的可能性。现阶段的中职学生，个人接受教学的能力普遍偏弱，学习过程也是提高掌握学科的知识的技能和技巧能力的过程，学习过程中要弱化知识的灌输，通过由易到难的不同任务培养学生良好的学习态度，增加对学习有帮助的教育因素。

3）依据课程教学标准，优选教学内容。职业教育要求学生的专业理论知识以必须够用为度。因此教师在优选教学内容时应做好这样几项工作：①深入分析学生的职业能力要求，选定能够达到职业能力的教学内容作为学习任务；②从教学内容中划分出最主要的、与生产实际联系最为密切的内容；③考虑学科之间的协调，与相关专业课程紧密结合；④所选教学内容能在课程规定时间内完成；⑤内容要兼顾各层次学生。

4）选择符合职业教育的教学方法。所选用的教学方法要适合自我组织教学活动，能激发和形成学习动机，可进行检查和自我检查。在目前中职植物保护专业教学中用到的方法有情境教学法、项目教学法、直观法、实践法、实验法和小组合作教学法等。教学实践证实每种教学形式和方法都有自己的适用范围，实施教学过程优化必须根据具体情况选择合理的方法，同时可以相互融合。优化教学过程就是集以上几种教学方法于一体的教学实践。例如，学习"昆虫的习性"时通过播放视频创设问题情境，激发学生的学习兴趣，然后借助导学案指导学生提前预习，通过任务驱动，组织学生小组合作探究，如了解昆虫的习性具体有哪些、昆虫具有这些习性的原因、生产上如何利用这些习性进行害虫防治等一系列问题，在完成任务过程中学生会自主学习任务中所涉及的每一个知识点，知识的内化过程即形成学习兴趣的最好方法，这就是项目教学法在教学中的有效应用。因此，针对中职学生，要在合理选择教学方法上下大功夫，以激发学生学习兴趣，形成学习的义务感和责任感。

5）对不同程度的学生实行分层教学。分层教学是教学过程优化的一个重要办法，把全班的、小组的和个别的教学形式最优地结合起来。分层教学不能理解为简化教学内容，它是对有学习障碍的学生进行有区别的帮助。

6）为教学过程优化的实现创造必要的条件。植物保护专业教学实践性较强，所有的理论知识都是以实践教学为载体的，因而，要为教学过程优化的实现创造必要的条件，特别是要有满足教学要求的硬件设施，如植物保护实验室、病虫害标本、挂图、多媒体教室等，物质条件的创造可以充分满足理论与实践教学要求，创设零距离就业条件，以弥补学生自身条件的不足。与此同时，也要对学生的个人素养、审美观等创设相应的条件，这也是学生走上社会后与企业文化相融合的必要条件。

7）教师在教学实施过程中能就意外情况随时调整教学活动。教师善于对教学过程中变化了的情况灵活地作出反应，以达到教学过程优化的目标。

8）理论与实践教学优化整合，节省师生时间。植物保护专业教学中实行理实一体化教学模式，将课程理论与实践教学整体优化，让学生明确要做什么，通过任务书明确植物保护行业的工作对象是什么，通过小组成员合作锻炼学生的理解能力、沟通能力、分析能力。教师通过对教材内容的适当取舍以节省教与学的时间，学生能在有限的时间内学到课程的精髓。

采用合理的教学形式，针对不同学生实行不同教学方法，教学过程的优化不仅要求教师的教学活动具有科学性，还要求学生的学习活动具有科学性，从教材内容的优化，到教学方法的优化，再到学生学习过程的优化，还有教学条件的优化等，在有限的时间内达到中职植物保护专业教学的基本目标。

第四节　教学内容设计

一、不同知识类型的教学设计

进行教学设计，可以从对所教的知识类型来加以鉴别，根据所教知识类型的特点来进行合理的设计。现代认知心理学把知识概括为陈述性知识、程序性知识和策略性知识三类。根据这三类知识的特点，可以进行不同侧重的教学设计。

（一）陈述性知识的教学设计

在中等职业学校植物保护专业教学中，陈述性知识可以分为三种。

1）有关事物的名称或符号的知识，如关于农药制剂的表示方法。

2）简单的命题知识或事实知识，如"昆虫习性的相关概念"。学生获得了这样的简单命题或事实的意义即获得了这种知识。

3）有意义的命题的组合知识，即经过组织的言语信息。如植物病害流行的原因、植物病虫害综合防治的概念等，就是这类知识。陈述性知识主要以命题形式在头脑中储存，多个命题的结合形成命题网络。同时，有的陈述性知识也可以表象形式储存。研究表明，凡能运用语义和形象进行双重表征的陈述性知识保持得比较牢固。

依据陈述性知识的特点，在进行植物保护专业教学内容设计需注意以下几点：第一，确定教学目标应以学生回忆知识的能力为中心，要求学生口头或书面叙述学到的有关知识，以此检查他们是否具备了这种能力。第二，设计教学内容要注重确立新旧知识之间的联系，找准联系点。第三，确保学生把新旧知识联系起来，找到新知识的生长点。为帮助学生理解新知识，可以考虑教材呈现方式与讲解，利用多媒体教学手段揭示事物发展的过程，通过关键点的提问引起学生的关注与思考，运用及时的反馈进行针对性的补救等。第四，使学生学会控制自己的知识理解过程，即发展学生的元认知能力。

（二）程序性知识的教学设计

程序性知识回答的是"做什么"、"怎么做"的问题，是一种实践性知识，也称操作性知识。在中等职业学校植物保护专业的教学中有关植物病虫害的田间调查、植物化学保护等一些实践性、操作性的知识都属于程序性知识。这些知识的学习，需要将学生置于实践情境之中，由学生亲身体验，并经过足够的练习后，获得本专业的相关操作技能。

根据程序性知识的特点进行中等职业学校植物保护专业教学内容设计时需注意以下几点：第一，明确判断教学目标达到的标准是学生面对各种不同的概念与规则的运用情境，能顺利地进行识别、运算和操作。第二，把作为教学内容的概念或规则放入相应的知识网络中进行讲解与练习，如在讲上位概念时，主要应唤起、充实下位概念；在讲下位概念时主要应帮助学生同相应的上位概念联系起来，使新知识能顺利地纳入相应的知识网络中。第三，概念的讲解与练习要注意正反例的运用。正例有助于概括和迁移，但也可能导致泛化；使用反例有助于辨别，使掌握的概念达到精确。第四，如果教学内容是规则，应着重引导学生将新习得的规则广泛运用于新情境，做到一旦见到恰当的条件（"如果"），便能立即作出反应（"则"）。第五，对于那些由一系列产生式组成的较长的程序性知识，应考虑练习内容与时间的分散与集中、部分与整体的关系，一般先练习局部技能，然后进行整体练习。

（三）策略性知识的教学设计

策略性知识实际上就是关于"怎么做更好"的知识，如如何更好地控制有害生物。策略性知识也是一种程序性知识，不过，一般程序性知识所处理的对象是客观事物，而策略性知识所处理的对象是个人自身的认知活动。在陈述性知识具备的条件下，学生处理问题的差异就是由他们的策略性知识所决定的。

根据策略性知识的特点进行教学设计，需注意以下几点。第一，确立策略性知识的地位。在所拟订的教学目标中，必须有检查"学生学会学习"的教学目标。例如，要求学生学会设计图表，系统整理所学的某节、某章内容；学会用比较法鉴别事物、事件等的异同；能总结自己学习中的有效方法等。传统教学目标常常仅有检查陈述性知识和程序性知识两类知识的教学目标，而忽略了对策略性知识的要求与检测。第二，教学内容应结合陈述性知识和程序性知识的教学，突出学习方法的教学，或者专门开设学习方法课，教给学生如何预习、复习、记笔记及如何学会选择性注意、如何反思等具体学习方法。第三，教师要学会如何教策略性知识，要善于将内隐思维活动的调节、控制过程展示出来，使学生能够效仿。

二、优化课堂教学内容设计的方法

（一）突出教学重点

所谓教学重点，即"在教材内容的逻辑结构的特定层次中占相对重要的前提判断"，也就是"在整个知识体系或课题体系中处于重要地位和突出作用的内容"。在中等职业学校植物保护专业的教学中，可以采取结合教学目标、教学内容、学生生活和生产实际来确定教学重点。

一是结合教学目标确定教学重点。教学重点是教学目标中所要完成的最基本、最主要的内容，而确定教学重点应该首先以教学目标为根本依据。以前学科教学目标更多强调掌握知识的系统性和完整性，确定教学重点更的是从本学科的角度出发，将某一知识是否在知识体系中有重要作用或影响作为确立教学重点的依据，新的课程标准将"知识与能力"、"过程与方法"、"情感、态度与价值观"三个方面确定为教学目标。只有明确了这节课的完整知识体系框架和教学目标，并把课程标准、教材整合起来，才能科学地确定教学重点。

二是结合教学内容确定教学重点。如果说教学目标是确定重点的根本，那么深入钻研教材、弄清教材内容的内在联系，则是确立教学重点的基础。不仅要对所教授的内容作深入剖析，理出知识的层次与联系，还要相应地找出已学知识和后续知识与这些内容的联系，只有这样才能确定好教学重点。

三是结合学生生活和生产实际确定教学重点。新课改的重要改变之一是为教材服务变教材为我服务。所以要求教师不仅立足教材还要跳出教材结合知识内容的时代性、现实性和教育意义来确定是否可以作为教学重点。例如，在中等职业学校植物保护专业课程农作物病虫害防治上，由于不同地区种植的作物不一样，病虫危害也不一样，在确定教学重点时就应该结合当地的生产实际。

在准确确定教学重点之后，可以考虑采取以下措施突出重点。

一是攒聚突出法。每节新课都是由许多知识构成的，各知识之间有密不可分的联系。当讲述各知识点时，都要有一个明确的指向，即指向教学重点。

二是完善补充法。是围绕重点作必要的补充，以求课堂讲授内容具体、深入、明确，使重点更加突出、丰满。

三是板书突出法。一般说来，写在黑板上的都是重要的。但如果写得芜杂、混乱，缺少必要的关联，学生就不得要领。板书要根据教学重点来设计。

（二）突破教学难点

所谓教学难点是指"学生学习过程中，学习上阻力较大或难度较高的某些关节点"，也就是"学生接受比较困难的知识点或问题不容易解决的地方"。

难点是由两个方面决定的。一是教材的难度大。教材本身从内容、形式到语言都有难易之分。抽象的、宏观的内容难度就大；具体的、与学生距离小的，难度就小些。形式有单一的，也有复杂的。语言有艰深晦涩的，也有明白易懂的。二是由学生知识基础和接受能力决定的。基础扎实、知识面广的，解决问题就容易一些；相反的就难一些。难点的存在跟个人的禀赋也有关系。反应敏捷的，解决问题就快些；反应稍慢的就难一些。这样就使问题复杂化了——要讲清难点，且要有很强的针对性。所以确定难点有个前提，即需要教师了解学生，研究学生。要了解学生原有的知识和技能的状况，了解他们的兴趣、需要和思想状况，了解他们的学习方法和学习习惯。

突破难点的方法主要有以下几种。

1）阶梯设疑法。是指设计问题要有梯度，由浅入深，由易而难，步步推进地解决问题。

2）分解整合法。把一个问题从不同层次和不同角度分解成几个小问题来讲，然后再加以概括归纳，这样就容易把问题讲清楚。

3）联系实际法。教学实践证明，理论只有与实际相结合才更容易理解，才更有说服力。

4）构建知识结构体系法。构建知识结构体系有利于学生突破教学难点。因为教学难点是动态的，这就意味着学生如果对上一节课的难点没有理解，那么下一节课这个难点还会进一步阻碍他的学习。这就需要教师帮助学生把课与课的知识构建起来，形成知识体系，从而使学生从起点出发，逐步深入地理解知识，层层突破教学难点。

5）巧设课堂习题法。教师通过精心设计与本课时教学内容相匹配的课堂检测题，也可以达到突破教学难点的目的。检测题形式多样，有利于突破难点教学的，主要有：①连线选择；②漫画型试题；③填表对比；④疑点判断；⑤主观性试题。

6）多媒体教学法。多媒体在课堂教学中的最大优势之一就是形象、直观，恰当地利用多媒体辅助教学有利于学生理解教学难点。

（三）适当精简内容

精简就是对课本正文的某些内容，可以略讲或不讲。

凡是学生已学过的知识内容，无论是事实材料还是理论知识，都不要当作新知识传授，一些重要的内容，如需再现，则可采用复习提问的方式。要做到这点，教师必须熟悉各个教育阶段、各个年级的教材，并了解相邻学科的有关内容。在对教材内容进行精简时，应当注意同一题目、不同说法的知识或扩大、加深的知识，它们是属于未知的，不能将这些内容当作"已学过的知识"，因而不能精简。

精简教材，一般适用在教学内容多，而课时又不足情况下来完成教学任务。为了解决这种矛盾，教学时要着重讲清教材的重点和难点内容，而把次要或学生看得懂的教材略讲或不讲，指导学生学会自学，然后提高巩固。要做到这一点，教师应当深入钻研教材，认真分析教材，抓住教材的重点，分清内容的主与次、难和易，并了解学生的实际水平。

（四）适当补充内容

对教材的内容既要精简，有时又要补充，两者是对立统一的，统一表现在都是为了提高教学质量。如在植物保护专业课程教学中，教师可以根据教学需要对植物保护的前沿知识、农药研究最新动态、化学保护新技术进行补充介绍，可以开阔学生的知识面；教师也可以针对地方农业生产实际，对书本中没有介绍的病虫知识进行必要的补充，可以使学生的学习与生产实际相结合，从而激发学生的学习兴趣。

（五）适当调整顺序

一是课本中已有的内容，或因安排欠妥，或因叙述不明，需要进行调整或剪裁，整理成前后连续、条理分明、层次清楚、符合逻辑顺序的内容，以利教学；二是为了内容的完整性。但无论怎样调整都要符合学科的科学性。

（六）联系生活实际

分析和研究前后教材内容之间的内在联系，明确本节内容在整个教材内容中的地位和作用，以便准确地掌握本节教学内容的深度和广度。心理学研究表明：影响学生学习的最重要的因素是学生已有的知识经验。教师在分析教材时，要特别重视分析新的学习内容和学生已学过的内容之间有什么联系，明确已学过的内容在后面的学习中又有哪些运用和发展。

（七）注重科学探究

所谓探究式教学，其实是一种模拟性的科学研究活动。在教学中，它强调教师要以探究为目的，在教师的指导下，以学生的独立自主学习和合作讨论为前提，以确定的课题为探究内容，给学生提供充分的自由表达、质疑、合作、探究、讨论问题的机会，通过个人或小组合作的方式自主开展探究活动，综合运用已知去获取新知，培养分析问题、解决问题的能力和创新能力的学习活动。

探究式教学的根本目的不是把少数学生培养成精英，而是更看重于学生多方面综合能力的培养。它既要重视结果，又强调知识获取的过程；既关注指导，又注重应用，突出以学生为中心和让全体学生都参与的特点，有利于培养学生的综合实践能力和综合运用知识的能力。

因此，在科学探究中，教师不仅应关注让学生通过探究发现某些规律，而且应注重在探究过程中发展学生的探究能力，提高探索兴趣，增进对探究本质的理解，培养科学态度和科学精神。教学中应把科学探究能力目标进一步分解细化，并根据自己的教学实践，转化为具体的教学目标和教学设计。

思 考 题

1. 名词解释：教学设计、教学方法、教学媒体、教学原则、陈述性知识、程序性知识、策略性知识。
2. 教学设计过程分为哪4个阶段？
3. 教学设计的基本原则有哪些？
4. 阐述教学设计的基本理论。
5. 教学方法选择的依据有哪些？
6. 结合植物保护专业教学实际谈谈教学方法选择的程序如何。
7. 结合植物保护专业教学实际，谈谈如何根据教学媒体选择的原则有效地选择媒体开展专业教学。
8. 结合实际谈谈如何优化植物保护专业课堂教学。
9. 举例说明植物保护专业教学中，如何进行程序性知识的教学设计。
10. 根据所学知识编写一份植物保护专业理论课的教学设计。

第五章 中等职业学校植物保护课程教学实践活动

【内容提要】 本章详述了中等职业学校植物保护课程备课的意义、内容和方法，如何说课，以及课前如何准备、课上如何控制、课后如何反思等。

【学习目标】 了解备课的意义。掌握备课内容和方法。学会怎样说课，学会上课。

【学习重点】 教案编写，如何说好课，如何上好一节课。

第一节 备 课

一、备课的意义

备课是教学工作的首要环节。一节课上得好不好，在很大程度上取决于课前教师的准备工作，即备课。认真备课，不仅对新上课的教师或上新课的教师极为重要，对经验丰富的老教师，也是必不可少的。

（一）有效备课能提高课堂教学质量

每一位教育行家都懂得：提高教学质量，关键靠课堂。教学实践表明，教师在备课上所花工夫的多少直接影响授课的质量。通过认真备课，教师熟悉了教学内容，掌握了教材的重点、难点、关键点，熟悉了学生，了解了学生的知识水平、接受能力、兴趣、爱好和特长，确立了教法，准备好了教具，设计好了教学进程、板书及作业，做到了胸有成竹，教学的质量就从根本上得到了保证。就同一教师来说，进行观摩教学时，教学效果一般都比平时好，原因并非观摩教学时，教学能力提高了，而在于教师备课比平时充分得多，进行了认真的筹划和精心的设计。可见要想上好课，"功夫在课外"，任何一堂成功的课，无不凝结着教师备课的心血。

（二）有效备课能减轻师生负担

"备课—上课—批改—测试—辅导"是教学过程的几个主要环节。只有教师认真备好课、上好课，才能减轻学生的课业负担，形成良性循环："备课时间长—教材钻研深—课堂效果好—学生问题少—学生作业少—学生补课少—教学辅导少—师生负担轻—备课时间长"。反之，没有把更多时间和精力用于认真备课、上好课，就会把主要精力和时间放在批改、辅导和考试上，这就造成教学过程的恶性循环。所以，教师应在备课、课堂设计上下一番苦工夫。课前勤一点，课上懒一点，总体上会以较少的劳动取得较大的教学效果。

（三）有效备课有助于教师专业素质的提高

做好备课工作，不仅有利于把课教好，保证教学质量，还有利于提高教师本人的业务能力。教师的备课过程是教师把可能的教学能力转化为现实的教学能力的过程。作为专业教师，多数为师范学院毕业生，当然会具备一定的专业水平和教学素养，但这只是教好课的可能条件。只具备可能条件，如果在教学过程中不认真备课，就不能形成实际的教学能力。备课的过程，既是一个钻研和学习的过程，也是一个能力不断提高和升华的过程。另外，备课的过程还是教师自我教育的过程，不但在业务上不断提高，而且在思想境界上也会不断提高。

备课过程是一种艰苦而复杂的脑力劳动过程。知识的发展、教育对象的变化、教学要求的提高，使备课变成一种艺术创造和再创造，是没有止境的，即使最佳教学方案，往往也难以完全使人满意。因此，教师既要认识到备课的重要性，又要看到备课的艰苦性。

为了确保备课质量，达到更好的教学效果，应该提倡学生对备课过程的辅助和参与。学生参与备课（课前预习），对于中职的学生来说，也是应该具备的一种学习能力。教师对学生的备课预习要加以引导，如课前检查、课上利用、课后布置，使其成为教师备课的一部分，决不能各行其是、布置了以后不闻不问不用，否则就会两相脱节，学生会失去兴趣，作用也会大打折扣。

二、备课的内容

（一）备课程标准

课程标准是规定某一学科的课程性质、课程目标、内容目标、实施建议的教学指导性文件。中等职业教育课程标准是根据中等职业学校专业培养计划，以学生综合职业素质培养为核心，为教育教学提供较详细的指导而构建的教学指导性文件。中等职业学校的课程标准，是依据国家规范的专业设置而进行开发的，充分体现出职业教育的特点，服务学生职业生涯发展。

课程标准明确规定了实施建议，包括教学建议、评价建议、教材编写建议、课程资源开发与利用建议等，同时提供了典型案例，便于使用者准确理解，减少课程标准在实施过程中的"衰减"。而备课过程就是充分利用课程标准、消化课程标准、实施课程标准的过程。

1. 课程标准是教学的依据　　课程标准明确规定了课堂教学的基本属性，即课堂教学是积极参与、交往互动、共同发展的过程；而且，对教师的角色进行了界定，明确指出"教师是组织者、引导者与合作者"。在备课中，这些教学建议为教师制订课堂教学策略提供了重要参考。

2. 课程标准是评价的借鉴　　课程标准提供的评价建议，更加关注人的发展过程，并呈现出多元化的趋势。课程标准将学生的发展、教师的发展与课程的发展融为一体。在备课中，无论课堂教学过程中形成性评价的设计，还是课堂教学中的练习环节的设计和课后习题的编制，都要求教师认真参考课程标准中评价的设计宗旨。

3. 课程标准是教科书编写的依据　　课程标准不直接对教学具体内容、教材编写体系、教学先后顺序等问题作出硬性的、统一的规定，只是对这些问题提供翔实的建议、指导和多种可供选择的设计模式。所以，它对教材编写、教师教学和学业评价的影响是间接的、有指导性和弹性的；课程标准是规定教学要达到的阶段性目标，不强调知识点的先后顺序，这样就给教材的多样性和教师教学的创造性提供了较大的空间。

4. 课程标准是课程资源开发和利用的重要参考　　课程标准提出了"课程资源的开

发与利用"的建议，这个建议为开展备课工作提供了指导性的建议。在备课中，要及时关注课程资源的类别、来源渠道，同时，更要了解身边的可以利用的课程资源，既要大力开发，更要有效利用。

充分利用课程标准的有关信息进行备课，是现代教师的基本工作能力之一。课程标准作为课程领域的基本规则与教学行为依据，可以提供诸多有助于备课的信息。

（1）备课程标准，了解教科书编写的基本思路和基本要求　　课程标准对教科书作出了明确界定，教科书需要改变原有的内涵和形式，向学生提供的不再是一种不容改变的、定论式的客观知识结构。确切地说，教科书是学生从事学习的基本素材，它为学生的学习活动提供了基本线索、基本内容和主要的活动机会。对学生而言，教科书是他们从事学习活动的"出发点"，而不是"终结点"。所以备课时就要找准这个出发点。

课程标准向教科书的编写者提供了教材编写建议，其目的在于使教科书符合课程标准的理念、能实现课程标准提出的课程目标，这是教科书应当具备的基本特征。不言而喻，课程标准中的这些内容是准确把握课程标准，更加深入地理解教科书的最直接材料。

（2）备课程标准，了解教学内容的学段目标要求　　与教学大纲不同，课程标准提供了教学内容的学段目标，而没有指出这个目标是在哪个年级、应该在哪个学期达到。这就给教材编订者提供了发挥的空间。作为教师，在备课中必须研究课程标准，从中洞察学段目标的标准，对照教科书，把握本单元、本节课的具体的教学目标。与此同时，研究课程标准的有关建议，还可以帮助教师更好地揣摩教科书编者的意图。

（3）备课程标准，了解评价建议，借以制订课堂教学质量标准　　课程标准提供的评价建议包含了课程实施过程中评价活动的方方面面，尤其是给出的结合具体事例的评价建议，可以直接运用到教案的设计之中，也可以作为课堂教学的质量标准。

（4）备课程标准，了解相关案例，借鉴为课堂教学案例　　课程标准在设计时，充分考虑到教师课堂教学的实际，不仅提供了大量教学案例，而且给出了比较细致的案例描述。这些案例可以帮助教师更好地把握课程内容及其目标，其中的许多案例实际上可以直接用到课堂教学中来。

（二）备教材

广义的教材泛指教学所用的一切材料，包括课程标准、教师用书、教科书、操练册、课外习题集、课外读物及教学挂图、卡片、幻灯片、投影片、视频等；狭义的教材即教科书。这里所说的"教材"都是就狭义而言的。

1．研究教材的作用　　教师要上好课就必须认真研究教材，吃透教材。教材是按照课程标准划定的该专业该学科的教学目标、内容、要求及学生的特点和认知程度而编写的教学用书。它把课程标准所包括的教学内容要点用准确的文字加以系统地阐述，是课程标准的具体化。教材不仅是学生学习的重要材料，也是教师进行教学工作的主要工具，它为教师备课、上课、布置作业和检查学生学业提供了基本材料。所以认真研究教材，明白教材的地位、作用，有利于确定教学目标，研究教学的重点、难点，落实学生应该掌握的基础知识和基本实践技能。还有利于教师从学生角度出发，考虑学生对教材的理解能力，从而恰当地选用教学方法。

2. 研究教材的步骤

（1）浏览全套教材　　教师要对本专业所教学科的全套教材进行粗读，浏览一遍教材的主要内容，了解全套教材共有哪几科几册几单元，分别在哪些年级进修，内容之间有什么关系，从总体上体会全套教材的概况，把握整个专业教材的结构系统，把握所教学科在本专业所处的位置，有效地掌握本专业各科之间的联系。

（2）通读某一册教材　　在浏览本专业全套教材的基础上，还要通读所教学科的某一册教材。通过通读全册教材，全面掌握全册教材有哪些教学内容，要让学生学会哪些理论知识和实践技能，各个单元的教学目标、重点、难点是什么，从而准确地把握教材的深广度，根据本地区本专业和本校学生特点，作出重新编排或删改的计划。

（3）细读某一单元的教材　　一个单元的教材是相对独立的一段知识，教师在单元备课时，不仅要对本单元教材读通读懂，而且要分析其内部结构，把握知识点之间的内在联系，明白各个教学内容在全册教材乃至全套教材中的地位和作用，这样就可以在教学时做到要求准确、重点突出，不至于"胡子眉毛一把抓"。

（4）精读即将施教的具体教材　　对所施教的教材要认真阅读，细心分析，深钻细研，逐字逐句推敲，做到"字字落实"，要弄明白以下问题：本节课的教学目标要求是什么；要使学生学会哪些基本知识；熟练哪些实践技能；培养什么能力；进行什么思想道德教育；本节课教材有无什么内在联系；教材的重点是什么；学生最难理解的问题是什么；突破难点的关键是什么；知识的前因后果是什么；各个例题、习题的作用是什么，如何搭配利用。

（5）细心组织教材、处置教材　　教材内容是按照学科本身的科学性和系统性来编排的，教学时教师不能把教材结构一成不变地搬到课堂上，必须按照教学内容、教学目标、学生的知识基础、学生的认知习惯及心理特点，对教材进行合理的调整、充实和处理，重新组织、科学选用教学方式，选择好合理的教学事例，使教材系统转化为教学系统。要重点考虑以下问题：如何按照知识的体系规律，组织好旧知识的复习，提出学生要掌握的问题，课题如何引入，新旧知识如何联系，新知识如何展开。如何按照教材特点和学生现实科学合理地选择好教学方式，先讲什么，后讲什么，详讲什么，略讲什么，重点如何突出，难点如何突破，环节如何把握。按照课本要求选择和安排好技能训练，使听、说、读、写和专业的技能操作等技能训练落到实处。根据学生实际选用教学方法和教学手段，充分调动学生学习的自主性和积极性，使学生积极参与教学行为，参与的过程不仅能提高学生的知识技能水平，还能锤炼学生的意志品质。

（6）阅读相关参考材料　　教师备课不仅要认真研究教科书，还应该普遍阅读相关参考材料，并经常收集材料，以利于更好地吃透教材和填补教材。尤其是专业教材，不同地域都有不同的乡土教材或没写入教材的技术，要加以收集和利用，使教学内容更加贴近学生生活，更加丰富多彩。

有经验的教师会在每节课的备课笔记后面留有空页，以便上课以后及时记录课堂内所发现的、在备课时不曾料到的情况，包括教材阐释得是否恰当、学生思想上的火花等。不断地收集材料，有助于改良教学，使教学内容更为丰富、教学技艺更加精湛。

以上研究教材的6个步骤是有机联系的整体，教师备课时也不必按部就班，不同教龄、不同程度的教师当找到本人的薄弱环节，重点突破。

（三）备学生

所谓备学生，即深入了解学生的实际，这是备课过程中不可缺少的环节。学生的实际，主要指学生的知识基础、学习习惯、理解能力、实验能力等。了解学生的方法是多种多样的，如教学经验的积累、批改作业、交谈辅导、测验考试、课堂提问等。学生并不是空着脑袋走进教室的，在日常生活和以往的学习中，他们已经积累了丰富的经验和知识，而且有些问题即使他们还没有接触过，没有现成的经验，他们往往可以基于相关的经验和知识，依靠已有的认知能力，形成对问题的解释。电子设备在学生中的使用越来越多，喜欢探究的学生对不明白的问题都可以在网上寻找答案，教师如果没有充分地对学生进行了解和研究，讲课时就会很被动，出现类似"文不对题"、"张冠李戴"等现象。

1. 备学生在备课中的意义　　建构主义理论认为，学习并不是教师向学生传递知识，而是学生自主构建知识的过程。教师要分析学生对新知识的接受能力，合理采用适合学情的教学方法，设计适应学生个性、能力发展的教学内容，以及对学困生应采取的补救措施。

教师要用发展的眼光、辩证地看待学生，研究学生的心理特点，深挖不同层次学生的潜质。一方面要从学生思维方式出发，确定教材中哪些内容能拓展学生能力和思维，合理设计教学过程；另一方面要从学生熟悉的情境和已有的知识基础出发，对教材模块进行适当重组和整合，使学生在掌握基础知识的同时，练就操作本领，体验学习的乐趣。

教师通过备学生，加强备课的目的性、针对性和实效性，进而优化教学过程，发展学生潜能，促进学生人格的健全发展。

2. 备学生应遵循的原则

（1）主体性原则　　教学的根本目的是促进学生的发展，教学过程中最重要的任务，是发展学生的主体性。备学生的过程，就是深入研究学生的过程，就是不断弘扬学生主体精神的过程。教师通过备学生，解决学生现有水平与教学要求之间的矛盾，调节学生与教材之间关系。在备课中教师应多创设给学生自由活动和展示自我的环节，使学生通过学习获得欣赏自我、体验成功的喜悦。

（2）差异性原则　　教师要做到承认差异，尊重差异，从学生实际情况出发，根据学生不同情况，有的放矢地备课。备课中要利用多种反馈渠道，积极创设师生之间、生生之间交流的条件和情境，尽可能为每一个学生提供施展才华的机会。无论是优秀生还是有学习困难的学生都各有所长，应注重在教学中进行"分层指导"、"因材施教"。

（3）发展性原则　　教师要用动态的发展的眼光看待学生，充分调动每一个主体的能动性。要客观地分析、研究学生，相信学生的能力，用"你能行"的期望来激发学生"我能行"的自信。多数职业高中学生的特点是身体与心理未能同步得到发展，自卑心理重，自信心不强，虚荣心、自尊心又特别强，教师不能一味地重视学生成绩的高低，而忽视心理因素对学生的影响，忽视对学生能力的培养，特别是忽视一些有学习困难学生的潜在能力。要充分挖掘学生的智力潜能和非智力潜能，并据此设计教学环节，让学生能"跳一跳摘到果子"，让学生在发展中体验成长的快乐。

3. 备学生的方法

（1）深入研究学生，找准教学起点　　美国教育心理学家奥苏贝尔说："如果我不得不把教育心理学还原为一条原理的话，我将会说，影响学习的最重要的原因是学生已经知道了什么，教师应当根据学生原有的知识状况去进行教学。"现在学生的学习渠道拓宽了，他们的学习准备状态有时远远超出教师的想象，许多课本上尚未涉及的知识，学生已经知道得清清楚楚了。如果教师按事先所设定的内容教学，起点不一定是真实起点。教师要遵循学生的思维特点设计教学过程，就必须把握教学的真实起点。

教师要从以下方面切入：学生是否已经掌握或部分掌握了教学目标中要求掌握的知识和技能；掌握的程度怎样；没有掌握的是哪些知识；哪些新知识学生自己能够自主学习；哪些需要教师的引导和点拨。通过对学情的了解，确定哪些知识应重点进行辅导，哪些可以略讲甚至不讲，从而很好地把握教学的起点，有针对性地设计教学过程，突出教学的重点，提高课堂教学的效率。

（2）关注个别差异，设计不同要求　　教师对学生的个别差异要细心观察，并充分估计。要打破传统教学"一刀切"的教学观，采取"分层教学"、"分类施教"。

设计课堂教学分层。学生的个性特点是影响学生学习质量的重要因素。在备课时要因人而异，设计教学环节做到扬长避短、分类指导。课堂的提问、旧知识的迁移、新知识的讲解等方面，都要针对学生差异，设计不同层次问题，使能力较强的学生发展了思维，能力中等的学生产生了兴趣，能力较差的学生掌握了方法，使不同层次的学生都得到相应提高。

设计课堂练习分层。练习是将知识转化为能力，将技能转化为熟练活动的过程，是反馈学生掌握知识情况的重要手段。在课堂教学的过程中，可随时根据学生的情况，调整练习。教师可针对本班学生的学习差异，设计三个层次练习，即基本练习、变式练习、引申练习。通过分层练习，使各类学生都有收获，调动其学习的主动性。

设计作业分层。布置作业是检查教学质量及学生掌握知识情况的一种手段。作业的布置不应整齐划一，在掌握各层次学生本节课的学习效果后，可分层设计。将作业分为A、B、C三组。A组为基础，B组为中等，C组为最佳。通过分层作业设计使全体学生不同程度地落实新知，充满对学习的自信和兴趣。

（四）备课程资源

课程资源也称教学资源，就是课程与教学信息的来源，或者指一切对课程和教学有用的物质和人力。备课程资源，就是有效地进行课程资源整合。首先是筛选与选择有效课程资源，继而开发与研究课程资源，最后优化和设计课程资源。把优化的课程资源合理地整合到教学设计中，通过合理整合，提高课程资源的利用率，使课堂教学"气氛活起来"、"使学生动起来"，真正达到提高课堂教学效益的目的，促进每一个学生得到全面和谐发展。

一切可利用的课程资源在备课时都应该得到充分利用。新的备课理念主要强调的是在备课过程中有效整合教材、教法和学生三类课程资源。

一是还原出教材中的创造性空间。教材是前人总结出来的宝贵经验，教学不可以离开它，但它又具有生成的局限性，要求课堂教学不能单纯地传递教材内容，而应是教材内容的持续性生成与转化、不断建构与提升。落实这一点，教师在备课时必须将教材中留有的创造性空间还原出来。

二是因材施教、因文施教、因能施教的有效整合。因材施教是指应根据学生的求知需求、情感需求和发展需求来设计和实施教学。备教法必须紧扣"积极倡导自主、合作、探究的学习方式"的新理念，充分把握学生的认知结构和差异，了解学生的学习习惯，掌握学生的心理特征等，据此以确定恰当的教学方法。

因文施教是指根据教材内容的不同而采用不同的教学方法。专业中的理论教学和实践教学就不能用相同的方法，课堂演练、实训室训练与实地操作又不能用一样的方式。这就如同医生给病人治疗，不能千篇一律，应该对症下药。

因能施教是指教师本身实施教学能否体现教师的教育思想、能否适合教师的自身素质和特长。如果从教学的角度来理解，即教学水平的高低，不单在于方法好坏，而更在于运用方法的巧拙，而运用方法的巧拙又在于教师的自身素质和特长。这就要求教师要养成反思的习惯，对自己有个准确的定位：自己的教学优势是什么、缺陷在哪里。一旦认清了自己，就能注意在施教中扬长避短，择善而从。正所谓"教学有法、教无定法、贵在得法"。

三是学生的需求和特点就是教学的出发点和落脚点。解决学生问题、满足学生需求、促进学生健康发展，这是"以人为本"理念的重要体现。这就要求教师在备课时不能"目中无人"，应通过与学生的交流，了解学生的求知需求、心理素质等，教师还可通过问卷调查、座谈、案例分析等形式了解学生的兴趣、爱好、活动方式和手段、心理特点和思维规律，以此来确定教学目标、安排教学内容、设计教学方案。

有效整合课程资源，具体说来可从以下几个方面入手。

1)"备目标"。学科教学的三维目标包括：知识与技能、过程与方法、情感态度与价值观。职业教育更应该遵循这个目标。从单纯注重传授知识、技能转变到教会学生学会学习、学会生存、学会做人的目标轨道上来。一是教师在教学准备及教学过程中，始终贯穿这个目标；二是教师深入研究课程，熟悉教学内容，理清教学思路，准确把握这个目标；三是教师确定目标时话语要精确、明白、清楚、简洁，处处体现这个目标。

2)"备内容"。中职教师要充分发挥自己的聪明才智、个性特长，搜寻利用一切相关的相近的课程资源，精心选择教学内容，优化教学内容。一是以促进学生发展为目标来研究教材、整合课程、优化内容；二是以解决学生问题为核心确定教学重点，突破难点，找到教学关键。

3)"备意义"。教师在备课过程中，深刻挖掘课程内涵、品味和体会课程的涵义，通过自己的研究和思考，充分地解读课程的原始意义，提炼出自己的见解，升华为自己的意义。一是教师要学会研究课程本意，要明白课程的涵义；二是教师要学会分析与评价课程意义；三是教师要学会提炼与升华意义。

4)"备教具"。从课程资源开发的角度来看，教具准备也是属于课程开发范畴。教具准备的目的，是更好地辅助教学，更好呈现教学内容，创造一定的教学情境，既帮助学生理解知识与技能，又使学生直接参与教学活动。根据教学情境创设的需要，具体设计教学道具，"该用啥时就用啥"。

5)"备教材分析"。教师在全面了解课程内容的基础上，对教学内容在教材特征、知识结构、技能要求等方面进行深刻分析。综合教学目标、教学内容、课程意义、教学资源开发等方面的分析结果，进行再次挖掘与发现。对文本内容的教学提出科学性分析，针对学生学习需要具体设计。

目前所处的时代是知识爆炸的时代，各种信息、各种资源琳琅满目，作为职业学校的专业教师，必须从本专业出发，既要海纳百川、兼收并蓄，又要懂得取舍和扬弃。这样才能把诸多的课程资源有效地整合在一起，形成自己的独特的东西，应用到自己的教学实践当中去。

（五）备方法

何谓教法，它是指教师为完成教学任务采用的方法。学法则是学生为完成学习任务而采用的方法。教法是解决教师教的问题，学法解决的是学生学的问题。教法和学法统称为教学方法。它们既有区别又有联系。教师的教法通过学生的学法来发挥作用，而学生的学法是在教师教法的指导下，通过教学过程来形成的。在整个课堂教学中，可以说是教中有学，学中有教，它们有机统一，并生并存。同一种方法，有时既可以作为教法，又可以作为学法，如发现法、观察法、实验法等。简而言之，主要体现教师思想行为的方法即教法，而侧重于表现学生思想行为的方法则为学法。

教学方法有许多种，常见的有讲授法、谈话法、练习法、讨论教学法、直观演示法、实验教学法、项目教学法、案例教学法、任务驱动法、现场教学法等，还有一些特级教师所创造的独特的教法，如魏书生老师的"六步教学法"、李吉林老师的"情境教学法"等。学生常用的学习方法有观察法、发现法、质疑法、学思结合法、读写结合法、学练结合法、合作探究法等。在实际的教学工作中，不少教师忽视了学生学习方法的指导，大搞题海战术，重复性作业，虽然学业成绩也能有所提高，但这种以牺牲学生生理及心理健康为代价的短效行为，从长远意义看是得不偿失的。教师对于学生学习方法的指导，主要可以从学习计划、预习、听课、复习、作业、考试、检查、总结、课外学习等方面进行指导。那么，教师在备课时，又如何备好教法、学法呢？

首先，要在头脑中建立教法及学法体系，运用时心中有数。教师应该明确各种教法学法的特点和最佳运用范围，在完成不同的教学目标和任务时采用不同的教法和学法，起到事半功倍的教学效果。在一节课中，从头至尾只用一种方法的课堂是非常少见的，往往是多种方法的有机结合，综合运用。备教法和学法时，则可以只写主要的，而不必面面俱到。

其次，教法运用和学法指导要以研究教材和了解学生为前提。深入挖掘教材，找到文本的知识点、能力训练点、情感培养点，明确教学的目的任务，教学法的选择就不是盲目的。而对于学生来说，教师要知道不同年龄阶段学生的不同特点，了解他们原有的学习习惯、学习态度、学习方法等。只有根据多方面的情况来确定自己的教法和学法，才能做到有的放矢。

再次，教法运用和学法指导要具有艺术性和可操作性。教法和学法的结合要自然巧妙，恰到好处，有"随风潜入夜，润物细无声"的完美效果。教师要善于架起文本与学生之间的桥梁，将学法融于教法之中，使课堂教学焕发生机和活力。所谓可操作性，是指教师的教法和学生的学法是切实可用的，便于完成教学任务，便于学生掌握和运用。

最后，努力探索并形成具有自身特色的教学法。由于许多教师平时不注重教育理论的学习，又不善于反思总结。一种经验，一种方法，教一辈子，虽然有些夸大其词，却也是不少教师教学生活的真实写照。作为一名教师，在当今教育改革的大环境中，必须学会通过学习，转变自己的观念；通过实践，检验自己的认识；通过反思，修正自己的行为；通过总结，创造自己的特色。唯如此，方能使自己的教育人生熠熠生辉。

（六）教案的编写

教案是教师上课的重要依据，是保证教学质量的必要措施。教案既不同于教学大纲，也不是教材的翻版。教案是实现教学大纲的具体细化并精心设计的授课框架，也是教师为实施课堂教学而作出的以课时或课题为单位的具体行动计划或教学方案。编写教案应以课程的教学大纲、课程标准为依据，充分借鉴资料，深入钻研教材，了解学生基本情况，熟悉教学设施、条件，根据每门课程的内容和特点，结合教师的教学经验和形成的教学风格，充分发挥教师个性、特点和才华，编写出具有自身特色的教案。教案是前述备课程标准、备教材、备教学资源、备学生、备教学方法几个环节落实到文本上的综合加工和具体体现。

1. 教案的组成

（1）教案的常规项目

1）课题名称：课题名称就是教材的章节或课文的题目，是本节课讲述内容的概括或提要。

2）教学目标：教学目标是每堂课教学的灵魂，它包括传授给学生哪些知识及达到怎样的程度，培养他们的何种能力及对他们进行怎样的思想品德教育等三个方面（三维目标）。可以三方面俱全，也可以是其中的两个，或者一个方面，这要视具体的教学内容而定。

3）重点难点：每一课题的教学所包容的知识和技能是多方面的，在有限的课时内，不可能也不必要等量齐观地传授给学生，这就必须区别轻重缓急和深浅难易，即突出重点，攻破难点。抓准了重点和难点，也就抓住了教学的突破口和关键环节，还可增强教学活动的节奏感。所谓重点，是指关键性的知识，学生理解了它，其他问题就可迎刃而解。但是，不是只有教材重点才重要，其他知识就不重要。所谓难点是相对的，是指学生常常容易误解和不容易理解的部分。

4）课时（时间）安排：把教学内容妥善地安排在计划的课时里，可根据内容和学生掌握情况正确把握本节课该讲多少练多少，同时预设本课时中各个环节、各个问题所占用的大体时间，以使教学活动既不空堂，也不压堂，而是有条不紊地进行。

5）教学过程：①导入新课。这是由旧课向新课过渡的一种手段，目的是顺畅地展开教学通道并激发学生的兴趣。导语要简短新颖，并与本堂课讲授的内容息息相关。为此，教师要及时捕捉新的信息，并借助想象的黏合力使之与讲授的内容组合在一起。②讲授新课。这是关键的、核心的部分，既要写出教材内容的要点，又要写明采用何种教学方法；既有教师的逻辑推理过程、生动的叙述情况、细致而必要的演算步骤，又要有想得到的学生的思维活动过程和可能出现的意外情况的处置措施，以及应当特别强调的问题等。③总结新课。一堂课即将结束时，教师可以言简意赅地总结所讲的有关内容，加深学生对所学知识的印象，也可以适当拓展，留下回味。④布置作业。这是促使学生把知识转化成能力的一种手段。布置作业要有的放矢、形式多样、份量适当、要求具体。

（2）教案的弹性项目 教案除了有常规项目外，有时还有一些比较机动的项目，即不为各学科、各课型所共有，却也是往往要碰到或列入教案的，因此，称之为弹性项目。弹性项目大致包括以下几个方面：①教学方法，它既可体现在讲授新课里，也可单独开列出来；②板书设计，它既可在讲授新课部分显示，也可单独开列；③教具，使用教具可增强直观效果，也可充分利用课时，教具包括挂图、实物、演示仪器和材料、幻灯、投影、录音、录像等；④提问，假如上一堂课布置了课外作业或预习，那么，在本堂课开始之前，就应该检查、提问；⑤时间预设，各环节所占用的大约时间，这对新教师尤为必要。如复习提问 5 min、新课讲授 30 min（讲授各知识点所用时间）、课堂练习 5 min、学生自习 5 min 等；⑥布置预习，为了节省时间，也为了更好地进行启发式教学，可在本堂课结束前预习下堂课的有关内容；⑦其他可添加项目，因某种特别需要而设立，如将某份教案装入个人教学档案，或展览示范等，一般需添加一些项目，如学校、年级、班级、科目、执教者、时间、课后反思等。

以上虽然介绍了教案的常规项目和弹性项目，并不是说写教案时一定要千篇一律，应该根据不同学科、不同内容、不同课型灵活取舍，做到既符合教学管理要求，又简单实用。

2．编制教案过程中要注意的问题

（1）切合对象，坚持"五性" 教案的编写要坚持"五性"，即科学性、主体性、教育性、经济性、实用性。坚持科学性，即要求对教学内容的理解做到科学、准确无误。突出主体性，即要求教案的编写要反映新的教学观，在重视教师教的同时，要把学生的学放到突出的地位，充分发挥学生的主体性。体现教育性，即要求在编写教案中注意挖掘和发挥思想品德方面的因素，做到教书育人。做到经济性，即要求在保证知识信息科学化的前提下，力求信息的简约化，当简则简，该略则略。注意实用性，即要求教案的编写不必强求一律，应"八仙过海，各显其能"，教师应根据自己的实际情况进行选择，讲求实用价值。

（2）优选教法、设计课型 教案的编写要认真考虑选择教学方法。同时要注意设计课型，有单一课型，即在一节课内主要完成一项教学任务的课；有综合课，即在一节课内要完成几项教学任务的课。每个教师要认真设计课型，根据课型及其结构组织编写教案。

（3）认真备课，不要"背课" 备课不仅要求对教材和教案熟记，而且要对课堂教学的各个环节认真准备。把备课仅仅当成死记硬背教材教案的过程，这都是片面的，是需要纠正的。

（4）既抓"正本"，又抓"附件" "正本"即教案的主体，"附件"指板书、板面计划，直观演示计划和物资保障计划（如挂图、图钉等）。教师在备课中既要抓好"正本"，写出高质量的文字教案，又要抓好"附件"，对板书、板画、图表、实物、模型等直观教具的使用、演示要进行通盘计划，并做好课前准备工作。

（5）教案内容应条理清楚，利于把握 整个教案编写应内容全面、环节完整、具体明确、层次清楚，各部分的过渡衔接应自然顺畅，以确保教案在教学中的指导作用。否则，若书写杂乱、不分层次，则在课堂上教师就无法及时准确地按教案的内容安排进行教学，这将直接影响到教学质量。

（6）教案要重点突出，繁简得当　编写教案的重点应是教学过程和教学方法的设计。因此，在实际教学中应避免两种倾向，一种是教案写得过于简单，只写成提纲形式，这样不利于教师的课前准备和具体教学过程的实施；另一种是将教案写成繁琐的讲稿，造成上课时照本宣科，不利于灵活地把握教学进程。

（7）教案应及时修改和调整　编写的教案是组织教学的依据，但在具体教学实施中，教案也不是不可改变的，可根据课堂上的实际情况，随时做些必要的修改和调整，以适应情况的变化，更好地完成教学任务。

（8）坚持写好教学后记　教学后记是教案的一个组成部分，因此，要认真填写教学计划的执行情况、效果如何、有什么经验教训、原因是什么、应如何改进等，以便不断积累和总结教学经验，提高教学水平。

第二节　说　　课

一、说课的意义

说课作为一种重要的教研活动形式，1987 年由河南省新乡市红旗区教研室提出，经过 30 多年的发展，在教师教学竞赛、教师入职面试、师范生教学技能训练等领域广泛开展。

教师在特定的场合，在精心备课的基础上，以语言为主要工具，以课件展示、板书展示为辅助手段，面对评委、同行或教研人员系统地口头表述自己对某节课（或某单元）的教学设计及其理论依据，然后由听者评议，说者答辩，相互交流，相互切磋，从而使教学设计不断趋于完善。无论是理论思想方面还是实践应用方面都具有十分重要的意义。

（一）理论思想方面的意义

1. 说课丰富了教学工作环节　现在的教学论，一般把教学工作分为 5 个步骤（备课、上课、作业、辅导、评价）。说课是备课之后，上课之前或上课之后所进行的一种相对独立的教学组织形式，既不是备课，也不是上课，更不是准课堂教学。承认其相对独立性，确立了其科学研究价值，说课会在教育科学研究中占据一席之地，构成一个不可替代的专门研究领域。

2. 说课丰富了教学研究内容　说课是一种既知其然又知其所以然的教学研究活动。因此，在说课的准备过程中就必须说出科学依据。要想说好课，提高说课水平和质量，教师应自觉学习教育学和心理学，研究教育理论。实践证明，说课活动具有强大的生命力，给教学改革注入了活力，教师开始由教书匠进入教育家的状态。

（二）实践应用方面的意义

1. 说课有利于提高教研活动的实效　过去组织教研活动，主要形式是公开课、研究课、观摩课及评课，这些课的积极作用是毋庸置疑的，但是这些形式的研究还有待进一步深化和发展。通过说课让授课教师说说自己教学的意图，说说自己处理教材的方法和目的，让听课教师更加明白应该怎样去教，为什么要这样教，从而使教研的主题更明确，重点更突出，提高教研活动的实效。

2．说课有利于提高教师备课的质量　　日常备课过程中，多数教师都只是简单地备怎样教，很少有人会去想为什么要这样教，备课缺乏理论依据，导致了备课质量不高。通过说课活动，可以引导教师去思考为什么要这样教学，这就从根本上提高了教师备课的质量。

3．说课有利于提高课堂教学的效率　　教师通过说课，可以进一步明确教学的重点、难点，理清教学的思路。这样就可以克服教学中重点不突出、训练不到位等问题，提高课堂教学的效率。

4．说课有利于提高教师的自身素质　　一方面，说课要求教师具备一定的理论素养；另一方面，说课要求教师用语言把自己的教学思路及设想表达出来。为了使课上得合理，理说得明白，教师必须认真钻研大纲和教材，学习现代教育理论，吸收国内外已有的研究成果，教师还要注意积累自己在教学中的心得、经验和教训。这必将提高教师自身的理论水平、创新意识和应变能力，把上课从知其然推向知其所以然的高度，并形成自己的特色和风格。

5．说课没有时间和场地等的限制　　上课和听课等教研活动都要受时间和场地等的限制。说课则不同，它可以完全不受这些方面的限制，人多可以，人少也可以，时间也可长可短，非常灵活。

二、说课的类型

说课的类型很多，根据不同的标准，有不同的分法。按说课的时间划分有课前说课（教学预设）、课后说课（侧重于教学反思）；按学科分有语文说课、数学说课、专业课说课等；按用途分有训练型说课、研究型说课、竞赛型说课、示范型说课等。这里选择以下几种简要介绍。

1．训练型说课　　主要在师范生中开展。它以指导教师的组织为主，由学生根据相应的专业知识，在充分备课的基础上，对自己的课堂教学进行科学合理的设计，并陈述自己的教学设计和理论依据。学生陈述后，教师需要组织讨论，帮助学生找出不足，并提供改进意见。

2．研究型说课　　研究型说课通常是指以教研组或年级备课组为单位，以集体备课的形式，先由一位教师事先准备讲稿，然后对组内教师进行解说，之后由听课教师评议。说课的内容形式多样，可以是一堂完整的课，也可以是一两个重要问题。活动前，参与人员选定某一课题，指定说课人，并为研讨提供相应的素材，通过充分的准备，在说课结束后，以集体讨论的方式，形成一种最佳的教学方案。

3．竞赛型说课　　竞赛型说课是指由一定的教育行政机构组织的比赛性质的说课。通常要求参赛教师按指定的教学内容，在规定的时间内独立地进行准备和说课，有时还把说课与交流有关说课的理论与经验结合起来，把说课活动推向更高层次。重点评价参赛人员的教学基本功、教学设计水平、语言组织与表达能力、教育学理论功底、专业知识功底等。这样说课在师范院校师范生训练与地方教师技能评比中，广泛开展。

4．示范型说课　　示范型说课是指由一些素质较好的优秀教师承担进行的具有一定的指导与导向功能的说课。这类说课还常常要求说课教师将说课内容付诸课堂教学，然后组织专家对说课及课堂教学进行客观系统的评析。这对教学改革的方向具有较强的指向与示范作用，也是培养教学骨干的重要途径。

三、说课的要点

　　说课并不是讲课的预演，不仅要说出本节课想怎么上，还要说出为什么这么上，理论依据、现实情况是怎么样的，还要说出预见课堂上出现的问题，并预设处理方法等。备好课是说课的前提，而说课必须站在理论的高度对备课作出科学的分析和理解，从而证明自己的备课是有理有据有序的，应从以下要点入手。

（一）说教材

　　简析教材，分析本次课教学内容在该教材中的地位和作用，确立科学合理的教学目标，指出教学重点和难点及确立的依据，课时安排等。包括三个方面内容。

　　1．教材简析　　说出对教材的整体把握，明确本课题或章节内容在整个学段、一个学年的教材系统中所处的位置及其作用。

　　2．提出本课时的具体明确的教学目标　　课时目标要提出思维能力和非智力因素方面的培养目标，包括兴趣、习惯培养目标和思想品德目标。也有的统称为知识目标、能力目标、情感目标。要依据教学大纲的规定、单元章节的要求、课时教学的任务、教学对象的实际来确立教学目标。

　　3．分析教材的编写思路、结构特点及重点、难点　　说清楚本课教学内容包含哪些知识点，教学中是如何展示教学内容的，其中的重点、难点内容是什么。在"说教材"的常规内容基础上，可以增添教师的个人思维亮点，例如，对教材内容的重新组合、调整及对教材另类处理的设计思路。

（二）说学情

　　分析学情，分析授课班级的学生情况，包括所学专业、知识基础、生活经验、现有水平等与本次课密切关联的地方，从而使所设计的方案有较强的目的性和针对性，不至于给人以纸上谈兵的印象。

（三）说教法

　　根据教学目标、教材特点、学生所学专业特征及学生特性，本次课采用哪些教法、教学手段及确立的依据，在学科教学和专业教学相互融合方面有哪些教法的创新。主要说明"怎么教"的问题和"为什么要这样教"的道理。说课者要从实际出发，选择恰当的教法。随着教学改革的不断深入，还要创造性地运用新的教法。

（四）说学法

　　本次课采用的学习方法指导及确立的依据，在学科教学和专业教学相互融合方面有哪些学法的创新。说学法不能停留在介绍学习方法这一层面上，要把主要精力放在解说如何实施学法指导上。主要说明引导学生要"怎样学"和"为什么这样学"。要讲清教者是如何激发学生学习兴趣、调动积极思维、强化学生主动意识的；还要讲出教者是怎样根据年级特点和学生的年龄、心理特征，运用哪些学习规律指导学生进行学习的。

（五）说教学过程

重点阐述本次课教学安排的结构和各环节设计的思路与意图，具体说明教学实施中如何突出重点与破解难点。说教学过程是说课的重点部分，因为通过这一过程的分析才能看到说课者独具匠心的教学安排，它反映着教师的教学思想、教学个性与风格。也只有通过对教学过程设计的阐述，才能看到其教学安排是否合理、科学，是否具有艺术性。

通常，教学过程要说清楚下面几个问题。

1. 教学思路与教学环节安排　　说课者要把自己对教材的理解和处理及针对学生实际借助哪些教学手段来组织教学说明白，要把教学过程所设计的基本环节说清楚。但具体内容只需概括介绍，只要能听清楚"教的是什么"、"怎样教的"就行了，不能按教案像给学生上课那样讲。在介绍教学过程时不仅要讲教学内容的安排，还要讲清"为什么这样教"的理论依据（包括大纲依据、课程标准依据、教学方法依据、教育学和心理学依据等）。

2. 说明教与学的双边活动安排　　说明怎样依据现代教学思想指导教学，怎样体现教师的主导作用和学生的主体作用和谐统一、教法与学法和谐统一、知识传授与智能开发的和谐统一、德育与智育的和谐统一。

3. 说明重点与难点的处理　　要说明在教学过程中，运用什么方法突出重点和突破难点。

4. 说明采用哪些教学手段辅助教学　　什么时候、什么地方用，这样做的道理是什么。

说教学过程，还要注意运用概括和转述的语言，不必直接照搬教案，要尽可能少用课堂内师生的原话，以便压缩实录篇幅。

（六）说板书

说清楚课题的板书设计和设计意图。板书的重要性、必要性，确立的依据及在本堂课的作用。

（七）说教学反思

正确评价教学得失，教师运用评估方法检查是否达到教学目标；关注学生学习感受与表达方式，反思教学设计与教学实践的关系；反思在学生知识或技能和人文素养方面的教学成效。

四、评说课标准

说课说得好坏，依其用途不同会有不同的评价标准。如竞赛型说课活动，因其比赛的特点，会设置基本要求和评分标准，需要根据比赛的要求和评分标准准备说课文字稿等材料。

说课标准大体上会考虑以下几个方面。

（一）教学设计

1. 教材分析及教学目标、内容设计　　教材分析全面、透彻；教学目标完整、适度、明确、具体、符合学生认知规律和实际水平；教学内容正确、容量恰当、难度适宜；重点、难点确定合理。

2. 教学方法、手段及过程设计　教法得当，富有实效性，注重学生学习的自主性、开放性、探索性、创造性、层次性和参与度；教学形式符合教学内容需要和专业特点，注重学科知识与专业的融合与创新；适当运用教学手段和教具，现代化教学手段运用有利于教学内容的诠释；教学过程完整，时间分配合理、有特色。注重对学生学习各环节的学法指导。关注学生差异和课堂反应，有适当的课后要求。

3. 板书设计　板书设计合理、实用、有创意，对完成教学任务、提升教学效果具有一定的辅助作用。

（二）说课

1. 说教材和学情　简析教材，分析本次课教学内容在该教材中的地位和作用，确立科学合理的教学目标，指出教学重点和难点及确立的依据、课时安排等；分析学情，包括所学专业、知识基础、生活经验、现有水平等与本次课密切关联的地方。

2. 说教法和学法　根据教学目标、教材特点、学生所学专业特征及学生特性，采用了哪些教学方法、教学手段、学习方法指导与确立的依据、在学科教学和专业教学相互融合方面有哪些教法、学法的创新。

3. 说教学过程　重点阐述本次课教学安排的结构和各环节设计的思路与意图，具体说明教学实施中如何突出重点与破解难点。

4. 说板书　板书的重要性，确立的依据及在本堂课的作用。

5. 说教学反思　正确评价教学得失，教师运用的评估方法检查是否达到教学目标；关注学生学习感受与表达方式，反思教学设计与教学时间的关系；反思在学生知识、技能和人文素养方面的教学成效。

（三）教学基本素养

1）说课准备认真，教态亲切自然，仪表庄重大方，普通话标准，语言表达清晰流畅，形象生动，富于启发性和感染力。

2）所用教学设备操作规范熟练。

3）教案撰写认真、完整、有创新，针对学生实际。

（四）教学思想

体现教学的民主性，注重师生间的互动交往；体现学生的主体地位，面向全体学生，能够使学生积极主动参与教学活动；能够把育人教育自然结合到学科或专业的教学过程中；注重教学过程中学科知识与专业知识相互融合，从而提高学生双学习（文化和专业）兴趣；注重学生的持续性发展能力和创新精神的培养；先进的教育理念在整个说课过程中得到体现。

（五）一般要求

每人说课时间一般为 15～20 min，其中说课环节为 10～15 min，评委现场提问环节5 min 左右。

　　组织者会依据全部项目的权重及需要特殊强调的部分予以赋分，并制订详细的评比标准，评委和参赛选手会在具体比赛过程中灵活把握。说课比赛的评分标准示例见表 5-1。

表 5-1　说课评比标准

一级指标	二级指标	内容与要求	分值
说教材 （20分）	脉络体系	1. 介绍所使用的教材 2. 本课教学内容在课程中的地位、作用，前后关联	5
	教学目标	1. 按照教学大纲要求设定教学目标 2. 符合学生实际，目标具体，有可行性	10
	重点难点	重点、难点符合大纲要求和学生实际	5
说学情 （10分）	所学专业	说清学生所学专业对就业者的要求	5
	学生特点	说清所教班级学生特点	5
说教法学法 （10分）	教学方法 教学理念 教学手段	1. 说清教法及其教学理念 2. 说清学法，如何调动学生积极性 3. 说清运用的辅助教学手段及运用的教学资源	10
说教学过程 （40分）	教学环节	1. 说清教学内容的层次和内在联系，脉络清晰 2. 说清教学环节怎样衔接，过渡自然，时间分配合理	10
	突破重、难点	1. 说清突出重点的手段，方法合理 2. 说清分解、突破难点的手段，方法有效	10
	教学活动设计	1. 说清学生活动安排与本课目标实现的关系 2. 说清引导学生主动参与、有效训练的方法 3. 说清提升学生学习能力、学习兴趣的设计与实施	10
	创新点	1. 体现职业性、专业性，与专业培养方向对接 2. 重在实践中运用所学知识观点 3. 结合当前热点难点问题 4. 运用信息化教学资源，体现信息化教学的改革	10
课件制作 （10分）	信息化 手段应用	1. 结构清晰，逻辑顺畅 2. 页面简洁，图文适度	10
加分项 （10分）	原创案例	1. 案例符合大纲、教材要求，说清支撑点在教材中所对应的具体位置及页码 2. 案例能体现本专业特点，贴近中职生实际，引发中职生感悟 3. 案例表述生动，有吸引力	5
	原创动画	体现原创性、生动性，紧密结合教学点，有完整文字说明	5
预评 （10分）	教学课件 教案 课堂实录	1. 作品齐全，内容完整，符合比赛要求 2. 教学课件能发挥调动学生、突出重点、化解难点的作用，有一定技术含量 3. 教案能体现说课的理念，实操性强，表述清楚 4. 课堂实录能显示教案、说课稿、教学课件的实效	10
现场说课分值为100分，预评分值为10分，总分为110分			110

五、如何说好课

对于青年教师或刚刚接触说课的教师来说，要想说好课，除了注意前述的观点外，还要注意以下几点。

（一）走出误区，从本质上理解"说课"

1. 说课不是复述教案　说课稿与教案有一定的联系，但又有明显的区别，不应混为一谈。说课稿是在个人钻研教材的基础上写成的，说课稿不宜过长，时间应控制在 10～20 min；教案是说"我怎样教"，而说课稿重点说清"我为什么要这样教"。说课稿不仅要精确地说出"教"与"学"的内容，而且更重要的是具体阐述"这样教"的理由和理论依据。教案是平面的、单向的，而说课是立体的、多维的。说课稿是教案的深化、扩展与完善。

2. 说课不是再现上课过程　说课绝不是上课，二者在对象、要求、评价标准及场合上具有实质性的区别，不能等同对待。说课是"说"教师的教学思路轨迹，"说"教学方案是如何设计出来的，设计的优胜之处在哪里，设计的依据是什么，预定要达到怎样的教学目标，这好比一项工程的可行性报告，而不是施工工程的本身。由此可见，说课是介于备课和上课之间的一种教学研究活动，对于备课是一种深化和检验，能使备课理性化，对于上课是一种更为严密的科学准备。

3. 说教学方法太过笼统，说学习方法有失规范　"教学设计和学法指导"是说课过程中不可缺少的一个环节，有些教师在这环节中多一言以蔽之，如"我运用了启发式、直观式等教法，学生运用自主探究法、合作讨论法等。"至于教师如何启发学生、怎样操作，却不见了下文。甚至有的教师把"学法指导"误解为解答学生疑问、学生习惯养成、简单的技能训练。

4. 说课过程没有任何的辅助材料和手段　有的教师在说课过程中，既无说课文字稿，也没有运用任何的辅助手段。有的教师明明说自己动手设计了多媒体课件来辅助教学，但在说课过程中，始终不见庐山真面目，让听者不禁怀疑其真实性。所以，说课教师在说课过程中可以运用一定的辅助手段如多媒体课件的制作、实物投影仪、说课文字稿等，在有限的时间里向同行及评委说清楚。

（二）说课的基本原则

按照现代教学观和方法论，成功的说课应遵循如下几条原则。

1. 说理精辟，突出理论性　说课不是宣讲教案，不是浓缩课堂教学过程。说课的核心在于说理，在于说清"为什么这样教"。因为没有在理论指导下的教学实践，只知道做什么，不了解为什么这样做，永远是经验型的教学，只能是高耗低效的。

2. 客观再现，具有可操作性　说课的内容必须客观真实，科学合理，不能故弄玄虚，生搬硬套一些教育教学理论的专业术语。要真实地反映自己是怎样做的，为什么这样做。哪怕是并非科学、完整的做法和想法，也要如实地说出来，以期引起听者的思考，并通过相互切磋形成共识，进而完善说者的教学设计。

说课是为课堂教学实践服务的，说课中的每一个环节都应具有可操作性，如果说课仅仅是为说而说，不能在实际的教学中落实，那就是纸上谈兵、夸夸其谈的"花架子"。

3．不拘形式，富有灵活性　　说课可以针对某一节课的内容进行，也可以围绕某一单元、某一章节展开；可以同时说出目标的确定、教法的选择、学法的指导、进行程序的全部内容，也可只说其中的一项内容，还可只说某一概念是如何引出的，或某一规律是如何得出的，或某个演示实验是如何设计的等。要做到说主不说次，说大不说小，说精不说粗，说难不说易；要坚持有话则长、无话则短、不拘形式的原则。

六、说课案例（"常用杀虫剂的种类及使用方法"说课稿）

各位评委老师们，大家好！

我是来自××职教中心的×××，我说课的题目是"常用杀虫剂的种类及使用方法"。我的教学思路和设想主要从以下几个方面介绍：教材、教法和学法、教学过程、板书设计、教后反思。

（一）教材

1．教材分析与处理　　本节内容选自河北科技出版社出版，由王文颜、马素凤两位老师主编的《种植基础》教材第五章第六节第一小节。此前，学生们已经学习了植物病虫害防治和农药的一些基础知识，本节内容是农药基础知识的延伸和实践，为以后在害虫防治过程中正确选择和使用杀虫剂打下基础，因此本节课在整本书中具有非常重要的地位。

根据新课程标准的要求、知识的跨度、学生的认知水平，我对教材内容进行如下处理：教材中杀虫剂一共有四大类别，由于不同于前三类的杀虫剂都归入第四类，因此第四类杀虫剂彼此之间联系性不强，知识比较散，因此我将杀虫剂部分分为两课时讲解，第一课时讲前三类杀虫剂，也就是我今天说课的部分。第二课时讲第四类。至于每类杀虫剂中的具体品种，也并不全部讲解，只讲解几个有代表性的品种；同时，为了使内容更成系统，我对于每类杀虫剂的共同特点一一做了归纳总结，让学生得以从总体上把握该类别特点，然后再讲解该类别代表品种的时候理解起来就比较容易。

2．学情分析　　我所教的农林专业学生，具有职业学校学生的共同特点，他们大多基础差，底子薄，对文化课不感兴趣，对理论课也缺乏热情。他们处于青春叛逆期，活泼好动，好奇心强，动手能力强，所以在授课时要注意用学生愿意接受的奇特方式，吸引学生，变"要我学"为"我要学"。

3．教学目标　　根据本教材的结构和内容，结合着学生的认知结构及心理特征，制订了以下的教学目标。

1）知识目标：掌握有机磷类、氨基甲酸酯类、拟除虫菊酯类杀虫剂的共同特点及三类杀虫剂的主要种类，作用方式、使用方法及常用剂型。

2）能力目标：熟练地将三类杀虫剂用于植物害虫防治，并能进行农药间的简单复配。

3）情感目标：学过本节课之后，学生能够看懂杀虫剂处方，并能够进行简单的复配，使学生有当植物医生的荣誉感和自豪感，从而增强学生对本门课的兴趣，促使其对农业生产的热爱。

4．教学的重点、难点 根据课程标准，在吃透教材基础上，我确定了以下的教学重难点。

1）教学重点：掌握有机磷类、氨基甲酸酯类、拟除虫菊酯类杀虫剂的共同特点及三类杀虫剂的主要品种、作用方式、使用方法及常用剂型。

2）教学难点：三类常用杀虫剂的使用及简单的复配。

（二）教法和学法

1．教法 考虑到学生的特点，本节内容理论性偏强，我主要采用了以下的教学方法。

1）直观演示法：利用事先准备的杀虫剂标签图片和视频投影等手段进行直观演示，激发学生的学习兴趣，活跃课堂气氛。

2）活动探究法：引导学生通过视频材料分析其内涵，从而采用小组抢答的形式获取知识。

3）练习法：针对讲过的知识，组织学生分组抢答练习，培养学生的积极性和团结协作精神。

2．学法 俗话说"授人以鱼不如授人以渔"，教师与其说教授的是知识，不如说教的是学习方法。让学生从"学会"向"会学"转变，真正地成为学习的主人。这节课在指导学生的学习方法和培养学生的学习能力方面主要采取以下方法：自主学习法、探究学习法。

（三）教学过程

1．课前的准备 制作视频材料以便设置情境，准备收集来的辛硫磷、乐斯本、敌敌畏、抗蚜威、溴氰菊酯、功夫等标签。课前根据班级人数分成 5 个小组，以便课堂组织活动。

2．导入新课（5 min） 在课堂开始之时播放 1 min 左右的视频。视频内容是蚂蚁为了保护菜园而与害虫大战的视频，将学生带入到如梦如幻的卡通世界，画面中蚂蚁将三类杀虫剂作为武器与害虫展开斗争，将抽象的知识直观化，理论知识视觉化，减轻学生的理解负担，吸引学生注意力。看完视频后，提问：视频中提到小蚂蚁用了哪几类杀虫剂？都是什么？

引导学生迅速找到答案（三类，分别是有机磷类、拟除虫菊酯类和氨基甲酸酯类），让学生在欢快的气氛中轻松获得知识，完成新课导入。

3．讲授新课（25 min） 首先来分析视频，为什么本土的小蚂蚁用有机磷杀虫剂？这里说明当地用药不合理，为后来讲解杀虫剂使用埋下伏笔。

那么这一类杀虫剂又有什么共同特征呢？又有哪些代表品种呢？这个时候学生就会很期待教师的讲解。我顺势讲解有机磷类杀虫剂的共同特点，然后将事先准备的辛硫磷、乐斯本、敌敌畏标签发放给各小组，让小组讨论、提炼，抢答出这几个品种的剂型、作用方式和使用方法。

在讲到氨基甲酸酯类和拟除虫菊酯类杀虫剂的时候，用视频中设定的情境引出此类杀虫剂的来源的一则小故事，增加知识的趣味性，当学生的注意力集中的时候我会详细讲解这类杀虫剂的相关知识，然后再小组讨论、提炼代表品种的相关特点，最后小组抢答。

4. 突破难点　请各小组认真思考，视频中在小蚂蚁使用杀虫剂的过程中，大家能学到什么呢？这就进一步扩展学生的思维，发挥学生的思考能力，拓宽学生的视野。

1）蚂蚁是害虫还是益虫？教师重点强调害虫和益虫的划分是根据需要而设定的概念，启发学生能够多角度看待问题，提高分析问题和解决问题的能力。

2）防治害虫的时候三类杀虫剂最好配合使用，发挥各类杀虫剂、甚至每个品种的优势，扬长避短，综合防治。

3）当地农户在使用杀虫剂时，大量地使用有机磷农药的做法正确吗？（答案当然是否定的。）

通过这样的互动，不仅使学生掌握了基础知识，而且也轻松解决了现实中杀虫剂使用的误区，为将来现实生活中的杀虫剂使用及复配奠定了基础，突破了本节课的难点。

5. 课堂小结　统计各组分数，予以点评（5 min）。

（四）板书设计

在板书设计环节，我力求做到简单明了、重点突出（板书内容略）。

（五）教学效果评析

本节课我总体做到了课前充分准备，从学生感兴趣的动画导入，吸引学生，让学生感到，植物保护课并不是枯燥无味的，再施以定向引导，课堂中组织学生积极参与，充分调动学生，从而达到预期的教学目标。

我的说课完毕，谢谢大家！

第三节　上　　课

一、课前准备

"台上一分钟，台下十年功。"课堂上的表现来自生活的积累，精彩课堂来自课前的精心准备，上课前的准备对于课堂教学非常重要，是上好一堂课的必要前提和重要保证。有了充足而细致的准备，教师在课堂上一定会胸有成竹、游刃有余，教师讲得明白，学生学得容易，才能掌握得更扎实。准备课程，做好课前工作也需要很多的方法与技巧。

（一）教师自身素质的提高是课前的必备条件

教师要更新观念，致力于教学改革，改变陈旧的教学方法，避免"穿新鞋、走老路"，摒弃重知识轻能力的教法，注重全面训练，真正培养学生的动手操作能力。要达到这一目的，教师就必须提高自身文化素质，加强学习，拓宽知识领域，充实课堂内容。也就是人们常说的"要给学生一碗水，教师就必须有一桶水"。只有教师自己自身具备了较高的文化素质、专业素质与思想素质，才能对教材有融会贯通的能力，对技能达到得心应手的程度，对学生起到潜移默化的作用。

（二）制订教学工作计划是上课的基本保证

学期教学工作计划是教师在新学期开学初，根据教学大纲和学校工作计划的要求制订的。这是保证整个学期的教学工作得以顺利进行的必不可少的步骤之一。单元授课计划的内容与学期教学计划大致相同，只是范围更窄，要求更详细具体而已。教师制订单元教学计划时一定要通读每个单元的内容及相关的练习册、教学参考书等，并特别指出教学的重点、难点和教学方法，以利于每单元中的每一课的教学。

（三）课时计划是课前准备的关键

课时计划即教案，是课前准备的关键。教案是教师备课过程中最为具体和深入的一环，它对保证教学质量起着重要的作用。教师必须认真编写教案。写教案的过程，是教师进一步加工教材、消化教材的过程，也是教师进行艺术教学的创造性劳动的过程。写一遍，抵得上想十遍。除了掌握前述写教案的方法外，这里还要强调以下几点。

1）明确教学目标。课堂教学设计要以专业为出发点，以能力为落脚点，为全面培养学生素质而设定教学目标，开发每个学生的潜能，发挥每一个学生的特长，提高每一个学生的水平。要以人的发展为本，力争实现知识与技能、过程与方法、情感态度与价值观三位一体目标的有机结合。

2）深入钻研教材。教材是教学的依据和范例，教师要以课程标准为指导正确地把握教材的思想内容、知识范围、编排特点及各学段教学内容之间的关系，准确地把握各章节的目的、要求、重点，估计难点并拟订难点处理的方法。

3）研究分析学生。学生总是以自己的特点来选择学习材料和学习经验并安排学习，在自己的基础上取得进步的，因此，教师必须重视对学生的研究，有的放矢，取得满意的教学效果。

4）制订教学方案。目的是有效地达成教学目标，设计教学活动的操作程序、方法、手段等。它具有可操作性、灵活性、目的性和概括性等特点。

5）选择教学方法。为了达到一定的教学目标，教师采用恰当的方式、手段和程序来组织和引导学生进行学习活动，它包括了教师的教法、学生的学法。单一的教学方法会使学生产生疲劳感，教师可根据学生实际及个人教学风格和特长运用多种方法。

（四）充分利用辅助手段

植保专业课教学，涉及内容广泛，现实生产生活中可利用的教具比较多，必须以教材为依托，尽可能使用实物教具、教学挂图、标本、视频等各种教学手段，以活跃课堂气氛，激发学生的学习积极性。

（五）既要会"备课"，也要适当"背课"

教案写完后，虽不要求教师把教案一字不漏地背下来，至少也要熟记，最好做到课前默讲或试讲，熟练掌握本次课的内容，把握本次课的师生活动，上课时，教案中准备的内容就会在自己的脑子里过"电影"，不会出现卡壳冷场、衔接不上、过渡不了等现象，上起课来就会得心应手、收放自如了。

只有精心地做好课前准备，教师才可能在上课时胸有成竹，从容面对各种可能出现的问题，才能调动学生的主观能动性，使学生成为课堂教学中真正的主人。

二、上课活动

学生是教学的主体，只有学生满意的课才能算是好课。学生需要的是什么样的课堂呢？调查结果显示：①学生课堂上最快乐的事是交流。对学生而言，交流意味着心态的放松，主体性的凸现、个性的彰显、创造性的释放。学生获得的不仅是知识，更是一种精神的享受。②学生课堂最感兴趣的是新奇而富有挑战的内容。提出对学生构成困难的、具有挑战性的问题，切合学生的心理需要。只有那些经过跳跃可以摘到的"果子"，学生才有摘取的兴趣。③学生课堂上最喜欢的学习方式是自主学习。"教师讲、学生听"的方式不受学生欢迎，学生渴望自由，乐于用各自不同的方式解决自己想要解决的问题。④学生感兴趣的课堂是信息技术与学科课程的结合，课堂教学面貌要发生巨大变化。只有打破课堂的时空局限，才能让课堂教学变得更加开放和丰富多彩。

一节好课并不仅仅是课堂上讲得好这么简单，它受多方面因素的影响和制约，如课前准备是否充分（备课、写教案、试讲等诸多前述环节）、课堂控制是否准确到位、师生配合是否默契、临场发挥是否理想等。

怎样才能上好一节课呢？

（一）自身条件须具备

为人师表，教师应具有高尚的职业道德，必须重视自身形象，不断提高自身的综合素质。教师应自强不息，勤奋好学，努力提高文化水平和业务能力，一言一行给学生作出表率。教师还应具有良好的心态，教师是为教学服务，为学生服务的。只有端正服务态度，做到一心一意，才能把工作做好。

（二）课前工作须做足

除了前述的课前准备工作外，还要强调以下几点。首先，是剪裁教材，把握知识容量。给学生的知识容量应以学生能接受、能消化的最大容量为限。学生不会"吃不饱"，也不会"消化不了"。其次，是辅助教学手段的准备，多利用通过感官认识继而触发思维的教具，如实物标本、课堂演示实验、图片、视频等。最后，是结合学生实际有针对性地备课。学生水平参差不齐，学习热情也千差万别，有些人对专业理论知识难于接受，但实训时动手的热情却无比高涨。要引导不同类型的学生扬长避短，让每个学生都能有所收获。

（三）课上功夫须讲究

1）精神饱满上讲台。教师应以良好的精神状态登上讲台，不能把个人情绪带进教室。
2）提高口语表达能力。教师是通过说话传授知识的，必须时刻检点自己的说话质量，音调、语速是否合适，后排同学能否听清。教师必须用普通话授课，要坚决去掉方言。要让学生感受到教师授课时抑扬顿挫之势、喜怒哀乐之情。
3）合理控制时间。要根据教学内容对课堂教学的时间进行分配，要遵循"主多次少"的原则。最好在进课堂前，在头脑中先给自己上上课，做到心中有数。"满堂灌"在职业院校里是欠听众的。教师必须给学生留出思维的空间，留出让学生自己动手的时间。从而，在学生的活动中发现问题，寻找答案，使教与学的水平共同提高。

4）规范的板书。教师板书必须讲究布局合理、详略得当、重点突出、字体规范。教师应对板书的内容心中有数，除个别情况必须全额板书外，一般不宜过多，切忌边看边抄，以免给学生产生错觉，怀疑教师的教学水平。

5）调节学生情绪，优化课堂气氛。只有教师讲得好不见得就是一节好课，要牢记学生是学习的主体，要注重与学生的情感交流，善于"倾听"学生的发言，运用恰当的鼓励性语言评价学生，充分调动学生学习积极性。学生情绪是影响课堂节奏的重要因素。学生情绪涣散低落、烦躁惊恐，教师即便是口若悬河，也不能收到良好的教学效果。

6）公平公正对待学生。教师应热爱每个学生，尊重每个学生，关心每个学生，对学生一视同仁。不要因为学生的成绩优劣、性别等的不同而产生亲疏和偏向，提问题或组织课堂活动，机会要尽量均等。"亲其师、信其道"，学生愿意接受的教师才能激发学生形成健康的情感，变得生气勃勃，产生积极的学习动力，在和谐的课堂气氛中更容易学习知识，培养能力。

（四）课堂技巧须把握

上好课的因素是多方面的，能上好课决不是一朝一夕、一蹴而就的事，需要教师全身心的投入、全方位的考虑、全方面的学习总结和实践，以下是一位老教师的经验，可供参考。

1）一定要重视课堂的导入。良好的开端是成功的一半。课堂导入要做到灵活多变，引"生"入胜。

2）教师要进入状态，精神饱满上课堂；语言不仅要生动、形象，还要幽默。让课堂上有笑声，学生才会愿意上你的课。

3）要"用教材教"，而不要"教教材"。用教材教，从创造性加工教材开始，教师要对教材科学地重组、合并、放大、缩小、添加、删除，让教材符合学生的实际，符合学生的口味。

4）一定要用自己的话讲，讲出自己的理解，讲出自己的特点，讲出自己的风格，千万不要照本宣科。

5）课堂上教师的全部功绩在于"引导"。好学生不是教师教出来的，而是教师"引导"出来的。

6）课堂上，教师一定要学会"偷懒"。教师"懒"一点，学生才会"勤"一点，学生才能学会真东西，练就真本事。

7）课堂上，教师一定要学会"装傻"。教师"傻"，你的学生才会聪明。教师的教育最大的问题就是教师太"聪明"。

8）课堂上，教师一定要学会"踢皮球"。教师不要当"保姆"，什么事情都包办。教师要学会把皮球踢给学生，让学生学会自己解决问题。

9）教师一定要站在学生的角度来思考问题，找出学科的难点。一定要从学科本身的特点，确定重点。

10）教师一定要注意课堂的生成过程，要善于捕捉教育机会，要注意学生的思路、随机应变，千万不要什么情况下，都按自己预设的教案进行。

三、课后总结

教师要提高自己的教学水平，坚持做好课后总结（或教学反思）是一个捷径。教师该从哪些方面进行教学反思呢？

1）是否关注知识的热点，并以此来满足学生的好奇心。在课堂教学中，教师要及时地捕捉一些高新科技的热点来调动学生的学习兴趣，激发学生的学习热情，满足学生的好奇心，这也是上好一节课的关键所在。

2）是否联系学生学习实际、生活实际、生产实践来活化课堂。学习的目的就是把知识运用在生产、生活的实践中，"学以致用"是教学的根本宗旨。学生对自身实际有用的知识的学习热情是很高的。

3）是否对学生进行学习能力和实际操作技能的训练，是否为学生学习的"可持续发展"打基础。教学最重要的是学生学习能力的培养，会学习和会实践是学生适应未来社会的最基本的能力。

4）是否让学生参与教学，在合作中主动思考学习。社会分工的细化需要合作，合作是事业成功的保证，是未来社会人才必备的素质之一。

5）是否将问题和过渡设计得科学、巧妙，使新旧知识产生合理而自然的联系。课堂就像是一个故事，需要自然而流畅的结构。问题的创设、合理的过渡，可以减少学生学习的障碍，也可以给学生一个清晰的思路，形成完整的知识体系。

6）是否知道学生的学习困难，如何改进，如何调整自己今后的教学。教学是师生双方心灵的"互动"，需要相互了解，需要相互沟通，知道彼此的感受，才能为今后的教改找准方向。

7）课堂突发情况的发生与处理是否行当，如学生睡觉、问题没能回答或其他导致课堂中断的事件处理等。经历就是财富，总结才能提高。

通过反思，知道自己教学的得与失，而且要对结果及其原因进行深思，多问几个"为什么"，并且有更科学与先进的调整对策。怎样去做好教学反思呢？

1）坚持写课后的第二教案。在课后，教师要在原来的基础上进行教案的修改，写下次再上课的第二教案。

2）写教后札记。坚持每天写教后札记，把自己教学的得与失记录下来，供以后教学参考，时间长了，也是一大财富。

3）听别人（包括教师、学生)的评价。教学反思，需要"镜子"，听课教师和学生的评价和反应是最好的参照物。教师要虚心听取别的教师的意见，积极地开展课后的学生调查工作，从中获取改进的办法。

4）与别人作比较。经常听其他教师的课，对别人的课堂教学进行分析，找出别人的优点和长处，结合自己的教学进行对照而"取长补短"。

5）观看自己的教学录像。有条件的可以通过这种方式去反思自己的得与失。

总之，所有这些"反思"，都应该有一个"问题—反思—调整和实践—新问题—再反思"的过程，并且把这种做法内化为个人的自觉行为，养成一种思维的品质，要把反思当成每天必须刷牙一样的习惯。当然，在反思中，教师还应该有挑出自己教学中不足和对自己教学不满的勇气，更要有追求完美的精神和行动。同时，反思不可缺少的是理论的支持，学习新的教学教育理论是进行反思的必要前提。只有这样，反思才能够成为教师不断前进的动力。

思 考 题

1. 按照自己的理解，谈谈如何备课。
2. 作为一名新教师，如何才能上好一节课？
3. 怎样才能说好课？
4. 如何才能成为一名教育"战线"上的合格"战士"？

第六章 中等职业学校植物保护课程教学评价

【内容提要】 植物保护课程教学评价概述。植物保护课程教学评价方式。植物保护课程教学评价的实施。

【学习目标】 理解植物保护课程教学评价的概念、意义及要求。掌握植物保护课程教学评价的方式。能够制订教学评价方案。

【学习重点】 评价的方式及评价方案的制订。

植物保护课程教学的目的是提高学生植物保护的科学素养，使学生获得植物保护的基础知识及防治技术，了解并关注这些知识在生活、生产中的应用，掌握诊断病虫害及防治技术的常用方法，具备一定的分析问题和解决问题的能力，形成科学的世界观和价值观。但是植物保护课程教学是否达到预期目的，必须通过教学评价才能得到检验。教学评价是教学活动的重要组成环节，也是调控、优化教学过程的一种方法和手段。

第一节 教学评价概述

教学评价是教学活动的重要环节，考察教学评价的历史、了解教学评价的作用及意义、掌握教学评价的基本要求，对于教师有效地开展教学活动是非常有益的。

一、教学评价的概念

评价通常是指对事物价值的判断，包括对事物的质与量的描述和在此基础上作出的价值判断。

教学评价是以教学目标为依据，运用可操作的科学手段，通过系统地收集和处理教学设计与教学实施过程中的有关信息，对教学活动的过程和结果作出价值判断，进而改进教学、提高教学质量的过程。它是对教学工作质量所作的测量、分析和评定。

教学评价一般包括对教学过程中教师、学生、教学内容、教学方法手段、教学环境、教学管理诸因素的评价，但主要是对学生学习效果的评价和教师教学工作过程的评价。教学评价的两个核心环节：对教师教学工作（教学设计、组织、实施等）的评价——教师教学评估（课堂、课外）；对学生学习效果的评价——考试与测验。本章第二节主要研究对学生学业成绩的评价。

二、教学评价的意义

教学评价作为现代教育教学管理的关键环节和重要机制，是保证教育教学正常运行、促进教育教学系统不断优化的重要手段，在整个教育教学系统中具有导向、改进、诊断、激励、强化、选拔、调节等多种功能，发挥着重要的、不可替代的作用。

1. 教学评价可以为教学活动的有序进行提供反馈信息 通过教学评价，教师可以判断自己对教材的分析是否透彻，教学重难点的把握是否准确，教学进度和任务是否如期完成，学生是否达到教学目标或课程标准的要求。学生可以判断前段的学习是否达到了预期的学习效果，学习方法的运用是否科学。通过教学评价提供的反馈信息，师生及时总结经验教训，改进不足，以提高教学质量。同时教学评价也为学校领导和上级教育行政部门提供了有效的信息，为科学的决策提供依据。

2. 教学评价能有效激励教师和学生不断向更高层次发展　　教学评价可以调动教师教学工作的积极性、激起学生学习的内部动因，使教师和学生都把注意力集中在教学任务的某些重要部分。对教师来说，适时的客观的教学评价，可以使教师明确教学工作中需努力的方面；对学生而言，适当的测验可以提高学生的积极性和学习效果。同时也应看到，否定的评价会使师生看到自己教与学的差距，找到教、学中的弱点或存在的问题，以便及时改进。

3. 教学评价为教师实施有针对性的教学提供依据　　教学评价具有区分选拔功能，通过不同形式的测验检查，教师可以了解自己的教学目标确定得是否合理，教学方法、教学手段的运用是否得当，教学的重点、难点是否讲清，也可以了解学生在知识、技能和能力等方面已经达到的水平和存在的问题，分析造成学生学习困难的原因，从而调整教学策略，改进教学措施，为教师的教学和学生的学习指明方向，有针对性地解决教学中存在的各种问题。同时，依据多次评价分析得出的结论，教师应对不同层次的学生设定不同的教学目标，做到因材施教，有助于整体教学质量的提升。

4. 教学评价有助于学生学习热情的提升　　教学评价是目的性、规范性很强的教学活动，它可以引导评价对象趋向于理想的目标，就像一根"指挥棒"，对教学起着"定标导航"的作用。通过不同形式的测验检查，能够督促学生系统复习，有助于学生对知识的巩固和强化，使学生更加熟练地理解掌握基础知识和基本技能，提高运用知识的能力，找出各知识点之间的相互关系，把学过的知识系统化、简明化。

5. 教学评价能有效引导教学向培养学生的创新精神方面发展　　教学评价既然是对教学成效的判断，也就是对教学过程及成效进行了肯定和否定。对教学过程及成效的肯定，可以使教师、学生和学校管理者获得成功的体验，可以满足他们对自我价值实现的需要，可以调动起他们内在的积极性，可以激励他们去努力达到更高的目标。相反，对教学过程及成效的否定，可以促使教师、学生和学校管理者去找出存在的问题加以解决，可以适当增加危机感和焦虑情绪，可以刺激起他们对尊重的需要，可以激励他们不断去改正错误，克服缺点，发愤进取。

三、教学评价的发展过程

教学评价的确立从历史发展来看经历了三个主要阶段即考试、测验、评价。

（一）考试阶段

我国早在公元 605 年开始举行的科举考试，被教育评价学者普遍认为是世界上最早的一种教育评价形式。我国古代最早的一部教学论专著《学记》中就有关考试制度的论述："比年考校，一年视离经辨志，三年视敬业乐群，五年视博习亲师，七年论学习取友，谓之小成；九年知类通达强立而不返，谓之大成。"这可以说是最早的教育评价思想。它实际是通过科举考试选拔录用官吏的考试制度。由于采用分科取士的办法，所以叫做科举。具有分科考试、但取士权归于中央所有，允许自由报考（"怀牒谱自荐于州县"，与察举制的"他荐"相区别）和主要以成绩定取舍三个显著的特点。科举制从隋朝大业三年（607 年）开始实行，到清朝光绪三十一年（1905 年）举行最后一科进士考试为止，经历了约 1300 年。在西方，考试制度的建立要晚 600 多年。

科举考试作为国家选拔人才的一种主要手段，起到了一定的积极作用。它是一种总结性学习终端评价，它以甄别学生对知识掌握的水平与选拔优秀学生为导向，只注重学生最终对知识的掌握程度，评价内容统一、评价标准统一。因而对学生的评价不够公正、客观、准确。为了改进考试方法，教育测验便应运而生。

（二）教育测验阶段

从 19 世纪后半期开始到 20 世纪 30 年代，教育测验阶段经历了约 80 年的时间。这一阶段的中心问题是学生个体测验的客观化和标准化问题，它又可以分为下述三个阶段。

1. 萌芽期　19 世纪上半期以前的西方各国，学校考试主要是对学生逐个进行口试。1845 年，美国初等学校普及，学生人数剧增，对众多的学生一一口试已不可能。于是，在美国著名教育家贺拉斯·曼（H.Mann）的倡导下，波士顿市教育委员会率先在美国以笔试代替口试，从而开始了以统一的试卷测验众多学生的新时期。

为了提高书面测验的客观性，力求测验的客观化，英国格林威治医学院院长费舍（G.Fisher）搜集了许多学生的考试成绩，并依据一定的价值标准汇编成成绩量表，试图为当时的考试提供一个可供参考的客观标准。但由于种种原因，费舍的工作没有引起当时人们的足够重视。

1897 年的莱斯（J.Rice）拼字测验引起了人们对教育测验问题的极大关注。这一年，莱斯发表了他对 20 个学校 16 000 名学生所做的拼字测验的结果，结果表明：8 年中每天花 45 min 同每天花 15 min 进行拼字练习的学生测验成绩并没有什么区别。这一结论尽管遭到了不少人的反对，但它引起了人们对测验问题的普遍关心，推动了教育测验问题的研究。莱斯也因此被人们称为教育测验的创始人。

2. 开拓期　前面提到的教育测验先驱，仅仅是试图用一定的测验尺度寻求一定客观量的结果。教育测验的客观化、标准化受到极大重视还是开拓期的事情。

教育测验的开拓期是指 1904～1915 年这十余年的时间。1904 年，美国心理学家桑代克（E.L.Thorndike）发表了《心理与社会测量导论》，标志着教育测验开拓期的开始和教育测验运动的开始。在这本书中，桑代克系统地介绍了统计方法及编制测验的基本原理，并提出了著名的论断："凡是存在的东西都有数量，凡有数量的东西都可测量。"这一论断对教育测验的发展起了很大的推动作用。

3. 兴盛期　教育测验的兴盛期是指 1916～1930 年这 15 年的时间。1916 年，斯坦福大学教授推孟（L.M.Terman）主持修订了法国心理学家比奈（A.Binet）的智力量表，首次引用了德国人斯登（W.Stem）提出的智商概念，从而使心理测验达到了较为成熟的阶段。

在心理测验的基础上，教育测验也迅速发展起来。这一时期的教育测验已发展成为包括上述智力测验、学历测验和人格测验三种不同性质的测验。在学历测验方面，据统计，到 1928 年，已有标准心理测验和学历测验 3000 多种；在人格测验方面，1921 年，华纳德（G.G.Fernald）着手试做人格测验，1924～1929 年，哈芝恩（H.Hartshorne）等组织了人格教育委员会，专门研究人格测验工具，并使之相当精密。

教育测试在一定程度上克服了传统考试的主观、笼统和偏于事实性的知识与死记硬背，但也存在明显的不足。它企图用数字来表示受教育者的全部特征，这过于机械化。学生的态度、兴趣、创造力、鉴赏力等是十分复杂的很难全部量化。正是因为测验的这些不足，从 20 世纪 30 年代起，随着新心理学和新教育学的发展，开始了对教育测验的批判运动，教育测试逐步向教育评价发展。

（三）教育评价阶段

现代教育评价是教育学中的一个重要的组成部分，对现代教育评价的研究始于 20 世纪初美国进步主义教育联盟组织的"八年研究"，这项研究旨在从根本上对美国中学的课程进行尝试性的改革。1942 年发表"史密斯——泰勒报告"，第一次系统地提出了评价的基本思想和方法，从而奠定了现代教育评价的基础。泰勒认为，评价必须建立在清晰地陈述目标的基础上，根据目标来评价教育效果，促进目标的实现。从此，教育评价的思想和方法被逐渐推广至世界各国。到了 20 世纪 60 年代已成为一个具有独立研究价值的教育科研领域，国际上也专门成立了"国际教育成就评价协会"（简称 IEA），开展世界性的教育评价和研究工作。在以后的几十年中，教育评价的理论得到了很大的发展，新的评价模式不断涌现，教育评价理论不断完善。

教学评价以考试作为一种基础性的手段，收集有关学生对知识的掌握程度方面的信息；以测验作为测量的手段，获取客观的数据，进行进一步的分析、综合，作出价值上的判断。教学评价是考试和测验的进一步发展，是一种更先进的教育思想。

四、教学评价的要求

目前新一轮基础教育课程改革对课程评价提出了明确目标，要求实施发展性评价，改变课程评价过强调甄别与选拔功能，注重发挥评价的诊断、激励和发展功能，发挥评价促进学生发展、教师提高和改进教学实践的功能。要求评价不仅关注学习的结果，更要关注学习的过程；不仅关注学生的水平，更要关注学生在学习过程中表现出的情感、态度和价值观；不仅重视学生整体水平，更要尊重个体发展的差异性和独特性；不只是重视教师对学生的评价，更要提倡学生自我评价、同伴的互相评价及家长对子女的评价。作为中等职业学校，对学生实施成功教育尤为重要，要让每个学生体会到成功的喜悦。为此在中等职业学校对学生实施教学评价时更要充分发挥评价的诊断、激励和发展功能。植物保护课程教学是农林专业教育的重要组成部分，植物保护课程教师要深刻理解新课改对评价提出的新要求，充分发挥评价的功能，促进植物保护课程教学改革的深入进行，为推进新课改的进行和学生终身发展奠定基础。为此，教师对学生的学业成绩的评价要做到以下几个方面：①明确每次评价的目的，以解决评价的方向性问题；②明确每次评价的内容，评价的具体目标；③明确为评价而准备的条件；④对评价资料进行客观、科学的判断；⑤对评价结果做好反思，总结经验，查找存在的不足。

五、教学评价的类型

根据评价在教学活动中发挥作用的不同，可把教学评价分为配置性评价、诊断性评价、形成性评价和总结性评价 4 种类型。

1. 配置性评价　配置性评价是指为了了解学生学习背景、心理特征及其他与今后学习有关的情况所进行的评价。配置性评价的目的是为了根据不同学生的差异和特点，有针对性地进行教学和辅导，如教师在上新课之前所进行的摸底测验就属于配置性评价。

2. 诊断性评价　诊断性评价是指教师为了了解学生学习过程中存在的困难和不足并对症给以纠正强化而进行的一种教学评价。例如：①在教学活动开始前，对学生学习准备程度作出鉴定，以便采取相应措施使教学计划顺利、有效地实施，其作用主要为确定学生的学习准备程度和适当安置学生；②在教学过程中，教师为了解学生对已学知识的掌握情况，通常利用诊断性习题来对学生进行教学评价。但需注意习题的选择要有针对性，好的诊断性习题可以指示出学生在什么方面存在什么问题，以及问题的性质和程度，有利于教师进行个别指导。诊断性评价的实施，一般在课程、学期、学年开始或教学过程中需要的时候。

3. 形成性评价　形成性评价是指为了了解学生的知识、技能、能力形成过程而进行的评价，是教学过程中为调节和完善教学活动，保证教学目标得以实现而进行的确定学生学习情况的评价。形成性评价的主要目的是改进、完善教学过程，做到教师及早发现问题及早解决。步骤：①确定形成性学习单元的目标和内容，分析其包含要点和各要点的层次关系；②实施形成性测试，测试包括所测单元的所有重点，测试进行后教师要及时分析结果，查找存在的问题，研究解决的办法，同学生一起改进以巩固教学。

4. 总结性评价　总结性评价是指为了鉴定学生学习结果或等级水平而进行的教学评价。以预先设定的教学目标为基准，对评价对象达成目标的程度即教学效果作出评价。一般在教学结束时，采用期末考试、结业考试等方式评价学生的学业成就。总结性评价注重考查学生掌握某门学科的整体程度。概括水平较高，测验内容范围较广，但次数较少。

第二节　植物保护课程教学评价的方式

在植物保护课程教学中，教师对学生的教学评价经常采用方式有以下几大类。

一、考查

考查是指在日常教学中教师对学生的学习情况和学习效果进行的一种小规模或个别的检查与评定的方式。考查的内容比较广泛，除植物保护课程的基础知识、基本技能外，还可以对学生的思想、兴趣、纪律等情况进行考查。教师可以自己拟计划、自己确定时间、自己命题和确定答案，并作出评定。日常考查的目的在于检查学生掌握知识、技能的数量和质量。督促学生复习、巩固和加深所学的知识和掌握好所学技能，培养学生正确的学习态度。它侧重于了解学生的学习情况与质量，并通过考查从多方面获取学生的动态信息，也为师生及时提供反馈信息。

考查方式有课堂观察、课堂提问、课堂作业、课堂测验等。

1. 课堂观察　观察是直接认知被评价者行为的最好方法。教师在课堂教学中通过观察学生行为的具体表现，对知识与能力、过程与方法、情感态度与价值观三维目标的达成程度进行评价，特别是对学生的学习态度、学习方法及相关的情感目标的感受程度等进行即时或历时评价，以引导学生更积极地投入于学习的一种教学评价法。在课堂教学中，教师只有观察学生的听课情绪，掌握学生听课的心理状况，适时地调整教学策略，使教与学相互协调、同步发展，才能取得最佳的教学效果，促进他们走上"成才路"。它是以"教"、"学"结合的形成性教学评价。对教学中发现的问题反思、分析、改进、共同寻求教师和学生发展。

课堂观察也是对学生学业成绩进行考核评价的主要依据，教师应多观察并做好记录，供学期末评价学生成绩时参考。但被观察者知道被人观察时，自己的行为便不同于平常，因而观察的结果并不完全可靠。为了提高观察的可靠性和准确性，教师应经常观察，并记录一些学生的行为日志，使评价的资料更全面。为此，教师在教学过程应做到以下三点：①教师应树立在教学过程中进行全人和全程观察的意识；②教师应重点对学生学习过程中的学习态度和学习方法进行观察；③教师应将对学生学习的整体观察、小组观察和个人观察相结合来评价学生。

2. 课堂提问　课堂提问是常用的一种考查方式，是课堂教学必不可少的环节，课堂提问可以激发学生学习的积极性，集中学生的注意力，使学生主动认真地思考问题，诱发学生的求知欲望。通过提问，教师可以直接和学生接触，了解学生对知识掌握的情况，并可以积极地启发引导学生，拓宽学生思维空间，及时纠正学生的错误，调整自己的教学活动，同时可以训练学生的语言表达能力。提问的内容应突出重点和难点，注意新旧知识及教材前后的联系。提出的问题应具有较强的针对性、思考性、推理性和启发性。教师在提问前应做好充分的准备，包括题目的拟订、答案和学生可能给出的答案。为了提高回答的质量，在提问时，教师要明确说明回答问题的要求。提问时应面向全体学生，并给学生留一定的思考时间，根据问题的难易程度选择不同程度的学生来回答，使学生都有回答和表现的机会，树立信心。对于学生的回答教师应及时进行分析评价，做好记录。教师在听取学生回答时，态度要认真，要有耐心，应鼓励学生对同一问题发表不同的见解，给出不同的答案，以培养学生的发散思维能力和创新能力。课堂提问的处理直接影响教学成效的优劣，教师一定要把握好课堂提问的尺度。课堂提问是师生共同进行的双边活动，教师在提问时要充分发挥学生的主体作用。有效的课堂提问能调动学生思维的积极性，有助于教学质量的提高。如何进行有效提问呢？

（1）教师提问时要营造平等和谐的课堂氛围　　在提问时教师的神态要自然安祥，用亲切的眼神鼓励每一位学生。无论学生回答得正确与否，教师要公平、公正，要满腔热情，一视同仁，提问时教师要多使用激励性语言。只有创设出一个自由驰骋、宽松自如的氛围，才能使师生间情感交流畅通，才能消除学生的诸多心理障碍，学生才会无拘无束地参与教学活动。

（2）教师提问时要做到面向全体和尊重个性并重　　在提问时教师要面向全体学生，切忌每次提问总是集中在几个学生身上，一堂课要让尽可能多的学生有回答问题的机会。同时，教师要注重学生个性发展。有效教学的课堂应该使每一个学生都能够自由地表达不同的声音，让不同的声音都有存在的空间和权利，使学生敢于和乐于表达自己的看法。

（3）教师提问时要熟练掌握课堂提问的言语 教师提问的言语是传达信息、刺激学生思想的主要工具。教师提问的言语既有师生双方互为听众、互相支持的情景性言语的特点，又具有独白言语所特有的严谨性、系统性和节奏性的特点。因而教师提问的语言要具有一定的准确性、间接性、形象性、情感性和节奏性。

（4）教师提问时要善于启发和追问 教师提问时利用启发式教学语言有助于调动学生思维朝积极方向发展，这对培养学生的创造性思维是有意义的。它要求教师必须掌握启发式教学的精神实质。追问是教师对两个或两个以上有关联的问题进行的提问，各问题之间的关系常常是由表及里、由浅入深、由易到难、由此及彼。追问可以使学生的思维更深入、更清晰，使学生的回答更规范、更详细。当学生回答的问题不够准确时或为让学生回答深刻时教师进行追问。这需要教师善于利用反馈信息进行有效的指导。

总之，课堂提问是课堂教学中不可或缺的一个重要环节，有效的课堂提问应是教师本着激发兴趣、启发思维、难易适度的原则，从学生实际出发，精心设计的提问，只有这样，才能充分发挥课堂提问的作用，从而有效提高课堂教学效果。

3. 课堂作业 作业，包括课内书面作业和课外书面作业。它可以使教师确切了解学生掌握知识、技能的质量，并能在比较短的时间内，就较广泛的问题同时考查班级的每个学生。

新课讲完后一般要布置当堂作业或课外作业，以了解学生理解与运用知识的能力水平，发现教学中的漏洞和不足，从而为改进教学提供信息，给予学生及时的反馈和强化。植物保护专业课程作业一般有书面作业、阅读、观察、实验、调查等。书面作业主要是教师编制的或教科书上的习题。阅读包括教科书和课外书，阅读教科书是学生学习的一种重要方法，包括课内阅读、预习和复习。课外阅读主要是为了培养自学能力，提高学生学习植物保护课程的兴趣，开阔学生的视野，扩大知识面。课外阅读应和课堂教学结合起来，指定阅读材料。中等职业学校农林专业的教师需要安排学生参加生产实践，在生产实践中检验所学的知识。

教师在作业布置上应注意以下问题。

1）作业要精选、适量，学生完成的作业只有在保证质量的前提下才可称得上是有效的作业，那些仅仅为了完成教师布置的任务盲目应付的作业，教师设计得再好，对学生来说也是无效的。因此，教师在设计作业时一定要适量，要少而精，并确保学生有独立完成课堂作业的时间。

2）作业布置要因时而异，有选择性，植物保护课程实践性强，教学中各种病虫害的识别除观看标本外，适时安排学生到田间是十分必要的，在病虫害采集过程中，让学生掌握相关的知识，同时，不同学生采集的不同病虫害，也丰富教学内容。

3）作业要能激活思维，有一定的思考价值。

4）作业主要考查学生能否把所学知识和科学原理运用于实践；是否掌握了相应的技能和技巧。

总之，中等职业学校植物保护课程的作业应以体现学生自主、合作、探究为主，使学生在完成作业过程中实现理论和实践的有机结合。

4. 课堂测验　测验在测评学生的课堂学习效果中扮演着极为重要的角色。它是学校教育中使用最多、最经常、最便利的方式。测验就是通过让学生回答一系列与教学目标有关的有代表性的问题，从学生对问题的回答中提取信息，并根据一定的标准进行判断的过程。

它是一种在课堂教学中进行的小型考试，多在课题或单元教学之后进行。通过小测验，可以在较短的时间里检查全体学生的学习情况，督促学生及时复习巩固。小测验前可通知学生，使他们复习准备，也可以不通知，使学生养成经常复习的习惯。每次测验结束后应把试卷发给学生，并在课堂上进行分析评价，以使学生了解自己学习的效果，及时弥补学习中的不足。

要重视对平时考查结果进行记录。记录分两部分，一部分是考查所得成绩，另一部分是文字记述，记下考查反映出的问题，分析原因，找出改进的措施。

二、考试

（一）概念

考试是通过书面、口头提问或实际操作等方式，考查参试者所掌握的知识和技能的活动。考试要求学生在规定的时间内按指定的方式解答精心选定的题目或按要求完成一定的实际操作任务，并由教师评定其考试结果，从而为主讲教师提供学生某方面的知识或技能状况的信息。

目前考试作为对学生进行学业成绩评价的主要方式，也是最常用的一种教学评价方式。因此，教师需要了解植物保护课程考试的基本程序和新课改对植物保护课程考试的新要求，使自己在将来的教学中能够恰当地运用考试这个评价工具。

（二）考试的指导思想

考试主要目的有二：一是检测学生对某方面知识或技能的掌握程度；二是检验学生是否已经具备获得某种资格的基本能力。从这两种目的看，考试可以分为效果考试和资格考试。本章着重阐述效果考试。考试的指导思想是发现和发展学生的潜能，激发学生主动学习的愿望，帮助学生树立自信心，增强学生的自我反省能力，帮助学生形成良好的学习习惯。因而，教学中进行的期中、期末、小测验等阶段性考试，应突出考试的诊断和发展功能，使考试成为发现问题、改进教学，进而促进学生发展的重要手段。

（三）命题和编制试卷

试卷编制和试卷分析是教育测量在教学管理中的具体运用。试卷是考试内容的载体，试卷质量的高低，对反映教师的教学效果及学生对知识技能的掌握程度具有重要的意义。试题质量分析是学生考试成绩分析的基础和前提，试卷讲评是执行测试常规，全面实现检测功能不可忽视的环节。因而试题的选择应符合本学科教学大纲、课程标准的要求。

1. 常见题型　依试题答案的开放程度，在课程考试中常见的题型有客观性试题和主观性试题两大类。

客观性试题主要包括选择题（单项或多项选择）、判断题、匹配题等；主观性试题主要包括填空题、绘图题、简答题、实验题、设计题、论述题等。

主观性试题开放程度高，应试者可以自由组织答案，评分者对评分标准难以做到完全客观一致，需要借助主观判断确定。客观性试题是指通过试题把格式固定的答案形式提供给应试者，评分标准易于掌握，评分不容易受主观因素的影响。

2. 命题和编制试卷的原则

（1）科学性原则　　科学性是编制试卷需遵循的首要原则。试卷中的任何一道试题，其科学性是保证试卷质量的根本，关系到试卷编制的成败。任何一道试题，不能有原理性缺陷，不能与实际相矛盾，不能主观想象和无根据地臆造。

（2）简洁性原则　　试题的语言表达要清楚、简洁，学生阅读试题后能够明确他们要解答的内容，不存在理解题意的障碍。

（3）合理性原则　　试卷的内容、范围、深度均不得超出考试说明的有关规定；试卷结构在题型、题量、题分、难度、区分度、认知层次比例方面分配合理；试题既要求有较好的覆盖面，又要突出重点；试题应具备一定区分度。按照考试目的和学生实际情况确定试题的难、中、易层次的比例。试卷的评分标准应合理、科学，对主观题的答案及评分设置要有分步性。

（4）独立性原则　　试题中各个题目之间必须彼此独立，不可以相互牵连或提示。

（5）开放性原则　　试题应具有开放性。试题的结论或条件、试题的情景或过程、试卷的策略或形式等都可以开放。部分试题，其答案可以不是唯一的，试题编制过程中应渗透思维开放性原则，允许学生有独到的见解和不同的意见，引导学生跨越现有的基础向更高更深层次思考。

（6）时代性原则　　试题应联系科学技术的新进展，联系技术应用带来的社会进步等问题。引导学生关注国家和社会、人类和世界的命运和发展，特别是科学发展的新趋势、新成就等。

（7）理论联系实际的原则　　试题内容与学生生活实践和社会实际紧密相联。以自然、社会、科技、生产和生活中的直接问题作为试题的背景材料，考查学生对所学知识的认识和理解，考查学生运用所学知识去分析解决实际问题的能力。

3. 试卷形成标准

（1）考试内容以课程标准为依据　　课程标准是教学依据，因此，考试命题要以此为依据，不能超出课程标准要求的范围。

（2）测试题应明确　　试题中不可含有暗示本题或其他试题答案的线索。

（3）试题覆盖面要广　　命题时，各个单元、各种类型的知识、各种不同目标领域的要求都要进行考查。不同难度层次的试题都要有，以保证整个试卷难易结构适当。

（4）题型、题量适当　　命题时，最好能够题型多样化，题目的数量也必须适合于所限定的时间，保证学生能在考试时间内完成。

（5）试题编排应符合学生心理状态　　一般说来，试题的编排原则是由易到难，形成梯度，以消除考生的紧张情绪，避免考生开始在难题上耽搁时间太长，影响后面题目的回答。

（6）编制试题同时作出答案和评分标准　　以保证教师能够以客观一致的评分标准

评阅试卷，减少阅卷时随意给分的现象发生，减少人为因素对考试结果的影响。

4. 编制试卷　　命题工作是一项周密而复杂的创造性劳动，命题过程必须要全面地考虑各种因素，命题工作应按规范程序进行。只有掌握命题程序的各项要求，才能编制出一份符合考试要求的、高质量的试卷。编制试卷的基本过程是拟订编题计划、命题、拼题成卷。

（1）拟订编题计划　　考试目标是试卷编制的出发点和归宿，具有导向和制约功能。它可以根据教学目标，结合不同的测试目的、内容范围、时间限制加以确定。考试目标包括考试内容、考查目的和各种量化指标（如试卷难度系数、考试及格率、优秀率、平均分等）。依据考试目标制订编题计划，以保证题卷覆盖面广，分值分布合理，试卷内容符合课程标准要求，能够全面地考查各个章节的内容；能够全面地考查知识和能力、过程和方法、情感态度与价值观等不同领域的目标要求；能够全面地考查记忆、理解、运用、分析等不同层次的要求。为了达到以上目的，需要绘制有关考查内容的双项细目表。制订命题双项细目表要依据课程标准规定的考试内容、考试范围和教科书中涉及的各项知识所要求掌握的程度来确定试题的分布范围、难易程度、重点、难点，要全面反映考试内容，保证试卷对考试内容的覆盖率。对试题的数量及难度比例的确定要适当，既要考虑大部分学生考试成绩达标，又要考虑不同水平学生的成绩能拉开距离。双项细目表可以使命题工作避免盲目性而具有计划性；使命题者明确测验的目标，把握试题的比例与分量，提高命题的效率和质量。

（2）命题　　根据双项细目表和命题原则命制试题。各类题型的命制方法如下。

1）选择题：由题干和若干个备选答案构成，题干一般由问句或类似填空题的不完全陈述句构成。选择题的题小量大，覆盖面广，评分客观、准确、快速，所以一直是各种考试常用的题型。适合考查学生的记忆能力、理解能力和应用能力。但是一般难以测量学生的思维过程和综合、归纳、表达等能力。设计选择题应该达到下列要求：每题所列选项应一致，以4～5个为宜；正确答案在形式或内容上不可特别突出；正确答案的位置应随机排列，不能出现规律性，以免学生猜测；每个选项的答案，以简短为宜；各选项的语法结构应与题干相一致；尽可能使用肯定式陈述，必须使用否定句式时，对否定词应特别强调，可以在否定词下加上着重号或下划线；非正确的选项都应具有一定的诱答性。只有当每个选项都对学生具有一定迷惑性时，才能降低学生猜正确答案的概率，且更利于学生分析辨别。一般用学生容易出现的错误观念作为诱答，提高对正确答案的干扰；不宜用来测量复杂的推理和计算；较简单的推理和计算可用选择题来测试，但一些复杂的推理和计算则更适合用简答题等方式测试。

2）是非题（判断题）：是非题是让学生判断真假正误的一种题型，用于测量学生分析能力、鉴别能力，主要用来考查学生对科学事实、概念和术语的理解和运用能力。这种题型的答案只有"对"或"错"两种，增大了学生猜测的可能性，也不能有效地测量学生的综合、归纳、表达能力。是非题的命题要注意以下事项：第一，题意应严谨，保证有确切的答案；第二，避免考核死记硬背或不必要的记忆；第三，题目要有一定的迷惑性，特别要考查学生容易混淆的概念。

3）填空题：主要用于测量学生对基础知识，特别是重点知识的记忆、理解能力，以及运用已知信息进行推理判断的能力。填空题的命题要求：空格不宜过多，以免影响句子的完整性，干扰学生的思维；空格部分应是重要的植物保护学概念，或是包含植物保护学概念的语句；答案要唯一，避免题目中暗示答案。

4）匹配题：用于考查学生鉴别科学知识之间相互关系的能力。匹配题由前提和配合选项两部分组成。要求学生答题时，从选项中选出与前提之间能够最佳匹配的选项，或者将不同的选项与对应的前提相互匹配起来。

5）简答题：要求学生用简要的文字回答的一种主观性试题，可以较好地考查学生对概念、原理等知识的理解记忆、分析、归纳等能力，以及语言表达等能力，命制简答题时应表述科学严谨，题意清晰明确，针对性强。

6）实验题：主要考查学生理解实验目的、原理、方法、步骤的能力，运用原理解释实验现象的能力及进行分析综合和判断推理的能力。答题的形式可以是选择、判断，也可以是简答、论述。实验题一般综合性较强，有些题的开放程度也比较高。

在命制实验题时应做到：考查重要的实验方法、步骤、原理；试题最好以教科书上的知识为题材，以课外知识为背景；侧重考查学生分析问题和解决问题的能力，而不是死记硬背教科书上实验的能力；题干表述清晰；考查内容较多时，分成多个小题要求学生作答。

7）设计题：这是新课改以来出现的一种题型，是根据新课程中研究性学习的要求和培养学生科学探究能力的要求而命制的一种题型。设计题一般要以一定的背景材料为题材，提出设计要求。主要考查理论联系实际、综合运用所学知识解决生产实际问题的能力，一般以论述或简答的形式要求学生作答。

（3）拼题成卷　　一般来说，根据双项细目表初步命制的试题，试题量要比试卷要求的题量大，然后再根据双项细目表和命题原则进行进一步权衡和筛选，选出最能体现考试要求，并且最能反映命题原则的试题组成试卷，最后对照双向细目表对整个试卷进行复核。试题拟好或选取好后要按选择题、填空题、解答题的顺序排列，每道题又按先易后难的顺序编排，形成梯度，组配成卷，并编拟好指导语。组卷完成后，根据前面预测的试题的难度，估算学生各题的得分，从而估得全卷得分，由此估算全卷难度。再结合考试目的，适当调整若干试题的难度、试题类型、试卷结构，使全卷试题的难度系数达到与考试目的的难度系数相符。命题结束后，命题教师必须对试题进行试答，并记录答题时间。一般情况下，用于实际考试的时间，为命题教师试答时间的三倍。根据试答试题的情况和答题的实际时间，对试题内容做最后一次调整。命题和参考答案应是同步进行，在命题时，同时将试题答案确定下来。答案应具体准确无误，各层次的分值要明确标明。试题的评分标准应该客观明确，评分标准要进行分项分配。试题赋分根据试题难度和答题时间进行分配，试题难度较大，需花较长时间解答的，分值应大些。

（4）编制试题的常用技巧　　教师命题时的试题主要有两个来源：一是采用他人的现成试题；二是自己编写的新试题。自己编写新试题通常有改编试题和新编试题两种方式。

改编试题是对原有试题进行改造，使之从形式上、考查功能上发生改变而成为新题。通常情况下，改编的试题往往难度会相应提高。由于是对现有材料的深挖掘，所以改编所得的新题一般带有一定的新颖性和创造性。改编试题的方法有很多，例如，改变设问角度、改变已知条件、改变考查目标、转换题型、题目重组等。

新编试题重点体现一个"新"字，即创设新情境，提供新材料。试题设问要新颖，思维性要强。新编试题，首要的问题是材料背景的局限性。通常可取材于国内外教材，国内外招生考试试题，国内外竞赛试题，国内外热点时事、热点问题。对教师来说，教材也是获取命题材料的非常好的渠道，教材中的许多例题、习题的背景都非常新颖、非常贴近现实生活，是很好的命题素材。

（四）考试和阅卷

在进行考试时，一般提前说明考试时间和考试安排、注意事项、考场规则等。考前要妥善保管试卷，不能泄密。考试结束后要及时阅卷，阅卷最好可采用流水作业，并对试卷批阅的标准和分数进行多次复核，以保证考试的公平。

（五）考试结果的统计和分析

试卷阅完后只有通过统计分析才能发现教学效果的好坏，才能实现考试的诊断功能。考试结果的统计和分析主要包括卷面分析、分数的统计分析和试卷质量的分析。

1．卷面分析　　卷面分析包括考查内容、答题思路、学生情况等多方面的分析，也是分析的重点，通过对试题的知识点、能力要求及学生答题和得分情况的分析，发现学生掌握的情况和灵活度，为改进教学和后续教学提供反馈信息。

2．分数的统计分析　　考试分数的统计分析，通常需要排列顺序和计算平均数。

排列顺序是一种简单而有效的整理分数的方法，它是将考试所得分数按其数值的大小（或小大）顺序排列起来。通过顺序排列，可以初步了解某一分数在这个序列中的大概位置，这仅是对分数的一种粗略的解释。

平均数是所有数据的和除以数据的个数所得到的商。它反映一组数据集中的趋势，可用来比较不同班级的考试结果，也可以检查考生的成绩分布情况。

3．试卷质量分析　　试卷是考试的工具，是教学测量、评价的工具，试卷的质量直接影响考试的效果。试卷质量往往在考试使用之后才能得到充分检验，因此，考试结束后要对试卷质量进行分析，为进一步提高命题技术提供信息。衡量试卷质量的指标有以下几个方面。

（1）试卷的效度　　试卷的效度是衡量考试结果与预定要达到的考试目标相符合的程度，效度反映了试卷的有效程度。如果平时学习好的学生在考试中得分较高，而程度差的学生得分较低，则说明这次考试有较高的效度，测出了学生的真正水平。如果试卷的效度低，则说明所要考查的内容没有完全考查到。

考试中主要关注试卷的内容效度和结构效度，内容效度反映的是试卷是否按课程标准的要求，使各部分内容特别是教学重点内容得到合理的分配；结构效度反映的是试卷中的图文结构、题型结构和试卷的排版印刷质量是否合理等。

影响效度的因素很多，如试题、试卷的指导语不够明确，题干难理解，试题的难度水平不适宜或比例不合理，试题与考试目标要求不够一致，考试内容过多涉及其他学科内容等。在命题时尽可能克服以上不利因素的影响以提高效度。

提高试卷的效度要注意三个方面的问题：一是要明确考试的目标；二是试题的设计要有效地体现考试目标，填空题、选择题一般用来考查学生对基础知识的掌握，解答题则用来考查学生的运用能力；三是试卷的要求与课程标准的要求要一致，试卷内容要涉及教科书中的重点部分，排除与考试无关的内容，试卷中不要出现偏题、怪题，试卷内容要兼顾知识与能力两个方面。

（2）试卷的信度　　试卷的信度是表示试卷作为测试工具的可靠程度的指标，即试题反映出被测试者不受偶然因素影响的稳定程度。试卷的信度高说明考生分数不易受偶然因素的影响，考生分数可以比较真实地反映考生的实际水平。

影响试卷信度的因素有两类：一类来自试卷（试题）本身，如试卷的长度、难度、速度、程序、考试的环境条件及评分方法等；另一类来自应试者，如应试者某种能力或某种成绩的整齐度、参加考试的动机水平、对考试的态度和积极性等。

考试的长度主要指试卷所包含的题目，题目越少，考试越短，得分越容易受偶然因素影响，信度越低。试卷题目数量越多，信度越高，因为题目数量增多，尤其是同质题目增多，在每道题目上的随机误差将会互相抵消。由于测评受到内容和时间的限制，题目数量不能太多，但可尽量把大题化小，增加题目数量，以提高信度。但是，考试长度的增加和信度的提高不是成比例的。过难或过易的试题都会降低试卷的信度。因此，要提高考试的信度，应使试题难度适宜，且缩小各试题难度的范围。

另外，考试的时间、考试开始时的指导语、回答问题的方式、分发和收回试卷的方法等都对答题质量有影响，进而影响试卷的信度。所以，对考试要妥善安排，程序应统一，考试的评分标准要尽可能一致。

应试者参加考试的等级水平、积极性、疲劳度也会影响考试分数。因此，考前学生要有充分的准备时间，要重视每一次考试，同时要积极对待考试，这些对提高考试的信度有一定作用。

（3）试卷的难度　　难度是指试题或试卷的难易程度，是试题或试卷考查学生知识和能力水平适合程度的指标。通常用能通过人百分比即通过率来表示，通过率也称难度系数。难度系数越大，说明题目越容易；难度系数越小，说明题目越难。

试卷难度应该根据考试的目的来选定，单元测验、期中考试、期末考试等检查性的考试，难度不宜过大，一般控制在 0.6~0.8 为宜；而竞赛试卷，难度应控制在 0.3~0.5 为宜。因为试卷的难度值要在考试结束后才能统计得到，所以命题时必须对试卷作出比较准确的估计。一方面教师要钻研课程标准，精通教材；另一方面要了解学生的学习情况，只有这样才能编制出难度适当的试卷。一般地，难度适当的试卷分数的分布应呈近似正态分布。

三、实践测试

实践教学是巩固理论知识和加深对理论认识的有效途径，是培养具有创新意识的高素质人才的重要环节，是理论联系实际、培养学生掌握科学方法和提高动手能力的重要平台。有利于学生素养的提高和正确价值观的形成。

实践测试是通过对学生的实际操作进行观察、记录、作出判断来考核学生实验能力、设计能力、制作能力等能力的评价方式。这些能力一般无法用纸笔测验考核，只能通过实际操作进行评价。例如，植物病虫害标本的制作、常见农药的配制、植物病原临时装片的制作、病虫害的识别等操作技能，通过实践测试才能真正了解学生的掌握情况。运用实践测试对学生进行考核时，通常还需要结合记录表或核查表等核对和记录学生的操作能力所能达到的程度。

第三节　植物保护课程教学评价的实施

教学评价是一项有目的有计划的活动，评价的基本程序是制订评价方案，确定评价指标体系，收集资料信息、进行评价，形成评价结果。

一、制订评价方案

新课程强调过程性评价，即评价应该伴随着教学的整个过程进行。所以每学期在开始上课之前，在提出教学实施方案的同时就应该制订出评价方案。评价方案应包括评价依据、评价目标、评价内容、评价方法、评价时间、各项评价内容所占分值比例等。

1. 确定评价的依据　植物保护学教学评价的依据是植物保护学课程标准，教师应该根据课程目标和具体的教学目标进行评价，体现客观、公正、合理的原则，要从促进学生学习的角度恰当地解释评价数据，以增强学生学习的自信心，提高他们学习植物保护学的兴趣，激发学习的动力。

2. 明确评价的目标　在教学中，评价应建立多元化的目标，既要关注学生在知识技能方面的掌握情况，也要关注学生在个性、潜能等方面的发展。

植物保护学教学评价的目标可以归结为4个方面：第一，全面了解学生学习的历程，以便教师有针对性地准备教学同时帮助学生认识自己在解题策略、思维方法和学习习惯上的长处和不足；第二，检验教师教学的效果，以便调整教学策略；第三，检验学生的学习效果，找到应对策略，激发学生的学习动机，使学生形成正确的学习预期目标；第四，评定学业成绩。这些既是对学生学习的评价也是对教学效果的评价。

3. 确定评价的内容　植物保护学教学评价的内容应符合植物保护学课程标准的要求，兼顾知识与技能、过程与方法、情感态度与价值观等方面，形成多维度、全面性的评价内容体系。

4. 选择评价的方法　在新课程推进中，主张教学评价手段和形式多样化，而且以过程性评价为主，涉及到评价学生的进步、调节教师的教学及为家长提供他们孩子在校学习的情况等几个方面，既可以用书面考试、口试、活动报告等方式，也可用课堂观察、课后访谈、作业分析、建立学生成长记录袋等方式。不同的评价形式和不同的评价内容需要采用不同的评价方法。植物保护学学习是知识与能力、过程与方法、情感态度与价值观的统一，因此，评价方法也要多种多样，既要包括学习结束后对学习结果的评价，又要包括平时对学习过程的评价。既要有定量的评价，又要有定性的评价。在评价方案中要确定每项评价内容所采用的方法。

5. 确定评价时间　在评价方案中应根据评价的内容确定评价的时间，以及各项评价内容所占的比例。例如，一般通过考试检测学生对所学植物保护学基础知识、基本理论的掌握情况；上课时通过提问抽查学生对每次课堂所学内容的掌握情况；通过实验课和实验报告检查学生实验技能的掌握情况；通过设计方案、讨论记录、小论文等考查学生研究性学习和探究能力，并确定各项内容在总成绩中所占比例。

二、确定评价指标体系

在评价方案中只确定了对哪些内容进行评价及评价所采用的方法，但是根据什么来判断学生是否达到了学习要求，还需要有评价的依据和标准，往往一项内容需要从多个角度根据多项标准进行评价。例如，标本的制作，需要从制作材料的选取的特征性情况、操作的熟练程度和规范性等方面进行考核，这些标准就构成了评价标本的制作技能的评价指标体系。教学评价指标体系是由一系列反映被评价者学习情况的、相互联系的指标构成的有机整体。

在评价活动中，通常根据评价的目的，逐层次地建立一系列评价指标，用以系统地、客观地反映被评价者的全貌。植物保护学教学评价的指标体系是以课程标准为依据，根据实际教学内容（如教材内容和不同学校扩充的不同内容）确立的，是将评价目的进一步具体化而形成的。

由于植物保护学由知识与技能、过程与方法、情感态度与价值观三个维度组成的课程目标，确立评价的指标体系就必须突出三维目标的达成情况，彻底改变过去只检测知识掌握情况的片面做法。

1. 知识与技能领域的评价指标体系　　知识领域的教学目标分为记忆、理解、应用、分析、评价、创造6个层次。每个层次根据知识又可分成事实性知识、概念性知识、原理法则性知识、程序性知识等不同类型的知识。评价也要针对这6个不同层次确定指标，从而构成知识领域的评价指标体系。例如，事实性知识的评价指标体系包括：①记忆层次，要求学生从多个选项中选出正确的定义，掌握各种病虫害的特征；②理解层次，要求学生解释病害特征、病虫害防治的原则；③应用层次，要求学生用学到的知识进行病虫害鉴别；④分析层次，要求学生分析相关概念之间有没有联系，有什么样的联系；⑤评价层次，要求学生判断从一组数据中得出的结论是否正确；⑥创造层次，要求学生设计完成田间病虫害防治历。

2. 过程与方法领域的评价指标体系　　植物保护学学习中涉及的能力主要包括调查、识别、交流、诊断、预报、测量、操作等能力。

1）调查的指标体系可以由对象的选取、信息的收集、病害级别的鉴定、病害调查、形成调查报告等指标构成。

2）识别的指标体系可以由掌握各种病害的特征、病害的侵染程度、虫害流行期等指标构成。

3）交流的指标体系可以由准确流畅的描述、精确传达信息、清晰表达思维和推理、耐心听取他人意见、恰当反驳他人、恰当表示不同意见、注意利用他人有益的意见等指标构成。

4）诊断的指标体系可以由确定侵染途径、确定病害成因（真菌、细菌、病毒、虫害、自然因素）、各种仪器设备的使用等指标构成。

5）预报的指标体系可以由信息分析、掌握病虫害流行等级、进行定性分析、进行定量分析等指标构成。

6）测量的指标体系可以由正确使用度量衡进行测量、正确使用测量单位、正确使用测量仪器、正确使用测量技术等指标构成。

7）操作的指标体系可以由农药的配置、病虫害的机械处理、病害分离、病害鉴别、性诱装置的安装等指标构成。

3. 情感态度与价值观领域的评价指标体系

1）形成正确植物保护学观点的指标体系可以由懂得生物防治的意义、合理使用化肥农药、保护天敌、懂得各种病害发病成因等指标构成。

2）形成民族责任感与使命感的指标体系可以由关心环境状况，关心科技发展状况，具有从事植物保护工作光荣、热爱家乡、报效祖国的意识和决心等指标构成。

3）树立科学精神和科学态度的指标体系可以由具有善于质疑求实和创新的精神、勇于实践的精神、虚心请教等指标构成。

4）可持续发展观的指标体系可以由热爱自然保护环境的意识和行为、珍爱生命的意识和行为、理解人与自然和谐发展的意义、在学习和生活中自觉节约能源、保护自然资源等指标构成。

5）积极生活态度和健康生活方式的指标体系可以包括关心班集体、有集体荣誉感、热爱生活积极向上、懂得环境与健康的关系、懂得运动与健康的关系、懂得营养与健康的关系、远离有害健康的因素、懂得感恩、遵守作息时间、勤俭节约的习惯等指标。

三、收集资料信息，进行评价

评价方案和指标体系确定后，在教学中就要根据方案中确定的评价内容和评价方法收集资料，并进行及时的评价和反馈。对于课堂提问、作业、实验等内容既要进行定性评价，又要进行定量评价，还要及时记录评定的成绩。通过平时的评价及时诊断学生学习中的困难和教师教学中存在的问题，为找到应对策略、激发学生的学习动机提供信息，这是教学过程中监控和改进学生学习行为的有利时机。同时让学生对自身在该学科的学习活动进行评定，这也是教学评定的一个方面。学生自评意味着对学生的尊重和信任，有助于增强学生的主人翁意识，鼓励学生积极参与评价过程，提高对学生评价的有效性和可靠度，使评价成为学生自我改进、自我教育的过程。学生的自评一般是通过三种方式进行的：一是根据别人对自己的评价来评价自己；二是通过与他人的比较来评价自己；三是通过自我分析、自我反思来评价自己。通常来说最常用、较有效的方法是写阶段总结，即对前面学习过程进行总结、反思、改进。如果是采用档案袋评价，还要组织学生把评价材料装入档案袋，并保管好。

四、形成评价结果

评价结果处理要科学化：首先，强调结论的全面解释与慎重处理；其次，对收集的信息要比对其数值。对学生学习结果和过程评价后，要形成评价结果，对于定量评价的内容要根据评价方案计算出最终成绩，对于定性评价的内容要形成评语。学生获得反馈信息，能加深对自己当前学习状况的了解，确定适合自己的学习目标，从而调整自己的学习。此外，还能起到激发学生学习动机的作用，研究表明，经常对学生进行记录成绩的测验，并加以适当的评定，可以有效地激发并调动学生的学习兴趣，推动课堂学习。评语中应重点指出学生在学习中取得的进步、存在的不足和继续努力的方向。通过评价使学生看到学习中的成长过程。注重发挥评价的诊断、激励和发展功能，发挥评价促进学生发展、教师提高和改进教学实践的功能。

思　考　题

1. 什么是植物保护学教学评价？具有什么功能？
2. 制订一份中学植物保护学教材某一章的作业题。
3. 设计一份试卷。
4. 试分析一份考试试卷。

第七章 中等职业学校植物保护课程教学研究

【内容提要】 教学研究的概述。教学研究的内容。教学研究的基本方法。教学研究论文的撰写。

【学习目标】 理解教学研究的本质、意义及价值。掌握 5 种教学研究的主要方法及实施步骤。理解教学研究课题的主要来源、课题选择的策略及原则。重点掌握教学研究论文的撰写步骤。

【学习重点】 教学研究的 5 种主要方法。教学研究课题的选择。教学研究论文的撰写。

第一节 教学研究概述

教学研究，是以教学活动为研究对象，分析教学过程中各要素的特征及其相互关系，探索教学活动中存在的基本规律，进而使教育工作者能够有目的、有计划、系统地运用科学知识及严格的研究方法，合理研究教育科学知识，科学认识教育现象，探索教育与人的和谐全面发展，解决教学过程中出现的问题和困难，促进学生素质全面发展，提高教师教学能力及教学质量和效益的研究活动。在教学活动中，教师与学生积极互动、共同发展，既要处理好传授知识与培养能力的关系，又要注重培养学生的独立性和自主性，引导学生质疑、调查、探究，在实践中学习，在教师的指导下主动地、富有个性地学习。教师应尊重学生的人格，关注个体差异，满足不同学生的学习需要，创设能引导学生主动参与的教育环境，激发学生的学习积极性，培养学生掌握和运用知识的态度和能力，使每个学生得到充分发展。进入 21 世纪以来，我国的教学改革逐步深入，教学研究受到前所未有的重视，从事教学研究的人员越来越多，发表研究成果的形式多种多样，对教学研究人员提出的评价要求越来越高。

一、教学研究的本质与特点

（一）教学研究的本质

教学研究的本质是教学研究的逻辑起点，直接规定教学研究的目的和方法。对教学研究本质的认知不同，能产生不同的研究方法和研究理论，因此研究的结果也就不同。探讨教学研究本质，必须结合马克思主义哲学观中关于逻辑与历史相统一、理论与实践相结合这一观点。

确定教学研究的本质，要从科学研究的本质与特点出发，明确教学研究是什么，同时，考察教学研究的发展史，分析在不同历史时期，教学研究曾经是什么，二者结合起来，就明确了教学研究的本质到底是什么。另外，在认识教学研究本质时，要以教学活动，也就是教学的本质为基础。

1. 教学研究是一种认识活动 教学论范畴内，教学研究是针对教学理论或教学实践中的某一问题，采用某种方法收集有关资料并对此加以分析，从而对该问题进行描述、解释、预测或改进等。本质上，教学研究是一种认识活动，是解决问题的认识活动。教育研究者在学习教学理论或进行教学实践时，总会遇到这样或那样的问题，问题产生后，就会萌发出解决这一问题的动机，于是对这些问题作进一步的了解和思考，然后提出某种假设，收集有关资料去证实假设，或者通过对问题进行深入的剖析，如根据产生的各种条件、因素等，对其进行深入分析或解释等。

2．教学研究是一种价值活动　　第一，教学研究方向和教学目的具有一致性。教学目的在于传递知识、发展智力、提高能力、完善人格，是一种价值倾向明显的活动。教学研究的目的也在于获取教学理论知识，帮助人们更好地认识教学活动的特点和规律，从而提高教学质量，更好地实现教学目标，也具有明显的价值倾向性。第二，教学研究的过程受价值倾向性的制约。在一定时期内，教学研究的兴奋点、教学理论的优势点、教学实践的着重点及研究人员的使命感等，均受时代、社会及实践的引导与制约。另外，研究的伦理性、教学性要求，也使教学研究的过程受到某种影响和制约。第三，研究者个人的价值倾向，影响着研究。教学研究中，问题的发现与确定，方法的选择，结果的解释，甚至语言、概念的使用等，均带有研究者个人的特点、受研究者个人的价值取向的影响。第四，研究评价是一个价值判断过程。进行教学研究评价，是根据某种标准，对其进行价值判断。因此，价值因素充满了教学研究的整个过程，也是一个价值活动过程。

3．教学研究是一种艺术活动　　教学研究的艺术性主要指在研究的过程中，研究者独具匠心、富有创造性地研究问题。

（二）教学研究的特点

1．师生之间的交互作用贯穿于教学研究的各个方面　　教学是教和学相结合或相统一的活动。在活动过程中，教师和学生在某些组织形式中，借助一定方法和媒体，通过师生之间交互作用，实现传递知识、发展智力、培养能力、完善人格的目标。因此，在研究教和学各自活动规律的基础上，着重探讨师生之间的交互作用，才能真正了解教学活动的内部规律。师生之间的交互作用不仅是贯穿于教学过程始终的因素，也是贯穿于教学研究始终的主线，是在进行教学研究时，分析问题与解决问题始终必须考虑的因素。

2．侧重于微观、心理层面研究　　教学研究的任务在于探讨教学的本质与规律，寻求最优化的教学途径与方法，它涉及教育、教学活动中的一系列变量和微观问题，与教师和学生的心理特点有关，即重在探讨教学现象的一般规律及与之有关的各种心理活动，此过程都离不开教师和学生。尽管一些研究不以教师和学生为对象，如教材的研究、教学媒体的研究等，但都要通过教师来使用，其作用对象为学生。所以，在教学研究中，要抓住这些具体的微观变量，注重研究在教学活动中起重要作用的教师和学生的心理因素，使教学研究深入到教学活动内部中，获得的研究结果具有真实的理论价值和实践价值。

3．多因素相互交织　　教学活动是由多因素、多变量构成的，涉及教师及学生两方面，教学效果的好坏既与教师有关也与学生有关，同样与教学方法、教学环境、教学目标、教学管理等因素有关。教师方面的因素包括教师的专业知识水平、工作态度、教学方法、语言表达、行为方式、人格特点等。教学研究要充分反映这些变量之间相互交织、相互制约、相互作用的状况。例如，教学方法的研究，不仅与教学目的、教学目标有关，还与教学内容、教学环境有关，而且还要受教师及学生的制约。这些因素之间又是相互制约、相互影响的。

4. 结果的概括性较低 大多数教学研究都是通过选取一定的样本，在某种条件下进行的，可以说，研究结果受样本特点和研究条件的限制。由于所选择的样本有限，不同研究者的研究结果受其民族、地区、学校、知识水平等诸多方面的影响，因而，教学研究结果的概括性较低，在某种条件下所获得的研究结果在其他条件下可能不完全相同，这就使得教学研究结果的推广受到了限制。

教学研究的上述特点，反映了教学研究的特殊性，这也正是教学研究与教育研究的不同所在。

二、教学研究的功能与价值

21 世纪初期，世界各国均掀起教育教学改革的高潮。在我国，教学理论工作者越来越感觉到教学研究的重要性，越来越讲究研究的方法，对教学研究的功能与价值越来越看重。

（一）教学研究的功能

1）探讨教育教学规律，揭示教学活动内在的特性，增长教学知识，构建、丰富、发展教育教学理论。

2）改进教育实践。教学研究的过程实质上就是改进教育实践的过程。因为无论是实验研究，还是调查、观察研究，都是在教育教学实践过程中进行的，研究的过程本身对教育教学实践活动产生了影响。特别是在很多教学研究中，教师的参与使得教师本身的观念、能力等已经发生了变化，从而对教育实践产生了直接的影响。

在教学研究中，教学研究的两种功能是无法截然分开的。很多研究虽然偏向于理论研究，旨在丰富教学理论，但仍然要关注教学实践，指向教学实践。这是因为，任何有关教学的知识均来自于教学实践，均可以直接、间接地指导实践。从方法论的角度来看，任何理论均有方法论的作用。可见，教学研究本身是具有双重功能的，既可以丰富教学理论，又可以改进教学实践。

（二）教学研究的价值

教学研究的功能是教学研究本身所固有的特性，教学研究的价值则是教学研究满足各类人群的需要的特性。

1. 教师的需求 教师是教学研究成果的主要使用者，也是将教学研究成果应用于实践的主导者，因此教学研究最主要的服务对象是教师。著名教学研究者盖奇曾明确指出，通过培训教学理论使教师掌握，是教学理论应用教学实践的最主要、最直接、最有效的途径。因此，一项研究、某种理论能否满足教师的需要，能否被教师接受，是否有利于教师的使用，是衡量其价值的最主要指标。

2. 学生的需求 学生是教学活动的主体，学生的发展是教学活动追求的主要目标。学生发展的程度除了受教师、教学活动及其他因素影响之外，自身的因素也很重要。特别是学生的学习动力、学习态度、自我意识、学习方法等均对学生的学习乃至学生的发展有重要的影响。教学研究及其成果满足学生需要、促进学生发展也是教学研究价值的体现。

3. 决策部门的需求　决策部门对教育、教学起到全局性、决定性的影响。如何决策、决策的水平等均需要对教学活动及其基本规律有着充分了解和掌握。而决策人员对教学活动的了解和把握则是建立在自己或教学研究者的教学研究的基础上的。如果教学研究能够满足决策部门或决策人员的需要，则发挥了研究的价值，同时也省去了这些部门和人员的麻烦。

4. 管理部门的需求　有效的教学管理是保障教学活动能有序进行，教学效能充分发挥，教学质量不断提高的前提。而有效的教学管理则需要熟悉、掌握教学活动的规律和特点，教学过程中师生双方的工作、学习规律和特点，同时还要遵循学校这个复杂组织的规律和特点。这些规律和特点需要通过教学研究来揭示。

5. 公众的需求　家长、雇主、课程设计者、设备供应商等社会公众也有需要了解教学活动的规律与特点的需求，也是教学研究成果的使用者。教学研究及其成果能否满足公众的需求，能否急他们所急，关心他们所关心的问题，也是教学研究价值能否体现的关键。

6. 研究人员的需求　相关学科的研究人员在自己的研究工作中也需要另外一些研究及其成果，这些研究及其成果之间可以相互支持、相互补充、相互启发、相互欣赏，因而研究人员之间也有相互的需求。因此，一项研究及其成果能否满足另一个或另一些研究人员的需求，也是教学研究价值的体现。

（三）教学研究的意义

1. 教学研究是一种有目的、有计划、主动探索教学规律、原则和方法的科学研究活动
　　其主要表现在：①教学研究可以架起课程理念和教育理论转化为教学行为的桥梁；②促进教学经验的提炼和传播；③促进教师的专业发展和改进教学；④促使教师的角色由传授型向研究型转变。

　　教学研究能促进教育教学改革，主要表现在：①促进备课（研究讲授、研究大纲、研究学生、研究教学设计等）；②促进上课（研究讲授、研究板书、研究实验和自制实验器材等）；③促进教学评估（研究学生在学习、复习、考试中可能存在的问题，研究教学方法上存在的不足之处，进而提出改进教学的具体方案）；④促进教学任务的完成（如教学的规范化、教风特色、授课节奏及教学相长等）；⑤促进教材建设（包括现行教材和校本教材、对教科书中的某些章节或知识点提出不同的看法等）。

2. 教学研究成果是一种贡献　主要体现在：①教学研究过程中，教师无私地把自己的教学研究成果通过集体备课、听课和说课等活动与其他教师进行交流；②通过教学研究，教师把自己的教学研究成果编写成教学论文并公开发表，让社会上更多的教育工作者从中受益。教学研究成果得到同行和专家认可的同时，促进教师本人更加严格地要求自己，不断检讨、查找自身的不足，不断丰富自己的专业知识，不断提高自己的教学学术境界，从而在教学事业上有更大的进步。

<h1 style="text-align:center">第二节 教学研究的内容</h1>

教学研究的基本内容，是教学研究人员按照一定原则、标准及实际需要，从教学实践中选择出来的，带有一定预测性的成果目标，也可以认为是一整套服务于问题解决的研究思路。教学研究可以结合教学实际（教学内容或所存在的问题、学生文化基础水平、现有教学设施等）进行。

一、教学研究课题的来源

教学课题研究是教学研究基本功的核心。教学课题研究能力是教师必须具备的基本能力。作为一线教师，其研究工作应主要围绕自身的教学实践展开，所研究课题来源主要有以下几个方面。

（一）在教学实践中发现问题

教学中的问题是教师教育研究课题的主要来源。教学实践中的问题千变万化，层出不穷。

1. 教育教学实践活动中迫切需要解决的问题可以直接转化为研究课题 教师可以把教学实践活动中遇到的重要的、迫切需要解决的问题转化为研究课题。例如，针对在教学中发现的本专业学生学习积极性不高的问题，可以设置为两个课题来研究：怎样提高中等职业学校植物保护专业学生对本专业的学习积极性，如何改善学生对植物保护专业的认识。通过课题的研究不仅能解决教师的困惑，也能找到帮助学生更好地认识本专业、有效地提高学生积极性的措施。

2. 在教学实践的疑难、矛盾和困境中发现研究课题 教师在教学过程会遇到各种各样的疑难、矛盾与困境，且没有成功的解决方法可供借鉴。常见疑难或困境分为以下几种类型。

（1）教师的理想与实际的差距 例如，教师在教授植物病害虫识别课程时，为了突出学生的主体性，教师在教学方法等方面进行新的教学设计，试图引发学生对植物病虫害认知兴趣，唤起学习热情，整个过程实施下来预期效果并不明显，并在一定程度上影响了学生的学习成绩。

（2）教学过程中教师与学生、学生与学生的目标之间存在着差异性 例如，教师以"培养学生创造力"的指导思想为目标，在教学中布置较有挑战性的作业，结果导致部分学生跟不上功课而产生挫败感，最终厌学。

（3）教师与领导、同事或家长对教育教学存在不同甚至对立的看法 例如，有些教师为了提高教学质量、提高学生学习效率及积极性，在课堂教学中不断作出新的尝试，以改变传统的"填鸭式"教学，周围一些同事或学生家长却不认同，认为他在出风头，会影响学生学习。

（4）教学中存在着"两难困境" 例如，顾及到单个学生的个性发展，就可能妨碍学生集体的发展；过多地关注学生的兴趣，规范性就可能被削弱；充分发挥学生在课堂中主体地位，教师引导角色就可能无法实现了。这些疑难、矛盾和困境都可成为教师的研究课题，教师在研究的过程中找出化解问题的方法，就能走出困境，提升教学效果。

3. 在具体的教学场景中捕捉研究课题　　教师可以在具体的教学场景中捕捉研究课题。教育现场是教育问题的发源地，是问题产生的土壤。一线教师一直生活在教育教学实际的现场，在现场中感受教育事实，生发教育理念，提升教育智慧。进入教育现场的教师对教育现场所做的任何真切而深入的分析，都可能滋生大量的有待研究的课题。

（二）在阅读中萌生问题

1. 他人研究可为教师发现研究课题提供启示　　通过阅读文献资料，在了解他人研究的基础上，教师可以发现自己要研究的课题。这主要有以下几种情形：①研究与他人相同的问题，但是阐发自己的观点，得出自己的结论；②选择一个与他人类似、接近的问题进行研究；③选择一个比他人的问题更具体或更深层次的问题进行研究，因为前人或他人的研究成果总会留下他们所没有解决的问题；同时教育在发展，一个问题解决了往往又会引出另一个新问题。

2. 教育信息可为教师选择研究课题提供线索　　教育类的报纸杂志及有关的课题指南之中，都有教育科研与动态成果的反映，透露出各种各样的教育信息。教育报刊上有很多信息，经常阅读教育类报纸和杂志，可以从其提供的教育信息中发现很多有价值的课题。课题指南也是为教师提供教育信息最为直接的一个渠道。为了提高教育研究的水平，有计划地进行教育科学研究，国家、省、市教育领导机构在认真分析全国和各省市的政治、经济和教育发展状况基础上，分别制订出一定时期教育科研课题指南和规划，为进行教育科研选题提供依据。从教育信息中选题，与教师平时做一个有心人，眼光敏锐，阅读广泛，善于积累，经常进行信息资料分析是分不开的。因此，教师应及时掌握教育信息、教育动态，做好情报资料的搜集和分析工作，提高从教育信息中发现科研课题的能力。

（三）在交流中激发问题

教师可以从与他人进行教育教学问题的讨论中得到启示，从而发现需要研究和探索的问题，并通过对有关问题的深入思考，进一步将有关的问题发展为教育研究的课题。事实上，有不少教育研究课题正是通过这种途径提出来的。首先，可以从其他教师的成功经验或失败教训中总结出研究课题。在与他人的交流中可以获得大量的信息，因为每一位教师都会在教育实践中积累不少的经验与教训。其次，教师与持有不同理论观点的教师进行交流，可以为其提供一个相互冲突的对立面，为提出研究课题提供参照。不同观点之间的碰撞交锋有利于扩展研究视角和视野，在进行争论的同时，只要选准角度、突出个性，就能选择很好的研究课题。

二、教学研究课题的类型

课题研究是教育科学研究的一般形式。教学研究课题，是指教学领域里的特定问题而集中开展的研究题目。它通常由研究管理部门通过一定的管理程序，正式批准立项的研究项目。教学研究课题可分为教学基础理论研究课题、应用性研究课题、开发性研究课题三类。

1. 教学基础理论研究课题　　指教学基本规律的理论性研讨，一般不直接指向当前教学中急需解决的具体问题。在进行缜密的逻辑演绎前，需要查阅大量的理论文献资料，要占用大量时间。一般从事教学理论研究的教师适宜选择这类课题，如"对教学规律的研究"、"对教学功能的分析"就属于这种类型。

2. 应用性研究课题　它着重考虑如何将理论或基础性研究的成果同教学实践联系起来，开辟应用的途径，探索搞好教学工作的规律，以及如何将实践经验上升为科学理论，形成对教学一般规律的认识。这种研究不仅有助于直接解决一线教师所面对的实际问题，提高教学质量，也有利于教学理论的深化与发展，为基础教育提供实践经验与材料。

3. 开发性研究课题　旨在运用研究的成果，开辟新的应用途径，发展已有的成果的研究。

三、教学研究课题的选择

课题的选择是一个比较困难的过程，要经历一个从产生研究动机到选定研究方向，从研究问题朦胧到逐渐清晰，从有初步的研究构想到确立研究问题及明确研究目标的过程。

（一）准确选题的意义

1）有助于把科研与教研紧密结合起来，在纷繁的问题中找到相对容易解决的突破口，切实提高教育教学的质量。

2）有助于在研究探索中学习相关的教育理论，加深对新课程思想的认识和理解。

3）有助于从时间层面上理清研究的思路，克服研究的盲目性，提高研究的实效。

4）有助于在课题研究过程中运用集体的智慧，形成研究的合力，并获得共同提高。

（二）课题选择的原则

选题原则就是进行课题选择时应当遵循的基本要求，其实质是为课题选择活动提供某种行为准则和标准。

1. 价值性原则　价值性反映了开展科研的必要性和迫切性。科学研究是目的性和针对性很强的探索活动，要求科研起点的选题必须符合教育科学理论自身发展的需求，利于验证、批判和发展教育理论，完善教育科学本身的理论体系；必须符合教育实践应用的需要，利于指导具体的教育教学工作，全面提高教育质量。不管哪种类型的研究课题，都必须首先指向其教育实践应用方面的价值。

2. 创新性原则　为了获得具有创新性的成果，教育科研可以从多方面创新：第一，选题的创新性。要从新问题、新事物、新理论、新思想、新经验中选题；要把握时代的脉搏，从热点上选题；从独特的角度来看问题，在"未开垦的处女地"上进行挖掘。第二，研究方法创新。采用新的研究方法、手段或技术，改进、完善某些已有的研究方法。第三，应用创新，将一种已有的理论方法应用到教育领域。

3. 可行性原则　选择课题应从实际出发，充分考虑自己的力量与研究课题的大小难易是否相称。中职教师选题宜小不宜大、宜易不宜难。课题较大，涉及范围广，因素多，周期长；难度大，涉及的变量复杂，对研究者的要求高，如果研究者力所不能及，会半途而废。小课题，涉及范围小、变量少，对研究者的主观条件要求相对低一些，容易出成果。

4．科学性原则　　选题的科学性原则，是指所选研究课题必须符合教育科学理论及规律，必须具有明确的指导思想和科学根据。教育研究课题的选择必须遵循教育及与之相联系的各种客观规律，必须充分认识研究的客观条件。这就要求选题必须具有一定的理论基础和实践基础，应该通过对教育的历史、现状的分析，对他人的研究成果和各方面资料的收集、整理和分析，经过严密的论证等形成课题，切忌主观想象，盲目选题。

（三）教学研究课题选择的步骤

1．调查研究，选择研究方向　　确定教学研究的方向是选择教学科研课题的基础。一个研究课题的确定，往往是在教学实践中，受某一教育教学现象的触发，产生研究的冲动，或者阅读教育理论书籍、教育杂志、报纸及教育文献资料时受到启发，产生联想，萌发教育教学研究意向。对某个研究方向感兴趣，则需要进行深入细致的调查研究，了解有关课题发展史实、课题研究水平与今后发展趋势。

调查研究的方法主要是查阅资料和专家咨询。查阅资料可以考察哪一个研究方向更具有研究价值，广泛阅读有关资料，吸收与消化有关领域其他人的研究成果，了解他们研究达到的程度及目前的研究动态，然后根据选题的原则，反复比较、认真思考，该方向研究的理论和实践价值有无继续深入挖掘的必要和可能；自身在此方向有无较多的信息积累和研究基础；相对于其他方向，有无更多的环境条件优势。这样，在了解前人研究的基础上，选择最适合自己的一个研究方向确定下来，把精力集中在这个方向上。专家咨询，指教师可以征询专家或对某方向有研究经验者的意见，从中受到启发，取得借鉴，需要反复听取各方面的意见再确立自己的主攻方向。

2．总结提炼，确立研究课题　　方向确立之后，就要对这个方向上要研究的问题进行必要的提炼，才能加工成有意义的、提法准确的、切实可行的课题。教师在实际研究中，尤其是初涉教育教学科研领域时，或多或少存在着选题宽泛、狭窄、模糊等不当现象。因此，教师在进行有效的研究之前，必须对所选定的问题进行必要的提炼，以形成和确立有意义的、问题提法原则上是正确的、有可能实现的科学问题进行研究。具体策略有以下几点。

（1）缩小策略　　即将宽泛的主题缩小到易于把握的程度。主题涉及范围的大小应与研究的时间和地点、研究人员和对象的数量、研究事件的多寡等相适应。对于过于宽泛的主题，教师可以考虑缩小研究对象的范围，如"我国不同类型学校校园文化建设研究"可缩小为"××地区农村初级中学校园文化建设研究"。此外，教师还可以考虑聚焦研究问题的核心，如对于"××地区农村初级中学校园文化建设研究"，如果研究人数有限、时间不长，缩小后这个问题仍然宽泛，因为"校园文化"包含的因素太多了，有显性的物质环境、规章制度，也有隐性的校风、教风、学风等，教师如果觉得无法深入研究这样复杂的问题，可以取其中某个要素进行研究。因此，可把它缩小为"××地区农村初级中学课堂师生关系研究"等。这就是根据教育实际，对研究问题进行聚焦。

（2）扩展策略　　即将狭窄的问题进行扩充、丰富，使其值得研究。问题狭窄在于研究的主攻因素太小，或不具备代表性和普遍性，使研究没有价值。对于教师来说，研究问题宜小不宜大，但毕竟是研究，如果问题过小，就无需研究了。如"怎样帮助××

同学提高××专业课成绩"，它是一种个别的具体问题，要从这个问题中提炼出值得研究的课题，应该从普遍性的角度对其扩展和丰富：这个学生的××专业课成绩是否经常不好；班上其他人是否也这样，有多少，他们是否有共同特点；什么原因引起他们××专业课学习不好等。通过这样的扩充和丰富，可以把这个问题提炼为"××年级学生××专业课学习困难的成因与对策研究"。这是通过个别现象由表及里、由特殊性到普遍性的提炼。

（3）分析策略　　即将复杂、模糊的问题进行分解，或对模糊问题各要素的关系进行分析，使研究的问题简化、清晰。对于模糊、复杂的问题，教师常束手无策，不知道从何入手解决，分析能使问题范围清楚集中，它是教师提炼研究课题的重要策略。

1）分解问题。指将一个复杂的研究问题按照内在的逻辑体系，分解成若干相互联系的小问题，使这些问题形成具有一定层次结构的问题网络，从而在具体化的基础上确定研究问题。例如，种植基础课教学改革的实验研究，研究者可将此问题分解为：种植基础教学内容的改革，种植基础教学策略、方法、手段的改革，学生学习方法的改革，课题教学中主体参与的基本形式，多媒体在种植基础教学中的应用研究等一系列问题。通过分解研究问题，不仅使研究的问题更加明确，还可以帮助研究者，使所要研究的课题沿着一定脉络，由浅入深向前推进，形成稳定的研究方向。

2）分析因果。指分析问题的产生原因及影响，发现问题的内在联系，以便深入准确地掌握问题的根本。如某学校"成功教育研究"课题，就是源于对"学习困难学生"问题因果关系的深刻分析。"学习困难学生形成的主要原因是学生有失败者的心态：自卑感强、自信心丧失。这种心态产生于学生在学习中的反复失败。"因此认为"改变学生学习困难，就要改变学生的学习心态，改变不良心态的最好办法是让每个学生获得成功"。因果分析能帮助教师找到问题的根本，同时也为问题解决提供思路和办法。

3. 分析梳理，明确研究目标　　课题确立之后，就要明确研究目标。课题研究目标就是通过课题研究希望解决的问题和将要取得的成果，即通过研究获得的对某一教育现象及有关现象之间的相互联系的科学认识。研究一个课题，需要经过深思熟虑的推敲，明确研究目标，这样才能把研究问题的内容与方向把握住，并成为界定研究范围的标尺。为了使研究目标明确，便于操作，可以从过程论和系统论两个层面对课题目标进行分析。

1）从过程论的角度分析，可以把课题研究目标分成三个层次，分别叫做任务目标、状态目标和成果目标。任务目标又叫做研究工作目标，通过制订研究任务书来表达，内容包括课题研究的任务是什么、由谁去完成、如何完成、什么时候完成等。状态目标对于教育实验研究来说，是对被试施加实验变量以后，旧状态发生变化，研究者所期望达到的新状态。成果目标是课题研究的最终目标，是研究完成后希望得到的综合性成果。三个层次的目标是相互联系的统一体，前一层次的目标是后一层次目标的手段。按层次设计课题目标，简明实用，具有导向作用。

2）从系统论的角度来看，一些综合性较强的课题，往往存在着目标系列，应当予以明确，按它们之间的关系影响及隶属关系形成一个多层次的目标系统，便于课题研究的发展，也有利于课题成果形成一个较为完善的有机体系。例如，"关于当前教师对学生评语的现状调查与分析"这一课题，目标包含的内容有指出教师评语中不符合素质教育要求需改变的方面；提出相应的改进建议。显然，课题要实现的目标是明确的，目标之间包含着一定的系统性也是清楚的，每一个目标都可以构想自己的研究方案，但处于大系统中，必须服从课题总目标的需要。

<h1 style="text-align:center">第三节　教学研究的基本方法</h1>

现在的教育已经进入一个新的历史阶段，教育新观念、新思想不断涌现，应试教育逐渐向素质教育、创新教育阶段过渡。作为一名合格的教师，除了要具备基本的科学文化素质以外，还要掌握必要的教育教学理论，如教育学、心理学、教学方法等。此外还要不断进行教学研究，尤其要对教学目标、教学内容、教学方法等进行研究。在进行教学研究时，首先需要弄清作为研究依据的教学理论体现了怎样的价值观和目的论；其次需要弄清教育观念、教育思想、课程、教材与教学目标、教学模式、教学过程和教学方法之间的从属关系；另外，还需要建立和运用现代科学方法论的思想，将任何一个研究的课题纳入教育教学的大系统之中，探明解决这一问题所涉及的主要制约因素及控制的办法。目前惯用的教学研究方法大约有以下几种。

一、经验总结法

经验总结法是指对先进教育教学经验进行科学总结的研究方法。一般是指来自教学实践的直接经验，以及理论化后的教学经验。因此，教育经验总结就是一种有目的、有计划的，以发生过的教育事实为依据，通过现场观察、访问和调查来搜集经验性材料，对经验现象进行思维加工，从而获得比较深刻、比较系统的教育知识的研究活动。经验总结法是目前运用最多的一种教学研究方法，也是最容易出成果的研究方法。

（一）经验总结法的特点

1. 追因研究　　根据已经发生的结果追溯其原因，从而揭示教育规律。

2. 实用性　　经验总结法的技术环节简单，操作程序简单明了，教师运用这种方法开展教育科研，既不影响正常教育工作的连续性，又对教师工作具有促进作用，较有利于解决教师中普遍存在的科研与教育、教学工作之间的矛盾，适合教师的工作性质和特点。

3. 适用性　　只要在任何一方面具有突出的经验，都可以成为经验总结的对象，并且该方法没有特殊的科研条件限制，可以因地制宜、因时制宜、因人而异、审时而变。

（二）经验总结法的主要作用

1）总结教育经验有利于教育思想观念的转变和提高对教育战略地位与作用的认识。

2）总结教育经验是揭示教育规律的一种手段，对于丰富教育理论具有极大的科学意义。

3）总结教育经验有助于教育行政部门和领导者深入实际，正确地贯彻执行教育方针政策。

4）总结教育经验能够提高教育工作者的教育实践水平和教育科学研究水平。

（三）经验总结法的实施步骤

教育经验本身具有广泛性、群众性和多样性的特点，而其内容又相当复杂，一般不可能控制在特定条件下进行总结，也难于制订统一的总结经验的方法步骤。因此，只能根据总结的经验或具体实践过程提出一般的实施步骤。

1. 确定专题 确定专题是指根据总结经验的原则，确定总结经验的方法和题目。

2. 拟订提纲 拟订提纲指将总结专题分解为若干子项，形成完整的结构。这实际上是总结经验过程的构想，包括总结工作进行的大体轮廓，即总结的起始、程序、实施、分析和综合及总结的验证。因此，要拟订出一个切实可行的提纲，一是要明确经验总结的目的、任务和基本要求；二是要组织力量，合理分工，明确职责；三是要留有余地，充分考虑实施计划的可行性。

3. 收集资料 收集资料是指确定专题、拟订提纲之后，研究者要根据专题、提纲确定收集资料的量和质及资料来源、收集方法。由于影响一定教育结果的因素复杂多样，因此，收集资料应注意以下问题：一是要做到细致、完整、全面、客观，不能遗漏相关的资料；二是要围绕经验总结的中心内容，重点包括背景材料、历史材料；三是采用多种方法收集各种文献记载的材料，包括工作日记、教学笔记、学生日记、对学生的观察记录、学校文件、会议材料等。

4. 分析资料 在收集资料的同时或之后，要对资料进行分析，这是经验总结的一个重要环节。分析资料的目的是将经验事实上升为理性认识；主要任务是甄别真伪资料，判断资料的重点和非重点，理清复杂资料的内部结构联系和各种因果关系；主要方法是理论方法（分类、比较及唯物辩证法等）、逻辑方法（分析与综合、归纳与演绎等）和统计方法等。在运用以上方法分析占有的大量事实的时候，还应注意分析事实本身所提供的普遍意义和社会效果，分析综合事实的过程，为抽象概括、推理判断打好基础。

5. 文字表述 经验总结的成果一般体现为经验总结报告，正确表述经验是总结经验的关键。为此，要做到：鲜明观点与充实材料统一，经验描述与理性概括相统一，表述简练、准确、逻辑性强。经验总结报告一般由以下部分组成：一是所总结的教育活动的简要、全面的回顾；二是教育活动中采取的主要措施、引发的现象、取得的教育结果；三是对教育措施系统和教育结果系统之间因果联系的认识和讨论；四是在今后类似的工作中如何吸收这类经验、克服缺点的想法与建议。

6. 修改定稿 修改是总结经验的一项不可缺少的工作。修改应注重经验的总体结构是否合理、语句是否通顺、用词是否准确。总结经验是要给别人看的，因此，从写作前到写作后，从内容到形式，都要反复推敲，精益求精，并以此来不断提高自己总结经验的水平。

二、观察法

观察法是根据一定的研究目的、研究提纲或观察表，用自己的感官和辅助工具去直接观察被研究对象，从而获取经验事实的一种科学方法，是人们最早采用也是最基本的一种研究方法。常见的观察方法有核对清单法、级别量表法、继续性描述。

（一）观察法的特点

1. 观察的目的性　有明确的观察目的，在观察前就有确定的观察范围、方式和方法。

2. 观察的客观性　是在自然状态条件下，对观察对象不加任何干预控制，对某一教育现象进行观察，灵活运用各种方式和方法，对观察结果作客观、详实的记录。

3. 观察的自觉性　在观察中，观察者是主动的一方，观察对象是被动的一方，观察者进行有针对性的观察是自觉的、能动的。

4. 观察的选择性　观察总是带有一定的选择性，观察者要准确选择与目的有关的重要事实或心理活动的系统表现。

5. 观察的时效性　观察是具有现时性的，需要观察者积极主动地把握观察的时机。

（二）观察的常用方法

1. 自然观察法和实验观察法
1）自然观察法是在自然状态下（事件自然发生对观察环境不加改变和控制的状态下）进行的观察。
2）实验观察法是在人工控制的环境中进行的系统观察。

2. 直接观察法和间接观察法
1）直接观察法是直接通过观测者的感官考察被研究者活动，获取具体而起初的第一手材料的方法。
2）间接观察法是观察者借助一定的仪器、设备考察研究对象活动的方法。

3. 参与观察法与非参与观察法
1）参与观察法是研究人员参与到观察对象的活动之中，通过与观察对象共同进行的活动从内部进行观察。所有的参与观察研究都介于"参与者的观察"与"观察者的参与"之间。
2）非参与观察法是研究逐步参与被观察者的任何活动，完全以局外人的身份进行观察的方法。

4. 有结构观察法和无结构观察法
1）有结构观察法是在观察前有详细的观察计划、明确的观察指标体系，观察时严格按计划进行，能对整个观察过程进行系统的、有效的控制和完整、全面的记录。
2）无结构观察法是研究者只有总的观察目的和要求，或只有一个大致的观察范围和内容，没有详细的观察计划和观察指标体系。

5. 时间取样观察法和事件取样观察法
1）时间取样观察法是在选定的一定时间内进行观察，对观察对象在这一时间段内或这一时刻发生的各种各样的行为表现和事件作全面观察记录。
2）事件取样观察法是对某种研究目的有关的、预先确定了的、有代表性的行为或现象到背景、起因、经过、结果、持续时间等方面进行的观察和记录。

（三）观察法的实施步骤

1. 明确观察目的和内容　根据课题研究的任务和研究对象的特点，确定该观察的子目标。对于观察中要了解什么情况，搜集哪方面的事实材料，都要作出明确的规定。在此基础上，确定观察内容。

合格的观察内容除了要能准确地反映、体现或说明观察目的、确定观察对象外，还要能够被操作，即观察者能观察到应该观察到的行为或事件。因此，要明确界定观察内容在具体场景中的实际表现，包括行为表现、事件发生发展的标志等操作性定义。例如，美国社会学家贝尔斯对小群体的互动行为的研究，首先就应准确地理解什么是"互动行为"，其内涵与外延是什么，其次要说清楚"互动行为"的具体表现。人们可以从社会情感部分和工作任务部分加以观察。贝尔斯又详细给予这两部分以操作性定义。如社会情感部分的消极情感，其外在形态被定义为分歧（不同意、消极拒绝）、紧张、对抗（表示反对、贬低他人，进行自卫）三方面。

2. 大略调查和试探性观察 目的在于掌握情况，对所要观察的对象和内容有个最一般的了解，以便正确地计划整个观察过程。例如，要观察某校青年教师的教学工作，就应当预先到学校了解这些教师的工作情况、学生的情况、有关的环境与条件等，还可以向有关人员访谈、查阅一些资料等。

3. 选择观察方法 不同类型的教育观察法各有其优缺点，具体的观察内容和相关的客观条件也各不相同。观察者要结合具体情况，选择最有利于获得真实的信息的最简捷的观察方法，从而经济地、有效地获得科学的结论。

4. 编制观察记录表 观察记录是确保观察到的事实材料准确客观的重要一环。为使观察记录全面、系统和准确，就要编制观察记录表。一份好的观察记录表至少具有两方面的功能：一是实施功能。观察可依据记录表合理分配注意力，按要求实施。观察者不至于遗漏重要内容或注意与研究课题无关的内容。二是记录功能。观察者系统地记录下观察资料，便于研究者进一步地分析与整理。观察记录是录音或录像所不能代替的。后者只是观察者研究查询的杂乱的、最原始的资料，没有实施与记录功能。

观察者应该从实际出发，依据不同的研究目的和观察类型，编制出有"个性"的观察记录表。例如，若采用时间取样观察法，则应对在特定时间内的观察对象可能有的行为事件作尽可能全面的预计，并设计在记录表内。

三、调查法

调查法是指为了达到预设的目的，按照一定计划，系统地收集、研究调查对象的各种材料，并作出分析、综合，从而得出结论的研究方法。调查法的研究目的既可以是全面把握当前的状况，也可以是揭示存在的问题，弄清前因后果，为进一步的研究或决策提供观点和论据。

（一）调查法的特点

1. 调查法能搜集到难以从直接观察中获得的资料 通过调查，研究者可以搜集到人们对某些现象的评价、社会舆论等精神领域的材料。

2. 调查法的应用不受时间、空间的限制 在时间上，观察法只能获得正在发生着的事情的资料，而调查法可以在事后从当事人或其他人那里获得已经过去的事情的资料。在空间上，只要研究课题需要，调查法甚至可以跨越国界，研究数目相当大的总体及一些宏观性的教育问题。

3. 调查法还具有效率较高的特点　它能在较短的时间里获得大量资料。

4. 调查过程本身能起到推动有关单位工作的作用　由于调查法不局限于对研究对象的直接观察，它能通过间接的方式获取材料，故有人把调查法称为间接观察法。

（二）调查法的类型

从不同的角度分析，教育调查法有多种不同的类型。

1）根据调查目的的不同，可分为现状调查、比较调查、相关调查、预测调查。

2）根据调查对象范围可分为普遍调查、抽样调查、典型调查和个案调查。

3）根据调查研究的方式不同可分为问卷调查、访谈调查、文献资料调查。

（三）调查法的实施步骤

1）确定与明确研究课题。

2）选取调查对象。

3）编制调查内容。

4）制订调查实施计划。

5）整理资料，分析结果，撰写报告。

四、实验法

实验法是按照特定的研究目的和理论假设，人为地控制或者设定一定的条件，从而验证假设、探讨现象之间因果关系的一种科研方法。其优点是可以根据实验设计的要求，加入特定的人工控制，使人们观察到自然条件下无法观察到的情况，比较精确地分析现象之间的因果关系，而且可以重复验证。这种研究方法一般包括实验选题、实验设计和实验实施三个步骤。其中最重要的是提出理论假说，确定实验因子（可操纵的因素）；控制实验，进行科学的验证及实事求是的推断结论，作出评价。

（一）实验法的特点

1）有较为明确具体的理论假设。假设内涵包括：一要充分表明实验研究的目的及指导思想；二要体现实验研究目的而实施改革的内容、措施及创设的条件；三是体现实验研究的战略规划；四是表明实验研究的预想效果。

2）有合理的控制。即对不同的实验类型有不同的控制要求，而一经确定类型，就应有相对稳定的、严格的控制标准。

3）实验的设计、程序较为规范。

（二）实验法的类型

实验法可根据不同的标准进行分类。

1. 根据实验控制是否严密可分为真实验和准实验　真实验是对所有可能会影响实验效果的因素都作了充分的控制的实验。如在实验中对实验进行平等的分组，实验组和对照组特征相同，对实验环境作了充分的控制，对实验中的无关变量作了彻底的排除或抵消。

缺少一个或几个方面的控制的实验，就是准实验。常见的准实验有在组间特质不相等的情况下进行的实验，对各组未施行前测的实验，对实验环境未很好地进行选择和控制的实验等多种情况。从某种意义上说，教育实验只可能是准实验。

2. 根据实验是否具有开创性，可将实验研究分为开创性实验、验证性实验和改造性实验

1）开创性实验是指前人从未做过的实验，具有开创性。

2）验证性实验是指前人已经做过的实验，研究者按照相同的方法重复进行，包括第一轮实验后的第二轮实验。如"关于某一地区素质教育经验的实验研究"等。

3）改造性实验是指在别人曾经做过的实验的基础上，根据本地、本单位实际加以充实、改进的实验。

3. 根据课题覆盖区域的大小，可分为单科单项实验、多科实验和整体实验

1）单科单项实验是指一门学科或一项专门性的教育活动的实验。

2）多科实验是指包括两门及两门以上学科的一项或多项教育活动的实验。

3）整体实验也称综合实验。是指运用系统和整体的现代思维方法，研究整体内部各要素及其组成结构的改革，以求整体功能最优化的教育实验。整体实验往往涉及教育环境、学校管理体制、评价体系、教学方法、课程设置等各要素。

4. 根据实验因素的多少，可分为单因素实验、双因素实验和多因素实验

1）单因素实验是指在实验过程中，仅施加一个实验因素的实验。

2）双因素实验是指在实验过程中，施加两种实验因素的实验。

3）多因素实验是指在实验中施加了三个及以上的实验因素的实验。

（三）实验法的一般程序

教育实验的过程一般可分为准备实验、实施实验、总结与评价实验这三个基本阶段，这是一个相对稳定的程序。

1. 准备实验　实验的准备阶段的主要任务是制订实验方案，实验方案应包括以下内容。

首先，确定研究课题，明确实验目的。要选择具有较高研究价值的课题内容进行研究，同时一定要确保课题研究的可行性，而且要预测研究过程中可能遇到的问题或变化。

其次，分解实验变量。课题研究中的实验变量要明确，并进行分解，做好实验设计是高质量完成课题的关键。这里指的实验变量是研究中的自变量，教学活动中的很多内容都可以作为自变量，如课程教学中的教学内容、教学方法、教学手段、评价方法等。

最后，进行实验方案设计。教学研究方案包括课题来源、理论基础、实践基础、指导思想、对象的选择和方法，研究内容的确定、实验时间及人员组成等诸多方面。

2. 实施实验　实验的实施阶段是实验的实质性阶段。研究者和实验人员应按照实验设计，有条不紊地展开实验。各个阶段和过程的主要任务是按照实验设计进行实验处理；采取有效办法，消除无关变量的影响；搜集实验数据和其他实验资料，随时观察和测量操纵自变量所产生的效应。

3. 总结与评价实验　总结与评价实验是实验的结束阶段，其任务是分析处理实验中所获得的资料数据，在统计分析的基础上对变量作因果分析，肯定或否定实验假设，得出科学结论，并撰写实验报告。

五、行动研究法

行动研究法又称为实证研究法，是采用调查研究方式对教学实际情况作深入细微的剖析，再经过归纳、概括、提升得出有关结论的研究方法。行动研究法一般要经过设计调查问卷、统计分析、差异性检验与结果分析几个阶段。这种方法在欧美各国使用比较广泛，近年来在我国已有不少研究工作者开始使用，并取得了明显的效果。

（一）行动研究法的特点

1. 主要从事行动研究的人员就是实际工作人员　　例如，在学校中进行的行动研究，不论是教学问题、课程问题、辅导问题或是行政问题，均由教师本身从事研究工作。一个尽心尽责的教师，最清楚自身工作的问题，也最易于着手去解决。

2. 从事研究的人员就是应用研究结果的人员　　在一般的研究活动中，研究人员只负责研究，执行人员只负责实际工作的执行，研究与应用之间往往脱节。行动研究将研究者与应用者双重角色集于一体，正好弥补此不足，强化了教育理论与教育实践的结合。

3. 研究工作就在问题发生的真实环境中进行　　行动研究就是要针对这个环境的问题，直接谋求改善。

4. 行动研究多以共同合作的方式进行　　研究小组往往由专家、专职研究人员、教师、行政领导乃至学生家长等联合构成。小组成员之间各司其职，经常交换意见，取长补短，共同合作。一般地，专家学者主要起指导咨询作用，行政领导起保障作用，真正的研究主体是广大教师。因此从某种角度上看，行动研究是在研究中提高教师专业水平的一种独特的进修方式。

5. 研究的问题或对象具有特殊性　　行动研究者关心的是自己在实际工作中面临的问题，这种问题可能带有普遍意义，但更多的是特定班级或学校中所特有的，它以特定对象为主，不具有普遍的代表性。例如，研究某校的某些人、事、物，以及解决该校行政、课程、教学或辅导上的问题时，样本皆以校内为限，且研究结果往往只能适用于自己特定的工作范围之内，较少推广性。

6. 行动研究多以实际问题解决为导向　　即研究者基于实际教育情境中所发生的问题，将它直接或间接地发展为研究课题，并将可能解决问题的各种方法作为变量，然后系统地在研究过程中逐个加以检验。所以，研究的过程，便是解决问题的过程；研究的结果，也就是问题的初步解决。

7. 行动研究具有动态性　　即行动研究过程中，可以随时根据研究情况边实践边修改，不断修正研究问题的假设与研究的方法，以适应实际情况的需要。

8. 评价行动研究的价值，侧重于实际情况所引起的改善程度，而不在于知识量增加的多少　　行动研究的主要贡献在于实际问题的解决，某行动研究是否具有价值，就在于它对实际情况的改进多少。

（二）行动研究法的实施步骤

1. 发现问题　　以实际工作中所遇到的问题为行动研究的开始。

2. 分析问题 对发现的问题予以缜密的解说，并在界定的同时获得问题范围内的证据，以期对问题的本质具有较为清晰的认识。

3. 拟订计划 在计划中应包括研究的目标，研究人员的任务分配，研究的假设及收集资料的方法。

4. 收集资料 应用有关的方法如直接观察、问卷、调查、测验、产品分析法等系统地收集所需要的资料。

5. 试行与修正 把计划付诸实施，并在实施中不断收集资料，根据实际情境中提供的事实资料，评价"执行是否正确"、"结果是否有效"，修正或补充原来的计划，检验假设，改进现状，直到能有效地消除困难、解决问题为止。

6. 综合解释，获得结论，提出报告 对整个研究工作的过程、所获得的数据、资料进行分析总结，从而使人们获得对研究对象的全面、完整的认识，得出研究所需的结论。同时，对课题研究中遇到的实际问题作出解释，并对研究成果进行评价，最后完成研究报告。

六、文献研究法

文献研究法又称为资料研究法，主要是指搜集、鉴别、整理文献，并通过对文献的研究，形成对事实的科学认识的方法。这种研究方法有助于人们从宏观角度对教学研究中的某一问题进行把握。

（一）文献的概念和种类

1. 文献的概念 文献为"已发表过的、或虽未发表但已被整理、报导过的那些记录有知识的一切载体"。文献不仅包括图书、期刊、学位论文、科学报告、档案等常见的纸面印刷品，也包括有实物形态在内的各种材料。

2. 文献的种类 文献大致可分为零次文献、一次文献、二次文献和三次文献，或称为零级文献、一级文献、二级文献和三级文献。

零次文献也称第一手文献（primary document），即曾经历过特别事件或行为的人撰写的目击描述或使用其他方式的实况纪录，是未经发表和有意识处理的最原始的资料，包括未发表付印的书信、手稿、草稿和各种原始记录。

一次文献也称原始文献，一般指直接记录事件经过、研究成果、新知识、新技术的专著、论文、调查报告等文献。

二次文献又称检索性文献，是指对一次文献进行加工整理，包括著录其文献特征、摘录其内容要点，并按照一定方法编排成系统的便于查找的文献。

三次文献也称参考性文献，是在利用二次文献检索的基础上，对一次文献进行系统的整理并概括论述的文献。此类文献不同于一次文献的原始性，也不同于二次文献的客观报导性，但具有主观综合的性质。

（二）文献研究法的特点

1）由于各种形式的文献研究都不需要直接同人打交道，而是面对那些已经存在的文字材料、数据资料及其他形式的信息材料，所以，在整个研究过程中，调查对象不会因调查者的影响而发生变化。另外，文献研究法具有间接性、无反应性的特点，所以也不会因调查对象不配合而对收集资料产生影响。虽然收集资料的工作有可能因为调查者的主观因素而产生偏差，但所收集的资料本身不会发生变化。

2）文献研究法的费用较低，效率却较高。

3）文献研究法可以研究那些年代久远，即无法再现或接触不到的调查对象。

4）文献研究法适用于时间跨度大的纵贯剖析或趋势分析。

5）文献研究法成功的概率较高。

（三）文献研究法的一般过程

文献研究法的一般过程包括 5 个基本环节，分别是提出课题或假设、研究设计、搜集文献、整理文献和进行文献综述。

1. 提出课题或假设 文献研究法的提出课题或假设是指依据现有的理论、事实和需要，对有关文献进行分析整理或重新归类研究的构思。

2. 研究设计 首先要建立研究目标，研究目标是指使用可操作的定义方式，将课题或假设的内容设计成具体的、可以操作的、可以重复的文献研究活动，它能解决专门的问题并具有一定的意义。

3. 文献的搜集

（1）搜集文献的渠道 搜集研究文献的渠道多种多样，文献的类别不同，其所需的搜集渠道也不尽相同。搜集教育科学研究文献的主要渠道有图书馆，档案馆，博物馆，社会、科学、教育事业单位或机构，学术会议、个人交往和计算机互联网（internet）。

（2）搜集文献的方式 搜集研究文献的方式主要有两种：检索工具查找方式和参考文献查找方式。检索工具查找方式指利用现成（或已有）的检索工具查找文献资料。现成的工具可以分为手工检索工具和计算机检索工具两种。手工检索工具主要有目录卡片、目录索引和文摘。

（3）积累文献的一般过程 一般情况下，积累文献可从先从那些就近的、容易找到的材料着手，再根据研究的需要，陆续寻找那些分散在各处、不易得到的资料。

（4）积累文献的方式 可以通过做卡片、写读书摘要、作笔记等方式，有重点地采集文献中与自己研究课题相关的部分。

第四节 教学研究论文的撰写

教学研究论文，指讨论或研究教学问题的文章，是教师教学经验和教学研究成果在写作上的表现，就是教师将平时教学中的一些经验和研究进行总结，并综合运用综合理论知识进行分析和讨论，属于科学研究论文的范畴。

教学科研，是指教师在教学实践中，对自己或他人的经验体会、改革创新，进行不断的积累、总结和研究，以便进一步认识、发现和揭示教学规律，解决教学问题。其目的在于完善教学过程，提升教师自身教育教学素质，提高育人质量。撰写教学研究论文是教师对其教学科研研究成果进行表达和阐述的基本方式之一。现代教育的快速发展，要求教师不仅有高尚的思想品质、深厚的专业功底、娴熟的教学技能和良好的教学效果，还应具有一定的教育理论水平和教学科研能力。

一、教学研究论文的分类

1. 经验总结　经验总结是教学研究中一个重要方面，教学研究是建立在教学实践基础上的。对教学规律的认识，是从经验开始。经过反复的成功与失败的研究，从而发现、揭示它的规律，形成对这个问题的理性认识。把这种理性认识加以总结，提升到理论高度，就成为教学研究成果。

2. 研究性论文　就人们普遍关心的教学中碰到的一些带有典型性的问题，经过认真细致的研究，以文字形式表达出来，提出自己见解的文章。

3. 实验报告　在英语教学研究中，实验法是一种比较理想的方法。实验一般选择单一的具体问题作为研究课题。经过本身参加实验后将实验成果写成文章叫实验报告。

4. 调查报告　为了摸清教学现状，完善教学过程，探索教学规律，有目的地探索有关事实资料的一种研究方法叫调查法。根据此法写出的调查研究结果的文章叫做调查报告。

二、教学研究论文撰写的一般过程

一篇好的论文，既是作者研究成果的反映，也是作者写作能力、逻辑思维能力和专业知识的综合体现。再好的素材，也需要丰富的内容、紧凑的结构、巧妙的组合及流畅的语言。充分的准备是写好论文的重要前提。

1. 搜集有关信息资料　论文写作是信息的输出，要输出必须有足够的信息输入。确定题目以后要广泛阅读与该题目有关的专著、论文或文章，精心选择自己所需的信息资料，最好是摘录在卡片上，并注明出处（某年某月的杂志或书名及文章标题和作者的姓名）。

2. 精选资料　材料是形成观点、提炼主题的基础。任何人的思考，是建立在别人的思考之上，思想最深刻的人，总是从别人的思考中采撷到最适合自己的东西。要写好文章，首先要把搜集到的信息资料细心阅读，反复斟酌，选择最能表现和烘托主题的材料。对于其他一些多余材料要剔除和删减，这样才能写出立意独特、内容新颖、洋溢着清新气息的文章。选择材料还要注意真实的典型材料，也可以说就要选择具有代表性的、能揭示主题的材料，以便用最少的材料取得最佳的效果。

3. 谋篇构思　要花一定时间考虑如何写好论文，就要从总体规划入手，安排好写作的总体框架结构，使论文内容丰富、条理清楚、主题明确、层次分明、重点突出、逻辑严密，使读者有丰富的收获。

4. 拟订提纲　写作提纲是谋篇构思的具体落实。可将论文分为三个层次拟订提纲，即全篇写什么；分几个段落写；各个段落写什么，哪个段落在先，哪个段落在后，把所有段落排个队。拟订论文提纲的过程，实际上是对所研究的问题进行全面总结和构思的过程，也是谋划文章怎样写的过程。在拟订提纲过程中，教师要对搜集到的大量信息材料，包括自己已有的经验体会和理论思考，进行认真的整理加工，通过分析、综合、比较、归纳、总结、概括等方法，对占有的材料进行筛选、提炼、增删和整合，选取其中最有价值的观点和论据，并提出新的观点和结论。

三、教学研究论文基本要素

1．思想性　　论文是专业性、探索性很强的文章，其基本任务就是通过科学研究和探索，得出科学结论。具体地讲，就是提出问题并解决问题。教学研究必须理论联系实际，运用辩证唯物主义的观点分析解决问题，遵守国家的著作权法等法规，要尊重科学，讲究道德，反对剽窃，反对弄虚作假。教育工作者只有不断提高自己的思想境界，才能提出好的观点，撰写出好文章。

2．科学性　　判断论文质量水平的首要条件是它的科学性。论文的科学性包括教研过程均来自教学实践、资料完整真实（不凭空撰写）、方法科学、依据准确、符合统计学规划、结构科学严谨等。

3．创新性　　科学贵在创新，教学研究也不例外。只有不断创新，教学研究才能深入发展，人类社会才会进步。

4．实用性　　论文发表，应对教育教学活动具有使用价值或参考价值，这是一种需要时间检验、有待社会承认的劳动。发表论文的目的之一是同行参阅、参考，以推动教育事业的发展。如果读者借鉴了自己论文中提出的方法，而且确实行之有效，这就是这篇论文使用价值和社会效益的体现。

5．可读性　　撰写论文是为了交流与传播新的信息，让读者用较少的时间和精力就能顺利阅读，并了解论文的内容和实质。这不仅要求论文结构严谨、层次清楚、用词准确，而且要求论文语言通顺、文风清新、可读性强。

四、教学研究论文撰写的基本要求

撰写论文的基本要求：要做到论点正确、论据充分、内容充实，要能够真实反映自己的教学经验、心得、体会等研究成果。这不仅是撰写论文必须遵守的原则，也是衡量论文质量的一个标准。同时，还应注意论文的结构逻辑性、论证的严密性、语言的精炼程度。因此作者需要对论文题目、前言、正文、结论、引文注释等作出准确、清楚的表述和恰当的安排。

1．题目　　论文题目必须反映论文所阐述的主要问题，尽可能用最恰当、最简洁明快的词语组合，概括全文内容并能引人注目，做到确切、中肯、鲜明、简练、醒目、深刻，使人一看题目就能大体知道这篇文章要讲什么，并产生阅读全文的兴趣。论文题目要避免笼统、太长，文章论述的内容包含不过来，深入不下去，给人以肤浅的感觉；题目太复杂、太长，缺乏鲜明、醒目、深刻的力度，效果也不好。必要时为了充分表现主要内容，可采用加副标题的办法。

2．前言　　前言就是开场白。作者必须明确提出论文所要写的主要内容，扼要说明该项研究的目的、意义和现状，并点出论文要解决的主要问题即论点。一般供学术刊物发表的论文，前言部分应力求简明扼要、直截了当，不要拖泥带水。长篇论文的前言可详细一些，甚至自成一篇。文章开头语是最难写的，好比演奏音乐的定调，往往花很长时间才得以体现。教学论文的开头语，可以采取开门见山的方法，直入主题；也可以先提出问题，再引入主题；还可以先交代该项研究的历史、现状、目的、意义，然后逐步展开等。

3．正文　　正文是对研究的问题和内容进行的全面讨论和阐述，占据论文的绝大部分篇幅，是论文的主题。正文又是论文的关键部分，体现了分析问题解决问题的过程，决定着论文质量和水平。因此，要高度重视正文部分的撰写。撰写正文必须首先掌握充分的材料，然后对材料进行加工提炼、去伪存真，去粗取精，经过概括、判断、推理的逻辑整理，产生正确的观点。在行文过程中，应以观点为轴心，使论点明确；用材料说明论点，使论据确凿，说理充分，从而做到观点和材料的统一，论点和论据的统一，并科学、准确、生动形象地表达研究的成果。撰写论文要克服两种不良倾向：一是只顾表述自己的观点，缺乏使用材料的科学论证，使论文空洞乏味，没有说服力；二是只是罗列堆砌大量材料，不加整理，平铺直叙，看不出主要论点。这两种倾向都是理论与实际脱离造成的。

4．结论　　结论部分是论文作者经过反复研究形成的总体论点，是整篇论文的归宿。因此，结论部分应指出哪些问题已经解决了，还有什么问题尚待解决，有的论文由于把结论分散到正文各个部分，可以不必专门写一段结论性文字。还有的论文可以不写结论，但应作一简单的总结，或者对研究结果展开一番讨论，或者提出若干条建议。教学论文的结论部分是分析问题解决问题的必然结果，必须总结全文，深化主题，揭示规律，而不是正文部分的简单重复。所以写结论应该十分谨慎，文字要简明，措词要严谨，逻辑要严密。

5．引文注释　　教学科研是在继承前人成果的基础上得以发展进步的。撰写论文引用他人的材料文章、论点时应注明出处。注明引文出处反映了作者严肃的科学态度，能体现出论文的科学依据，同时也是对他人劳动成果的尊重。教学论文的引文注释主要有文内注、页末注和文末注三种情况。文内注又叫行内夹注，一般放在引文后面加括号。页末注也叫脚注，通常在本页文章的下端，与正文之间画一条横线，横线下面注释。文末注也叫篇末注，在文章后面对引文编制一个顺序，依次注释。注释内容包括作者姓名、文献标题、书刊名称、出版社名称、出版年份或期号、文章页码等。

6．修改定稿　　文章不厌百回改。有人说"好文章是改出来的"，这话很有道理。只有经过细心修改，文章的水平和质量才能更上一层楼。修改的重点必须放在：①作者的立场和观点是否正确、鲜明、深刻、有说服力；②论据是否充分真实、典型、新颖而可靠；③论证是否严谨，逻辑推理是否严密；④反复阅读论文，阅读时前后要相隔一段时间，以便修改文章时头脑清醒，不断涌现出新的思路和想法，把文章改得更条理化，自然质量也会更高。文章写好后并不一定马上修改，因为一篇文章脱稿后，原有的思路没有变化，如果马上修改，作者则受到思维定势的影响，很难跳出原来的条条框框。如果待一段时间冷却后再修改，可能会由于产生新的思路或思路开阔，使修改文章的效果更好一些。

五、撰写论文需要注意的问题

1．提纲　　写作时，应现拟订一个提纲。提纲是论文的框架结构，也是写好文章的必要条件。编写提纲，就是要确定论文的中心思想和主要内容的结构。

2．文章结构　　文章结构严谨，层次要清楚、透彻，不要拖泥带水或画蛇添足。

3. 科学态度　　文章撰写中要讲究科学态度。应明确任何教学经验或研究成果都只是相对真理，要真实地反映事物的本来面目，既不夸大，也不掩盖。对自己的研究成果若有不完善的地方，应该在文章中明确指出，以便他人在现有的基础上继续探讨。当他人对自己的文章提出质疑时，要谦虚地接受，且提倡和谐，可据理说明。对他人文章中的观点若有不同意见，应当以理服人，要讲科学，采用探讨、商榷、研究的态度各抒己见。

思　考　题

1. 教学研究的目的与意义是什么？
2. 教学研究课题的主要来源？
3. 教学研究的主要方法及其特点？
4. 如何撰写一篇好的教学研究论文？

第二篇 植物保护专业主要教学法在教学中的应用

第八章 项目教学法

【内容提要】 本章内容从项目教学法的起源、项目教学概念、特点、实施方案，以及中外关于该教学法的研究等几个方面对"项目教学法"进行了介绍。并根据中等职业院校学生的实际情况，结合植物保护专业课程特点，总结了实施项目教学法过程中应注意的问题。并结合该专业课程教学时几个应用"项目教学法"的实例，详细讲述项目教学理论在专业课程中各个环节的具体操作过程。

【学习目标】 了解项目教学法的特点和实施过程。熟练运用项目教学法进行植物保护专业课教学，能够在教学过程中创造良好的学习氛围，达到提高学生理论与实践相结合的能力。

【学习重点】 项目教学法实施过程中对于项目的要求。掌握项目教学法在中等职业教育植物保护专业课程中的应用过程。

第一节 项目教学法概述

一、项目教学法的起源

项目教学法萌芽于欧洲的劳动教育思想，最早的雏形是18世纪欧洲的工读教育和19世纪美国的合作教育，经过发展到20世纪中后期逐渐趋于完善，并成为一种重要的理论思潮。项目教育模式是建立在大工业社会、信息社会基础上的一种现代教育方法，是以为社会培养实用型技术人才为直接目的的一种人才培养模式。

美国学者约翰·杜威（John Dewey）强调教学中要给学生提供一个"真实的实验环境"，让学生处于一种社会的交际模式中。随后，克伯屈（Wiliam H. Kilpatrick）正式提出了项目教学（Projektunterricht）这个概念，将之视为一种具有"现代、行动意义、在一个能够发现社会或自身问题的情境中、跨学科"的教学方法。

著名的瑞士心理学家皮亚杰提出的建构主义学习理论中认为，知识不是通过教师传授得到的，而是学生在一定的情景下，借助他人的帮助，利用必要的学习资料得到的。基于建构主义的教学法要求，在学习过程中，要以学生为中心，教师应起帮助者角色，利用情景、协作、会话等学习环境要素，充分发挥学生的主体性和创新精神，使学生有效地达到对当前所学知识的意义建构。在建构主义学习理论的指导下，德国提出了一种新的教学方法——行动导向教学法，所谓行动导向，是指"由师生共同确定的行动产品来引导教学组织过程，学生通过主动和全面的学习，达到脑力劳动和体力劳动的统一"。行动导向教学法注重培养学生分析能力、团结协作能力、综合概括能力、动手能力等，拓展学生思考问题的深度、广度，主要包括"大脑风暴法"、"卡片展示法"、"案例教学法"、"角色扮演法"、"项目教学法"、"引导课文法"、"模拟教学法"等方法。

项目教学法是行动导向教学法中的一种教学方法。项目教育模式是以为社会培养实用型人才为目的的一种人才培养模式，能更早地让学生接触到工作中遇到的问题，并运用已有的知识共同解决它，对中职技术性专业来说很有针对性，因而受到师生的广泛欢迎。由于这种教学方法适宜于专业课程的教学，因此，近年来在国内被广泛推广。

二、项目教学法概念

"给你 55 分钟，你可以造一座桥吗？"教育专家弗雷德·海因里希教授在"德国及欧美国家素质教育报告演示会"上，曾以这样一则实例介绍项目教学法。首先由学生或教师在现实中选取一个"造一座桥"的项目，学生分组对项目进行讨论，并写出各自的计划书，接着正式实施项目，利用一种被称为"造就一代工程师伟业"的"慧鱼"模型拼装桥梁，然后演示项目结果，由学生阐述构造的机制，最后由教师对学生的作品进行评估。通过以上步骤，可以充分发掘学生的创造潜能，并促使其在提高动手能力和推销自己等方面努力实践。

项目教学法（project based learning）通常也被称为项目作业法，是指师生通过共同完成一项完整的"项目"工作来进行教学活动的教学方法。"将项目以需要完成的任务的形式交给学生，由学生自己按照实际工作的完整程序进行，收集信息、制订计划、决策、实施、检验成果、评估总结"。学生以自主探索为基础，通过动手操作、讨论合作来自主完成对知识的学习和技能的习得。从而培养学生的实践能力和应用能力，培养学生的生活经验、社会阅历、人际沟通能力和自主学习能力。

项目教学法是把整个专业教学任务目标分解为若干个教学模块，每个教学模块由若干个教学项目组成，将学生分成若干个学习小组，教师将教学项目交给学生学习小组。学生以学习小组的形式进行信息的收集、方案的设计、项目实施及最终评价，整个过程都由学生自己负责，在这个过程中学生不仅学会理论知识和操作技能，更重要的是培养了解决问题的能力、接纳新知识的学习能力及与人协作沟通的能力。项目教学法是一种典型的以学生为中心的教学方法。项目教学法不仅传授给学生理论知识和操作技能，更重要的是培养他们的职业能力，这里的能力已不仅是知识能力或者是专业能力，而是涵盖了如何解决问题的能力、接纳新知识的学习能力及与人协作和进行项目动作（包括项目目标、制订工作计划、项目实施、检查评估、归纳总结）的综合能力等几个方面。这种教学方法要求教学设计者把教学内容和教学目标巧妙地隐含在一个个任务之中，即教学进程由任务来驱动，而不是对教材内容的线性讲解，在教学实施过程中，教师要采用相对开放的教学组织方式，以保证教学的有序进行。

项目教学法属于行为导向型教学模式，是以工作任务为主导方向的职业教育教学方法，最高目标是养成学生的职业行为能力。项目的主题与真实世界、工程实际密切联系，使学习更加具有针对性和实用性。教师通过创设一定的问题情境，营造一定的探究氛围，来激发学生的求知欲。学生在教师的启发引导下积极思考，找出问题的解决方案，增强学生的自信心，激活学生的成就意识。在分组活动过程中，给学生提供根据自己的兴趣选择内容和展示形式的机会，学生能够自主、自由地进行学习，从而有效地促进了学生创造能力的发展，增强了学生的合作意识。

三、项目教学法的特点

项目教学法具有实践性、自主性、发展性、综合性和开放性等特点。项目教学法只是诸多教学方法中的一种，探讨这种教学方法的特点，掌握这种教学方法的适用对象，才能更好地发挥这种教学方法的长处。现代社会是一个信息密集的社会，教师很难把自己所有的信息通过一次性的学校教育全部传授给学生，学生也不可能在一次性的教育学习中获得从事本职业所需的全部信息，也不可能指望一次性的学习所掌握的知识技能受用终身。因此，让学生不断开发自身潜能并适应劳动力市场变化将成为植物保护专业职业技术教育的重要目标。项目教学法的主要特征如下。

1. 项目教学法以学生为中心　　在项目教学活动中，教师根据教学内容，结合专业特点和行业的实际，设计一个或多个学生能用所学知识和技能解决的项目，交给学生去完成。在项目活动中，一般以小组活动的方式进行组织教学，学生在一起讨论项目的可行性，然后制订项目计划方案，在协作中完成整个计划项目。在整个项目活动过程中，学生根据自己的兴趣爱好，凭借自己对已有知识和技能的理解掌握情况，自行设计完成方案，教师给予学生及时适当的指导，学生运用自己认为合适的、有效的方式去完成项目，最终得到结果，并进行展示和自我评价。项目结果带有一定的个性，不存在整齐划一的标准答案，只要实现了教师提出的基本要求即可。基础好的同学，还可以自由发挥，学习到更多的知识和技能，提高多方面的能力。最后的评定没有"好"、"坏"之分，只有"好"和"更好"的差别，学生都非常乐意参与这样的创造性实践活动。项目教学法改变了传统的"教师讲，学生听"或"教师做，学生学"的教学方式，教师由知识的"传授者"变为"引导者"，学生不再是被动接受知识，而是在项目的训练过程中，主动建构自己的知识体系，成为教学活动的主体。

2. 项目教学法体现了"做中学"的理念　　在项目教学时往往将具有实际意义的项目引入到课堂，教师给予必要的指导后，学生在项目活动中边用边学，利于学生先发现问题后解决问题，进行主动学习，在项目完成的过程中完成对相关理论知识和技能的学习。在项目活动中，学生学会主动查找和运用其他资料，学会自己分析问题和找到解决问题的有效方法。

3. 项目教学法体现素质教育的理念　　项目教学的学习成果不是学生单纯的知识和技能的掌握，而是学生职业能力的提高。这种综合的能力不是靠教师教会的，而是学生在职业实践中逐渐形成的。这就要求教师在项目教学中为学生创设一定的职业情境，让学生置身于模拟的工作环境中学习，有亲临其境的感觉。在项目活动中，学生体验到追求成功的艰辛与乐趣，培养学生探索知识的能力、自主学习的能力及分析和解决问题的能力。学生在实施项目过程中，不懂的地方可以互帮互学，相互指导，发现问题相互纠正，碰到难题集中讨论，有利于培养学生的团队协作精神。

在项目教学法的具体实践中最显著的特征是"以项目为主线、教师为主导、学生为主体"，改变了以往"教师讲，学生听"的被动教学模式，创造了学生主动参与、自主协作、探索创新的新型教学模式。教师的作用不再是一部百科全书或一个供学生利用的资料库，而成为了一名向导和顾问。他帮助学生在独立研究的道路上迅速前进，引导学生如何在实践中发现新知识，掌握新内容。学生作为学习的主体，通过独立完成项目把理论与实践有机地结合起来，不仅提高了理论水平和实操技能，而且又在教师有目的地引导下，培养了合作、解决问题等综合能力。同时，教师在观察学生、帮助学生的过程中，开阔了视野，提高了专业水平。可以说，项目教学法是师生共同完成项目，共同取得进步的教学方法。在职业学校、职业教育中，项目教学法有其独特的优势，应更进一步总结提高，大力试用推广。

四、职业中学学生学习特点及项目教学法的实施方案

（一）职业中学学生学习特点

教育的根本任务，在于根据人的智能结构和智力类型采取适合的培养模式，针对每一类教育的特点来发现人的价值，发掘人的潜能，发现人的个性。教学对象的分析是教学设计中的一个重要步骤，学生是学习活动的主体，教学设计的目的主要是为了促进学生的学习。为了更好地进行项目教学，必须认真分析、了解学习者的需求情况，掌握他们的一般特征、初始能力和学习态度等。在这里，针对植物保护专业的学生，通过对学生平时学习的观察及以前学习中学生的行为表现，进行了以下几方面的分析。

1. 中职学生的一般特征　中职学校的学生与同是高中阶段的普通高中学生相比，智能结构和智力类型有着本质的区别。中职学校的学生的认知活动比较浅表化，缺乏深度，以形象思维为主，这恰恰也是中职学生的优势，因为善于形象思维的人能比较轻松地获取一些经验知识和策略知识。中职学生倾向于兴趣型，学生更对活动形式感兴趣，往往忽略学习内容。学生更希望在活动中有成就感，表现欲望极强，内心渴望得到教师和同学的欣赏和肯定。因此在传统的课堂学习上表现为兴趣低下，参与度低等。学生更多的希望教师教学时，采用学生喜闻乐见易于接受的形式，如利用多媒体教学和实验教学等，多采用协作、讨论、调查等方式来改变教学方法，多增加实验课和实习实践课，多一些让学生动手实践的机会来增强学生的动手实践的能力和综合能力。其实中职学生原来也隐藏着巨大的学习潜力，只要采用适当的方法，一些原本的"差生"并不比别人差，学生从中找到了乐趣，有了学习的动力，自然而然也就会改变学习态度，成为乐学好问的"好学生"。

2. 中职学生的学习态度　进入21世纪以来，中等职业教育规模不断扩大，2009年，中等职业教育招生近870万，在校生近2200万，办学规模达到历史最高水平。然而中职学生总体生源素质下降，学生厌学、学习兴趣低下，学习基础普遍都较薄弱，自主学习的能力普遍较差。他们中的大多数学生从小学开始就是班上的"差生"，他们中的许多人从小就对学习失去了信心，在学习中找不到乐趣，渐渐地对学习失去兴趣，甚至逃避学习、厌恶学习，最终放弃学习。但在同他们交往的过程中，会发现，他们的智商并不低，部分学生的思维甚至相当活跃。他们之所以对学习失去兴趣，只是因为他们不适应枯燥的课堂教学和理论说教，讨厌考试，讨厌以考试分数的高低来评定他们的优劣。从与学生的交谈和对学生学习的观察了解到，假如学习的内容能与学生的生活实际相联系，学生的学习积极性很高。

（二）项目教学法的实施步骤

相关实践性知识即方法性的知识，解决的是"怎么做"的问题；相关理论知识，解

决的是"为什么"的问题；拓展性知识，解决的是"覆盖面"的问题。教师在项目教学的过程中要利用自身的专业知识和技能，引导学生在项目学习中自主探究，让他们知道怎么做、为什么这么做和如何做得更好，激发他们的学生兴趣，培养他们的职业能力，顺利完成项目教学的实施。一般步骤如下。

1. 确定项目任务　　一般先由教师提出一个或几个项目任务设想后，学生一起讨论，最终根据实际情况确定项目的目标和任务。

2. 制订计划方案　　由学生根据确定的项目，自己收集相关的资料，制订合适的活动工作计划，确定具体的工作步骤，得到教师的认可后形成完整可行的活动方案。

3. 实施计划　　学生进行小组分工，明确各自在小组中的职责和小组成员合作的形式，然后按照已确立的工作计划展开工作。

4. 检查评估　　通过项目活动，学生先对自己的工作结果进行自我评估和组内互评，再由教师进行检查评分。然后师生共同讨论分析项目活动中存在的问题，通过对师生评价结果的分析找到造成结果差异的根本原因。

5. 归档或应用　　对项目成果进行分类归档并保存相关记录，对于有一定实用价值的成果还要应用到相关的生产或教学实践中。

五、项目教学法的优势与不足

（一）项目教学法的优势

1. 促进了知识向能力的转化　　苏霍姆林斯基曾经说过，"只有在知识不断发展的条件下，才能实现这样的规律性：学生掌握的知识越多，他的学习就越容易。"遗憾的是，在实践中常常是适得其反：每向前一年，学生就感到学习越来越困难。因此，他建议教师努力做到使学生的知识不要成为最终目的，而要成为手段；不要让知识变成不动的、死的"行装"，而要使它们在学生的脑力劳动中、在集体的精神生活中、在学生的相互关系中、在精神财富交流的过程中活起来，没有这种交流，就不可能设想有完满的智力的、道德的、情绪的、审美的发展。项目教学法在实施中，要求学生能在解决实际问题或完成具体任务的过程中进行学习，知识对学生来说恰恰是一种工具，而不是死的"行装"。在这样的学习过程中，师生之间、学生之间的互动更为频繁，学生获取的新知识和新技能也能在实践中得到充分的检验，学生时常感受到成功的喜悦，学生的学习积极性和主动性得到充分发挥，从而激发起学生的学习兴趣，提高了自主学习的能力。

2. 促进了学生的职业发展能力，主要是关键能力的培养与提高　　职业发展能力，是指一个人从事职业活动所需要的各种能力，包括专门知识、专业技能和专项能力等与职业直接相关的专业能力；以分析、判断、决策等为表征的方法能力；以交流、转换等为表征的社会能力。一般把方法能力与社会能力合称为关键能力。所谓关键能力也称核心能力或普通能力，是指具体的专业技能和专业知识以外的能力，也就是从事任何一种职业的劳动都必须具备的能力，常被认为是跨职业的基本能力。也有人形象地称之为"可携带的能力"。关键能力具有相通性与可转换性。它并不针对某项具体的职业、岗位，但无论从事哪一种职业，对劳动者未来的发展都起着关键的作用。关键能力与纯粹的、专门的职业技能和知识没有直接联系，但又在所有职业领域都起着至关重要的作用。传统的职业教育注重学生专业技能的培训，学生经过2～3年的学习，专业基础比较扎实，其专业技能总的来讲是符合职业需要的。但同时，在知识经济社会的今天，伴随新能源、新工艺的不断出现，新职业、新岗位层出不穷，能否快速适应新的形势、新的岗位，成为人们职业发展能力高低的最直接体现。

作为一种教学方法的优化，项目教学法在强调培养学生实际操作技能的同时，重视交流合作，主张师生共同参与产品的制作过程。这一制作过程的完成更多依赖学生的方法能力与社会能力。现代教育理论认为，在教学过程中应尽可能地精简教授的基础知识，腾出时间和空间让学生进行大量的自主活动。项目教学法正是在这些观点的指引下，"小立'项目'，大作功夫"，在使学生掌握完成产品所需基本技能的基础上，十分关注学生协作、创新等能力的培养。因为学生完成一件产品大多需要与他人的合作，并且这一品质在现今社会上也得到了很好的彰显。人离不开社会，人需要生活在群体中。项目教学法使得这一认识得到了强化，有利于学生关键能力的培养与提高。

3. 促进了学生创造潜能的发挥　项目教学法是一种教学战略，教师通过项目引导学生对现实生活中的问题进行深入的学习，它没有特定的结构或一成不变的教案或教学材料，它是一个复杂但灵活的框架，这就摆脱了传统教育形式中较为单一的教学模式，以及唯一的标准答案对学生创造性思维的束缚。教师在实施项目教学时，还可以充分利用生成性教学资源，适时引导学生寻找解决问题的办法，深入挖掘学生的创造潜能。

4. 促进了团队合作精神的培养和提高　项目教学大多要分小组完成，实施项目的过程多为布置任务、小组自学和讨论、项目实施、小组汇报、总结发言。通过小组内及小组间的充分交流、讨论、决策等，提高了学生的合作能力，强化了学生的团队意识。而合作能力和团队意识恰恰是当代青年特别缺少的、也是社会化大生产要求的基本素质。

5. 促进了学生综合能力的提高　项目教学法强调学生在活动的过程中获取知识，这就使得学生获取的知识，特别是专业知识必然是和实践紧密联系的。此外，学生在完成项目的过程中，也会遇到很多实际的问题和困难。通过教师的引导和点拨，学生在项目实践过程中，理解和把握课程要求的知识和技能，体验创新的艰辛与乐趣，这就使得学生的动手能力、分析能力、合作能力、解决问题的能力得到了充分锻炼和提高；同时，项目实施的过程往往能给学生提供一种模拟仿真环境，这样的环境有利于学生尽早熟悉职业岗位要求，有利于学生专业素养的提升。

（二）项目教学法的不足之处

1. 学生获取知识的系统性不够　与传统学科体系为主的教学相比，项目教学法的运用淡化了理论知识学习的系统性，学生在项目活动中获得的知识往往是零散的，专业知识学习的深入程度有一定局限，若学生的学习能力不足，则学生的可持续发展将无法保证。

2. 课堂组织、管理的难度增加了　如前所述，项目教学法没有特定的结构或一成不变的教案或教学材料，它是一个复杂但灵活的框架，它给学生提供了创造的空间，也给教师带来了课堂组织、管理的难题。与传统教学法不同，项目教学中，教师已不再是课堂的权威，而是学生学习的引领者，这一角色的转换，往往会使教师难以把握课堂纪律，管得太多，不利于学生开展活动；管得太少，又会造成学生的放任自流，甚至影响项目任务的完成。

3. 对专业实训设备提出了更高的要求　项目教学法要求将行业的生产任务引入到教学中来，必然要求学校的实训设备达到行业的使用标准。不仅在数量上要满足学生操作的需要，而且在质量和性能上也要与行业接轨。否则，项目教学就成为了一种形式，所培养的学生仍然不能掌握行业所需要的实用技能。

4. 相对增加了教学成本　项目教学是以学生完成真实的项目为目的的，活动中教师应尽可能为学生提供一种"真刀真枪"的演练机会。对职业学校来说，专业课教学的模拟仿真就必须提供大量的原材料、设备及工具，学生的学习成本必然提高。以植物保护专业为例，传统教学方法中，学生侧重于学习理论知识，如植物病害的症状识别，只需记住不同病害病原物特征及发病植物的症状即完成学习目标，而这些在普通作业本上就可进行。采用项目教学法后，就必须为学生提供大量的病原物、显微镜、标本盒、发病植物试验田及田间采样所用到的工具，教学成本大大增加。在经济力量薄弱的学校，这一点往往会影响到项目教学法的实施。

六、项目教学法教学设计中需注意的问题

在中职植物保护专业课程中实施项目教学法，改变目前学生被动接受知识的局面，构建以学生为中心的教学模式，激发学生学习课程的兴趣，促进学生在协作交流能力、信息处理能力、自主学习能力、创新能力和职业能力等多种能力和综合素质方面的发展，提高中职植物保护专业教学质量，为从事中职植物保护专业教学的一线教师提供借鉴之处，主要解决以下问题。

第一，如何将项目教学法运用于中职植物保护课程教学中，重点探索中职植物保护专业课程教学项目的设计方法，分析中职植物保护专业课程教学实施项目教学法的策略。

第二，检验项目教学法在中职植物保护教学中的效果。

教学项目法要求项目活动中的每个人都参与进来，在主动探究中完成创造性的实践活动，它注重的是完成项目的过程，而不是最终的结果。在中职植物保护专业项目教学法的具体实践中，以项目教学为主线，学生以小组合作的形式学习，使他们成为项目活动的主体，在教师的指导下，学生参与到教学的各个环节，主动地探究知识与技能，体现建构主义的教学理念。小组合作的形式学习对于大多数已经适应了传统教学模式的学生来说会有些不适应。因此，要想有效地开展小组合作学习，应首先培养学生的合作意识，作者在植物保护专业课程的"重点病害标本制作"的教学过程中实施项目教学法，首先给学生讲典型的学习工作过程中成功的合作案例，让他们感受到协作学习的重要性。然后进行科学分组，分组教学从三个维度进行考虑：一是采取同质分组还是异质分组，二是组数和每个小组的大小问题，三是灵活性的问题。组员的搭配主要是从影响学生学习效果的因素考虑，如男女生搭配、性格特点、学习成绩、知识结构和学习能力等。在中职植物保护项目教学过程中，主要采用异质分组的形式，成绩好的与成绩差的搭配，性格内向的与外向的搭配，动手能力强的与弱的搭配等。为了最大限度地发挥小组讨论的效率，小组的规模以4～6人为最佳，每组设立"项目经理"，全面负责小组项目的落实和学习讨论的安排。

项目教学法的关键是设计一个合理的工作任务作为一个可行的实施项目。通过项目的实施让学生掌握相应的知识并学会如何应用这些知识解决问题。

第二节　项目教学法的应用

一、项目教学法案例——植物病害病症识别、标本采集

（一）"植物病害病症识别、标本采集"案例设计说明

植物病害病症识别、标本采集项目具体要求：通过采集和制作标本，了解植物病害标本采集要求，学会标本的采集与记录，掌握植物病害标本的制作方法，进一步巩固病害知识，每组抽签完成1份病害标本的采集、制作和鉴定。

项目相关知识点及教学设计说明如下。

植物病害标本是植物病害及其分布的实物性记载。有了病害标本，就可以在室外观察的基础上，在室内进一步对植物病害进行研究。尤其对于系统学习植物病原真菌来说，提供大量的实物标本更是不可缺少的。只有有了病害的材料，才有围绕其延展开来的一系列研究工作。采集的具体方法是首先寻找到发病植物，用剪刀剪下发病部位，然后将其分类地放置妥当。应特别注意的是，避免一些易脱落的病原体的交互而造成的感染，这会使后期的鉴定带来干扰。另外，根据标本的不同性质，可能会采取不同的临时处理方式。植物病害病症识别、标本采集是植物保护专业学生必须熟练掌握的一项技术。

学生已经掌握了植物病害的症状，已经在室外采集了标本，通过知识学习也掌握了制作标本需要的工具和需要注意的事项，本次实验的目的就是针对当地生产需要，选取特殊病害进行标本采集和制作的训练，这是课堂讲授知识的延伸，有助于提高学生的动手能力，促进学生创造性思维的发展，如何解决标本永久保存的问题，如何避免标本间交叉感染，如何保存标本的原有状态，如何使得水分含量多的标本不发霉等问题，学生都需要自己动脑动手去思考去实践。

本次项目教学法，通过学生自主确定、探索标本采集和制作的方法，掌握实际生活中病害标本采集和永久保存的方法。学会标本的基本制作方法，采集病害时需要注意到保存病害病症的完整性、保持病状的最优状态、病害之间不互相交叉感染等。项目完成后，学生的项目作品基本都是可以用作本专业教学的植物病害症状观察标本。

（二）"植物病害病症识别、标本采集"案例教案

【教学内容】①根据当地气候时间选择发病严重的主要的果树和农作物，首先确定病害是生理性病害还是病理性病害，病理性病害就要分清楚病原物特征和致病微生物的分类，以此作为标本采集和制作的依据，如对生理性病害（玉米缺素症、番茄畸形果、裂果、着色不良、日烧、卷叶）、真菌性病害（玉米小斑病、白菜白锈病、白菜霜霉病、黄瓜白粉病、苋菜白锈病、白菜黑斑病、黄瓜白粉病、小麦锈病、葡萄霜霉病）、细菌性病害（黄瓜细菌性角斑病、白菜软腐病、马铃薯环腐病、马铃薯软腐病）、病毒病（烟草花叶病毒病、苹果花叶病毒病、马铃薯病毒病）等进行标本的采集和制作。②确定当地

气候时间选择发病严重的主要的果树和农作物上的病害作为采集目标；确定标本采集和制作时需要的工具；标本采集后的管理；标本制作过程中放置环境的选择；标本制作成功后是否制作成永久标本的选择。

【教学目标】①学生在项目实践中，掌握如何区分生理性病害和病理性病害；掌握植物病害标本的制作方法，进一步巩固病害症状知识；学会植物病害标本采集的方法；了解标本采集时做好环境记录的重要性。②通过学生实践探讨植物病害病症识别的方法，怎样区分生理性病害和病理性病害，掌握病害采集过程中需要注意的问题。③培养学生互相帮助的能力和与他人合作的能力，在病害采集时互相帮助共同探讨，增强合作交流意识。

【教学重点】标本采集方法。

【教学难点】病害标本保存。

【教学准备】多媒体教学设备、投影仪、显微镜、各类永久性标本制作成品、常见病害症状彩图谱、相关录像带等。

【教学时间】①讲解项目内容。各组根据当地实际生产确定两种不同致病微生物引起的植物病害作为准备实验，并做好项目计划：1学时。②相关资料查阅：2学时。③标本采集的工具准备：1学时。④实习地采集植物病害。教师组织带领学生到达实习地，根据学生选择的植物病害种类的不同分组行动：4学时。⑤标本采集后的预处理。采集后的当天由小组共同商讨根据采集前资料查阅解决：1学时。⑥标本制作：4学时。⑦病害鉴定：2学时。⑧总结评价：1学时。

【教学过程】

1．提出项目要求，明确项目任务

（1）项目介绍，实验相关知识讲授　　幻灯片播放标本采集时的基本要求、取样部位、标本采集方法、标本采集环境记录及标号、标本制作方法、标本保存等基本要领。

（2）标本制作的必要性介绍　　植物在生长过程中发生病害的种类很多，有的病害给农业生产带来了很大的损失，为了对病害的发生进行预防及病害发生后对病害进行防治以减少损失，在植物生长季节从田间采回的植物病害标本，除一部分用作分离鉴定外，对于典型的病害症状先摄影然后压制或浸渍保存。压制或浸渍的标本尽量保持其原有性状，微小的标本可以制成玻片，如双层玻片、凹穴玻片，或用小玻管、小袋收藏，供学习、研究时参考。掌握根据植物病害的特点选择合适的标本制作方式，区分生理性病害和病理性病害都是这次项目教学法实验需要解决的关键问题，学生可以根据自己的兴趣爱好选择不同病原物或者不同植物上的植物病害来制作标本。病害标本制作方便今后建立植物病害数据库，标本数据库的建立有助于病害标本信息管理和数字化建设。

2．学生分组　　学生4～5人分为1组，组长1人。

3．小组项目立项　　小组成员各自选择自己感兴趣的、想深入了解的一种植物病害进行标本制作试验。

4．制订并填写计划表　　小组成员共同制订植物病害标本制作的工作计划并填写计划表，样表见表8-1。

表 8-1　植物病害标本制作项目计划表

采集记录项目	内容
标本采集名称	
采集时间	
标本采集制作所用工具	
标本采集方法	
标本采集制作过程中遇到的特殊问题及处理方法	
负责人	
保存方法	
备注	

植物病害标本采集过程中要详细记录标本数据记录和标本编号，要求记录准确、简要、完整。完整的记录与标签同样十分重要，要有寄主名称、采集日期与地点、采集者姓名、生态条件和土壤条件等，样表见表 8-2。

表 8-2　植物病害标本野外采集记录卡片（必备）

类别	内容
标本号	
采集日期	
采集地点	
生态环境	
寄主名称（通用名及学名）	
病名或学名	
发病部位	
症状描述	
采集人	
鉴定人	

阶段汇报：小组代表汇报计划情况，实验前可查阅文献和相关资料，师生共同讨论并确定小组制订计划的可行性。

5. 项目实施　　按照工作计划，各小组组长在规定的时间内完成准备工作，同时按要求开始相应植物病害标本的采集阶段。

自主学习，项目开展。

在标本采集过程中，学生可能遇到他们计划中所不能预见的各种问题，如采集标本环境记录问题、取样部位的选择、制作过程中植物病害标本病症被破坏、病害标本发霉等，教师在学生需要时能提供相关的文献或者资料解释说明，帮助学生及时调整工作步骤，作出处理决定。

6. 项目验收，检查评估　　成果汇报及评价：①各小组将标本制作结果在全班进行汇报交流。②小组成员对标本制作结果自评。③小组互评、教师评价。

7. 所学知识应用　　知识迁移。

实验结束后，每位同学针对一种植物病害应该能说出具体发病症状，病害发生的主要环境特点，采集保存时的要点，并能够根据病害特点作出简单的防治处理。

（三）"植物病害标本的采集、制作"应用体会

师生通过实施植物病害标本的采集、制作这一个完整的项目，其目的是让职业学校的学生在课堂教学中把理论与实践教学有机地结合起来，充分发掘学生的创造潜能，提高学生解决实际问题的综合能力。教师以学生为中心，充分发挥学生的主体性和创新精神，教师是学生探索学习过程中的引导者和帮助者。在教学过程中，通过小组形式完成对植物病害标本的采集教学项目，有助于学生互相沟通、团结合作能力、学生分析能力、团结协作能力、综合概括能力、动手操作能力等综合能力的培养，促使学生查阅相关资料和图册，进一步了解采集病害的病症和病状，增加学生针对具体问题和教师探讨的机会，共同提出解决的方案，极大地拓展了学生思考问题的深度、广度，同时能更早地让学生接触到工作中遇到的实际问题，并运用已有的知识共同解决它，对职业学校学生来说很有针对性。学生在实施项目工作中对植物病理学有了更深的体会，建立起更浓的兴趣。

二、项目教学法案例——柯赫氏法则法诊断植物病害

（一）"柯赫氏法则法诊断植物病害"案例设计说明

柯赫氏法则是指导人类、动物、植物病害诊断的一个准则，是确定侵染性病害病原物的操作程序。学生已经掌握了诊断植物病害的基本原则和步骤，能够识别的植物病害的病症和病状，分离纯化病原菌，生理性病害和侵染性病害的区别等知识，本次实验主要是针对当地生产实际，选取平时比较常见的植物病害进行柯赫氏法则实验步骤专项训练，是课堂知识的延伸，不但扩展了学生的视野，也促进了学生创造性思维的发展。如解决病原菌接种问题，如何纯化保存病原菌，接种后植物发病的湿度和温度控制，柯赫氏法则中需要学生掌握的每一个步骤都需要学生自己动手完成。

本次教学运用项目教学法，通过学生自主确定、探讨病原接种发病条件，掌握实际生产中如何应用柯赫氏法则诊断植物病害。学会综合利用接种、分离纯化病原菌等各技术环节，控制好接种后的温度和湿度等条件。掌握柯赫氏法则诊断的步骤和关键操作技巧。项目完成后，学生的项目作品是书面报告分离纯化后的病原菌有无污染，并分析原因。

（二）"柯赫氏法则法诊断植物病害"案例教案

【教学内容】①确定诊断的植物病害是当地实际生产中最常见的发病迅速的侵染性植物病害。②熟练应用柯赫氏法则诊断植物病害。③植物病害病原分离纯化保存的方法。

【教学目标】①学会制作普通病原物培养基。②学会探究实验现象的本质。③通过分组实验，培养学生互相帮助的合作学习能力，增强合作交流的意识和能力。

【教学重点】①柯赫氏法则诊断步骤。②植物病害病菌纯化接种方法。

【教学方法】项目教学法。

【教学准备】多媒体教学设备、当地实际生产中发生严重的具有典型性的侵染性植物病害标本、与接种有关的各种工具、培养基制作的相关材料和用具、待接种的健康植株。

【教学时间】4 课时。

【教学过程】

1．提出项目要求，明确项目任务

（1）项目介绍，实验相关知识讲授   幻灯片播放当地实际生产中常见的侵染性植物病害，如大白菜软腐病、苹果青霉病、苹果轮纹病等病害的症状，培养基制作的基本流程，病原菌分离的几种方法、基本要领。

（2）植物病害诊断的必要性介绍   植物生长季节植物病害的种类和数量很多，有的植物病害给农业生产带来了很大的损失，为了对病害的发生进行预防及病害发生后对病害进行防治以减少损失，在植物生长季节从田间采回植物病害标本，及时而准确的诊断植物病害，是防治病害的基础。只有确定了植物病害的病原，才能有的放矢，根据病原的特性和病害发生的规律制订相应的防治对策来控制病害、尽量减少病害所造成的损失并收到良好的防治效果。

2．学生分组   学生 4～5 人分为 1 组，组长 1 人。

3．小组项目立项   小组成员各自选择自己感兴趣的、想深入了解的一种植物病害做诊断试验。

4．制订并填写计划表   小组成员共同制订柯赫氏法则诊断小组选定的植物病害的工作计划并填写计划表，样表见表 8-3。

表 8-3   柯赫氏法则诊断小组选定的植物病害的工作计划

项目	寄主名称	病状	病征	发病条件	备注
原始状态					
分离纯化的病原物					
接种之后状态					

植物病害诊断是一个非常细致的工作，学生在应用柯赫氏法则时应该做好记录，对于自己选择的病害的发病条件、采集地点、气候湿度等条件都应作简单的记录，以便分离纯化后的病原物再次接种健康植物时掌握其发病条件。

阶段汇报：小组代表汇报计划情况，实验前可查阅文献和相关资料，师生共同讨论并确定小组制订方案的可行性。

5．项目实施   按照工作计划，各小组组长在规定的时间内完成准备工作，同时按要求开始相应植物病害诊断的阶段。

自主学习，项目开展。

在病害诊断过程中，学生可能遇到他们计划中所不能预见的各种问题，例如，病原物分离纯化时的关键操作点、病症和病状不同时出现、病原物被其他杂菌污染等，教师在学生需要时能提供相关的文献或者资料解释说明。帮助学生及时调整工作步骤，作出处理决定。

6．项目验收，检查评估   成果汇报及评价：①各小组将该小组选择的植物病害诊断结果在全班进行汇报交流。②小组成员对柯赫氏法则诊断植物病害的结果自评。③小组互评、教师评价。

7. 所学知识应用　　知识迁移。

实验结束后，每位同学针对一种植物病害应该能说出如何区分侵染性病害和非侵染性病害，病害发生的主要环境特点，并能够根据病害特点得出诊断植物病害的最佳方法。

（三）"柯赫氏法则法诊断植物病害"应用体会

植物病害诊断这一工作项目是中职职业教育植物保护专业生产实习中最基本的环节。在试验中通过搜集信息，制订计划、监测评估等都需要学生独立完成，培养了学生独立学习和操作的能力，在实验过程中，通过小组形式利用柯赫氏法则完成对植物病害诊断的教学项目，有助于学生互相沟通、团结合作能力的培养，促使学生查阅相关资料和图册，进一步了解采集病害的病症和病状，了解如何在实际生产中应用柯赫氏法则，增加学生针对具体问题和教师探讨的机会，共同提出解决的方案。培养了学生发现问题、分析问题和解决问题的能力。学生在实施项目工作中对植物病害诊断防治有了更深的体会和更浓的兴趣。

三、项目教学法案例——无公害蔬菜黄瓜中汞、砷、铅重金属残留检测

（一）"无公害蔬菜黄瓜中汞、砷、铅重金属残留检测"案例设计说明

无公害蔬菜一般是指在良性生态环境中，按照一定的技术规程生产出的符合国家食品卫生标准的商品蔬菜。其产品不仅要求有毒有害重金属如汞、砷、铅等，农药残留，硝酸盐含量等各项指标均符合我国的食品卫生标准，而且具备安全、营养、优质的内在品质。无公害蔬菜的最高标准是有机食品蔬菜。通过检测黄瓜中有害重金属汞、砷、铅让学生了解日常生活中食用的蔬菜有害重金属是否达标，应该通过怎样的途径去解决有害重金属残留问题，为什么国家禁止使用一些剧毒农药应用在农业生产中。因此，本次教学内容对农业生产实际具有指导性意义。有害重金属农药残留检测也是中等职业院校植物保护专业学生应该掌握的基本手段，可以为今后生产实践奠定基础。

本项目通过设计项目、制订计划、样品抽取、检测、评价和结论等步骤完成对无公害蔬菜黄瓜中汞、砷、铅重金属残留的检测，学生已经掌握了药剂配置的方法，学生需要确定需要检测的无公害蔬菜黄瓜的来源，然后进行重金属汞、砷、铅残留检测项目中母液、标准溶液的配置，并使用仪器进行测量，根据无公害蔬菜检测项目及指标进行比较，最终得出所测蔬菜黄瓜中重金属汞、砷、铅是否符合无公害标准。通过无公害蔬菜黄瓜中汞、砷、铅重金属残留检测项目活动，可有效培养学生动手实验能力、通力合作的能力。选择无公害蔬菜黄瓜主要是当地取材方便，便于学生找到实验材料。此次项目教学为学生把理论知识直接应用于实践提供了一个良好的平台。最后学生以报告的形式上交项目作品。

（二）"无公害蔬菜黄瓜中汞、砷、铅重金属残留检测"教案

【教学内容】①熟悉无公害蔬菜黄瓜中重金属汞、砷、铅检测方法。②熟练掌握无公害蔬菜黄瓜检测项目的指标和检测仪器的使用。③探讨无公害蔬菜黄瓜上病虫害防治方法。

【教学目的】①了解无公害蔬菜黄瓜中重金属汞、砷、铅检测的意义。②通过实验使学生了解到蔬菜病虫害防治过程中农药使用的利弊。③通过分组实验，使学生体会到实验的完成需要小组的合作，培养学生合作学习的能力。

【教学重点】①掌握无公害蔬菜农药残留检测的项目和指标。②探讨防治植物病虫害最有效安全低残留的方法。

【教学方法】项目教学法。

【教具准备】蔬菜样品黄瓜（新鲜）、检测仪、药品、烧杯、玻璃棒、移液枪、试管、滴定管、水果刀、吹风机、天平、比色皿等。

【教学时间】4学时。

【教学过程】

1. 提出项目要求，明确项目任务　课堂引入项目，做好新鲜黄瓜中重金属汞、砷、铅残留检测的准备工作。

（1）提出问题　对于中等职业院校的学生来说，植物保护就是想办法防治植物病虫害，减少农业损失。那么为什么还要进行无公害蔬菜重金属汞、砷、铅残留检测呢？是不是只要植物没有病虫害，防治住病虫害就可以了呢？同学们根据自己所了解到的知识踊跃讨论。

（2）探讨对无公害蔬菜的认识及进行重金属汞、砷、铅残留分析的意义

教师：蔬菜是生活中不可缺少的食物，什么是无公害蔬菜？平时我们在超市或者早市上买回来的黄瓜是否符合无公害蔬菜的标准？

学生1：无公害蔬菜就是有机蔬菜，现在很少有蔬菜能达到有机标准。菜农为了创收益一般都是用很多的激素、禁用农药，使得黄瓜长得很直很水灵，卖相很好。

学生2：我听说的被虫子吃得孔洞相连的叶片，长得不是很好看的果实，就是没有使用过农药的农家蔬菜。

学生3：那样吃着还有食欲吗？发育不了的小果也许也是被重金属污染过的呢？早市上自己挑选黄瓜都选择果型好的新鲜的买。

学生4：这就是我们要对蔬菜进行重金属汞、砷、铅分析，检测一下看看是否达到国家标准的目的，保证所吃到的黄瓜不危害大家身体健康就可以。

学生5：那应该怎样才能让蔬菜长得好，重金属汞、砷、铅残留还能达标呢？

学生6：生物农药，有机农药虽然防效慢但是相对安全。同时灌溉水也能引起重金属污染，必须检测水源的重金属含量。

学生7：灌溉水污染问题确实是很棘手的问题。

学生8：生物防治的效果毕竟不是很好啊，菜农的收成会不会受到影响，他们会不会接受呢，不过这倒是值得我们植保人去思考……

教师：同学们提问回答得很好，吃得放心同时外形又很漂亮的蔬菜那就是无公害蔬菜，那么就让我们动手来分析检测一下生活中常见黄瓜中重金属汞、砷、铅残留是否达标，是否符合无公害蔬菜的标准。每5人一个小组，各小组先讨论一下分工，怎样配置母液，采用什么样的仪器来检测，怎样对照指标得出结论。

2. 制订项目计划　以小组为单位制订本组的检测目标、步骤并填写项目计划表（表8-4）。

表 8-4　无公害蔬菜黄瓜中重金属汞、砷、铅残留检测计划表

项目记录指标	内容
样品名称	
检测时间地点	
检测员	
检测目的及原理	1. 为提高蔬菜品质，指导菜农合理、安全地用药 2. 采用原子吸收分光光度法
检测内容	黄瓜中重金属汞、砷、铅含量
检测中遇到的问题及处理方法	
结论	

师生共同探讨出最简单有效的检测步骤：①检测准备包括玻璃器皿的洗涤、仪器预热；②仪器的调试；③试剂药剂标准溶液的配制；④空白对照实验设置；⑤样品实验。各小组在项目结束时填写检测结果表（表 8-5）。

表 8-5　无公害蔬菜黄瓜中重金属汞、砷、铅残留检测检测结果表

编号	重金属	黄瓜抽样地点	检测方法	含量
1				
2				
3				
……				

3．项目实施　确定检测对象并开始实验。

学生分组检测，教师指导，解决学生检测过程中遇到的问题，对不规范、不科学的操作及时提醒改正。

4．检查评估　各小组总结汇报。

组 1：根据国家无公害蔬菜农药残留检测标准，超市购买的无公害蔬菜黄瓜中重金属总汞含量为 0.0006 mg/L＜0.001 mg/L、总砷含量为 0.01 mg/L＜0.05 mg/L、总铅含量为 0.04 mg/L＜0.10 mg/L，为合格产品，据此标准可认定超市采购的黄瓜样品是符合国家无公害蔬菜重金属残留标准的，为安全蔬菜。

组 2：我们检测的样品是早市购买的黄瓜，根据检测结果对照检测标准，黄瓜样品中金属汞、砷、铅含量均在无公害蔬菜重金属含量范围之内，符合国家无公害蔬菜标准，为安全蔬菜。

组 3：实验田里采摘的无公害蔬菜黄瓜中重金属总汞含量为 0.002 mg/L＞0.001 mg/L、总砷含量为 0.09 mg/L＞0.05 mg/L、总铅含量为 0.03 mg/L＜0.10 mg/L，为不合格产品，据此标准可认定实验田里采摘的黄瓜样品是不符合国家无公害蔬菜重金属残留标准的，为不安全蔬菜。

组 4：……

5．归档应用　师生共同总结形成结论。

学生通过自己动手实验，分析出小组所选择的蔬菜黄瓜样品是否属于无公害蔬菜，也了解了国家无公害蔬菜黄瓜重金属汞、砷、铅含量残留检测程序，通过检测我们也知

道只是通过外观观察并不知道蔬菜是否能够安全食用。但是通过实验所需要掌握的知识不光是重金属汞、砷、铅含量残留如何检测，更重要的是对于中等职业院校植物保护的学生来说不光是了解如何防治植物病虫害，关键在于掌握病虫害的特点和生活习性，了解生防制剂。懂得如何指导菜农合理安全使用生防制剂。那么课下同学们去查无公害蔬菜农药残留的其他指标如何检测，在菜农生产无公害蔬菜时还需要注意哪些问题。下周我们再开展项目让同学们发表自己的看法。

（三）"无公害蔬菜黄瓜中汞、砷、铅重金属残留检测"项目应用体会

采用项目教学法学习无公害蔬菜黄瓜重金属汞、砷、铅含量残留检测，让学生有机会自己动手实验，检测自己平时最关心的蔬菜黄瓜样品中重金属含量是否符合农药残留标准，通过检测，每个小组得出结论，引发学生深度思考，使理论教学和实践教学有机地结合，对学生探讨、合作、总结和解决问题的能力都有所锻炼。在此项目教学内容结束后，教师让学生自己查资料了解无公害蔬菜农药残留的其他指标如何检测，在菜农生产无公害蔬菜时还需要注意哪些问题，增加学生对于学习植物保护专业的兴趣。

四、项目教学法案例——乙草胺对植物的药害实验

（一）"乙草胺对植物的药害实验"项目设计说明

农田杂草丛生，严重影响农作物的生长，造成粮食减产、品质下降，为控制和消灭杂草，提高粮食产量，采用化学方法除草，即可收到事半功倍的效果。但除草剂应用的安全性至关重要，农业生产中也经常发生药害问题，出现药害的原因较复杂，除了药剂本身的安全性外，许多都是使用不当引起的，结果给农民造成惨重损失。要避免药害，必须查清发生原因，采取补救措施，使损失减少到最低程度。分析原因主要有三方面：药剂的性质、植物的反应和环境条件。为了确保作物的安全，必须在除草剂应用前进行药害实验。除草剂应用前的药害实验检测是中等职业院校植物保护学生必备的知识和手段，为今后的生产实习、分析除草剂性质、指导农民施用农药奠定基础。本实验选择除草剂乙草胺作为检测对象，主要是因为乙草胺为低毒性除草剂，对人、畜、作物安全，一次施药可控制整个生育期无杂草危害。同时乙草胺是一种选择性除草剂，主要通过杂草的幼芽与幼根吸收，单子叶禾本科杂草是通过芽鞘吸收。当药剂进入杂草体内后，抑制幼芽与幼根的生长，最后萎蔫死亡。乙草胺可用于大豆、马铃薯、十字花科、豆科等多种作物，主要防治马塘、稗草、狗尾草、马齿苋等，对多年生杂草无效。

本项目通过设计项目、制订计划、田间实验、归档总结等步骤完成除草剂乙草胺对植物的药害实验，学生通过前面知识的学习已经掌握了农药剂型及喷施农药的方法，学生需要确定供试的除草剂为乙草胺，根据实验需要选择供试植物苗，最后再根据使用除草剂乙草胺后植物所产生的药害症状和特点作出总结。通过此项目活动可有效培养学生的观察能力、实验中通力合作能力，为学生指导实际生产施用除草剂乙草胺奠定良好的基础。项目结束后学生以实验报告或者实验心得体会形式提交作业。

（二）"乙草胺对植物的药害实验" 项目教案

【教学内容】①熟练掌握除草剂乙草胺配制和施用的方法。②了解田间除草剂乙草胺的除草特点及优势。

【教学目的】①掌握除草剂乙草胺使用的基本方法和原则。②了解除草剂乙草胺药害的形成与哪些因素有关。

【教学重点】掌握除草剂乙草胺使用的基本方法和原则。

【教学方法】采用项目教学法为主，学生观察、探讨、总结为辅的教学方法，学生具体实践与教师跟踪指导相结合，使学生了解造成植物药害的现象的关键因素，掌握施用除草剂时需要注意的事项。

【教具准备】①供试药剂准备：乙草胺。②供试植物：西瓜种子（苗）、草莓种子（苗）、玉米种子（苗）、黄瓜种子（苗）、菠菜种子（苗）。③实验仪器准备：喷雾器、水桶、移液管、吸耳球、量筒、烧杯、天平、玻璃棒、白瓷盘、一次性口罩、手套等。

【教学时间】4 学时。

【教学过程】

1．明确项目　　引入项目，确定目标，做好项目准备工作。

（1）相关知识讲授　　教师进行相关农药施用知识和除草剂药害对生产实际的影响的讲授，学生通过实验进一步掌握除草剂施用的方法和步骤，施药时的注意事项，需要掌控的条件。

（2）学生分组讨论　　学生讨论曾经遇到过的植物发生药害的现象，这一项目着重对除草剂乙草胺的施用对植物产生的药害进行观察、记录，并总结。

（3）教师引导　　教师根据学生的讨论引导学生动手实验来进一步加深对见到现象的印证，加深对课程内容的理解、对知识的掌握，全班分为 5 个小组，各小组先进行一下组内分工，实验材料的选取，以及明确实验要有哪些步骤。

2．制订项目计划　　以小组为单位制订本小组的实验计划（表 8-6）。

表 8-6　乙草胺对植物的药害实验计划表

项目名称	供试药剂浓度	供试植物	拟采用方法	实验时间地点	实验员
乙草胺对植物的药害实验					

每组要求做好项目实施前的各项准备工作，实验中做好观察和记录。

3．项目实施　　确定实验药剂乙草胺的浓度和植物苗和种子，展开实验。

学生分组实验，教师指导，解决学生在调查过程和实验过程中遇到的问题，注意提醒学生做好安全防护工作，对不规范、不科学的施药方法及时纠正。

4．检查评估　　学生根据小组选择的实验对象分两种形式提交实验报告。

第一种形式，见表 8-7。

表8-7 乙草胺对植物的药害实验结果统计表

供试药剂名称、浓度	估计药害级别	芽的生长情况				根的生长情况		
		发芽势/%	发芽率/%	平均芽势/mm	对药剂的反应	根的数量	平均根长	对药剂的反应

第二种形式是心得体会叙述性如汇报总结式。

组1：我们采用的是拌种法乙草胺测定西瓜种子的发芽情况，实验中观察芽和根的生长情况，检查时在各处理随机取10株，测其芽和根的长度求出其平均长度，记录西瓜种子对乙草胺的反应，乙草胺对西瓜苗的药害症状为出苗后真叶干枯、复叶皱缩、生长点和根不生长，逐渐死亡。

组2：我们小组做的是乙草胺对黄瓜苗的药害实验，记录黄瓜苗受害表现为幼苗矮化、畸形，形成葱状叶……

组3：我们采用喷湿法测定玉米苗对选择性乙草胺的耐受性实验，记录为在喷施除草剂乙草胺时，可将白瓷盘面喷湿为止，不可重复施药，否则，玉米苗也会发生药害。由此想到乙草胺是播后苗前除草剂，对防除一年生禾本科杂草有特效，药剂被吸收后在植物体内传导，主要积累到植物的营养器官，抑制营养物质的运输，从而抑制幼芽和根的生长，药害症状主要出现在作物芽期和幼苗期，导致幼芽矮化、畸形、死亡。

组4：我们小组检测乙草胺对菠菜苗的影响，通过观察药害实验检测结果，发现菠菜叶出现萎缩畸形、营养不良叶片发黄畸形等症状，但是植株并没有完全死亡，由此我们又查阅相关资料得知乙草胺是一种选择性芽前除草剂，只有在作物播种后杂草出土前使用，才能发挥出其药效，且用药时间越早越好，而对已出土的基本菠菜苗影响不是很大。

组5：我们小组进行乙草胺对草莓苗药害实验，结论是乙草胺对草莓苗敏感，不宜使用。甚至在邻近地块使用乙草胺时一定要注意防护周围的敏感作物。在喷施过程中我们了解到乙草胺对眼睛和皮肤有刺激作用，使用时应注意，采取必要的防护措施。乙草胺有可燃性，在贮存和使用时要注意远离高温和明火。

5．归档应用 师生共同总结形成结论。

乙草胺对植物的药害实验同学们完成得很好，对理论知识的应用很到位，除草剂的防治对象是与作物很相近的杂草，它不同于杀菌剂和杀虫剂，在生产中对施用技术要求很高，任何作物都不能完全抗除草剂药害，只能忍耐一定剂量的除草剂。通过实验进一步加深了对除草剂乙草胺产生药害的认识，项目中同学们对除草剂乙草胺的安全合理使用增强了感官认识，同时，同学们还根据实验现象主动查阅相关资料得出乙草胺本身的一些性质，知其然而必知其所以然，这是同学们主动学习知识解决实际问题的良好表现，值得表扬。但是毕竟我们的实验条件和实验时间有限，只是对除草剂乙草胺药害实验进行了不完全检测，而且有些作物因主要营养和微量元素过量或缺乏会产生与除草剂相似的受害症状，有的同学甚至分不清楚其症状特点，也不能了解出现这些症状的真正原因，希望大家根据本次项目学到的知识和掌握的操作技巧利用课下时间查找相关资料，以小组形式实际到田间调查,一周后以报告的形式提交如何准确区别除草剂造成的药害症状,以及采取怎样的补救措施使药害损失减少到最低程度。

每个项目教学完成后教师根据学生的表现和提交的报告给出每个项目组学生的学习效果评价表,具体格式见表8-8。

表8-8 项目教学法学习效果评价表

评价项目 (100分)	评价方式	评价标准			
		优	良	中	合格
总体效果25	小组互评＋教师评价	实习报告内容完整,数据记录详细准确,实验中遇到的问题处理得当	实习报告内容完整,数据记录准确,实验中遇到的问题分析有困难,但可以解决	实习报告内容完整,数据记录较准确,实验中遇到的问题不能完全找到并解决	实习报告内容不完整,数据记录不够准确,实验中遇到问题在教师指导下能找到并解决
工具及仪器的使用25	小组互评＋教师评价	采用工具正确,操作时安全意识很强	采用工具正确,操作时有安全意识	采用工具基本正确,操作时安全意识不强	采用工具错误,操作时安全意识不强
操作实施过程40	小组互评＋教师评价	操作过程完整且正确,教师指导少,操作独立性强	操作过程完整且正确,有教师指导,能够独立操作	操作过程完整且基本正确,教师指导较多,操作过程存在问题	操作过程基本正确,教师指导每个过程,操作过程出现较多问题
个人作品说明10	小组互评＋教师评价	内容详尽、叙述过程和环境条件记录详细准确,并能提出一些新的建议,操作过程有创新	内容详尽、叙述过程和环境条件记录准确,能主动说明遇到的问题	内容基本完整、叙述过程和环境条件记录不全面,基本完成任务	内容不完整、叙述过程和环境条件不全面,在教师帮助下基本完成任务

在项目学习过程中,学生不再是被动的学习者,有机会通过自行查找资料,拓展学习内容;有机会自行设计工作方案,生产出个性产品或提供个性服务;有机会自行研究操作方法,探索解决问题的途径。学生完成工作任务的过程是不断改正错误、不断改进方法的过程,也是不断学习理论,不断运用理论的过程。学习不再受传统教学资源的束缚,学习结果也不再以单一的成绩表达,从心理上刺激了学习兴趣,调动了学习的主动性,使"我要学"成为了可能。相对于课堂教学而言,教师对学生的约束、教条少了,学生自主学习的空间大大增加。这对一些自主学习能力不强的学生来说,会是一个痛苦的适应过程。对这一部分学生,教师在设置教学项目时,应区别对待,让他们有一个循序渐进、逐步提高的发展过程。同时,在分组过程中,要注意将他们与自主学习能力强的学生进行合理的"搭配",在操作中要倾注更多的关怀与指导,慢慢培养他们的自信心,提高他们的自主学习能力。

在项目教学中,教师不再是直接将现成的学习资料呈现给学生,或者直接将知识灌输给学生,学生是学习的主体,教师应进行正确的引导和指导,让学生通过项目活动有机地将理论与实践联系起来,在实践中学生不仅自行发现新知识,掌握新内容,而且增强了学习的兴趣和主动性,培养了协作交流能力、自主学习能力及分析问题和解决问题等综合能力。同时,教师在开展项目教学的过程中,开阔了视野,增强了自身的应变能力，提高了专业化水平，师生在共同完成项目的过程中共同取得了进步。

思　考　题

1. 什么是项目教学法？
2. 项目教学法的特征是什么？
3. 项目教学法的实施方案制订时的依据是什么？
4. 中职学生的特点？

第九章　案例教学法

【内容提要】　案例教学法的概念、起源、适用范围、特色、实施步骤。案例教学法的评价。植物保护专业教学实践中的案例。

【学习目标】　通过本章学习，使学生能够掌握案例教学法的重要性及其在中等职业教育教学中的作用，并能够很好地应用于实践教学中。

【学习重点】　案例教学法的特点。案例教学法实施过程中对于案例的要求。

第一节　案例教学法概述

一、案例教学法的概念

案例教学法（case-based teaching）是一种启发式的以教学案例为基础的教学方法，是在任课教师的引导下，在学生具备了相关基本知识的基础上，根据教学内容和教学目的要求，使用典型案例，把学生带入特定的情境中进行案例分析，以学生在课堂内外对真实事件和情境的分析、思辨为重点，通过学生讨论、争辩、相互合作和相互学习，以提升学生应用理论创新性分析和解决实际问题的能力为目标，进一步提高其分析、识别和解决某一具体问题的能力，同时培养正确的理念、作风、沟通能力和团队协作精神。

传统的讲授方式以"知识传递"（transferring information）为目标，以教师为中心（teacher-centered），教师的知识水平与讲课技巧是教学的重要因素，这种教学模式常常忽视学生的主体作用，更多情况下强调"教师讲、学生听，教师问、学生答"，不能很好地调动学生学习的主动性和自觉性。在这样的教学环境下，学生往往难以主动去探索，学生的思维无法得到有效的训练，从而制约了学生的发展，最终致使课堂效果和质量欠佳。

案例教学法与传统的讲授教学不同，它是以"促进参与者主动学习"（facili-tating participant's active learning）为目标，以参与者为中心（participant-centered）。案例本质上是提出一种教育的两难情境，没有特定的解决之道，而教师于教学中扮演着设计者和激励者的角色，鼓励学生积极参与讨论，这与传统的教学方法不同，即教师是一位很有学问的人，扮演着传授知识者角色。

二、案例教学法的起源

案例教学法由美国哈佛大学商学院（Harvard Business School，HBS）于20世纪初期创立，应用于该大学的企业管理教学之中，应用的案例都是来自于商业管理的真实情境或事件，这种方式，有助于培养和发展学生主动参与课堂讨论，实施之后，颇具绩效。哈佛大学的宗旨是"培养能改变这个世界的人"，其教育定位为职业（专业）教育，其重要目标是"为社会培养未来企业领导人"。管理能力不能通过学习理论获得，而是要通过实践经验逐步培养，因此，到如今，在HBS所有课程均采用全案例教学，目的是让学生尽可能逼真地模拟管理工作经历。

直到 20 世纪 80 年代，案例教学法在世界范围内才受到师资培育的重视，被许多国家在诸多教育领域中所接受和采纳。值得一提的是，1986 年，美国卡内基小组（Carnegie Task Force）提出《准备就绪的国家：二十一世纪的教师》（A Nation Prepared: Teachers for the 21st Century）的报告书中，特别推荐案例教学法在师资培育课程的价值，并将其视为一种相当有效的教学模式。

案例教学法于 20 世纪 80 年代引入中国，1990 年后国内教育界开始探究。

案例教学法因其具有启发性、实践性、灵活性和趣味性等特点，越来越多地被应用到学科教学中。

三、案例教学法的范围

案例教学法有一个基本的假设前提，即学生能够通过对这些过程的研究与发现来进行学习，在必要的时候回忆出并应用这些知识与技能。案例教学法非常适合于开发分析、综合及评估能力等高级智力技能，这些技能通常是管理者、医生和其他的专业人员所必需的。为使案例教学更有效，学习环境必须能为受训者提供案例准备及讨论案例分析结果的机会，必须安排受训者面对面地讨论或通过电子通讯设施进行沟通。但是，学习者必须愿意并且能够分析案例，然后进行沟通并坚持自己的立场。这是由于受训者的参与度对案例分析的有效性具有至关重要的影响。

四、案例教学法的特点

（一）学生主体性

传统的教学只告诉学生怎么去做，而且其内容在实践中可能不实用，且非常乏味无趣，在一定程度上损害了学生的积极性和学习效果。但在案例教学中没人会告诉你应该怎么办，而是鼓励学生独立思考、去创造，学生在教师的指导下，参与进来、深入案例、体验案例角色，使得枯燥乏味的教学变得生动活泼。每位学生都要就自己和他人的方案发表见解。通过这种经验的交流，一是可取长补短、促进人际交流能力的提高，二也是起到一种激励的效果。一两次技不如人还情有可原，长期落后者，必有奋发向上、超越他人的内动力，从而积极进取、刻苦学习。这种教学突出实践性，使得学生在校园内就能接触并学习到大量的社会实际问题，实现从理论到实践的转化。

（二）引导学生变注重知识为注重能力

社会各层面都认同知识不等于能力这一观点，知识应该转化为能力。学生在接受高等教育学习期间，一味地学习课本的死知识而忽视实际能力的培养，不仅对自身的发展有着巨大的障碍，将来毕业之后走上社会，对于其工作的单位也是有害的。案例教学正是为此而生，为此而发展的。案例教学，不存在绝对正确的答案，目的在于启发学生独立自主地去思考、探索，注重培养学生独立思考能力，启发学生建立一套分析、解决问题的思维方式。

（三）重视双向交流

传统的教学方法是教师讲、学生听。学生有没有听课及听课的效果如何，要到整个课程结束后集中安排的期末考试时才知道，而且学到的多是书本上面的死知识。

在案例教学中，学生拿到案例后，先要进行阅读消化，然后有的放矢地查阅各种其认为必要的理论知识，以及最新的研究进展，这无形中加深了对知识的理解，这种方式是主动进行的。捕捉这些理论知识后，学生还要经过缜密的思考，提出解决问题的方案，这一步应视为能力上的升华。同时，学生的答案随时要求教师给以引导，这也促使教师加深思考，根据不同学生的不同理解补充新的教学内容，双向的教学形式对教师也提出了更高的要求。在教学过程中存在着教师个体与学生个体、教师个体与学生群体、学生个体与学生个体、学生群体与学生群体交往，也就是师生互动、生生互动，整个教学过程彰显动态性。

（四）明确的目的性

通过一个或几个独特而又具有代表性的典型事件，让学生在案例的阅读、思考、分析、讨论中，建立起一套适合自己的完整而又严密的逻辑思维方法和思考问题的方式，以提高学生分析问题、解决问题的能力，进而提高素质。

（五）客观真实性

案例所描述的事件基本上都是真实的，不加入编写者的评论和分析，案例的真实性决定了案例教学的真实性，学生根据自己所学的知识，得出自己的结论。

（六）较强的综合性

一是案例较之一般的举例内涵丰富，二是案例的分析、解决过程也较为复杂。学生不仅需要具备基本的理论知识，而且应具有审时度势、权衡应变、果断决策之能。案例教学的实施，需要学生综合运用各种知识和灵活的技巧来处理。

五、案例教学法的实施步骤

（一）教师课前的准备

教师在新学期开始前会收到相关教学文件，包括教学任务书、课程表、学生名单，教师可以从授课班级辅导员处得到每位学生的相关资料，课前反复熟悉每个学生的背景，安排学生的课堂座位，还要根据对学生的了解来决定对哪些学生进行提问及被提及的具体问题。任课教师还会精心设计案例讨论方案的每个细节，包括怎样提问、启发、调节课堂气氛等，教师甚至还预先设计好每一节课的黑板板书内容和布局安排，就连上课站在什么位置都经过反复考虑。

尤其是开场白问题，教师都非常花工夫，以期达到"语不惊人死不休"的效果，从一开始就调动学生参与讨论的积极性。许多课堂上看似随机和偶然的提问其实都是教师事先精心的安排。学院、系部组织教师采取集中备课的方式，共同开发课程和案例，共同制订和讨论"教学手册"（teaching note），确定课程内容，进行教学方法研究，并遵循一样的教学进度。其中的"教学手册"通常包括学习目标、分析题目、理论和证明、上课流程、上课时间计划（精确到分钟）、作业问题、开场的问题、讨论预期、总结归纳等部分。每次案例课前，案例教学小组都要召开一次 0.5～1h 的小型授课讨论会。

（二）学生课前准备工作

教师应在小组讨论前 1～2 周讲授相关的植物保护理论知识，并给学生布置案例分析任务，将具体要求告知各个成员，给学生留有充足的准备、分析时间；确定学习组长，由学习组长对组内学生进行具体任务分配，充分调动组内各成员的积极性、主动性。在此过程中，小组成员通过教材、期刊、参考书、网络资源等多种途径来搜集必要的信息并积极地思索，对案例内容进行充分的理解及认真的分析和思考，初步形成关于案例中的问题的原因分析和解决方案。教师可以在这个阶段给学生列出一些思考题，让学生有针对性地开展准备工作。注意这个步骤应该是必不可少而且非常重要的，这个阶段，如果学生准备工作没有作充分的话，会影响到整个课程学习的效果。

例如，在农业昆虫学课程中，讲授"害虫防治原理与方法"这一部分内容时，教师要提前向学生布置任务，留出学生课下查阅资料、阅读文献的准备时间，要求学生结合当前农业生产实践，列举出一种农业害虫的防治方法。大家在讨论如何防治棉铃虫的方法过程中，进一步探明如何综合利用所列举的方法更好地防治棉铃虫，这样就引出了害虫综合治理这一概念。在这样的综合分析过程中，学生既充分掌握了害虫防治方法，又了解了害虫综合治理在防治农业害虫方面的重要性，取得了较好的学习效果。

学生在上课前要求记住案例中的关键名词，回答案例设计的问题，设身处地地把自己当成案例中的主角——决策者，从案例情境出发，提出问题，并发展出多个备选方案；明确自己想要达成的目标是什么，对各个备选方案的利弊得失进行分析并作出最终的决策；思考如何论述自己的观点，为自己的对策辩护准备素材。此外，学生还要在上课前参与学习小组讨论，以此来对自己的论点进行测试，分享各自的学习心得，修正自己的观点，或对别人的观点进行补充，但小组讨论没有必要形成一个小组共识。作为小组讨论中所指定的小组召集人不必是最熟悉案例者，他（她）负责准时开会，控制讨论时间，将讨论话题聚焦在相关议题上，还要鼓励所有成员表达观点。

（三）小组讨论准备

教师根据学生的性别、学习基础、成绩等划分案例讨论学习小组，通常每组 7～8 个学生，因为小组人数有限，课前缺乏准备的学生只能做"哑巴"。教师小组成员要多样化，这样他们在准备和讨论时，表达不同意见的机会就多些，学生对案例的理解也就更深刻。各个学习小组的讨论地点应该彼此分开，小组应以自己认为有效的方式组织活动，教师不应该进行干涉。

（四）课堂上小组集中讨论

各个小组派出自己的代表，发表本小组对于案例的分析和处理意见。发言时间一般应该控制在 30 min 以内，发言完毕之后发言人要接受其他小组成员的问询并作出解释，此时本小组的其他成员可以代替发言人回答问题。小组集中讨论的这一过程为学生发挥的过程，此时教师充当的是组织者和主持人的角色，此时的发言和讨论是用来扩展和深化学生对案例的理解程度的。然后教师可以提出几个意见比较集中的问题和处理方式，组织各个小组对这些问题和处理方式进行重点讨论。这样做就将学生的注意力引导到方案的合理解决上来了。

学生的成绩与其课堂发言直接相关，因为学生的成绩是教师根据学生在课堂上对案例的破解能力和速度、毅力，案例辩论技巧，发言次数，提纯原理能力，以及案例综合分析过程等因素来确定的。其中，对学生的课堂发言打分分为四等，占该门课程期末总评成绩的 25%～50%，任何人如果事先不认真阅读案例，不进行分析和思考，在课堂上就会"露馅"，想蒙混过关是不可能的。这也是学生必须参与管理案例教学活动的动因。

学生的成绩与课堂参与直接相关，课堂成为学生表现自我的战场。参与度不是靠教师的印象而是有录像为证，如果学生不抢着发言，也许就始终没有发言的机会，自然就没有成绩。而且学生必须充满自信地发言，言简意赅地表达自己独到的见解，甚至要反驳教师的观点，才会得到好的成绩。

要使案例教学法取得理想效果，教师不仅要全身心投入教学，而且会最大限度地激发每个学生积极参与课堂讨论。此时，教师已不是传统意义上的知识传授者，更多的是课堂讨论的组织者、启发者和推动者。可以将案例课堂看作一个表演舞台，每一节课如同一场电影，教师是激情飞扬的导演，非常清楚整个现场状况，掌握着学生背景，要在单位时间内完成教学任务，还要让尽量多的同学发言，而学生则是演员，各自发挥自身的本领。为了取得最佳教学效果和近距离提问、启发每个学生，教师投注全部的热情来授课，他们经常是穿梭在黑板和学生之间，满教室奔跑，以致一节课下来汗流浃背，这种热情也感染了每一个学生，形成了很好的教学互动。参与案例教学的除了教师和学生以外，还有专门在实验室、图书馆、资料室工作的教学辅助人员，他们为案例教学提供了完善的后勤保障。

所以，在课堂上教师会将学生的见解写在黑板上，发言的学生自然认为是一种贡献，也自然有兴趣看看别人的反应或是后续的发展，这种参与感让学生获得成就感，因此也促成了学生更积极地参与案例讨。此外，为了使学生尽可能参与讨论，教师会采用随机点名的方法，即教师会专找不爱发言的同学冷不防地点名："某某同学，请你讲解一下今天的案例。"如果没有认真准备，结果可想而知。所以学生在头一天都会努力苦读案例，以免在被点名时无话可说。

（五）案例讨论与总结阶段

在案例讨论过程中，任课教师只对讨论作适当的引导，不再是讲台上的"演员"，而是作为幕后"导演"来把握整个讨论过程的方向。案例讨论阶段要以学生为主，使学生置身于一种亲验型的学习环境中，让学生作为学习的主人，对案例进行全面而细致的分析和讨论。学生之间、师生之间可以相互启发、争论及提出问题、分析问题，最终解决问题，将整个讨论过程由以"教师为主"转换为以"学生为主"的模式。如在进行"害虫防治原理和方法"案例分析时，教师引导大家围绕如何进行害虫防治、列举出害虫防治的方法、每一种方法的特点等方面，进行全面的、多角度的讨论，引导学生分析比较防治害虫各种方法的优缺点，使得学生认识到对于害虫防治并不是说一种方法就能够很好地解决生产实践中的问题，而是应该多种方法结合在一起，形成综合治理，并对学过的内容进行了复习和巩固。

在小组和小组集中讨论完成之后，教师或组长要对整个案例教学过程进行总结，将整个案例内容进行简短而条理清楚的梳理。同时要肯定成绩，提出不足，鼓励学生在接下来的学习和案例讨论中争取获得更大的收获。同时应该留出一定的时间让学生自己进行思考和总结。这种总结可以是总结规律和经验，也可以是获取这种知识和经验的方式。教师还可让学生以书面的形式作出总结，这样学生的体会可能更深，对案例及案例所反映出来的各种问题有一个更加深刻的认识。

（六）学生的课后任务

学生在课后需要整合和思考案例讨论中各方的观点，总结自己的收获，撰写分析报告，并尝试归纳出一套整合性的概念架构，将其整合到个人的思维框架和管理方法中，以便日后有能力应用在其实践活动中以解决实际问题。此外，每次案例课后，教师还会开出一个课后科技论文和书籍阅读指导，学生可从中找到分析此案例的理论支持和必要知识。

六、案例设计的要求

选择适合的案例素材是案例教学法的基础及关键。应选择具有实践代表性并与植物保护理论知识密切相关的案例，而且所选案例最好能结合教学大纲中的重点与难点内容。要把握好所选案例的难易程度，案例过易则没有进一步深入探究的价值，不能激发学生的学习热情；案例过难会使学生无法掌控案例中涉及的知识点及相关内容，不能对案例进行有效的分析、讨论及解决，导致小组成员学习积极性受挫。此外，案例应来源于农业生产实践中的易发病虫害，这样的案例形象生动，具有启发性及讨论性，使学生能够认识到植物保护基础理论与农业生产实践之间的内在联系，从而激发学生的学习兴趣。在确定选题后，教师应广泛查阅资料，熟悉案例及相关的内容，设计及编写教案，对案例进行整理和加工。在此基础上，教学小组进一步对案例的适用性、可行性、完整性等方面进行研讨论证，最终形成较为完善及成熟的案例，从而引导和掌控整个案例教学的过程。

此外案例的选择与设计应该注意以下几个方面。

1. 真实可信　案例是为教学目标服务的，因此它应该具有典型性，且应该与所对应的理论知识有直接的联系。但它一定是经过深入调查研究、来源于实践的，决不可由教师主观臆测，虚构而作。为此，教师一定要充分调查，深入实践，采集真实案例。

2. 客观生动　真实固然是前提，但案例不能是一堆事例、数据的罗列。教师要摆脱乏味教科书的编写方式，尽可能采用场景描写、情节叙述，甚至可以加些议论，边议边叙，作用是加重气氛，提示细节。但这些议论不可暴露案例编写者的意图，更不能由议论而产生导引结论的效果。案例可随带附件，如针对某一病害的当前主要农药的说明书。当然这里所说的生动，是在客观真实基础上的，旨在引发学生兴趣的描写，应更多地体现在形象和细节的具体描写上。这与文学上的生动并非一回事，生动与具体要服从于教学的目的，舍此即为喧宾夺主了。

3. 案例的多样化　案例应该只有情况没有结果，有激烈的矛盾冲突，没有处理办法和结论。后面未完成的部分，应该由学生去决策、去处理，而且不同的办法会产生不同的结果。假设一眼便可望穿，或只有一好一坏两种结局，这样的案例就不会引起争论，学生会失去兴趣。从这个意义上讲，案例的结果越复杂，越多样性，越有价值。

4．相关性　　注意所选案例要紧扣教学内容，案例分析的目的是使学生加深对所学理论知识的理解和运用理论知识解决实际问题的能力，因此，所选案例必须是针对课程内容的。

5．典型性　　即案例内容具有一定的代表性和普遍性，具有举一反三、触类旁通的作用，而不是实践中根本不会发生的案例，且典型的案例往往涉及的关系比较全面，涵盖的专业知识点较多，有助于学生从各个方面对所学植物保护理论加以验证，从中得出正确结论。

七、案例教学法的评价

对于任何一种教育方法而言，都有着本身独特的优点，同时也有相对的局限性。

（一）案例教学法的优点

1．能够实现教学相长　　教学中，教师不仅是教师而且也是学生。案例教学可以发展教师的创新精神和实际解决问题的能力和品质。一方面，教师是整个教学的主导者，掌握着教学进程，引导学生思考、组织讨论研究，进行总结、归纳。另一方面，在教学中通过共同研讨，不但可以发现自己的弱点，而且从学生那里可以了解到大量感性材料，同时通过案例教学得到的知识是内化了的知识，可以在很大程度上整合教育教学中那些"不确定性"的知识。案例的运用也可以促使学生很好地掌握理论。

2．能够调动学生学习主动性　　教学中，由于不断变换教学形式，学生大脑兴奋不断转移，注意力能够得到及时调节，有利于学生精神始终维持最佳状态。

3．生动具体、直观易学　　案例教学的最大特点是它的真实性。由于教学内容是具体的实例，加之采用的是形象、直观、生动的形式，给人以身临其境之感，易于学习和理解，大大缩短了教学情境与实际生活情境的差距。

4．能够集思广益　　教师在课堂上不是"独唱"，而是和学生一起讨论思考，可以帮助教师理解教学中所出现的两难问题，掌握对教学进行分析和反思的方式。由于调动集体的智慧和力量，容易开阔思路，收到良好的效果。

（二）案例教学法的缺点

1）案例的来源往往不能满足课程的需要。研究和编制一个好的案例，至少需要两三个月的时间。同时，编写一个有效的案例需要有技能和经验。因此，案例可能不适合现实情况的需要。这是阻碍案例教学法推广和普及的一个主要原因。

2）案例法需要较多的培训时间，对教师和学生的要求也比较高。

八、案例教学法的具体教学实践

中等职业教育中，植物保护课程在以往教学上大多采用"填鸭式"理论教学的方法，即任课教师课前备课，课堂上通过单一讲述的方式把教材上的理论知识传授给学生，过程比较枯燥乏味。而采用案例教学法的却很少，通过案例教学的实证研究，进一步分析发现，在这个问题上，选择案例教学比选择传统课堂教授法对教学效果的满意度更高。

案例教学法的案例要求必须真实、有代表性、启发性，具体教学过程也应该是一个动态跟进、开放深入的过程。目的是提高植物保护专业学生主动学习的兴趣，加强学生对植物保护理论基础理性认知程度。好的案例选择也更应遵循一定原则，主要包括：代表性原则、针对性原则、完整性原则、问题性原则、启发性原则和客观性原则等。

在植物保护教学过程中，案例的选择不等同于随便举例子，而更应该是一个可进一步研究探讨的动态的、开放的过程。因为学生并不一定能把握住案例中所包含的所有理论知识，教师应引导其主动参与教学过程，可以采用启发式向学生进行提问，采用开放性问题对所选取的案例进行设置问题、提出问题、解决问题，再提出问题、再解决问题，一环紧扣一环，以便学生更好地将理论知识与田间病虫害防治实践经验结合起来，进而使学生更主动地、更富有个性地掌握植物保护专业理论知识，完成教学任务。

通过问卷调查，案例教学法促进了植物保护理论知识的掌握，增强了学生分析和解决田间病虫害防治实际问题的能力，激发学生主动学习的积极性。同时，师生间通过广泛交流，学生对案例教学法也提出了一些感受和建设性意见。

首先，案例教学法运用于植物保护专业学生学习是有必要的，可以推广；其次，案例教学法分组讨论和个人作业的方式，能提高学生学习的效率和积极性；最后，案例的选择必须针对性强，合理安排教学进度，安排好讨论的时间，讨论确保充分。

案例教学法实施的重点是案例教学中学生的主动讨论及分享过程，学生愿意接受植物保护案例教学法；采取案例教学法能有效地拉近植物保护相关理论知识和教学实践之间的距离，有益于加深学生对基础理论知识的掌握；案例教学法是一种与学生学习相适应的教学方法。教师应利用有限的教学时间进行高效的教学互动，使教师在教学过程中零碎的教学经验和教学智慧得以归纳和升华，进而提高学生分析问题和解决问题的能力。

（一）建立以案例教学法为主的教学模式

依据植物保护专业教学内容及教学目的，植物保护相关专业课程教学方法包括传统的课堂讲授和案例教学两种。对于基本概念、基本理论与方法的介绍，采取传统的课堂讲授方法进行教学。教师在讲述过程中，适当采用案例举例法对所讲述的基本理论进行阐述，使学生能更好理解所讲述的内容。对于植物保护基本的概念、基本理论的进一步理解及在作物和蔬菜等方面的具体应用和学科的发展动态则是通过案例教学法进行。

案例教学是学生参与度很高的教学形式，需要学生去思考、研讨、判断和决策。其时间的设置与学生掌握知识的广度和深度密切相关。在植物保护专业农业植物病理学的教学过程中，由于在此之前已经开设了普通植物病理学的课程，学生有一定的专业知识和分析问题的能力。因此，案例教学所占学时数的比例较大，占农业植物病理学总学时的 2/3，在教学安排上，第 1 次课，就要向学生介绍整个课程的教学计划，要求学生根据自己的兴趣去广泛地收集资料、整理案例、制作多媒体课件，在基础理论课程讲完之后即进行以学生为主体的案例教学，主要由学生讨论和自由发言，再由教师就案例涉及的理论知识、技术方法、应用状况、多媒体制作等进行点评，建立了以案例教学法为主的课程教学方法。

（二）案例库的搜集与建立

案例教学法是一种以案例作为教学媒介，结合教学主题，提出案例中各种待解决的问题，通过师生讨论互动，培养学习者解决实际问题能力的教学方法，因而精心选择合适的案例是实施案例教学的基础和前提条件，它决定着实施效果的优劣。张家军和靳玉乐认为案例应具有真实性、完整性、典型性、启发性和时空性五大特点；李淑敏认为教学案例应具有代表性、针对性和典型性；赵牧秋和张燕等则认为案例必须具有"五性"，即具有育人角度的"教育性"、时空角度的"新颖性"、学习上的"趣味性"、教学目标的"针对性"及深度和广度的"综合性"，并做到"例"、"理"结合，寓"理"于"例"。为了达到上述要求，可采取基础理论课的案例收集以教师为主、课堂讨论案例的收集以学生为主的模式。对学生收集案例，可采取如下步骤。

1. 选择案例　在第 1 次上课时就把本学期课程安排及收集案例的任务布置给学生，除案例的一般要求外，还提出案例选择的要求，以农业植物病理学为例，在案例的选择上，要求结合本省农业生产实践，结合病害流行现状。

2. 收集和确定案例主题　大约 2 周后，学生已初步拟订好案例的题目，教师将这些题目收集起来，进行核实，看所选案例是否能达到教学要求，如已达到，就将其所选的主题确定下来，如达不到要求，让学生重新选择，如此多次反复，最终确定案例。这样，形成了来源广泛、形式多样、又能与学生的专业结合并反映学科发展前言的动态的案例库收集模式。

（三）案例教学形式多样化

案例教学法是一种以案例为基础、以能力培养为核心的教学方法。只有不断提高学生的基本理论水平，鼓励学生积极参与，才能达到提高学生分析问题和解决问题的能力的目的。

因而，案例教学的原则在教学内容上是知识—案例—知识的循环模式。在教学的组织上是实践—教学—实践的循环模式。尽管案例教学中，学生是案例教学的主体，但教师是案例教学过程中的组织者、指导者，学生自主建构意义的帮助者和促进者，其所采取的教学形式对启发、引导学生自主学习，培养学生能力有极大的影响。因此，具体采用以下案例形式。

1. 案例阅读法　在每讲完植物保护专业课程某一部分的基本知识或理论后，要求学生充分利用互联网、学校图书馆购买的中国知网（http://www.cnki.net）相关网络资源，以教材、参考书的相关章节或已发表的相关期刊论文作为案例，给学生 1～2 周的时间进行阅读，然后在课堂上利用 20～30 min 的时间让部分学生对所阅读的案例进行分析，其他学生参与讨论，以加深学生对课程基本理论和知识的理解。

2. 案例分析法　这种案例教学的方法也是在基础知识和基本理论教学中使用。一般由任课教师结合所讲授的理论与知识对所选择的案例进行分析讲解，给学生直观的印象，便于对知识的理解。

3. 课堂讨论法　这是应用最多、最广泛的案例教学法，一般放在基础理论课程讲完之后集中进行，要求学生以课程初期确定好的案例主题进行准备，制作成幻灯片、视频或 Flash，在进行课堂讨论时讲解展示给同学。对于案例讲解，要求每个学生讲解时间为 8～10 min，讨论和点评时间为 10～15 min，受课时数及学生人数的影响，可以采取灵活的案例讲解分组方式，在授课班级人数低于 30 人时，就不对学生进行分组，每个学生都要进行案例讲解；班级人数在 30～50 人时，2 人一组；而班级人数大于 50 人时，3～4 人一组，每组选 1 人进行案例讲解。

学生讲述完后由学生进行讨论，最后由教师采取综合、比较等方法对学生的分析方案和集体讨论的内容进行评论，包括案例涉及的理论知识与实际应用状况及动态、案例陈述的思路、分析问题的方法、多媒体制作和讨论情况的评论，以增加学生对学科基本理论的理解深度和广度，提高学生应用知识的能力。

（四）提高案例教学效率的机制

1. 改变学生学习行为，强调学生的主体作用 在利用案例法教学过程中，教师扮演着设计者、组织者和激励者的角色，学生则是主要的参与者，学生的学习行为对案例教学效果的好坏有着直接的影响。因而，案例基础材料的收集、案例制作、讲解等整个过程由学生进行，同时，要求学生积极思考，认真剖析案例，努力将理论知识与案例相结合。这样使学生的学习行为由被动变主动，努力培养学生的辩证思维能力和分析问题及解决问题的能力。让学生在掌握已知的同时，积极思考探索未知，并提出一些补充问题或挑战性问题。

2. 建立科学的成绩考核制度，提高学生参与的积极性 为提高学生参与案例教学的积极性和主动性，改变了植物保护专业课程的考核方法，与其他主干课程相同，要求设闭卷考试，考试成绩由平时成绩与期末试卷成绩加权获得，在权重方面，适当提高平时成绩的比重，平时成绩占 50%，期末试卷成绩占 50%。其中平时成绩由出勤率、文献阅读与翻译、课堂讨论 3 部分组成，所占比例分别为 10%、60% 和 30%，其中的课堂讨论主要是针对案例教学法而设计的，由案例的选题、多媒体课件制作、演讲者的思路、各位学生参与问题讨论的积极程度等组成。这样，不仅可以强制部分不愿参与案例教学的学生参与到案例教学中来，还可鼓励学生积极思考，激发学生的创新性和学术思维，达到提高学生发现问题、分析问题和解决问题能力的目的。

3. 建立激励机制，提高学生参与案例分析的积极性 学生是案例教学的主要参与者，提高学生参与案例教学的积极性也对案例教学效果有很大的影响。因而，在案例教学过程中，努力贯彻"百家争鸣、百花齐放"的方针，让尽可能多的学生能发表意见。同时，采取"少批评、多鼓励"的方法，对学生观点进行归纳、综合和引申，努力做到去伪存真，明确学生各种分析的不同视角和方法的独特性及在应用其解决现实问题的适用边界，以帮助学生提高分析和判断能力，并将讨论引向纵深。同时，积极捕捉学生的"闪光点"，采用口头表扬、提高成绩等方式激励学生收集好的案例，积极参与案例讨论与总结等过程。

4. 及时进行评价总结，提高学生掌握知识的准确性 案例讲评是案例教学的最后一个环节，具有巩固学生所学知识，升华教学效果的作用。在每个学生（或小组）进行案例讲述后，教师及时对案例所涉及的学科基本知识和理论、应用状况与前景进行横向和纵向拓展，从多角度、多层面联系案例，使学生深入灵活地掌握所学理论，深化课堂教学内容，并获得分析问题解决问题的方法，提高学生掌握知识的准确性。

为了更好地实现农业植物病理学课程的定位，对传统的教学模式进行深入探讨，找出僵化症结，尝试将案例教学"活水"引入传统农业植物病理学课程，结合本课程定位及专业特点，建立了通过查阅相关科技文献、著作，拓展学生视野、培养学生解决田间病害辨别能力，同时能够做到防控结合，训练学生应对田间病害暴发的专业素质能力的新教学体系。同时，就关于如何结合案例教学突现学生主体地位，营造出学生自主探究的自由度和教学环境，提出相应见解，期望改革后的课程能更高效地培养出可以立足于实践工作的植物保护人才。

案例教学法要求教师彻底摆脱传统教学"以教师为主体"的理念，既要退居幕后，又要掌握全局。要想取得良好的教学效果，教师要筛选案例，精心策划。案例的设计与准备是教学成败的关键，教研室可成立相应的教学研究小组，小组成员应包括不同层次的教师，如有必要，还可邀请农药企业管理人员共同讨论。大家集思广益，反复斟酌，从案例的选择、问题的设计等多方面进行完善与优化。在向学生布置完案例分析任务后，教师应与小组长及成员多交流、多沟通，既要发挥学生的积极性和主动性，又要在成员遇到困难时及时提出建议，鼓励参加案例讨论的小组成员克服困难，完成案例分析任务。

九、案例教学法应注意的问题

1）充分发挥教师的"导演"作用。在案例教学过程中，教师与学生之间不是简单的知识"单向"传递，而是师生之间思想、心得、智慧的"双向"交流，教师与学生都承担了更多的教与学的责任。

2）加强案例教学过程中的有效沟通。教师必须适时地鼓励学生发言和向学生提出问题，适当引导学生分析和讨论发言，使讨论实现自由舒畅的观点交流与思想交锋，营造一个宽松的氛围，让所有参与者都可以自由发表自己的分析、辩解和解决问题的方案。

3）案例讨论中尽量摒弃主观臆想的成分，教师要掌握会场，引导讨论方向，要十分注意培养能力，不要走过场，摆花架子。

4）案例教学耗时较多，因而案例选择要精当，开始组织案例教学时要适度。案例教学一定要在理论学习的基础上进行，才能收到预期的效果。

第二节　案例教学法的应用

一、案例教学法案例——棉花主要害虫棉铃虫的防治技术

（一）"棉花主要害虫棉铃虫的防治技术"案例设计说明

棉铃虫是棉花蕾铃期重要钻蛀性害虫，主要蛀食蕾、花、铃，也取食嫩叶，广泛分布在中国及世界各地，黄河流域棉区、长江流域棉区受害较重。棉产区之外地域的学生多数在生活实际中缺少对于棉铃虫危害的认识，缺乏最基本的感性认识基础，因此，要从棉铃虫的危害入手，充分利用生产实际中棉铃虫防治的方法实例，从中熟悉理解掌握。采用案例教学法教学的关键在于合适案例的编写，通过互联网和中国知网的查阅，确定

案例，给学生以充分的想象空间。

（二）"棉花主要害虫棉铃虫的防治技术"案例教案

【教学内容】①棉铃虫的形态特征。②棉铃虫的的生活习性。③棉铃虫的综合防治。

【教学目标】①熟悉棉铃虫的形态特征。②如何利用棉铃虫的生活习性来防治棉铃虫。③总结归纳棉铃虫的综合防治方法。

【教学重点】棉铃虫的综合防治。

【教学方法】案例教学法。

【教学准备】学生课下查阅资料，棉产区同学利用节假日走访农民访谈。

【教学时间】1课时。

【教学过程】

提前布置学生查阅资料，提出问题，激发兴趣。

教师案例展示：棉铃虫危害的历史，发病规律，防治途径。

学生阅读资料，观看幻灯片的同时思考在当前环境下，如何综合防治。

评价：对学生查阅资料的评价，引起学生对于课程的浓厚的兴趣。

查阅到的信息如下。

1. 棉铃虫有几条命（江华，2015）　　1992年，一场史无前例的棉铃虫灾害以迅雷不及掩耳之势吞噬着中国大部分棉田，给国家棉花产业带来灭顶之灾。3年间，全国棉花种植面积从1亿亩锐减到6000万亩，经济损失超过400亿元。"棉铃虫暴发那年，棉场里很难看到一棵完整的植株。棉铃虫危害到什么程度？"有过当年惨痛经历的人说，"棉铃虫除了地上的电线杆不吃，天上飞的飞机不吃，什么都吃！"

由于棉铃虫自身抗药能力的增强，加上棉农防治中的失误，造成棉铃虫的防治难度增加，传统的化学农药已经很难满足棉铃虫防治需求。举个例子，有人把棉铃虫放在农药里，棉铃虫居然在药液中游来游去，不死！把棉铃虫拿去喂鸡，结果鸡死了。你说，这棉铃虫到底有几条命？

后来，经过种种努力，科学家找到了对付棉铃虫的主要手段——研发转基因抗虫棉。但是，人们还是希望找到一种能杀死棉铃虫的物质，给棉花种植者提供双重保险。开发一种防治棉铃虫的生物农药刻不容缓，很多科学家就开始在自然界寻找合适的动物源或植物源提取物。

经过多年的不懈努力和刻苦钻研，中科院武汉病毒所专家巧妙地将非洲毒蝎子身上的毒素提取出来，利用基因重组技术，制成了一种生物农药——"重组抗棉铃虫病毒"，可使棉铃虫的死亡时间缩短至2天以内。据中科院武汉病毒所生物防治研究室研究员孙修炼介绍，"重组抗棉铃虫病毒"属于转基因病毒。早在这种转基因病毒诞生前，他就曾研制出一种相当于初级的转基因抗棉铃虫病毒，但使用了该病毒后，棉铃虫的死亡时间较长，约需3~5天，其间棉铃虫仍会对棉花产生一定危害。2004年，孙修炼将非洲毒蝎子身上特有的毒素——蝎毒的基因提取后，重组到抗棉铃虫病毒中，研制出了超强生物农药——"重组抗棉铃虫病毒"。这种重组后的转基因病毒喷到棉铃虫身上后，虫子就像被麻醉了一样，立即从棉树上跌落，不出2天就会死亡。

在研制出这一生物农药后，专家又花了4年时间去一步步检验，结果证实"重组抗棉铃虫病毒"对于棉铃虫的天敌、环境及水体等均是安全的，同时还研究出了一套针对转基因病毒的安全性评估技术指南。日前，这项研究获得了国家环保局环境保护科学技术一等奖。

由此可以看出，生命力再顽强的病虫害，都有其致命的对手，只要大家付出更多的努力，相信会有更多的生物农药出现在病虫害防治第一线。

2. 棉区三代棉铃虫总体将偏重到大发生（赵红梅，2014）　　本报讯（记者赵红梅）从省农业厅获悉，据各地二代棉铃虫残虫基数调查，结合生态条件和气象预报综合分析，预测主棉区三代棉铃虫总体将偏重到大发生，其中衡水、沧州等个别地块将大发生，其他作物田虫量将偏高。二代成虫盛期为 7 月 18～30 日，比历年早 2～5 天。

植保部门监测发现，全省棉田二代残虫平均为 0.938 头/百株，高于 2013 年的 0.827 头/百株，大多数地区低于历年残虫量。玉米田、花生田、番茄田等其他作物田二代棉铃虫发生普遍虫量较高。7 月份降水量整体偏少，利于棉铃虫的羽化。8 月预计东南部降水略偏多，气温正常略偏高，将利于卵的孵化和幼虫的存活。

专家建议，各地要加强棉花中后期病虫害的监测和预防。棉铃虫防治可用高效氯氟氰菊酯或高效氯氰菊酯与辛硫磷混合 800 倍液喷雾，同时加入吡虫啉、阿维哒等均匀喷雾，可兼治棉蚜、红蜘蛛等。

3. 河北省第五代棉铃虫大发生及原因分析（张维生等，1995）　　1994 年，棉铃虫在河北省大发生，虫情前轻后重，逐代加重，特别是第五代棉铃虫大发生，其发生数量之大，危害范围之广，历年罕见。

发生特点如下。

（1）发生范围广，危害作物多　　据统计，全省第五代棉铃虫发生面积 244.19 万 hm^2，其中棉田 35.52 万 hm^2，玉米、谷子、花生、蔬菜等作物 208.67 万 hm^2。发生区域主要是黑龙港棉区，包括邯郸、邢台、石家庄、保定、沧州、衡水等地市。除危害棉花外，玉米田一般百株有虫 30～50 头，高者达 90 头以上；花生百穴 10～20 头；谷子每平方米 5～18 头；番茄田百株有虫 15～20 头，豆子等作物发生危害也相当严重。

（2）发生期早，持续时间长　　四代棉铃虫成虫为 9 月 6 日始见，比历年约提前 15 天。成虫持续至 10 月 5 日止，历时 30 天。

（3）蛾量大，峰日多　　五代棉铃虫一盏黑光灯全代累计诱蛾为 1344～3273 头，最高达 7870 头。其中邯郸市一盏高压汞灯日诱蛾平均 1860 头，最高 27 700 头，曲周县蛾峰日诱蛾 2153 头，全代出现多次蛾峰，主要峰日为 9 月 8～11 日、9 月 13～15 日、9 月 20～22 日。

（4）卵、幼虫量高　　据黑龙港棉区 6 个地市系统调查，从 9 月 7 日始见卵，截至 10 月 1 日，全代平均百株棉花累计卵量 10 929 粒，最高为 3815 粒，百株平均有虫为 18.9 头，最高达 88 头。

4. 四代棉铃虫总体将中等发生（刘莉，2015）　　据全省三代棉铃虫残虫基数调查，结合气象预报和作物长势、历史资料等综合分析，预计我省四代棉铃虫总体将中等发生，其中棉田偏轻发生，在部分玉米、花生、蔬菜田等将偏重发生。发生期比常年偏早 2～3 天，三代成虫盛期为 8 月 21 日至 9 月 3 日，四代卵盛期为 8 月 24 日至 9 月 6 日，高峰期为 8 月底。预报依据如下。

（1）三代残虫量基数低　　据全省各地区残虫数量调查，三代残虫棉田平均为0.959头/百株，低于上年和常年残虫量。其他作物田分别为玉米3.10头/百株，花生2.959头/百穴，大豆2.09头/百撮，蔬菜3.04头/百株，残虫量高于上年。

（2）三代幼虫龄期发育略早于常年,晚于上年　　据各区域站8月6～9日残虫调查,以4～6龄为主，占51.92%，发育进度略早于常年，晚于上年。

（3）棉花长势不利于发生　　据调查，晚发迟衰棉田比率平均为10.78%,比率偏低，不利于棉铃虫产卵危害，但部分玉米、蔬菜等作物田将是危害重点。

（4）气象条件利于棉铃虫发生　　据省气候中心预报，8月份我省东部、南部地区降水量接近常年，其他地区偏少二至三成，中南部气温略高于常年，气象条件总体利于棉铃虫发生。

5. 棉铃虫发生与综合防治技术（节选）（徐卫兵，2014）　　棉铃虫防治原则：严防越冬代幼虫，压低虫口基数；狠防二代幼虫，减轻棉田压力；死守三代幼虫，减少产量损失。

（1）秋翻冬灌灭蛹　　棉铃虫以蛹在土壤中越冬，采取秋翻冬灌措施可松动土壤，打乱土层，破坏蛹室，大幅度降低越冬蛹存活率，降低虫口基数。

（2）种植抗虫品种　　抗虫棉具有明显抗虫性，田间基本上查不到棉铃虫卵和虫，故不需防治。豫杂交棉和冀杂交棉有明显的抗虫特性。

（3）调整作物种植结构　　棉铃虫食性杂，寄主广，适应性强，且我区多年大面积、单一的膜下滴灌植棉栽培模式为棉铃虫的发生和危害提供了丰富的食料和生育场所。

生产实际证明，应用轮作和间套作的作物布局，可以恶化棉铃虫生存环境和食源条件，延缓和破坏其世代发育，从而减轻棉花受害和损失程度。

（4）种植诱集带　　在棉田四周种植玉米、高粱、苘麻等诱集带，引诱棉铃虫雌成蛾在其上产卵，便于卵孵化高峰期进行统防封杀，进而消灭虫源。

（5）利用棉铃虫趋性诱杀　　开展杨枝把、性诱剂、高压杀虫灯等物理诱杀工作。

（6）趋避棉铃虫产卵　　在田间喷洒磷酸二氢钾溶液，趋避棉铃虫产卵于田间。

6. 棉铃虫成因及综合防治（节选）（王秀娟，2013）　　棉铃虫的综合防治技术：从农田生态系统出发，以农业防治为基础，利用天敌的自然生态调控为中心，采取诱杀防治、化学防治和辅以人工捉虫挖蛹的措施，以及压低越冬基数、狠治一代保顶尖、严控二代保蕾花、主治三代保成铃、扫残四代减基数的策略。提高防效，降低成本，协调好棉铃虫与棉蚜及其他害虫防治关系，逐年、逐代压低棉铃虫种群数量，将其危害控制在经济允许水平之下。

（1）农业措施　　秋耕冬灌及破除田埂，压低越冬虫口基数；铲除杂草、人工捕捉和诱杀等措施，控制越冬代成虫和第一代幼虫。优化作物布局，有利于改善棉田生态系。加强田间管理，控制棉田后期灌水，控制氮肥用量，适时喷缩节胺，防止棉花徒长，可降低棉铃虫为害。棉株毛腺分泌大量草酸会引诱棉铃虫，喷磷酸二氢钾或2%过磷酸钙液，可使草酸中和成草酸钙，失去引诱力，从而明显降低棉铃虫的产卵量。棉花打顶、整枝时，将嫩枝和顶尖集中田外处理，可消灭部分卵和幼虫，降低棉铃虫发生量。

（2）诱杀成虫　　①杨枝把诱蛾；②性诱剂诱杀成虫；③杀虫灯诱蛾，灯光诱杀中的排列顺序为频振式杀虫灯＞黑光灯＞高压汞灯。

结合兵团现代规模化精准农业的发展要求，提出了以玉米诱集带和频振式杀虫灯为主的 1～2 种诱杀措施，在测报中适当选择性诱剂加以配合，以便达到经济、简便、高效的目的。

（3）科学施用农药

1）棉铃虫百株卵量 20～30 粒或有虫株率 5%～10%。超过防治指标的棉田进行药剂挑治，严禁盲目全面喷药。

2）棉铃虫卵孵化盛期到幼虫 2 龄前，施药效果最好。

3）防治棉铃虫也可使用对天敌杀伤较小的赛丹。棉蚜、棉叶螨发生重的棉田，禁止使用菊酯类农药防治棉铃虫。

（4）生物防治

1）合理作物布局，种诱集带、减少用药及改进施药方法等，保护棉田和麦田等丰富的天敌资源，以有效地控制棉铃虫的发生危害。

2）开发天敌的增殖技术和方法是抑制棉铃虫暴发成灾的有效途径。赤眼蜂、多异瓢虫、草蛉和胡蜂等天敌，对棉铃虫卵及初龄幼虫控制作用显著。

3）在棉铃虫初龄幼虫盛期，喷洒生物制剂 Bt 或新棉安有一定的防效且对天敌安全。

（5）选育抗虫棉　这是控制棉铃虫危害的基本途径。主要原理是通过生物技术将病毒基因转导到棉花基因库中，通过棉铃虫的咬食，使病毒基因侵染棉铃虫中肠位点，引起穿孔死亡。目前国内外利用生物技术筛选了有应用前景的抗棉铃虫品种，在棉铃虫防治中发挥重要作用。

学生根据信息进行研讨：学生分为三个小组，通过对案例的认真阅读分析，进行相关资料的讨论分析，任课教师组织大家讨论，合理分配时间，积极做好引导工作的同时做好发言记录，观察学生的参与状况。

小组 1：通过广泛阅读资料，我们了解棉铃虫形态特征。棉铃虫体长 15～17 mm，翅展 30～38 mm；前翅青灰色、灰褐色或赤褐色，线、纹均为黑褐色；肾纹外侧为褐色宽横带，端区各脉间有黑点；后翅灰白色，端区有一黑褐色宽带，其外缘有二相连的白斑。老熟幼虫体长 30～42 mm，体色变化很大，由淡绿、淡红至黑褐色，头部黄褐色，背线、亚背线和气门上线呈深色纵线，气门白色，腹足趾钩为双序中带；体表布满小刺，其底部较大。

在此基础上，更加深刻地认识到了棉铃虫的具体危害。幼虫咬食叶片，形成亮天窗和边缘较为圆滑的孔洞；钻蛀蕾、花，形成张口蕾和无效花；钻蛀幼铃和青铃，形成落铃和烂铃，进而造成棉花减产，同时污染棉花品质。棉铃虫有翅能飞，迁飞能力极强，故易使作物受害成灾；钻蛀蕾、花、铃，造成减产。

小组 2：对棉铃虫的发生规律方面的内容进行深入阅读，并作相应的总结。成蛾白天隐蔽，夜间活动、产卵，具有较强趋光性和趋化性；卵散产于植株顶部和上部叶片，卵初产时乳白色，有光泽，后呈现淡黄色，快孵化时顶部有紫黑圈；初孵幼虫灰黑色，有食卵壳习性，然后取食嫩叶，稍大后危害蕾铃。1 龄、2 龄幼虫食量小；3 龄、4 龄、5 龄食量大增，且有自相残杀习性；6 龄进入预蛹期，食量明显减少，初化蛹时体呈黄白色或浅绿色，体壁渐由软变硬，体色最终呈亮褐色。

小组 3：对棉铃虫的综合防治方面作了相应的总结。不能单一地使用一种技术，而要采用多种技术综合防治棉铃虫才能取得好的效果。

（三）"棉花主要害虫棉铃虫的防治技术"案例应用体会

本教学采用案例教学法，通过利用网络查阅资料和论文的深度阅读、讨论分析，使学生对棉铃虫的形态特征、生活习性、综合防治有了初步的认识，在小组讨论后，大家加深了印象，掌握知识更加牢固，最终在教师的点评中，学生认识到自身的不足和缺陷，同时对知识进行概括凝练，最终得到提升。

二、案例教学法案例——马铃薯晚疫病的防治技术

（一）"马铃薯晚疫病的防治技术"案例设计说明

马铃薯晚疫病（potato late blight）由致病疫霉引起，是导致马铃薯茎叶死亡和块茎腐烂的一种毁灭性卵菌病害，在中国马铃薯产地都有发生，西南地区较为严重，东北、华北与西北多雨潮湿的年份危害较重。学生首先认识到该病的危害，在感性认识的基础上，观察症状，了解病原特征和发病规律，最终掌握综合防治技术。采用案例教学法教学的关键在于合适案例的编写，通过课本、报刊、互联网特别是中国知网的查阅，确定案例，给学生充分的想象空间。

（二）"马铃薯晚疫病的防治技术"案例教案

【教学内容】①马铃薯晚疫病的症状。②马铃薯晚疫病的病原特征。③马铃薯晚疫病的发病规律。④马铃薯晚疫病的综合防治。

【教学目标】①熟悉马铃薯晚疫病的症状。②了解马铃薯晚疫病的病原特征。③理解马铃薯晚疫病的发病规律。④掌握马铃薯晚疫病的综合防治方法。

【教学重点】马铃薯晚疫病的综合防治。

【教学方法】案例教学法。

【教学准备】学生课下查阅资料，小组讨论。

【教学时间】1 课时。

【教学过程】提前布置学生查阅资料，提出问题，激发兴趣。

教师案例展示：马铃薯晚疫病危害的历史，发病规律，防治途径。

学生阅读资料，观看幻灯片的同时思考在当前环境下，如何综合防治。

评价：对学生查阅资料进行评价，引起学生对于课程的浓厚的兴趣。

查阅到的信息如下。

1. 马铃薯晚疫病曾造成爱尔兰大饥荒（余宏章，2015）

早在 17 世纪，土豆已经成为爱尔兰岛的首选农作物。1845 年前，爱尔兰 150 多万农业工人没有其他收入养家糊口，300 多万小耕种者主要靠土豆维持生计。

1844 年，一种导致晚疫病的卵菌扩散到欧洲，蔓延速度很快，1845 年夏登陆爱尔兰岛，首次暴发，使得爱尔兰全岛土豆减产 1/3，第二年即 1846 年，再次暴发，产量几近无收，减产 3/4，1848 年又一次暴发，程度轻一点，灾荒一直持续到 1852 年，长达七

年之久。

这场史无前例的大饥荒使爱尔兰人口锐减了 20%～25%，其中约 100 万人饿死和病死，约 100 万人因灾荒而移居海外。

2. 爱尔兰马铃薯大饥荒的警示（曹瑞臣，2012） 19 世纪 40 年代，由马铃薯病害引发的爱尔兰大饥荒，给爱尔兰民族留下了永远的精神创伤，这一灾难也给后世广大发展中国家在作物种植模式特别是关系国计民生的粮食种植上以深刻教训，由此警示后人不但要反思引发这一悲剧的社会制度根源，还要反思生态系统与自然环境对人类社会发展与进程的重大影响，因此，以环境学的视角去重新审视全球背景下的"哥伦布大交换"（Colombian Exchange），马铃薯在爱尔兰悲与喜的历史中也就具有了全新的历史意义。

（1）马铃薯改变了爱尔兰人 哥伦布发现美洲后，新旧大陆、东西半球之间开启了大规模的生物物种交流。作为"哥伦布大交换"的产物，马铃薯自 16 世纪末传入欧洲。在最初的 200 年，马铃薯因是一种全新且陌生的外来植物，并不为欧洲各国政府及民众认可。据可靠史料记载，直到 17 世纪中叶英国内战前后，爱尔兰人常种作物燕麦、芜菁、小麦接连不断地被英国军队践踏，所以来自新世界的马铃薯犹如天赐之物，很快满足了爱尔兰人的饮食需要，并成为了人们的主食。

自 18 世纪以来，爱尔兰人口的持续快速增长显然与马铃薯有着莫大的关系，1801 年爱尔兰人口为 520 万，1811 年为 600 万，1821 年为 680 万，1831 年为 780 万，1841 年高达 820 万。短短 40 年时间，爆炸式增长的爱尔兰人口几乎翻了一番，主要原因是爱尔兰人所依靠的最主要、高营养、高产的马铃薯。人口所带来的巨大压力，使爱尔兰在 19 世纪 30 年代以后掀起新的海外移民潮，爱尔兰人长期以来对马铃薯的过度依赖，已经埋下了巨大的灾难隐患，一旦遇马铃薯天灾，遭遇大面积灾害袭击或是绝产，灾难将会是空前的。

（2）马铃薯大饥荒悲剧 1845 年的爱尔兰只依赖一种作物生存——马铃薯。1845 年夏，马铃薯霜霉病（Blight）来势汹汹，导致马铃薯大面积绝产，饥荒发生。近 200 余年来，在英国残酷剥削和恶劣的土地制度下形成的单一化种植模式在病菌的侵袭下彻底崩溃，并带来了巨大的生态灾难。马铃薯霜霉病来源于一种被称为马铃薯晚疫病菌（*Phytophthora infestans*）的真菌，这种真菌在温暖潮湿的环境中发育，1845 年夏天阴霾的天气更加有利于马铃薯疫情的传播和繁殖，无人知晓这场马铃薯病害将会持续多久，也没有人会想到这场饥荒灾难将是爱尔兰人的生死劫难。

就历史实际而言，当大饥荒发生时，英国罗伯特·皮尔（Robert Peel）政府也启动了救灾预案，如下令从美国订购大批玉米运到爱尔兰，在政府的粮仓低价出售；任命救济专员前往都柏林，通过兴建公共工程方式向爱尔兰人提供就业机会以养家糊口；取消粮食进口关税，以降低面包价格等，只不过这些救助措施在数百万处于饥饿和死亡边缘、没有任何购买力的爱尔兰人面前几乎不起作用。政府当局甚至还通过了《粥棚法》，取代耗费巨大而又恶劣的公共工程，免费发放食物，对缓解饥荒起了一定作用。1847 年 7 月中旬，超过 300 万成人和儿童领到救济口粮。整个大饥荒期间，英国政府所有这些有限的努力对于这场空前的大饥荒来说仅是杯水车薪，最为遗憾和可悲的是 1847 年底，政府已经认为完成了救济任务，却无视饥荒的继续恶化和进一步加剧。

（3）大饥荒的影响及其警示 马铃薯病害在爱尔兰引发的空前大饥荒给爱尔兰民

族带来了空前灾难。甚至在爱尔兰人看来，这种经历对于民众民族意识的影响，不亚于德国纳粹"最后解决"对犹太民族意识的影响。大饥荒使得爱尔兰付出了惨重的人口代价，包括巨大的人口死亡和大规模人口对外迁徙。大饥荒时期疫病流行，饥荒与疫病交替肆虐，让爱尔兰人陷入了痛苦的深渊。据统计，大约有150余万人感染了肆虐的"饥荒热"（爱尔兰人所称的斑疹伤寒和黄热病），且至少25万人死于这种病。英国学者诺埃尔·吉桑（Noel Kissane）推算，根据英国官方人口统计，1841年爱尔兰人口约818万人，而1851年人口统计仅约为656万人，10年间人口直接损失约162万。按照饥荒前正常的人口增长率计算，1846年人口将会达到850万左右，整个大饥荒使人口减少了至少200万，死亡100万以上，而海外移民大约120万以上。

在全球环境和粮食危机日益加深的今天，如何解决本国人口的温饱和保障本国的粮食安全成为了一个重大的经济问题和政治问题，贫困和饥荒是一个世界性难题，特别是对那些不发达的发展中国家尤其如此。科学、理性、合理地调整优化本国农作物种植结构，尤其是"民以食为天"的主要粮食作物，必须改变对单一作物种植依赖性。粮食作物的重要性自古至今不容置疑，关系到民族兴衰和人类存亡。美国地缘政治学家威廉·恩道尔（W.Engdah）曾经断言，未来全球将会经历一场全新的"鸦片战争"，国际粮食危机将会日益加剧，全球贫困也将继续，美国的国际粮食巨头和实力雄厚的投资银行正在疯狂投机，发起一场比石油战争、金融战争更具杀伤力的"粮食战争"，极力掌控国际粮食的定价权，从而操纵世界各国，运用粮食武器获取世界霸权。美国前国务卿亨利·基辛格曾这样警示：如果你控制了石油，你就控制了所有国家；如果你控制了粮食，你就控制了所有人。

3. 马铃薯晚疫病的发现与发病原因（董金皋，2001）　马铃薯晚疫病在世界各地马铃薯产区都有发生，流行年一般减产30%。19世纪40年代，爱尔兰马铃薯大量死亡，减产一半，使100多万人饿死，约150万人移居海外。当时对马铃薯死亡的原因有各种推测，1842年，冯·马蒂尤斯（von Martius）首先认为是病菌引起，1857年，斯皮尔许奈德（Speer schneider）证明叶上霉菌能引起块茎腐烂。1861～1863年，德巴利（deBary）确定了叶上病斑和块茎腐烂都是由一种真菌引起并鉴定了病原菌。在中国马铃薯产地都有发生，西南地区较为严重，东北、华北与西北多雨潮湿的年份危害较重，如1950年为大流行年，这些地区损失30%～50%。以后的10年内又有5年是流行年。通过以上马铃薯晚疫病流行背景介绍，突出其危害性和严重性，为后续的内容作出铺垫，引出马铃薯晚疫病的病原和症状的介绍。病原马铃薯晚疫病由致病疫霉 *Phytophthora infestans*（Mont.）deBary 引起，其是导致马铃薯茎叶死亡和块茎腐烂的一种毁灭性卵菌病害。

4. 马铃薯晚疫病的发病症状（董金皋，2001）　叶片染病先在叶尖或叶缘生水浸状绿褐色斑点，病斑周围具浅绿色晕圈，湿度大时病斑迅速扩大，呈褐色，并产生一圈白霉，即孢囊梗和孢子囊，尤以叶背最为明显；干燥时病斑变褐干枯，质脆易裂，不见白霉，且扩展速度减慢。茎部或叶柄染病现褐色条斑。发病严重的叶片萎垂、卷缩，终致全株黑腐，全田一片枯焦，散发出腐败气味。块茎染病初生褐色或紫褐色大块病斑，稍凹陷，病部皮下薯肉亦呈褐色，慢慢向四周扩大或烂掉。

最终，要明确的是在对马铃薯晚疫病的发病条件和传播途径了解的基础上，提出如何进行病害控制。

5. 马铃薯晚疫病的发病条件（董金皋，2001） 病菌喜日暖夜凉高湿条件，相对湿度95%以上、18～22℃条件下，有利于孢子囊的形成；冷凉（10～13 ℃，保持1～2 h）又有水滴存在时，有利于孢子囊萌发产生游动孢子；温暖（24～25 ℃，持续5～8 h）有水滴存在时，利于孢子囊直接产出芽管。因此多雨年份，空气潮湿或温暖多雾条件下发病重。种植感病品种，植株又处于开花阶段，只要出现白天 22 ℃左右，相对湿度高于95%持续8 h以上，夜间10～13 ℃，叶上有水滴持续11～14 h的高湿条件，本病即可发生，发病后10～14天病害蔓延全田或引起暴发。

6. 马铃薯晚疫病的传播途径（董金皋，2001） 病菌主要以菌丝体在薯块中越冬。播种带菌薯块，导致不发芽或发芽后出土即死去，有的出土后成为中心病株，病部产生孢子囊，借气流传播进行再侵染，形成发病中心，致该病由点到面，迅速蔓延扩大。病叶上的孢子囊还可随雨水或灌溉水渗入土中侵染薯块，形成病薯，成为翌年主要侵染源。

7. 黑龙江稻瘟病仍有重发风险 马铃薯晚疫病、玉米大斑病呈重发趋势（余露，2015）黑龙江省植保站综合2014年病虫害越冬基数及气象、栽培与种植结构等因素分析，预计2015年全省马铃薯晚疫病呈重发趋势。目前黑龙江省马铃薯主栽品种'早大白'、'尤金'、'克新13'、'费乌瑞它'、'中薯5号'等多数抗病性较差，利于马铃薯晚疫病的流行；且马铃薯晚疫病连年重发生，田间基础菌源丰富；易感病的花蕾期与夏季降水集中期重合。因此，种植区域相对集中的讷河、依安、克山、嫩江、五大连池、海伦、富锦等地，晚疫病将达到重发生程度。

8. 马铃薯晚疫病的防治（刘海春，2015） 及时中耕、培土，开沟排水，增施钾肥，提高抗病性；在晚疫病发生的初期，要及时发现并清除病株，喷洒58%甲霜灵锰锌、64%杀毒矾、大生M-45、72%杜邦克露、69%安克锰锌等防治，并喷施叶面肥。为减少马铃薯农药抗药性的产生，最好多种药剂交替使用，每隔7～10天喷1次，一般喷2～3次。

9. 马铃薯晚疫病防治方案一争长短（王爱娥，2015） 在7月28日于北京举行的第九届世界马铃薯大会上，马铃薯晚疫病管理方案成了多家参会企业关注的焦点。

马铃薯晚疫病是由致病疫霉引起的毁灭性卵菌病害。该病发病快，传染性强，防治难度大。据全国农业技术推广服务中心预计，今年中国北方马铃薯晚疫病发生面积为1650万亩。

杜邦公司在会上推出了防治马铃薯晚疫病的特效新产品——"增威赢绿"系列产品。该产品是一类具有全新作用机制的杀菌剂，与现有杀菌剂无交互抗药性，兼具预防和治疗作用，在马铃薯封垄前使用，可以有效预防马铃薯晚疫病；在已经发病的情况下，"增威赢绿"也可以起到阻止病害蔓延、保护新生组织、挽回产量损失的作用；该产品还具有绝佳的耐雨水冲刷能力。目前该药正在全球登记审核期间，在中国，该药已经在山东滕州等地的试验中显露头角——可以有效增强马铃薯长势，提高薯块产量和质量。产品预计于明年上市。

拜耳公司在会上提出了"更多马铃薯"的作物解决方案，通过为农户量身订制解决方案，从而实现农药减量。在"更多马铃薯"方案中，涵盖了防治马铃薯晚疫病的两大明星产品——"安泰生"和"银法利"。"安泰生"是一类多作用位点的杀菌剂，因此不易产生抗药性，对早疫病也有一定的防病效果，另外，"安泰生"产品中添加了锌制剂，对于作物产量提高和人体微量元素调节均有一定帮助。"银法利"除了可以在生长期使用之外，还可以有效防治采后病害，减少马铃薯采收、储存过程中的损耗。

巴斯夫公司在马铃薯管理中主推"施乐健"系列产品。"施乐健"系列产品由于添加了吡唑醚菌酯的有效成分，因此具有植物健康功能，可以有效提高植株长势和抗逆能力，从而实现结薯多、薯块均匀的效果。在"施乐健"系列产品中，"百泰"、"凯特"等产品对于晚疫病有很好的效果，深受种植户喜爱。

先正达公司在展会上提出了可持续发展的新理念。先正达通过对病害预测预报、持续研发新产品、制订合理的管理方案，帮助美国农产品的农药残留量减少了42%。药剂的高效科学使用带来了产量的提高，从而实现整个马铃薯种植过程中的效益最大化。在晚疫病防治中，先正达以"山德生"、"金雷"和"瑞凡"等拳头产品为主进行组合，从而实现药剂的合理使用。

国内知名农化公司诺普信、绿色农华等也在展会上带来了新产品、新理念，为马铃薯作物解决方案助力。

对信息进行研讨：学生分为4个小组，要求每组都要认真通读所给的案例，案例在正式上课之前发给学生，这样可以给学生充足的时间去阅读，理解，同时遇到困惑或者不明白的地方，可以通过阅读教材、查阅相关图书、在互联网上搜索、在论坛中求助等方式得到解答。课上，进行相关资料的讨论分析，任课教师组织大家讨论，合理分配时间，积极做好引导工作的同时做好发言记录，观察学生的参与状况。

小组1：讨论对马铃薯晚疫病的症状。从文献中我们知道，马铃薯晚疫病依然是马铃薯主要病害之一，而且在局部地区出现暴发的现象。此外，我们可以了解近3年内马铃薯晚疫病发病严重的地区，归纳总结。

小组2：讨论马铃薯晚疫病的病原特征，只需要了解即可，不需要过多的深究。

小组3：讨论马铃薯晚疫病的发病规律。只有明确病害的发病规律才能有的放矢地去综合防治，这是整个防治的基础。

小组4：讨论马铃薯晚疫病的综合防治。荀先涛等（2015）认为：马铃薯晚疫病是制约清镇市马铃薯生产的重要病害，为筛选适宜马铃薯防治的生物药剂，引进枯草芽孢子杆菌、多抗霉素等生物药剂进行马铃薯晚疫病防治试验。结果表明引进的枯草芽孢子杆菌和10%多抗霉素两种生物药剂不仅对马铃薯晚疫病具有较好的防治效果，末次施药后10天防效达85.12%和76.83%，而且对马铃薯安全、无药害，对植株生长无抑制作用，马铃薯增产达19.99%和14.40%，有明显增产效果。

针对文献展开讨论加深对生物防治的理解：随着化学农药的长期和大量使用，而引起的农药残留、杀伤天敌、破坏生态平衡和污染环境、病虫的抗药性及再猖獗等问题的出现，生物防治已经越来越被人们深刻地理解和广泛应用。

在害虫生物防治中，虫生真菌应用相当广泛，近年来发展也很快。目前，已知应用于生物防治的虫生真菌大多属藻状菌纲和半知菌纲，其中较为重要的种类有白僵菌、绿僵菌、镰刀菌、轮枝菌、拟青霉菌、座壳孢菌、虫生藻菌、雕蚀菌和多毛菌等。

唐万全实验结果证实：在马铃薯齐苗期和旺盛生长期用68.75%"银法利"悬浮剂800倍液喷雾一次；在马铃薯开花前和开花盛期用50%"氟啶胺"悬浮剂2000倍液喷雾一次，对马铃薯晚疫病有较好的防治效果。施药后，防治区马铃薯比对照区增产40%，病株率和病叶率降低。

从此文献中，引导学生讨论针对一种农药，采用不同的施药方式能够产生不同的防治效果，因此在田间施用农药的时候，应该注意使用方法。

（三）"马铃薯晚疫病的防治技术"案例应用体会

本教学采用案例教学法，首先通过阅读《爱尔兰马铃薯大饥荒的警示》这一案例，来认识到马铃薯晚疫病是栽培过程中一种危害相当大的病害。利用网络查阅资料和论文的深度阅读、讨论分析，使学生对马铃薯晚疫病的历史、发病症状、发病原因、发病条件、传播途径、如何防治等方面有了初步的认识，在小组讨论后，大家加深了印象，掌握知识更加牢固，最终在教师的点评中，学生认识到自身的不足和缺陷，同时对知识进行概括凝练，最终得到提升。

针对马铃薯晚疫病的病害控制的方法，不仅要参考相关教材内容，还要查阅科技论文，了解马铃薯晚疫病防控的最新进展。

在教学过程中，鼓励学生利用学校图书馆购买的中国知网（http://www.cnki.net）的使用权，以马铃薯为主题词检索近 3 年科技论文，选取与本课程内容相关的部分下载阅读。

三、案例教学法案例——农药的使用方法

（一）"农药的使用方法"案例设计说明

广义上，农药是指用于预防、消灭或者控制危害农业、林业的病虫草和其他有害生物及有目的地调节、控制、影响植物和有害生物代谢、生长、发育、繁殖过程的化学合成或者来源于生物、其他天然产物及应用生物技术产生的一种物质或者几种物质的混合物及其制剂。狭义上，农药是指在农业生产中，为保障、促进植物和农作物的成长，所施用的杀虫、杀菌、杀灭有害动物（或杂草）的一类药物统称。特指在农业上用于防治病虫及调节植物生长、除草等的药剂。通过《农药的使用方法》的学习，使得学生掌握农药的施用方法，特别是农药的稀释和计算。采用案例教学法教学的关键在于合适案例的编写，通过课本、报刊、互联网特别是中国知网的查阅，确定案例，给学生以充分的想象空间。

（二）"农药的使用方法"案例教案

【教学内容】①农药的施用方法。②农药的稀释和计算。

【教学目标】①熟悉农药的施用方法。②掌握农药的稀释和计算。

【教学重点】农药的稀释和计算。

【教学方法】案例教学法。

【教学准备】学生课下查阅资料，观看视频，小组讨论。

【教学时间】1 课时。

【教学过程】

提前布置学生查阅资料，观看视频，提出问题，激发兴趣。

教师案例展示：农药的施用方法与稀释和计算。

学生阅读资料，观看幻灯片的同时思考在当前环境下，如何综合防治。

评价：对学生查阅资料进行评价，引起学生对于课程的浓厚的兴趣。

搜集到的信息如下。

1. 预防农药过期的 3 个方法（中国农药网 http：//www.agrichem.cn/news/2015/8/31/2015 83115142485229.shtml）　夏季气温升高，农药也容易变质。农药一旦过期不但起不到病虫害防治的效果，而且还有可能延误了防治病虫害的最佳时间，因此在农业生产中避免农药过期相当关键，今天小编就为大家介绍一下预防农药过期的方法。

（1）看清农药产品的生产日期　选购农药时看清生产日期。选购农药一定要到正规的农资单位，在选购时，首先要看清所要购买的农药品种，然后要看清农药的生产日期和产品说明书，因为农药都有保质期，如发现超过保质期的农药千万不要去买。

（2）不要使用过了保质期或没有标签的农药　如果家中有过了保质期或没有标签的农药，千万不要错用乱用，以免给农作物造成药害，造成更大的经济损失。

（3）剩余农药贴好标签　农户贮存的剩余农药一定要有完整的瓶贴，农药品名、批号、生产日期和保质期的字样要清晰。对瓶贴损坏的，农户一定要写好农药的保质期与使用注意事项，贴在农药的外包装上。

2. 如何识别假冒伪劣农药（中国农药网 http：//www.agrichem.cn/news/2014/6/3/2014 631194427025.shtml）　伪劣农药是市场竞争和不法商贩为牟取暴利导致的结果，而最终受害的是使用伪劣农药的农民。农民施用伪劣农药后可能达不到预期效果，造成减产；还可能对作物造成严重伤害，影响到收成，所以农民在挑选农药时要特别注意鉴别农药的真假。

那么怎样才能买到货真价实的农药呢？

一要看厂家及联系地址：正规厂家一般都在产品的标签上写明详细的厂家地址、邮政编码、联系电话等。产品标签没有这些信息的产品，可能就是不正规的产品，购买时要慎重。

二要看三证：三证是指农药登记证号、产品标准证号、生产批准证号。国产农药这三证必须具备，而原装进口零售包装农药只有农药登记证一个证号。进口农药，国内分装则有 4 个证号，包括农药登记证号、分装登记证号、分装批准证书号和执行标准号。

三要看有效成分：购买农药之前一定要弄清产品的有效成分，不要被华丽的商品名所迷惑。产品的有效成分和用途可以在药检所的农药登记公告上查到。

四要看含量、容量或重量：有的厂家玩降低含量的花招；还有的知道农民有按瓶来比较价格的习惯，专门生产出比市场常见的产品包装小的产品。

五要看包装质量和价格：同样的农药品种，假冒的往往包装质量差，有的农药价格明显低于同类产品和以往价格，假冒的可能性较大。

六要看有效期：购买农药时还要注意有效期，只有在保质期内的农药防治效果才有保证。

3. 农药使用需注意些什么（中国农药网 http：//www.agrichem.cn/news/2015/8/31/2015 83114155148619.shtml）　农药在作物病虫害防治上起到不可或缺的重要作用，在作物病虫害防治过程中，农药的使用常常会忽略一些问题，例如，常发生滥用或剂量配制不科学等问题，致使达不到理想的效果。那么，农药使用需注意些什么？从以下几方面分析。

（1）农药使用要选择合理剂量　　在配制农药时，农药浓度过浓或者过稀，都会造成作物药害，病虫害产生耐药性，且易造成环境污染及人畜中毒等不良后果。因此，要严格掌握农药使用浓度，同时要注意轮换交叉使用农药。

（2）不用乱用农药　　不能在某些作物上滥用禁用农药，如瓜果、蔬菜上不能使用甲胺磷、1605 等剧毒农药。不能在农作物禁用期内滥用农药，如水稻收获前 14 天内不能喷雾杀螟松等。不能乱混用农药，如 1605 不能与稻瘟净混用（混后毒性剧增），砷酸钙不能与退菌性农药混用，乐果不能与石硫合剂或波尔多液混用，可湿性粉剂不能与乳油混合使用等。

4．农药中毒应如何预防（中华康网 http://www.cnkang.com/jibing/nongyaozhongdu/13529.html）　　农药使用或存放不当，会造成人体中毒。农药进入人身体一般通过三条途径：一是经皮肤侵入。这是较常见的一种中毒途径，喷药过程中及其他与农药接触的机会，均可造成皮肤污染；某些农药能通过完整的皮肤进入血液，达到一定量后使人中毒。二是经呼吸道侵入。蒸气状、粉尘状、滴雾状态的农药，可随空气经鼻、咽、支气管进入肺并随血液循环遍及全身。三是经消化道侵入。误服及误食农药污染的食物，经口由肠道吸收而中毒。

为此，为预防农药中毒事故的发生，一要加强农药管理。严禁将农药与粮食、蔬菜、饲料等混放在一起，盛过农药的器皿不得移作他用。使用时要严格按照说明书，不得随意混配、加大用量。二要认真做好接触农药人员的保健工作。患有精神病、皮肤病的患者，月经期、怀孕期、哺乳期的妇女，未成年儿童应避免与农药接触。三要加强个人防护。勤洗手，工作时不吸烟、不吃东西。

如发生人员农药中毒，要进行紧急救治。救治时要尽快切断中毒途径，阻止毒物的再吸收，促进毒物的排出，脱离中毒环境，在通风良好的地方治疗，迅速消除身体的残留农药。消除方法应根据侵入的途径而定：皮肤侵入者，用清水、肥皂水或生理盐水迅速清洗，避免用热水；溅入眼睛，用生理盐水清洗后，再滴入氯霉素眼药水，如果疼痛加重，可滴入 1%普鲁卡因液；经口服中毒者应急送医院，对症治疗。

5.植物农药的使用（中国农药网 http://www.agrichem.cn/news/2015/8/6/20158614332268617.shtml）　　有关专家认为，我国应大力发展植物农药。目前，我国使用的农药 80%以上为化学制剂。据统计，我国每年都要进口价值 6 亿美元的农药及农药原料。开发国产植物农药，已成为我国农药和中草药发展的一条新路。

植物农药的广泛应用，将为我国农产品出口创造十分有利的条件，大大增强我国农产品出口的竞争力。美国最近规定，凡在该国出售的蔬菜、水果，必须标明农药残留物的含量。事实证明，越来越严格苛刻的残留限量标准，正成为国际间食品、农产品贸易的"绿色壁垒"。我国传统农产品的出口，正受到严重的威胁和挑战。从出口创汇产品看，我国的茶叶、蔬菜、水果、烟草等"拳头产品"中，因为农药残留超标而减少了出口或不能出口，使我国经济发展受到了很大影响。就茶叶而言，如果使用植物农药代替合成化学农药，就可确保茶叶无农药残留污染。现在我国每年茶叶出口 20 万 t，出口增加 1 万 t 就可多创汇 2000 万美元。如果使用无毒植物农药，可增加我国蔬菜、水果、烟草等农产品的出口竞争力。

据专家介绍，由于中草药现代化工业生产工艺还不十分成熟，原料还不能标准化，就是同一种植物不同品种或同一种品种因产地及生态地理位置的不同，所产生的化学物质含量差别也很大，即使同一种植物基根、茎、叶、花、果各个部位所含化学物质也有很大差异。要保证产品质量，就必须不断地根据原料质量调整用料比例。中草药的成分比较复杂，有效杀虫的分析和检测对很多植物来说很难准确确定，为此产品质量的检测除按有关标准检测外，还要进行生物测定，确保杀虫效果。技术上的难题，企业通过专家的努力可以解决，在某些产品的开发上也有了新的突破。而在植物农药的推广应用上却是困难重重，一些地方和农民环保意识淡薄，缺乏对生物农药及植物农药的必要了解，过分依赖化学农药的使用，阻碍了植物农药商品化进程。因此，有关部门应加大对植物农药开发科技投入力度和引导，使植物农药走上健康的轨道，以保护绿色的家园。

6. 农药稀释倍数怎么算（中国农药网 http://www.agrichem.cn/news/2015/8/31/2015 83114209449.shtml）　农药稀释倍数怎么算？一般人们是根据体积来看，假设有农药 1 L，加 1 L 水则稀释 1 倍，依次类推。若知道稀释前后的物质的量浓度（c）和密度（ρ），则可用公式 [（1000×密度×浓度）/摩尔质量＝物质的量浓度] 来计算出液体浓度，根据浓度的比来计算稀释倍数。

例如，一瓶 500 mL 的杀虫剂稀释倍数是 1000 倍应该加多少水，用 2% 的磷酸二氢钾应该加多少升水？

（1）稀释倍数加水计算

稀释后体积：500 mL×1000＝0.5 L×1000＝500 L。

加水量：500 L−0.5 L＝499.5 L（或 kg）。

（2）磷酸二氢钾加水量计算

$$2\%的磷肥＋98\%的水＝100\%的磷肥水溶液$$

对信息进行研讨：学生分为 5 个小组，每组指定一个案例，进行相关资料的讨论分析，任课教师组织大家讨论，合理分配时间，积极做好引导工作的同时做好发言记录，观察学生的参与状况。

小组 1：讨论识别农药过期的方法。

一是烧灼法。此法用于鉴别粉剂农药。取适量粉剂农药放在金属物上，在火上烧灼，若冒白烟则说明农药没有失效。

二是震荡法。此法用于鉴别乳剂农药。根据乳剂农药易分层这一特点，先看其是否分层，若未分层则说明农药有效；若分层，可上下震荡数次，使其均匀后，静置 40～60 min，再仔细观察，如果再次分层则说明农药失效，不能使用。

三是溶解法。此法用于鉴别沉淀的乳剂农药。将药瓶放入 40～60 ℃ 的水中浸泡 60 min 左右。若瓶底沉淀物溶解，说明农药未失效。若沉淀物不溶解，可将沉淀物滤出，取少量并加注适量温水，若沉淀物溶解，说明农药仍可使用。

四是兑水法。此法用于鉴别粉剂、可湿性粉剂和乳剂农药。如果是粉剂，可取 50 g 药剂放入玻璃杯内加适量清水，搅动使其溶解，静置 30 min 左右，若颗粒悬浮均匀且瓶底无沉淀，说明此农药未失效。而可湿性粉剂在贮存时易结块，可将结块先研成粉末，加少量清水。若很快溶解，说明农药有效，反之则不能使用。如果是乳剂，可取少量放入玻璃杯内，加注适量的水进行搅拌，静置 30 min，若水面无油珠，杯底无沉淀物，说明该农药有效。

小组 2：讨论农药的施用方法。正确、合理、科学地稀释使用农药是节约资金，防止浪费、保障药效的一个重要条件，农药不同，稀释使用方法也不同。

小组 3：讨论如何预防农药中毒。通过讨论，在喷施农药的时候要注意以下几个方面，穿好防渗衣并戴上口罩和手套；可采取背风向后退方式进行喷药，以减轻农药的接触和吸入；避免高温下喷农药，尽量选择阴天时段进行喷药；喷药后马上用肥皂水或清水将手冲洗干净。

小组 4：讨论农药的种类。农药的分类方法很多，可以根据来源、防治对象、农药的作用方式等分类。如按照方式对象不同可分为杀虫剂、杀螨剂、杀菌剂、杀线虫剂、除草剂、杀鼠剂和植物生长调节剂等。根据农药来源可分为矿物源农药、生物源农药和化学合成农药三大类。

小组 5：讨论农药如何计算稀释倍数。

（三）"农药的使用方法"案例应用体会

本教学采用案例教学法，首先通过在互联网上搜索案例使学生对于农药的各方面知识得到初步认识，经过小组讨论，有深度有广度地了解到相应的知识，更有利于学生对于本章节内容的掌握。

针对农药的使用方法，不仅要参考相关教材内容，更主要的是要查阅互联网的内容，这样才能够更广泛地认识到这个问题，从而深刻地掌握。

思 考 题

1. 什么是案例教学法？
2. 案例教学法的特点是什么？这种教学方法有什么局限性？
3. 教师在案例教学法中的作用是什么？
4. 学生在案例教学法中的作用是什么？

第十章　直观教学法

【内容提要】　直观教学法概述。直观教学法的应用。

【学习目标】　通过本章掌握直观教学法的概念和意义。了解直观教学法的研究历史和现状。掌握直观教学的形式及其主要特点。能够熟练地将直观教学法应用于植物保护专业中。

【学习重点】　直观教学法的概念、形式及其主要特点，在植物保护专业中的应用。

第一节　直观教学法概述

一、直观教学法的概念和意义

直观教学法就是教师在教学过程中运用生动形象的语言和动作，借助和利用实物、图片、挂图、模型、标本和多媒体设备及现场参观和视频的播放等，来激起学生的感性认识，获得生物的表象，从而促进对知识比较全面、深刻地掌握和理解的教学过程。

直观教学法具有形象、生动、客观和可接受性强等特点，能使学生对所学知识获得丰富的感性认识，为形成正确而深刻的印象打下坚实基础，对于调动学生的学习积极性，激发学习兴趣有着重要的意义。

1）通过运用生动形象的语言和动作，使抽象的理论、概念变得通俗易懂，学生容易接受，而且印象深刻，记得牢固，对于提高教学质量有重要意义。

2）通过采用标本、模型、多媒体等多种教学方式，让知识由静变动、由模糊变清晰、由抽象变具体，极大地提高了学生的学习兴趣，调动了学生的学习积极性，使学生思路更加开阔、思维更加敏捷，学习气氛更加浓厚，学得更加扎实牢固，提高知识存储的数量和质量，加深学生对所学内容的理解和记忆。

3）通过现场参观和视频的播放，使理论知识直接与实践相结合，一方面增加了授课内容的趣味性，活跃了课堂气氛，使学生听课时精力集中，学起来不觉得枯燥单调；另一方面学生感到学有所用，他们渐渐熟悉专业、热爱专业，为今后的上岗就业打下坚实的基础，教学效果也明显提高。

二、直观教学法的研究历史与现状

关于直观教学法，古今中外的教育家都作过非常精辟的阐述。我国古代教育家荀况说过："闻之而不见，虽博必谬。"提出了在学习中不仅要听到更应该看到，才能学到更多正确的知识。17世纪捷克著名教育家夸美纽斯在他的著作《大教学论》中指出，应该尽可能地把事物本身或代替它的图像放在面前，让学生去看看、摸摸、听听、闻闻等，并率先提出了教学中的直观性原则。19世纪俄国教育学家乌申斯基对直观性教学的研究进一步发展，他指出，逻辑不是别的东西，而是自然界的事物和现象的联系在我们头脑中的反映。他认为若是更好地发挥直观性作用，就要充分地利用图片、模型等教具，这样不仅能够激发学生的学习兴趣，而且能充分地提高学生的思维能力。苏联教育家赞可夫在直观性教学方面的研究成果也很多，其著作主要有《词和直观在教学中的相互作用》及《词和直观在教学中的相互作用的研究实验》等。

随着现代信息技术的发展，在直观教学中多媒体信息技术的应用被重视，在信息技术教育应用方面得到了更大的支持，如美国启动了国家教育技术工程，欧盟发布了信息社会中的学习——欧洲教育创新行动计划，新加坡推出全国教育信息化计划，马来西亚实施了多媒体走廊计划。

我国的传统教学中，采用的直观教学法主要是语言教学和板书教学，逐渐把挂图和教具应用到课堂中，随着信息技术的发展，20 世纪 90 年代我国将以计算机为核心的信息技术应用到教学中，信息技术在我国的教学研究中得到了快速发展，现在多媒体技术应用到小学、中学、大学的各个科目的教学过程中。直观教学作为一个主要的教学手段得到了广泛的应用，对我国课堂教学的丰富性和生动性起到了非常重要的作用，改变了传统教学的纯理性色彩，为课堂教学注入了活力。

三、直观教学法的形式及其主要特点

（一）语言和动作直观教学

1. 语言直观教学　　语言是教师传授或表达知识信息的重要手段，语言直观教学是在教学中，通过语言上（书面或口头）生动具体的描述、形象鲜明的比喻、清晰明了的对比等形式，对知识进行传授的教学方法。以科学性和准确性为前提，运用形象生动的直观语言来说明复杂的问题，化抽象为具体，变复杂为简单，将科学性与趣味性有机结合起来，可以收到良好的教学效果。

在植物病理学教学中经常用生动形象的语言形容植物病害的症状，例如，在讲授植物病害的坏死病状时，将叶片比喻为大海，病斑比喻为大海上的岛屿，形容病斑的轮廓明显这一特征；在讲到辣椒病毒病的症状时，形容花叶症状为"迷彩服"；在讲授葡萄黑痘病的症状时，果实上产生"鸟眼状"病斑；在讲授泡桐丛枝病的症状时，将泡桐树上的丛枝症状形容为"鸟窝"；在讲授芹菜斑枯病和细菌性叶斑病时，将斑枯病称为"黑点点病"，细菌性叶斑病称为"红点点病"，将黄瓜靶斑病称为"黄点子病"；将韭菜灰霉病称为"白癜风"。通过形象的比喻将这些病害的症状特点概括，使得学生容易理解记忆。

教师利用生动的语言来影响学生的情感，使学生想象已知形象，产生新的表象。它表达出的意思清楚明白，可以唤起思维的风帆，使人联想翩翩，使两个本来联系不大的事物之间架起联系的桥梁，有助于学生对抽象概念的理解，从而克服机械地掌握知识的弊端。在讲授辣椒疫病的症状时，由于其发病部位在辣椒的分叉处，有人形象地把此病称为"关节炎"；在讲授黄瓜霜霉病时，将其称为"跑马干"，形容其发展流行的速度迅速。通过这种形象鲜明的比喻，化抽象为具体，收到良好的教学效果。在讲授子囊壳、闭囊壳、子囊盘的概念时，将子囊壳形容成为"烧瓶状"，有固定孔口的子囊果；闭囊壳形容为"圆球状"封闭的子囊果；将子囊盘形容为"盘状"或"杯状"的子囊果，这样就将这些微观的、难以看到的子实体形象化了，有助于学生对抽象概念的理解，从而克服了机械地掌握知识的弊端。

害虫小菜蛾的幼虫在遇到惊扰时，快速扭动、倒退、翻滚或吐丝下垂，因此，在讲授蔬菜害虫小菜蛾时，可形象地把小菜蛾称为"吊死鬼"；小菜蛾的 1 龄、2 龄幼虫危害菜叶时，仅取食叶肉，残留表皮，在菜叶上形成一个个透明斑痕，称为"开天窗"。在讲到"弹尾虫"的特征时，可以引入"善跳弹尾目，腹节不过六，基部有腹管，跳器在端部"的例句，这样学生就很容易接受和记住。在讲到害虫名称时，可以把种的名称同它的形态、生理功能、生活习性联系起来，如水稻负泥虫的名称又叫背粪虫，原因是肛门开口于体背，排泄的粪便堆积于体背，以此特点引起学生的高度注意，然后再讲其他特征，这样，就把枯燥的内容变得吸引人了。当讲到害虫防治时，先介绍害虫的习性，使学生首先联想到根据习性如何进行防治。这样的讲授方法，就把枯燥单调的内容，变成了生动有趣的讲授，从而唤起了学生听讲的极大兴趣。

语言直观教学具有灵活、经济、方便的特点，不受时间、地点、空间、设备和其他条件的限制，应用更为广泛，但不如其他直观教学方法生动、形象、逼真。

2. 态势语直观教学　是指教师在教学过程中用来传递信息、表达情感和表示态度的表情神态及身体姿势，这种无声的身体语言具有形象、直观、易理解的特点。日常生活中与人沟通时，就可以凭借无声的身体语言来探索对方内心的信息，同时，对方也可以通过身体语言来了解彼此的真实想法。因此，在实际教学过程中，可运用眼神、表情、姿势、手势等非声音的身体语言行为来为教学服务。在课堂上利用身体各部分及衣服等作模型演示，用以说明生物的某些形态、结构，只要运用得当，也能调动学生的学习兴趣。采用这种方法进行教学，学生可模仿，能激发学生的学习兴趣，使学生积极主动地进行学习，印象深、效果佳，是其他模型所无法替代的。

例如，在讲授《植物化学保护》中杀菌剂内容时，把菌物分为低等菌物和高等菌物，针对低等菌物和高等菌物所采用杀菌剂是不同的，用手和身体比划高和低，防治低等菌物（这时用手比划低）的药剂有什么种类，防治高等菌物（这时用手比划高）的有什么种类；在《农业病理学》稻瘟病的讲授中，当讲到病害的症状穗颈瘟时，用手指到脖子处，说明穗颈瘟的发病部位；在《农业昆虫学》昆虫的分类中，当讲到鞘翅目的叩头甲科时，把头低到胸前，来说明其形态"头紧嵌在前胸上"。通过手势、体势的使用，吸引学生的注意力，提高教学效果。

3. 板书直观教学　板书一直以来是教师经常使用的重要教学手段，板书就是教师根据教学的需要在教学用具（如黑板等）上运用文字、符号、图表等传递教学信息的书面表达形式。板书蕴含着教师的学识、智慧和技巧，能体现教师的教学理论水平，是教师综合教学能力的反映内容之一。一个好的板书，有利于知识传授、能力培养、情操陶冶，有利于活跃课堂气氛，学生记忆知识。教师在备课时要全盘思考，合理准确设计好该课时的板书内容与板书形式。总之，教师设计板书时应做到：文字正确、美观，语言简洁、准确、生动，内容科学、完整、系统，结构严谨、有序等。简明、扼要、科学的板书带有一定启发性，给学生以深刻的印象和严密全面的知识，可以突出课堂教学重点，有利于学生理解和掌握讲课内容，教师可以通过板书的条理、次序来发展学生的思维，还可以通过采用一系列的线条与符号来展示部分与部分之间的关联、异同，来发展学生的思维。相反，板书字迹拥挤、文字堆积且杂乱无章，就起不到应起的作用。

《植物病理学》中，菌物的分类内容多而且杂，是学生最感头痛的内容，出现这种问题的原因是学生学习过程中没有注意知识的系统性、条理性。那么作为主讲教师在每一个门各个属的特征讲完之后，一定要对讲过的知识进行总结、整理，帮助学生理解性记忆。每一个门都要做一个树状图表，门下面根据什么特点分为哪几个纲，每个纲下又如何分目，目下如何分属，属的具体特征是什么。在讲授垂直抗性和水平抗性、单年流行病害和积年流行病害的区别时，可以在黑板上列一个表格，边讲边列其不同点。通过板书，将这些内容梳理，在这种系统性、条理性的大纲式学习过程中，大大提高了学生记忆效率。

板书直观教学的特点有如下几点。

1）可以完全结合讲授的内容，突出重点：过多的文字和图片排列在书中，主题不够突出，常使学生的注意力分散。在教学中教师可以将大纲中要求学生掌握学习的重点难点问题归纳总结在板书上，使学生掌握了知识的重点、难点，充分地集中了学生的注意力。

2）边讲、边写与画，使学生的印象格外深刻：书本中的知识内容可以是"死"的知识，但是教师可以通过归纳板书将教材中的知识内容转变为活的知识。教师可以在讲解过程中将知识点写在黑板上，这样便于学生理解学习内容和加深记忆，提高学生的学习兴趣。

3）对教学条件要求不高：板书不需要任何设备，只要一些粉笔就能运用自如，这就要求教师熟练地掌握教材，并且绘制板书。板书在课堂中随时都可以用到，检查学过知识、讲授新知识及巩固新知识时都可以用到板书。

4. 板图直观教学　　板图是形象语言，既准确又简练，集趣味性、直观性于一体，它可使一些较抽象、繁琐难以表述和理解的内容变得清晰、明了，加深印象。在课堂上，教师边讲授边画简易板图，有助于学生理解和记忆基础知识，提高学生的学习兴趣，集中注意力，使教学效果显著提高。例如，在"植物病理学"卵菌门霜霉目的分类讲授中，讲到其分类依据时，可以在黑板上画图，二叉状分枝和单轴直角分枝及分枝末端平钝、尖锐、盘状的特点一目了然，便于掌握霜霉科几个属的特点。在"普通昆虫学"头部构造的讲授中，在黑板上画一个简单的头部构造图，边讲边画，通过几个线条将头部分区，然后在各个分区部分填上其名称及其复眼、单眼、触角、唇等器官，这样直观地将昆虫头部的构造展示在学生面前，将抽象划为具体，使学生易于接受。在讲授昆虫翅脉的时候也可在黑板上画其翅脉图，将脉的分区边画边填在上面。通过这简单的一画不仅使学生掌握了难点，而且还帮助了教师突出了教材的重点。

板图可以辅助实物、模型、标本或挂图等需要注意和强调的部分，一边在黑板上即时绘图，一边讲授，从外到内，从下而上，循序渐进，层层推进，学生一目了然，做到画时即有，擦时即无，机动灵活，这比整张挂图或投影呈现后再讲解，效果更好。板图是教师应具备的基本功，应该努力掌握，这将增加教师的感染力。

（二）实物直观教学法

1. 实物演示　　是课堂教学中常用的方法。一般传授什么知识就出示什么实物。一些只凭语言讲授学生难以接受的问题，通过演示教学便迎刃而解。在教学中应设法让学生看到实物，因为实物不仅能真实地反映出该生物及其同类的形态结构，还能真实地表现出生物所特有的生命活动。实物给学生留下深刻印象，学生从中获得真实的感性知识，从而得出正确的概念和结论。通过实物对照讲解知识，让学生在亲自观察、实践的基础上接受知识，能充分调动学生的学习兴趣，不仅学得主动，而且也记得牢固。

在"植物病理学"的症状和病原的观察过程中，提供实物是最好的方法，例如，在讲到菌核时，给学生提供向日葵菌核病的菌核，让学生观察菌核的外形、颜色和大小；在进行卵菌门霜霉目及其所致病害症状观察实验时，学生在课前采集了葡萄霜霉病、黄瓜霜霉病、莴苣霜霉病、白菜霜霉病等病害的叶片，在实验课中通过刮、挑等简单的制片方法制成临时玻片进行观察，参照教师在课堂上讲授的有关内容和提供的教学玻片、挂图、标本进行对比鉴定，这样既了解了霜霉目的主要形态特征，又掌握了与植物病害有关的重要属的基本形态特征及分类依据，学会了病原物临时玻片的制作方法。同时，学生通过采集得到的不同霜霉病叶观察到霜霉病的主要症状特征是在叶的正面为多角形坏死斑，叶的背面大多是白色的霜状霉层，但黄瓜霜霉病却表现为灰黑色霉层。增强了学生学习的主动性，培养了学生的动手能力和发现问题、思考问题、解决问题的能力。如在观察绵霉或水霉的形态时，教师提前3个月用线麻籽从水稻土中将绵（水）霉诱发出来，并纯化培养，等到无性游动孢子囊长出来以后，让学生观察，这种新鲜的材料学生容易自己制作成临时切片进行观察。在显微镜下学生能够看到典型的水霉游动孢子囊层出现象和绵霉游动孢子囊侧生特征，而且还能看到游动孢子向外释放的壮观景象，另外，也能看到水体中其他病微生物的自由活动，这样的课程学生特别感兴趣，也愿意亲自动手做实验。在"普通昆虫学"教学过程中，在讲到昆虫的口器类型时，给学生提供两种昆虫，蝗虫和叶蝉，让学生仔细观察它们的口器类型，从而掌握咀嚼式口器和刺吸式口器的结构特点，这样学生不仅学得主动，而且也记得牢固。在"植物化学保护"的常用农药剂型观察的时候，将各种剂型的农药摆放到桌面上，让学生仔细观察，结合标签，掌握农药各剂型的特点及其应用。

实物直观虽然真切，但采集受季节、区域的限制，而且所反映的各种特性大多是静态的，有许多特性是呈现不出来的，往往是本质要素与非本质要素混杂在一块，而且事物的非本质要素往往较突出、强烈，而本质要素则比较隐蔽、弱小。由于强的刺激因素对弱的刺激因素起着隐蔽作用，因此往往难以突出本质要素，必须"透过现象看本质"，这具有一定的难度。因此，实物直观不是唯一的直观方式，还必须有其他种类的直观教学方法。

2. 标本直观教学　　标本给学生以看得见、摸得着的感觉，可以弥补田间无病虫害而学生不能及时看到的情况，可以随时让学生观察、鉴别。在"植物病理学"实验教学过程中，最常用到的是植物病害症状的盒装标本、浸渍标本和压缩标本。植物病原物的玻片标本，用以观察植物病害的症状特点和病原菌的形态特征，这是目前病理实验课最基本的方法。但由于标本特性、制作技术、保存时间的制约，部分标本症状过于"典型"或不清晰，标本色泽改变等因素，更需要学生辩证地加以认识，如果教条、僵化地理解、记忆，便不利于在田间准确地应用。如果学生在课堂上理解不了，则在实验中只会看表象，实验深度不够，往往对教师千辛万苦准备的材料（有些材料需到田间采集，而且往往不容易得到，而后经过制作培养基分离培养、纯化，多天才能准备完毕一次实验）没有经过认真细致的观察及解剖，采用"参观"式的学习方法，然后花费大量时间（有时占一半实验课时间甚至更长）来完成作业，参照书本或挂图画出漂亮的形态图、症状图，忽视了自行动手制作标本、深入了解病原的重要性，也失去了实践运用的机会，使实验课变成无效的学习时间。当然必要的作业，是为了加强认识，但占用时间过长，则导致主次颠倒，效果不佳。因此，在实验过程中，教师要适当把握作业的量，不能太多，在实验中先给学生充足的观察时间，教师在旁边辅导，之后，再让学生绘图。实验室对已破损的标本和症状不明显的标本要及时修补、更换，以保证实验课的教学质量。

标本应从仔细观察实物中获取。自然界的病虫害种类繁多，病虫害发生有很强的季节性和地域性。因此，采集病虫害标本作为课堂教学的实物标本必须有所选择，选择的原则应该是在讲课的当时当地易采，且数量多、症状典型、易于观察。

（三）模像直观教学法

1. 挂图直观教学　　挂图是教学中所采用的最基本的间接直观形式，是传统的富有生命力的教学手段，对学生比较熟悉、有比较丰富的感性认识的学习对象，采用挂图与上课同步的教学方法，可以达到事半功倍的效果。挂图可以帮助学生了解昆虫的外部形态和内部结构；可以使一些比较抽象的内容形象化和具体化，使一些分散的内容整体化，许多有关昆虫形态结构的模式图，能把昆虫复杂的形态结构模式化，使学生一目了然地看清和认识其特点，这是昆虫实物和模型所不能比拟的；挂图还能帮助学生更好地理解昆虫的生理功能知识，将知识化抽象为具体，容易加速理解和加强巩固，在一定条件下，它可以代替实物；在某些实验中，还可以使学生掌握实验步骤和操作方法。它的这些作用，都能帮助学生更好地学习知识。

在传统的植物保护教学中，挂图经常被应用到"植物病理学"、"农业昆虫学"等教学中，例如，植物病原菌物的一般形态教学中，菌物的无性繁殖和有性生殖的方式，孢子的类型，菌物的分类，以及麦类、水稻、杂粮、棉花等作物病害的症状和病原等，都用到了挂图。由于多媒体技术的发展，挂图教学逐渐地用得少了，但是可作为教学的补充使用。

2. 模型直观教学　　模型是根据特定的生物形态、结构特征制作，能呈现特定生物形态结构特征、肉眼能观察的模具，对个体小的生物，模具放大了好多倍，能把各部位明确地表示出来，使学生迅速而清晰地看到生物体及其器官组织的形态结构，看到生物个体发育或系统发育的过程，是教学中最常用的直观手段之一。在植物保护专业教学过程中，有的生物形体太小，学生不易清晰地看清它们的结构，如霉菌的形态和孢子繁殖、植物病毒的结构、蜱虫等，可以通过模型来演示，可以克服实物直观的局限性，扩大直观的范围，提高直观的效果。有些模型是可装卸的，学生不仅可以看清并掌握它们的特点，而且可以动手卸装。在动手的过程中加深了对知识的理解，解决了学生学习构造知识容易感到枯燥无味和难于记住的困难。

由于模型直观的对象可以人为制作，因而模型直观在很大程度上可以克服实物直观的局限，扩大直观的范围，提高直观的效果。首先，它可以人为地排除一些无关因素，突出本质要素。它可以根据观察需要，通过大小变化、动静结合、虚实互换、色彩对比等方式扩大直观范围。正因为模型直观具有这些独特的优点，因此它已成为现代化教学的重要手段，是现代教育技术学研究的重要内容。但是，由于模型只是事物的模拟形象，而非实际事物本身，因此模型与实际事物之间有一定差异。

（四）多媒体直观教学

多媒体技术可以将文字、图形、声音、动画等不同形式的信息结合在一起，为学生提供生动形象而又丰富多彩的感性材料，而共享资源的网络技术使学生可以不受时间空间限制获取大量信息，比较自主地安排学习时间和空间。多媒体课件的特点使授课形式多样，可视性好，易调动学生的学习积极性；信息量大，内容丰富，可大大提高教学效率；减少教师机械、重复编写教案的劳动，让教师将更多精力用在对教案的补充和更改上，及时反映学科进展。教师在多媒体课件中可以方便标记出教学内容的重点和难点，如教师可以将重要内容加粗和利用不同颜色显示等，以此方式突出重点，让学生可以在较短的时间内快速了解课堂所讲授的重点内容，并暗示了学生在听这部分内容时注意力要高度集中，这样既达到了教学目的，又缩短了教学时间，加快了教学进度。在植保专业的病理、昆虫、化学保护教学过程中，应用多媒体技术教学已经成为主要的教学方式。

1. 多媒体直观教学在昆虫学中的应用　　在"农业昆虫学"教学过程中，通过制作质量较高的多媒体教学课件，充分利用现代教学手段的声音、图像、色彩和动画效果，真实表现昆虫的外部形态特征、危害和各种习性，课件精美、图像清晰、图文并茂，内容直观、具体、生动，激发了学生的学习兴趣，显著提高了教学质量。例如，在多媒体课件中使用了动画效果来表现昆虫的取食及危害等过程，使得学生在课堂上就观察到了平时难得见到的昆虫的这些有趣的生命活动现象。也可利用课间放映很多非常有趣的昆虫小知识，各种各样的千姿百态的昆虫，最大限度地激发学生对这门课的兴趣。

在"普通昆虫学"教学过程中，在讲解昆虫的取食行为时，利用多媒体技术可以动态地展示出昆虫是如何利用触角来感知环境中的挥发性物质，进而对寄主植物进行远距离定位，接着展示出昆虫的足在植物上不停地"敲打"和"触诊"以感知寄主植物的表面化学成分，最后昆虫确定是否最终作出取食行为。利用多媒体技术较好地展示了昆虫取食的整个动态过程，不仅活跃了课堂气氛，激发了学生学习的兴趣，而且最重要的是让学生深刻地掌握了这部分内容，达到了教学目的。讲到昆虫的血液循环时可以播放一些 Flash 动画，让学生直观地了解昆虫血液循环模式，化静为动、形象直观的画面，更容易使学生快速而准确地掌握这部分知识。

2. 多媒体直观教学在植物化学保护中的应用　　在"植物化学保护"教学过程中，在讲授杀虫剂的作用机制一节时，利用多媒体技术，通过动画展示神经的传导过程，有机磷杀虫剂与乙酰胆碱酯酶（AchE）结合过程及特点、昆虫的反应等使讲授内容一目了然，学生印象深刻。在讲授农药剂型加工、农药剂型与使用方法时，通过观看录像，使学生身临其境。

3. 多媒体直观教学在病理学中的应用　　在"植物病理学"实验教学过程中，教师把收集、整理的病害症状图片、照片，一些少见的病变标本、具有特征性的病害和新鲜的病原物等通过多媒体扫描系统或显微系统存入计算机中，包括计算机网络系统下载的国外图书馆藏的有关病理学图片，然后制成相应的文本图形、动画、视频图像等，与实验内容有机组合，如植物的病毒病现在很常见，但由于病毒形态微小，只能通过电子显微镜才能看到，因此过去植物病毒形态特征观察实验只能通过教师挂图描述、学生想象、再结合危害症状来完成。有了多媒体技术，通过网上下载把电子显微镜下的病毒各形态的立体特征，形象、生动、逼真地展示给学生，使学生对病毒的形态有了更进一步的认识。通过不断积累，在计算机内储存了一套完整的植物病原菌基本形态的真实显微图像，实验开始时视需要选择图像投影放大到投影屏幕，对照图像进行简单讲解，然后再让学生在自己的显微镜下观察，这样就能有的放矢，提高了实验教学效果。多媒体技术可进行局部放大或将多个图像同时进行比较，在"植物病理学"白粉菌（或霜霉菌、锈菌）各属形态观察实验中，在课堂上可以先把白粉菌（或霜霉菌、锈菌）各属形态特征的显微图像展示在同一窗口，让学生进行比较、归纳、总结，再结合自己采到的新鲜标本和教师提供的实验用的病原玻片在显微镜下观察，学生很容易区别和掌握所学的病原菌形态的分类特征，并画出各病原菌形态图，使所学知识当堂消化。多媒体技术使微观的结构宏观化，稀有的病原菌玻片数量有限，不能满足实验需要。例如，松材线虫，由教师制作示范镜片供学生轮流观察，浪费了大量的时间，而且学生视力有差异，一个学生在观察中稍微调一下焦距另一个学生就很难观察。利用多媒体显微成像技术，就可直接把病原玻片放在生物摄影显微镜上，然后将显微图像通过计算机切换到投影屏幕上，全班学生同时观看，并在看的同时教师进行讲解，既节省了时间，又收到了较好的效果。某教师从外地采到一个新鲜标本而此标本在该省属检疫对象，很难采到，可以利用多媒体显微成像系统把新鲜材料制成临时玻片放在显微镜下把显微图像存储下来，可代替永久切片，在实验课中从计算机中调出放大，充实了实验内容。

运用多媒体教学能够更加形象直观地展示一些植物病害发生、发展的变化过程，使实验教学内容生动、形象、逼真，让学生的抽象思维与客观事实能够紧密联系、相互渗透，激发学生的学习兴趣，提高学生对教学内容的理解，现代化教学结合多种电子媒体如电脑、投影仪、激光笔、扩音器、录音机、录像机等设备来优化教学效果。如今手机高分辨率的照相效果、视频录像等方便快捷的转换方式为多媒体教学的资料搜集工作提供方便，例如，在显微镜观察时，一些病害装片在染色处理效果上，病原特征非常好，学生利用手机直接将摄像孔对准目镜口，就可清晰拍摄，存储在自己手机里在闲暇时随时观看，还可在手机之间相互传输；或发在群空间、微信群里做到资源共享，这为多媒体教学制作授课讲义、授课课件、授课视频、植物病害图库、动画模拟视频、实验操作视频、网络链接等提供了一个比较系统、完善的多媒体教学素材库。如观察植物病原真菌禾柄锈菌时，生活史上出现的转主寄生现象，由于采集的锈菌孢子和寄主单一，上实验课时观察的寄主和孢子类型不够全面。可以事先制作 Flash 动画教材，将禾柄锈菌的繁衍方式利用动画形式来形容整个生活史。如禾柄锈菌寄主麦类作物的冬孢子堆产生冬孢子，冬孢子萌发后产生担孢子，担孢子在转主寄主的小檗上形成性孢子器，性孢子如何从性孢子器中挤出，以及形成的双核菌丝体又飞到小檗叶片背面上形成锈孢子，锈孢子又借风力飞到小麦上形成夏孢子堆，继而生长后期形成冬孢子的循环过程，Flash 动画形式可将这 5 种孢子的形态结构和生活史的活动紧密联系在一起，使微观物体可视化，抽象事物更加动画化，丰富了实验课内容，提高了学生的兴趣和效率。

多媒体课件的应用大大激发了学生的学习兴趣和学习热情，提高了学习的积极性和主动性，使学生在较短时间内能够获得大量教学信息。通过调查，学生普遍反映主要具有以下优点。

1）解决了教学内容多而教学时数少的矛盾。

2）扩充了课堂教学的信息量，提高了形象化教学效果。这有利于学生对一些基本概念、病原物和昆虫的形态及特点等知识的掌握和巩固。

3）解决了教学过程枯燥乏味、理论与实际脱节的矛盾，提高了学生的学习积极性和主动性。学生上课的出勤率、考试及格率都有了明显提高。

4）解决了教学过程完成后有些教学内容无法再现的矛盾，使学生的复习、讨论能够有效地实施。

4. 应用多媒体技术需注意的问题

1）避免过于注重形式，忽视教学内容：教师在制作多媒体课件时，经常错误地认为图片、动态效果越多，越容易引起学生的注意力或教学效果越好，但事实相反。过多地注重多媒体课件的形式，反而容易使学生对课件失去新鲜感，并且华丽的图片和动态反而成为学生学习教学内容的干扰，影响教学效果。因此，教师在制作课件时要适当掌握图片、动态、声音等形式化东西的应用尺度，做到恰到好处。另外，在制作多媒体课件时切忌课件颜色太杂，文字太多。例如，同一版面中文字的颜色不宜超过 3 种。分别用在主题、正文和强调部分，文字不宜太多，以免影响学生的视觉效果，而导致事倍功半。

2）避免缺乏交流，注意课堂师生互动：教学的过程中，教师永远是主导，学生是主体，而多媒体仅仅是一个辅助手段，可以帮助教师更好地讲解比较抽象、难理解的内容，而如果教师错误地以多媒体为主要教学方式，一味地独自讲读课件内容，无视学生对内容理解程度的反馈信息，不与学生进行课堂交流，势必会使学生的思维间断并逐渐停滞而最终失去学习的积极性。因此，教师在使用多媒体时应该时时注意学生的反应，适当与学生进行交流，引导学生主动学习，积极思考，例如，在讲授"昆虫滞育激素"时，教师可以引导学生大胆想象其在医学减肥等领域中的应用等，有利于活跃课堂气氛，充分调动学生学习的兴趣，提高学生的想象力，培养学生全方位主动思考的能力，提倡课堂上主要由教师启发引导、鼓励学生积极思考、真正地做到以教师为主导、以学生为主体的互动式教学方式。

（五）野外或现场观察直观教学法

野外与现场教学的课堂设在生产、实验场地，教师边讲边操作，学生看得见，摸得着，听得进，易掌握。使用现场教学时，教师首先要选择好场地，授课时的讲解、操作、问答配合要适度，对接受能力不同的学生区别对待，使每个学生都能掌握所学内容，教师在教学中应充分听取学生的各种意见，吸取合理部分，以丰富教学内容。

野外观察是根据教学目的和目标，组织和指导学生到野外对事物和现象进行观察，从而获得直接的感性认识和直接经验的一种方法。在教学中运用野外观察法有助于调动学生的学习积极性，使学生对课堂上的知识有一个理解和巩固的过程，从而激发学生的学习兴趣。到野外观察时应注意的几点问题：明确到野外观察的目的和任务，即对应课堂中要学习到的内容；教师根据教学目的的要求，要求学生结合观察对象的特点按照一定的顺序进行观察；引导学生抓住观察事物对象的重点；请学生根据实际观察的结果进行总结报告。野外观察，有利于学生理解教材的内容，学生体会到了直接观察的生动和真实，有利于提高学生的学习兴趣，激发学生的求知欲，有助于学生深刻记忆。但是野外观察的缺点是，学生只能观察事物的表面特征不能体会到事物的内部与本质特征，不易组织学生进行有效的观察。

现场教学是植物保护专业"病理"、"昆虫"课程实验教学采取的另一种教学方法，这种方法是根据田间植物病害的发生来安排实验教学，为了让学生认识更多的植物病害，并能了解植物病害的典型症状，教师必须事先到田间对病害进行实地考察，根据田间农作物的发病情况，因地制宜地给学生进行实验教学。现场实践是行之有效的教学方法之一，学生很快认识和初步掌握植物病害的症状特点、病害循环及此病害的防治方法；同时，让学生学会标本采集，将采集的标本带回实验室作进一步显微鉴定，此教学方法，加深了学生对课本知识的理解，使学生进一步认识到病害发生的时间和病害特点，学习内容更加具体，学生的实践能力大大加强。在现场教学的过程中，教师结合"启发式"教学，启发学生多动脑筋，善于思考，只有这样，学生才能印象深刻，如白菜霜霉病、黄瓜霜霉病、莴苣霜霉病、葡萄霜霉病等都是霜霉菌引起的病害，在病原形态上有很大差别，如何区分几种病原的差别呢，那就让学生采集标本后在实验室作进一步镜检、观察、绘图，学生很容易地把发生在不同寄主上的霜霉病菌区别开来，这种归类对比的方法，鲜明、生动、记忆深刻，学生学起来容易感兴趣，有利于学生对书本知识的消化和吸收。

第二节　直观教学法的应用

一、直观教学法案例——小麦锈病

（一）"小麦锈病"案例设计说明

小麦锈病包括条锈、叶锈、秆锈三种类型，是小麦上分布最广、危害最重的一类病害，其特点是发展快、传播远，能在短时间内大面积流行。锈病危害主要导致叶绿素被破坏、光合作用下降、呼吸作用加强、蒸腾量增加、失水严重，从而影响小麦的生长发育，造成减产。

中等职业学校的植物保护专业学生，已初步学习了植物保护的基础理论知识，对于症状和病原有所接触，但内容太多，容易混淆。故在教学过程中通过多媒体教学，充分利用小麦锈病各个时期的症状图片、标本和挂图等直观教学方式，增强学生的感性认识，激发学生的学习兴趣，提高教学效果。充分利用学校实验室条件和农场等实习基地，使学生通过现场实物、标本和图片等，多角度去认识病害，为病害的诊断和防治奠定基础。

本案例的特点是在多媒体直观教学过程中，利用图片来展示小麦三种锈病在发病部位，夏孢子堆的颜色、大小和排列情况等方面的区别，以及三种锈菌的冬孢子和夏孢子的形态特点，教学过程中教师除遵循直观教学法的一般环节外，适当地让学生先观察，并描述观察结果，以培养学生的观察能力和表达能力。然后通过列表比较三种锈病的症状区别，并利用语言直观教学，通过概括一句话来区分三种锈病的症状。

（二）"小麦锈病"案例教案

【教学内容】①小麦锈病的分布和危害。②症状。③病原。④周年侵染循环规律。⑤发生和流行因素。⑥防治。

【教学目标】通过学习使学生掌握小麦三种锈病的症状特点，能够熟练地诊断三种锈病，为小麦锈病的识别和防治奠定基础。

【教学重点】小麦锈病的症状、病原、周年侵染循环规律、发生和流行因素及防治。

【教学方法】直观教学和传统的讲授相结合。

【教学准备】收集小麦条锈、叶锈、秆锈三种锈病的症状图片，制作多媒体课件；利用挂图列表比较三种锈病的症状区别，准备小麦三种锈病的盒装症状标本。

【教学时间】2 学时。

【教学过程】小麦是我国的第二大粮食作物，病害是造成小麦减产的主要自然灾害之一。历史上曾经有"南螟"、"北蝗"和"西锈"的说法，说明锈病是小麦的主要病害。锈病不仅分布广，而且危害严重，是小麦生产过程中重点防治的病害。

1. 小麦锈病的症状　问题提出：通过展示小麦锈病的田间危害图片，引起学生的注意，教师就此提出问题，锈病的症状特点和三种锈病是怎样区分的。

说明目标：只有掌握了小麦三种锈病的症状特点，才能识别和防治锈病。

进行直观教学展示小麦三种锈病的症状图片和标本，教师简单讲解后让学生仔细观察，从发病部位，夏孢子堆的颜色、大小、形状等方面进行描述。教师列表比较三种锈病的症状区别，并用一句话概括"条锈成行，叶锈乱，秆锈是个大红斑"。

集中强化训练：对照锈病症状图片或标本（遮挡文字说明部分），让学生识别三种锈病，巩固教学内容。

教师引导：同学们，我们掌握了小麦锈病的症状，那么，它是由什么引起的呢？这就涉及它的病原了。

2. 小麦锈病的病原　教师通过多媒体展示引出小麦三种锈病的病原：条形柄锈菌、隐匿柄锈菌、禾柄锈菌的冬孢子和夏孢子的形态特征图片，让学生观察。教师从冬孢子的形态、细胞个数、顶部形态、分隔处是否溢缩等方面进行引导，从夏孢子形态、表面是否有微刺等方面引导学生观察，然后教师进行总结。小麦条锈菌和叶锈菌的夏孢子形态都呈圆形，有微刺，不好区分。可通过现场演示实验来进行，这就用到了现场直观教学。

准备两张载玻片，一瓶正磷酸或浓盐酸，条锈菌和叶锈菌的夏孢子粉，教师演示实验，将载玻片擦干净，在上面滴上一滴正磷酸或浓盐酸，然后分别加上条锈菌和叶锈菌的夏孢子粉，盖上盖玻片，放置 5～10 min，在显微镜下观察，原生质浓缩成几个小团的是条锈菌，在中间浓缩成一个大团的是叶锈菌。

讲授三种锈菌的生物学特性，重点是对温度和湿度的要求，教师可通过板书直观教学列表进行。

3. 小麦锈病的周年循环规律　小麦锈病的周年侵染循环包括 4 个阶段：越夏、侵染秋苗、越冬、春季流行，以条锈病为例讲授。

问题提出：小麦条锈菌喜凉怕热，当夏季最热一旬的旬平均温度高于 22 ℃时，不能越夏，按照此温度分析，华北平原的小麦条锈菌不能越夏，况且华北平原从 6 月份小麦收获到 10 月份播种，中间有 4 个月的时间田间没有小麦种植，那么，小麦条锈菌是以何种方式到什么地方越夏了呢？

说明目标：只有掌握了小麦三种锈病的周年侵染循环规律，才能有效地防治锈病。

进行直观教学：通过展示小麦锈病越夏地点的图片，让学生掌握小麦越夏的主要地点在西北片，包括甘肃的陇南、陇东，青海的东部，四川的西北部等。最后，教师利用板图直观教学在黑板上画图，清晰地将小麦条锈病的周年循环规律画出来，使学生看后一目了然地掌握其周年侵染循环的几个阶段。

4．小麦锈病发生和流行的因素　　利用课堂讲授的方法和板书直观教学，将影响小麦锈病发生和流行的因素列于黑板上，便于学生记忆。

5．小麦锈病的防治　　利用课堂讲授的方法和板书直观教学，将小麦锈病的防治措施列于黑板上，便于学生记忆。

教师总结：通过应用直观教学法，同学们很好地掌握了小麦三种锈病的症状，并且能够准确地诊断小麦锈病，根据小麦锈病的周年循环规律制订出小麦锈病的综合防治措施。学习效果评价标准见表 10-1。

表 10-1　学习效果评价表

评价项目（100 分）	评价方式	评价标准			
		优	良	中	及格
表述能力25	互评	语言表达流畅，内容正确，术语选用恰当	语言表达较流畅，内容正确，术语不准确，可自行纠正	语言表达一般，内容不全，术语需同学提醒	语言表达一般，内容不完整，术语需教师帮助才能表达准确
合作精神20	自评	积极参与小组讨论，团队合作意识强，按时完成任务，愿意帮助同学，服从教师的安排	主动参与小组讨论，团队意识合作较强，在教师的指导下完成任务，服从教师的安排	能够参与小组讨论，团队合作意识较强，在同学的帮助下完成任务，服从教师的安排	能够参与小组讨论，合作意识一般，在教师帮助下完成任务，服从教师安排
分析归纳能力25	教师评价＋互评	能准确归纳教学案例中的知识点	教学案例中的知识点归纳较准确	教学案例中的知识点归纳不太准确，自己可以独立修正	教学案例中的知识点归纳不准确，需教师帮助修正
综合表现30	教师评价＋互评	积极参与整个教学活动，观察认真，提出的防治措施合理，可行性强	主动参与整个教学活动，观察认真，提出的防治措施合理，可行性较强	主动参与整个教学活动，观察较认真，提出的防治措施有可行性	能够参与教学过程，观察较认真，能够提出防治措施

（三）“小麦锈病”案例应用体会

本次课比较好地运用了直观教学法，包括多媒体直观教学、标本直观教学、挂图直观教学、板书直观教学、板图直观教学、语言直观教学、现场直观教学等。教学过程灵活多样，将一些抽象的问题形象生动、直观具体地展现在学生面前，增强趣味性及课堂吸引力，提高课堂教学效果；能够较好地完成教学目标，使学生在学习知识的同时，观察力、归纳总结能力也得到了培养和提高。

二、直观教学法案例——昆虫的外部形态

（一）“昆虫的外部形态”案例设计说明

昆虫属于动物界节肢动物门昆虫纲，是动物界最大的类群。昆虫分布广，适应性强，遍布于人类能够到达的每一个地方。昆虫与人类的关系密切，危害农作物的称为农业害

虫；危害人、畜健康的称为卫生害虫；寄生和消灭害虫的称为天敌昆虫。不同种类的昆虫形态各异，其外部形态是昆虫分类的主要依据。

中等职业学校的植物保护专业学生，初步接触植物保护这门课程，虽然平时接触过蝗虫、蚊子等一些常见的昆虫，对其大概的形态有一个轮廓印象，但真正描述昆虫的形态还需一些专业知识。本案例采用多媒体直观教学法，将昆虫的特征、昆虫成虫的外部形态构造及其附器的形态和类型展示给学生，增强学生的感性认识，激发学生的学习兴趣，提高教学效果，为昆虫的识别和防治奠定基础。

本案例的特点是利用蝗虫模型来展示昆虫的特征，让学生先观察后总结。通过板图直观教学来展示昆虫头部的分区和翅脉的分区，通过蝗虫、步甲、蝉等实物昆虫来观察昆虫的头式类型，通过挂图直观教学来展示昆虫的触角、口器、胸足的构造和类型及腹部外生殖器和体壁的构造，然后通过多媒体播放昆虫的图片，让学生说出这些昆虫的触角、口器、胸足、翅的类型。

（二）"昆虫的外部形态"案例教案

【教学内容】①昆虫的特征。②昆虫的头部：头部构造、头式、头部的附器。③昆虫的胸部：胸足的构造和类型、翅。④昆虫的腹部。⑤昆虫的体壁：体壁的结构和特性、体壁的衍生物。

【教学目标】通过掌握昆虫的特征、昆虫的外部形态结构及其附器的类型，为昆虫的识别和害虫的防治奠定基础。

【教学重点】昆虫头、胸、腹部的构造及其附器的类型。

【教学方法】直观教学法。

【教学准备】准备蝗虫模型，蝗虫、步甲、蝉的实物标本，触角、口器、胸足的构造和类型的挂图，翅的类型挂图，以及多媒体课件等。

【教学时间】2 学时。

【教学过程】

1. 昆虫纲的特征　　教师引入新课：对于昆虫，同学们感到并不陌生，我们小时候玩的蚂蚱、蝈蝈、蜻蜓等都属于昆虫，现在给大家分发蝗虫模型，同学们仔细观察，昆虫具有哪些特征，昆虫的外部形态结构及其附器有哪些类型。

学生分组观察、讨论：有的同学说昆虫有一对翅，三对足，有的同学说昆虫分为头、胸、腹三部，头上有触角。有的同学说头上有口器等。

教师给予肯定，并作补充，总结昆虫纲的特征。

2. 昆虫的头部　　教师引导学生观察蝗虫的头部，看有哪些器官，又是怎样分区的，昆虫的头式有几种类型。

学生观察、发言：头部有一对触角、一对复眼、还有口器。

教师补充：还有三只单眼。教师进一步说明头部是感觉和取食的中心。

教师进行板图直观教学，边在黑板上画图边说明头部的分区。

教师讲解昆虫的头式有三种类型，分别是下口式、前口式和后口式，并让学生观察蝗虫、步甲和蝉的头式，分别属于哪一种。

学生观察并回答问题，教师给予肯定。

教师展示触角挂图，讲解触角的类型，通过多媒体展示昆虫的图片，让学生观察，说出触角的类型。

教师展示昆虫两种口器的结构挂图，来说明昆虫口器的类型及其结构。教师进一步通过图片说明两种口器昆虫的取食特点及其危害状。教师引导学生思考，针对两种口器类型的昆虫选用何种杀虫剂。

3. 昆虫的胸部　　教师讲解：昆虫的胸部由三个体节组成，依次称为前胸、中胸、后胸，每个胸节下方各有一对足，中、后胸侧上方各着生一对翅，足和翅是昆虫的运动器官。

教师提问：昆虫的足和翅有哪些类型？

展示挂图，说明昆虫足的结构和类型，并且举例说明。

教师进行板图直观教学，边画图，边说明翅的分区。通过多媒体图片向学生展示翅的类型，让学生观察，教师总结。

4. 昆虫的腹部　　教师讲解：腹部是昆虫的第三个体段，通常由 9～11 个体节组成，腹部 1～8 节两侧有气门，腹腔内有内部器官，末端有尾须和外生殖器，腹部是昆虫新陈代谢和生殖的中心。

挂图直观教学：通过挂图展示雌性和雄性昆虫外生殖器的结构，教师讲解说明，雄性昆虫的外生殖器为交配器，由一管状的阳具和一对钳状的抱握器组成，雌性昆虫的外生殖器为产卵器，由 2～3 对瓣状结构组成。

5. 昆虫的体壁　　教师讲解：体壁是昆虫身体骨化层的组织，大部分硬化，类似于脊椎动物的骨骼。昆虫体壁的功能是支撑身体、着生肌肉，保护内脏，防止体内水分过度蒸发和外部水分、微生物与有害物质的侵入。

挂图直观教学：教师展示挂图，让学生观察昆虫体壁的组成，然后教师提问、总结。

教师总结：通过应用直观教学，同学们掌握了昆虫的特征、昆虫的外部形态结构及其附器的类型，为昆虫的识别和害虫的防治奠定基础。学习效果评价标准见表 10-2。

表 10-2　学习效果评价表

评价项目（100 分）	评价方式	评价标准			
		优	良	中	及格
表述能力 25	互评	语言表达流畅，内容正确，术语选用恰当	语言表达较流畅，内容正确，术语不准确，可自行纠正	语言表达一般，内容不全，术语需同学提醒	语言表达一般，内容不完整，术语需教师帮助才能表达准确
合作精神 20	自评	积极参与小组讨论，团队合作意识强，按时完成任务，愿意帮助同学，服从教师的安排	主动参与小组讨论，团队意识合作较强，在教师的指导下完成任务，服从教师的安排	能够参与小组讨论，团队合作意识较强，在同学的帮助下完成任务，服从教师的安排	能够参与小组讨论，合作意识一般，在教师帮助下可完成任务，服从教师安排
分析归纳能力 25	教师评价＋互评	能准确归纳教学案例中的知识点	教学案例中的知识点归纳较准确	教学案例中的知识点归纳不太准确，自己可以独立修正	教学案例中的知识点归纳不准确，需教师帮助修正

续表

评价项目 （100 分）	评价方式	评价标准			
		优	良	中	及格
综合表现 30	教师评价＋ 互评	积极参与整个教学 活动，观察认真， 提出的防治措施合 理，可行性强	主动参与整个教学活 动，观察认真，提出 的防治措施合理，可 行性较强	主动参与整个教学活 动，观察较认真，提出 的防治措施有可行性	能够参与教学过 程，观察较认真， 能够提出防治措施

（三）"昆虫的外部形态"案例应用体会

本次课运用了模型直观教学、实物标本直观教学、挂图直观教学、板图直观教学、多媒体直观教学等，将昆虫的外部形态包括头、胸、腹、体腔的结构和类型形象、生动、直观地展现在学生面前。较好地完成了教学目标，使学生在掌握昆虫外部形态的同时，观察力也得到了培养和提高。

三、直观教学法案例——植物病害的症状观察

（一）"植物病害的症状观察"案例设计说明

植物生病后，会产生一定的病理变化程序，首先在植物体内发生一系列生理病变，继而细胞和组织发生病变，最后表现为植物外部可见的症状。症状可区分为病状和病征。病状是指植物生病后本身形态上表现出的各种异常变化，如颜色变化、形态变化、质地变化等。病征是指在植物染病部位出现的病原物体（繁殖体或营养体），如植物真菌病害在染病部位出现的霉层、粉状物、小黑点、颗粒状物等结构，植物细菌性病害在染病部位出现菌脓。

中等职业学校的植物保护专业学生，初次接触植物病害，并且病害的种类繁多，很容易混淆各类病害，况且对病害的描述不规范，需要通过直观教学来增强他们的感性认识，激发学生的学习兴趣，提高教学效果。为植物病害的描述、诊断和防治奠定基础。

本案例的特点是利用多媒体直观教学展示植物常见类型的病害病状和病征，让学生形成初步印象，然后学生分组观察病害的新鲜实物标本、盒装标本、浸制标本，相互讨论，确定其病状和病征的类型，教师加以巡回指导，经过不断的强化训练，最后填写表格，将病状和病征归类。以增强学生的观察能力、团结协作能力和归纳总结的能力。

主要过程如下。

1．问题提出　　大家知道，人类和动物都会生病，人类生病后会产生一系列不适的症状，如头痛、发烧、咳嗽等，那么，植物会不会生病呢？植物生病后产生哪些症状呢？

2．说明目标　　通过观察掌握植物病害病状和病征的主要类型，为描述、诊断、防治植物病害奠定基础。

3．进行直观教学　　课前，教师制作植物病害的症状观察的课件，进行多媒体直观教学，通过大量的图片，向学生展示植物病害病状和病征的类型，形成初步的直观印象。

通过观察病害的新鲜实物标本、盒装标本、浸制标本，进行实物直观教学，学生分

组相互讨论，确定其病状和病征的类型。

（二）"植物病害的症状观察"案例教案

【教学内容】①植物病害病状的类型：变色、坏死、腐烂、萎蔫、畸形。②植物病害病征的类型：霉层、粉状物、小黑点、颗粒状物、菌核、脓状物。

【教学目标】通过观察掌握植物病害病状和病征的主要类型，为描述、诊断、防治植物病害奠定基础。

【教学重点】植物病害的病状类型、病征类型。

【教学方法】直观教学法。

【教学时间】2 学时。

【教学过程】

1. 课前准备 采集常见的新鲜植物病害标本，在实验室准备植物病害的盒装标本、浸制标本和病害照片、实物标本，制作植物病害的症状观察的多媒体教学课件。

2. 教师通过多媒体直观教学引入新课 教师提问：同学们！说起病害，大家都知道，人类和动物都会得病，那么，植物会得病吗？

同学们回答：会。

教师接着提问：人得病（比如说感冒）后会产生哪些症状呢？

同学们回答：发烧、头痛、打喷嚏、嗓子痛等。

教师接着提问：植物发病后会产生哪些症状呢？

同学们相互讨论、思考：有的说植物叶片的颜色会发黄，有的说会产生病斑，有的说会烂，有的说会打蔫……

教师对同学们的回答加以肯定，并且打开多媒体教学课件，开始讲授，通过展示图片，来介绍病状和病征的类型。边介绍边在黑板上进行板书直观教学，将病状和病征的主要类型列于黑板上，让同学们看起来一目了然。教师讲完后，接下来同学们分组观察，新鲜植物病害标本、盒装标本、浸制标本、病害照片和实物标本。可以相互讨论，然后填写一个表格。

同学们开始分组，认真观察病害的新鲜标本、盒装标本、浸制标本、病害照片和实物标本，相互讨论，记录。

教师巡回指导，及时地回答学生的提问，发现错误并加以纠正。

3. 集中强化训练 经过不断的观察病害的标本，增加标本的数量和范围，学生相互提问，教师提问学生，最后填写表格（表 10-3），将病状和病征归类，完成实验报告。

表 10-3 植物病害的症状观察

病害名称	发病部位	病状类型	病征类型	备注

4. 教师总结　　通过标本直观教学，同学们掌握植物病害病状和病征的主要类型，为描述、诊断、防治植物病害奠定基础。学习评价效果标准见表10-4。

表10-4　学习效果评价表

评价项目（100分）	评价方式	评价标准			
		优	良	中	及格
总体效果 10	教师评价＋互评	试验报告内容准确，无安全事故	试验报告内容较准确，无安全事故	试验报告内容较准确，符合实际情况，能独立分析，过程需教师指导，无安全事故	试验报告内容不全，符合实际情况，在教师的指导下操作、分析，无安全事故
表述能力 25	互评	语言表达流畅，内容正确，术语选用恰当	语言表达较流畅，内容正确，术语不准确，可自行纠正	语言表达一般，内容不全，术语需同学提醒	语言表达一般，内容不完整，术语需教师帮助才能表达准确
操作实施过程 40	教师评价＋自评	观察认真，教师指导少，能准确地描述病状和病征的种类	观察认真，在教师指导下，能较准确地描述病状和病征的种类	观察较认真，在教师指导下，能描述病状和病征的种类	观察不太认真，需要在教师指导下，来描述病状和病征的类型
总结汇报 25	教师评价＋互评	内容详细、过程记录和分析完整，并能提出一些新的建议	内容完整；有过程记录和分析，能解决所遇到的问题	内容基本完整；有过程记录，但相关内容不全，基本完成试验	内容不完整；过程记录不全面，在规定时间内，在教师的帮助下基本完成试验

（三）"植物病害的症状观察"案例应用体会

本次课运用了多媒体直观教学、标本直观教学、板书直观教学等，将一些病害的症状形象、生动、直观展现在学生面前。学生通过认真细致的观察病害种类繁多的症状，并归纳总结掌握了病害症状的类型和病症的类型。在完成教学目标的同时，观察力、团结协作能力、归纳总结能力也得到了培养和提高。

思　考　题

1. 何谓直观教学法？
2. 直观教学法的形式及其主要特点有哪些？
3. 在植物保护教学中，如何通过应用直观教学法提高教学效果？

第十一章 问题情境教学法

【内容提要】 问题、问题意识、问题情境教学法的概念。问题情境教学法的优点、研究历史。问题情境教学法的实施策略。问题情境教学法的应用。

【学习目标】 通过本章学习掌握问题情境教学法的概念、实施策略，了解问题、问题意识的概念，问题情境教学法的优点、研究历史，并且能够将问题情境教学法熟练地应用于植保专业教学过程中。

【学习重点】 问题情境教学法的概念、实施策略及在植保教学中的应用。

第一节 问题情境教学法概述

一、几个基本的概念

（一）问题

《教育大词典》中将问题定义为"难题"，狭义的问题指人不能用现成的知识、概念、规则和方法达到既定目标的刺激情境。广义的问题指所有机体不能利用现成反应予以应答的刺激情境。纽威尔和西蒙认为问题是类似这样的情境状态，个体想要着手做某件事，但不能立即知道做这件事所需要采用的一系列相关行动，它的组成部分有三个，当前状态、目标状态、从当前状态向目标状态转化所需的一系列操作，并且问题的解决就是从当前状态到达目标状态，解决的过程需要一系列的操作过程来联通。认知心理学上，问题是指个人在有目的追求而尚未找到适当手段时所感到的心理困境。本文所指"问题"是广义的，可以是课堂上教师的提问，也可以是布置的任务，或是在创设的或真实情境中学生所面临的困惑、挑战、机遇、欲达的目标等。

（二）问题意识

问题意识是指人们在认识活动的过程中，意识到一些难以解决或疑惑的实际问题及理论问题，并产生的一种怀疑、困惑、焦虑、探索的心理状态，这种心理又驱使个体积极思维、不断提出问题和解决问题，它包含善于观察、提出问题、解决问题三个方面。问题是思维的起点，又是思维的动力，有了强烈的问题意识，人们的思维才有动力，这促使人们发现问题、解决问题，推动人类不断前进。没有问题意识，也就意味着没有创新精神，人们也不可能进行创造活动。

（三）问题情境教学法

关于问题情境教学法，马赫穆托夫认为是发展性的高级类型，在这种教学结构中，占主导地位的是对话设计和认识性作业，对话设计和认识性作业需要由教师系统地创建一些问题情境，并组织学生解决教学问题，同时将学生的独立探索活动与掌握正确的科学知识最优地结合起来。所谓对话设计，是学生和教师以提问和回答的方式相互作用的各种形式。认识性作业，指学生尚不了解的知识、尚不知如何解决的问题。顾明远主编的《教育大辞典》中对问题情境教学法的解释是"通过设置情境，提出并解决问题进行教学。"朱智贤主编的《心理学大词典》对问题式教学的解释是"在一般不改变教材内容，不打乱教材体系的情况下，在教学过程中把教材以问题的形式向学生提出来，并使其接受后成为自己的问题。其目的不仅在于引起学生的注意与兴趣，更主要的是激发学生思考，从而培养与发展学生的思维能力。"吴作武认为其就是"以问题为中心，通过教师和学生之间的双边活动，引导学生理解和掌握知识，实现教学目标的教学方法。"徐瑞华则认为是"通过创设特定的问题情境，引导学生在解决面临的问题中，主动获取和运用知识、技能，激发学生学习主动性、自主学习能力和创造性解决问题的能力的课堂教学方法。"而钟小梅认为问题教学法是指"在教学中，根据教学目标要求，构建和发现问题，并解决问题的一种教学模式。"

本文所指的问题情境教学法是指教师有意识地创设问题情境，将教材的知识点转化为一系列的问题，以问题作为载体贯穿教学过程，呈现给学生，在寻求和探索解决问题的思维活动中，掌握知识、发展智力、培养技能，进而培养学生发现问题和解决问题的能力，启发学生思维的一种教育方法。

二、问题情境教学法的优点

（一）体现了学生在课堂中的主体性

问题情境教学法的实施，重在学生的主体性、主动性。利用问题创设情境，引发学生的思考和质疑，通过已有知识和经历，收集资料，整理信息，对问题进行解决和验证。在教学过程中，学生是课堂的主角，不再等待教师给出答案，而是主动思考，小组讨论，得出结果，逐渐形成问题意识，养成勇于探索的习惯，提高学生学习的主动性。教师在教学过程中，只起到引导的作用，在学生思路不清晰、想法受阻的时候，给出一些参考意见。学生在教师的引导下完成概念、原理的探索。

（二）激发学生的求知欲和学习兴趣

问题情境的创设采用学生关注的、当前热点的话题，与学生认知上存在争议的观点。学生对这样的情境会产生探索、力求揭示的心理，对学习过程就会全身心投入，对所学内容倍感注重，从而激发学生的求知欲，并在问题解决后又会产生巨大的成就感。这种心理会促使学生对以后的学习更加热情和向往，对培养学生问题意识与创新能力起着重要作用。

（三）培养学生的问题意识和创新能力

问题情境教学法在教学过程中，根据学生的认知建构，设计问题，引导学生去发现问题、提出自己的观点，使学生打开思路，并在问题解决的过程中，尽可能地发现新问题。对问题的敏感性、对问题解决方法的熟练运用，促使学生保持活跃的思维，提出创新性的观点，发散思维和创新能力就在不断的探究中培养起来。

（四）有利于形成学生科学素养和个人品质

问题情境教学法注重问题情境的创设、师生之间的有效互动。学生发现问题，提出问题，解决问题，寻求解决方法。在这个过程中，学生进行讨论，相互交换意见，完善思路。学生之间在交换意见、交流想法的过程中，可能会出现分歧，如何消除分歧就是学生沟通的关键。在不断争论过程中，学生的逻辑思维、沟通能力都得到极大的发展，同时意识到合作的重要性。在探索的过程中，逐渐揭示科学的本质，提高学生的科学素养。问题增加了学生的思考，问题增强了学生之间的沟通，更增加了学生之间的情感。

三、问题情境教学法的研究历史

（一）问题情境教学法的萌芽

中国的问题情境教学最早可追溯至孔子，他在 2500 年前的《论语·述而》中就提出"不愤不启、不悱不发"的教育原则，也就是在学生积极思考、主动发问的前提下进行指导，这是我国问题情境教学的最早体现。孟子强调"思"的作用，注重发挥学生的积极性、主动性。荀子将教学过程分解为见、知、行三个阶段，强调感性经验在教学中的重要作用。儒家学者的大部分理论都集中体现了"教学应引导学生主动学习，积极思考，理论联系实际，知行统一"的思想。学生在学习过程中产生疑问，并处于思考停滞、想法尚未成熟、表述尚不清楚时，教师指引学生思考的方向和解题的思路，给予及时的启发和讲解。学生分析问题略有头绪，想要解决又思路不完全清楚时，教师再给予适宜的帮助。问题的解决过程就像品尝食物一样，一定要亲自品尝，才会知道它的美味。教师代替学生去思考问题和进行表述，越俎代庖会导致教学过程的失败。在教学过程中，教师应注意讲解问题的时机。启发诱导，使学生主动思考，打开思路，调动学生的主体意识。孔子还强调，教学过程中，注意培养学生"举一反三"的逻辑推理能力。学生要获得知识，就应不懂则问，不会则学，学与问相结合，揭示了探求知识的途径。

在同一时期的古希腊哲学家、教育学家苏格拉底倡导的问题教学称为"苏格拉底法"，也称"谈话法"。他在长期的谈话和辩论中，形成一套方法，即与人谈话的过程中，通过提出问题，分析问题，回答问题，反复的解惑来寻求普遍定义。其主要步骤：首先，针对内容不断地发问，揭示观点的矛盾之处，进而进行反省，以求新知；其次，通过大家的思考、分析和不断修正错误，来得到关于问题的答案；最后，从具体问题、表征问题中寻找物质的共性与本质，从而引申发展，得到普遍概念和真理。但是，苏格拉底的理论是建立在奴隶社会唯心主义世界观的基础上，因此其教学观存在着极大的认识局限性和阶级局限性。

（二）问题情境教学法的发展

1. 卢梭的问题情境教学思想　在 18~19 世纪的西方社会，问题情境教学法得以极大的发展，教育学家、心理学家对问题情境教学法的研究深入推进。最有代表性的是法国的自然主义教育家卢梭，在他的著作《爱弥儿》中，通过研究问题的方式引导爱弥儿学习。他强调，"问题不在于教他各种学问，而在于培养他爱好学问的兴趣，而且在这种兴趣充分增长的时候，教他研究学问的方法，这是所有一切良好教育的基本原则。"要创设问题情境，设置适当的问题，让学生在解决问题的过程中形成思路，得出真理。通过问题情境使学生解决问题，培养学生的思考能力和判断能力。

2. 杜威的问题情境教学思想 杜威认为"教育过程本质是一个经验不断改组或改造的过程"，而经验来自于学生的主体尝试和感受。因此，主张学生主动参与到活动中，也就是"做中学"，并强调"做中学"的基础必须是学生的兴趣所在。他认为学校应该是学生喜欢的地方，也是为未来做储备的地方，应该是学生生活和社会生活有机结合的地方。通过创设情境，同时提出"思起于疑难"的指导思想。并提出"创设问题情境—明确问题性质—提出问题的假设—阐释假设的内涵与外延—在行动中检验假设"五步教学法。这些观点在一定程度上符合了问题情境教学法的教学思想，同时为其发展作出了巨大贡献。但是，杜威过于强调外部活动的重要性，忽视了学生的内在活动，如思维等。"做中学"观点确保了学生知识学习的整体性，但削弱了学科知识的系统性、基础性，从而可能导致学生基础知识和基本技能缺乏。此外，杜威过分强调学习中学生的作用，忽视了教师对学生的启发引导作用。

3. 马赫穆托夫的问题情境教学思想 对问题情境教学法的研究和推广贡献巨大的还有苏联的教学论专家马赫穆托夫、马丘斯金等。问题情境教学法是马赫穆托夫在 20世纪 60 年代倡导的教学理论。人们常面临活动条件与活动要求之间发生冲突的情境，人们需要解决某个问题，但现有的条件没有为他提示解决问题的方法，过去的知识经验中也没有经受过验证解决问题的方案，要摆脱这种处境，人们就必须拟出过去未曾有过的、新的活动策略，也就是完成创造性活动，这种情境被称为"问题情境"，而提出问题、解决问题获取新知识的思维就是问题性思维。马赫穆托夫认为，该教学方法的过程可分为 5 个阶段：①产生问题情境；②分析情境并提出问题；③解决问题（或试着用已知方法解决问题，或以提出假想的方式探寻新的解决方案，或者通过猜测寻找新的解决方法）；④实施寻得的解决原则和方法；⑤检验解法。

四、问题情境教学法的实施策略

在教学中实施问题情境教学法基本上分为 4 个步骤：问题情境的营造—问题的提出—问题的解决—问题的总结。

（一）问题情境的营造

在实施问题情境教学法的过程中，如何营造问题情境是非常关键的，因为这往往决定着一节课的成败。问题情境如果营造成功，不仅能够激发学生的内部学习动机，同时能激发学生的好奇心理，刺激他们对情境进行想象，进而促进学生创造性思维的发展。那么何为问题情境呢？当代很多的认知心理学家认为问题情境是个体自己觉察到的一种"有目的但不知如何达到的心理困境"。也就是说，问题情境是个体所具有的一种心理状态，当提供的新知识与学生的原有认知水平冲突时，学生就会产生急需解决问题的情绪。那么营造问题情境，就是教师根据教学目标寻找与教学内容紧密相关的、能够吸引学生注意力和激发学生学习兴趣的材料，用通俗易懂的方式和生动的语言创设出若干问题，进而让学生探讨、发现并提出新的问题。

1. 问题情境营造应遵循的原则　　问题情境的营造不是漫无目的的，而是有章可循的，在实施问题情境教学法的过程中必须遵循营造问题情境的 4 个原则。

（1）目的性原则　　任何学科的教学都带有一定的目的性，这是学科本身特点无法避免的。因此，问题情境的营造也要与教学目标相一致，具有目的性地进行教学才能够取得理想的成效，这是成功教学最基本的前提。教师必须对整节课的教学目标充分地把握，才能上好一堂课。所以在实施问题情境教学法的过程中，教师对问题情境的营造要在紧扣教学目标的前提下，激发学生浓厚的学习兴趣，从而快速有效地实施教学。但是在教学中为了追求问题情境的新颖性和趣味性而忽视营造情境的目的是不可取的，因为这与问题情境教学的教学理念是背道而驰的。

（2）问题性原则　　在问题情境教学的实施过程中，情境必须要设置悬念，让学生"有疑"，才会"有问"。但是教师提供的问题一定要在对学生的认知水平进行分析后才能提出，只有这样才能使学生对教师的问题产生共鸣，进而激发学生进行积极的思考和想象，产生疑问，并能够通过努力，将疑问解决。一个具体的有效的问题情境要蕴含多个问题，能够给学生提供一个充分思考与探讨的空间，有利于引发学生积极地进行创造性思维。一旦创设的问题情境脱离了"问题性"，就失去了引导学生积极思维的意义，而只能起到增添课堂趣味的作用。

（3）启发性原则　　创设的问题情境要有一定的思维含量，要能启发学生领会、理解、运用所学知识，解决相关问题。所以教师设计的问题情境具有启发性，就可以引导学生由浅入深地进行思考。带有启发性的问题情境可以引起学生认知上的冲突，使学生的心理产生悬念，进而激起学生的求知欲望和进一步探索的兴趣。

（4）与新知识具有联系性　　问题情境的营造一定要与新授课知识紧紧相扣，不能偏离知识点，好的开始往往就是成功的一半。因此，教师在上课之前一定要做好备课工作，掌握新授课的重难点，钻研授课的入手点，才能把握好问题情境的创设，达到吸引学生注意力的效果。相反，如果教师在教学中营造的问题情境与所授知识联系不大，就无法让学生产生共鸣，学生会觉得迷茫，无法找到问题情境与新知识的联系，效果很可能会适得其反，起不到积极的作用。

2. 营造问题情境的方法

（1）通过实验营造问题情境　　实验是教学中的重要内容，也是教学中不可缺少的教学方法。通过实验给学生丰富的感性认识，同时为理论知识的学习做好铺垫。因此，用实验营造问题情境能达到很好的启迪思考、加深记忆的作用。实验非常真实地向学生提供直观的感觉上的冲突，在激发学生的学习兴趣和探究欲望的同时，还可以引导学生更加深入地了解知识，达到发展学生的创造性思维的教学目的，同时还能使学生掌握科学的研究方法，形成严谨的科学态度。所以教师利用实验手段创设问题情境、提出问题，也就成为了问题情境教学的一部分。

（2）利用生活中的事例创设问题情境　　在日常生活中，能够利用的教学资源随处可在，教师要充分地挖掘这些资源，使学生面临需要加以解释的现象或事实时，能够通过联系生活实际，进而和课本知识融会贯通，拉近学生与课本知识的距离，使学生产生共鸣，进而激发学生的学习兴趣。

（3）通过实物、图片、模型展示等直观手段营造问题情境　　直观的教学能给学生形象生动的印象，而且能够促进学生的兴趣。所以运用直观手段营造问题情境也是问题情境教学中常用到的方法。如讲植物病毒的结构时，教师可以把植物病毒的结构模型带入课堂，让学生仔细观察，用自己的语言概括植物病毒的结构特点，教师辅以引导讲解，这样学生对植物病毒的结构特点就有了正确且深刻的认识。

（4）通过植物保护学科发展的历史介绍营造问题情境　　如在讲波尔多液的发明时，教师可以将波尔多液的发现过程讲述给学生，这样能提高学生的学习兴趣，让学生从中学到科学发展历程的曲折和艰辛，学习科学家对科学知识的执著追求，影响学生的人生观、价值观。

（5）通过有趣的案例营造问题情境　　有趣的案例是学生的兴趣所在，学生急切地想了解其中的原因，能够很好地激起学生的求知欲。如在讲小菜蛾时，教师可以给学生举例小菜蛾在近几年暴发的事例，一方面引发学生的兴趣，另一方面为学习新的内容做好铺垫。学生对于小菜蛾暴发的原因提出问题，为进一步的学习打下了基础。

（6）通过学生对同一问题的不同看法营造问题情境　　学生对同一问题的不同看法，可以激发学生继续学习的欲望。如在学习细菌的繁殖方式时，教师可以让学生充分发挥想象，"你认为的细菌分裂的方式是怎样的？"学生可能有很多的想法，如二分裂、四分裂等，那究竟哪种分裂方式才是细菌真正有的呢？这是一个很大的疑问点，学生的兴趣点也在这里。学生急于知道自己的答案是否正确，所以接下来在教师讲解的过程中学生就会很专心地去听，而且还会积极地去思考，更可能提出让他们自己疑惑的问题。这正是问题情境教学法所一直倡导的，让学生能自己提出问题，问题是发现的前提，没有问题就没有创新。

（7）利用多媒体等教育技术手段，设置问题情境　　随着现代电子技术的发展，信息技术极大地改变了现在的课堂，教师在课堂上不再是一支粉笔、一张嘴，利用多媒体，教师的教学手段变得更加丰富，平面的图片可以成为立体的，静态的过程可以成为连续的动画，抽象的内容可以得到形象的演示，多媒体的使用不仅能提高学生课堂学习效率，更能引起学生学习兴趣，激发学生探究愿望。

"问题情境教学"的起点是提出问题，而如何才能引导学生提问在于问题情境的创设，因此在教学过程中，教师在创设问题情境这一环节应该精心组织。有了良好的情境才能引发学生兴趣，激活学生思维，提出新的问题，产生独特的见解，从而培养学生的问题意识和探究能力。当然营造问题情境的方法远不止以上列举的这些，还有播放录像创设问题情境、通过艺术欣赏创设问题情境等。方法是多种多样的，在具体的教学实际中教师可以根据教学的需要、学生的情况和当前拥有的教学条件选择最合适的营造问题情境的方法。

（二）问题的提出

问题情境教学法的基本特征之一就是要极大地发挥学生自主学习的积极性。而评判学生是否积极主动学习，在植保教学中就体现在学生是否会主动地提出问题和解决问题。因此在实施问题情境教学法的过程中，教师应当鼓励学生积极主动地提出问题，同时指导学生分析问题，进而促进学生在自主学习的过程中提高解决问题的能力。当然，如果学生不知道提什么问题或者提出无效的问题时，教师也可以提问学生，给学生提供示范问题，并向学生分析提出该问题的依据等，再让学生模仿自己的问题进行提问。如果学生对某个问题迷惑不解时，教师应该及时地作出解释，分析问题的知识结构和解题的思路，打消学生的疑问，让学生在教师的引导下一步步地发现问题。

（三）问题的解决

1. 问题解决的组织形式　　在问题解决这个环节，可以根据教学内容的特点和学生的特点来确定以何种组织形式来解决问题。具体的组织形式有学生自主学习解决、生生合作学习解决、师生合作学习解决。

（1）学生自主学习解决　　这是一种最能发挥学生学习积极主动性的问题解决形式，它要求在问题提出后，学生以个体为单位去解决问题。

（2）生生合作学习解决　　这种问题解决的形式也能很好地发挥学生的积极主动性，主动性发挥的程度没有前一种大。但它能够很好地实现学生之间的交流和合作，使学生和他人交流、合作等能力得到锻炼。

（3）师生合作学习解决　　这种组织形式适合难度比较大的知识的教学，适合于学生不能独立完成，或独立完成效果不佳的情况。

2. 问题解决的方法　　问题解决的方法是多种多样的，但这并不意味着教师可以随意选择。在具体的植保教学中教师要根据教学内容的特点、学生的特点和现有的教学条件等来选择最适合的解决问题的方法。

（1）教材分析法　　就是在提出问题后，教师或学生对教材进行分析，进而解决问题。这种方法适合较简单的问题，是直接能在教材中找到答案或解题思路的。

（2）探究法　　是指针对提出的问题，在教师的引导下，学生以合作探究、自主学习的方式，对问题进行解决的一种方法。该法强调发挥学生的主观能动性，主要适合于知识点多而繁杂的学习，需要学生一步步推敲才能解决问题。

（3）实验法　　是教师根据需要搜集恰当的教学资料和资源，在教学条件允许的情况下，采取恰当的方法进行相应的实验，以达到解决问题的目的。

（四）问题的总结

在整个教学过程中这个环节是必不可少的。经过一整节课的教学过程，学生学习了很多新的知识，而且很多知识之间是相互联系的，但是学生可能并没有形成一整套的知识体系，所以很有必要对一节新授课的知识点进行总结。通过对问题的总结可以将实践知识上升为理论知识，还可以对知识的重点起到画龙点睛的作用，这样学生就会有目标地进行学习，既减轻了学习负担，又不会错过重点知识。

在实施该教学法的过程中，对问题进行总结的方法有很多种，而一般采用的方法主要包括以下4种即列表法、示意图总结法、概念图总结法和练习法。列表法就是将重点知识利用表格的形式展示给学生，该方法适用于易混淆的概念的学习和掌握。示意图总结法是根据生物体结构或组成成分将知识生动形象地展示给学生，有利于学生记忆和掌握。概念图总结法就是在学习新的概念时，通过设计概念图把各个概念的内涵和概念间的联系展示给学生，让学生从整体上把握知识。练习法就是通过向学生展现典型的例题，让学生自己动手做，因为有时候有些知识比较抽象，仅靠教师讲授学生无法完全理解，就要靠典型的例题来帮助学生学习知识。

五、问题情境教学法在植保教学中的实施步骤

（一）创设问题情境，营造良好氛围

应用该教学法的关键在于设置问题情境，通过创设问题情境，引导学生在学习过程中经常处于"若有所思"的状态，逐渐形成问题意识和努力寻找解决问题的办法。在昆虫基础知识教学中，给学生提示，认识昆虫就如同认识自己的朋友或敌人一样，如有许多昆虫可作害虫的天敌或人类的食品，也有很大一部分昆虫是农作物、园艺或园林植物上的害虫。通过创设轻松的问题情境，来启动和调整学生心理，激发兴趣，营造良好氛围。

（二）提出中心问题，进行"阶梯式"引导

把教学知识点转化为一串闪光的问题，用"问题"组织教学，使学生在解决问题中掌握知识发生、发展的过程和运用规律。问题设计应突出"新"、"趣"，把握好度，注重问题设计的开放性。例如，在昆虫基础知识教学中，昆虫外部形态和生理功能的知识本身具有关联性，教师可以先把昆虫外部形态从头到尾进行知识点问题化，这部分内容可以边讲边拿人体本身的结构打比方，边讲边设问，学生听起来也很有趣，再结合昆虫生理功能知识提出难度一个比一个大的问题，让学生思考回答。一个问题有时会让两三个同学回答，有时会让多个同学回答，渐渐地，由无疑而生疑，由有疑而思疑，由思疑而释疑，由释疑而心怡。这种"学—疑—思—释—怡"的过程，就是学生问题意识形成和培养的过程。把握好"度"，即难度，包括问题设计的深度和广度。从深度上讲，提出的问题要有层次，有梯度。教师可参考教学大纲中不同知识和能力要求的不同层次及对自己学生的掌握情况，在课堂教学中灵活把握。

（三）讨论激发思考，探究促进合作

自学和讨论是问题情境教学法的中心环节，教师的主要任务是引导学生解决问题。如昆虫口器类型与化学防治的关系问题，对于咀嚼式口器的害虫，胃毒剂效果最好，其次是触杀剂，内吸剂效果最差，而熏蒸剂几乎没有效果；而对于刺吸式口器的害虫，内吸剂效果最好，其次是触杀剂，熏蒸剂、胃毒剂一般无效。通过讨论，学生对不同剂型和不同口器类型之间的关系有了深刻的了解。讨论是问题情境教学法的高潮阶段，该阶段一般采取主动发言和提问发言相结合的方式。在学生自学讨论阶段，教师要注重时间和局面调控，对学生发言不要急于肯定或否定，必要时予以引导、点拨，待评价反馈时再予以强化。

（四）积极解决问题，循序发展思维能力

积极解决问题，及时归纳总结，提出新问题，进入更高层次的循环是成功的法宝。在昆虫基础知识教学中，当讲过昆虫形态和生物学后，讲解昆虫分类，要将前边的知识在系统化的昆虫分类知识中进行穿插记忆，并且作为昆虫的特征部分进行识记。这样几部分知识就不再是零碎的知识点，再加上多媒体的应用和实验观察，在头脑中形成了网状知识体系。在讲解辣椒疫病时，结合日光温室辣椒生产中出现的根颈部腐烂问题，和

学生一起探寻有效的解决办法和有效药剂。在教师的引导下，学生发现内吸剂在防治疫病引起根颈部腐烂的效果上要优于铲除剂、保护剂等药剂，这样利于解决学生在社会服务方面存在的困惑。

第二节　问题情境教学法的应用

一、问题情境教学法案例——波尔多液的配制和鉴定

（一）"波尔多液的配制和鉴定"案例设计说明

波尔多液是生产中最早发现和应用的保护剂之一，它是一种胶状悬液，喷到植物上黏着力强，不易被雨水冲刷，残效期可达 15~20 天，是一种很好的保护性杀菌剂，广泛应用于植物病害的防治，在无公害生产中位置突出。波尔多液由于本身药效的特性，一般是随时配制随时使用，是生产中最常见的农药配制技术，波尔多液的配制方法不同，药效也就不同。掌握波尔多液的配制技术是生产中取得良好效果的根本。

中等职业学校的植保专业学生，已初步掌握了化学知识，但对波尔多液的有效成分随配制方法的不同而不同，难以理解，通过实验的方法，经过学生之间的相互讨论，比较不同的实验结果，得出结论，影响深刻。

本案例应用问题情境教学法，通过介绍波尔多液的发现历史来创设问题情境，提出问题，激发学生对波尔多液的兴趣，为下面的实验探究作铺垫。

（二）"波尔多液的配制和鉴定"教案

【教学内容】波尔多液的配制和鉴定。

【教学目标】掌握波尔多液的配制和鉴定优劣的方法，培养学生的试验动手操作能力、观察能力和鉴别能力，培养学生对试验的兴趣及合作意识。

【教学重点】波尔多液的配制方法及各种溶液的加入顺序。波尔多液质量优劣的鉴定。

【教学方法】问题情境教学法。

【教学时数】2 学时。

【教学准备】学生按 2~3 人一组，分为若干组，每组准备：硫酸铜、生石灰、500 mL 烧杯 5 个、100 mL 和 1000 mL 量筒各 1 个、研钵 1 个、玻璃棒 1 只、天平一台。共同使用：波美度计 1 支。

【教学过程】

1. 创设问题情境，提出问题　1882 年秋天，法国人米拉德氏在法国波尔多城附近发现各处葡萄树都受到病菌的侵害，只有公路两旁的几行葡萄树依然果实累累，没有遭到什么危害。他感到很奇怪，就去请教管理这些葡萄树的园工。原来园工把白色的石灰水和蓝色的硫酸铜溶液分别撒到路旁的葡萄树上，让它们在葡萄叶上留下白色的蓝色的痕迹，使过路人看了以为是喷撒过了毒药，从而打消可能偷食葡萄的念头。经过园工的启发，米拉德氏进行反复试验与研究，终于发明了这种几乎对所有植物病菌均有效力

的杀菌剂。为了纪念在波尔多城所得到的启发，米拉德氏就把由硫酸铜、生石灰和水按比例 1∶1∶100 制成的溶液叫做"波尔多液"。在介绍完波尔多液发明的历史后，提出问题，问题 1：波尔多液的有效成分是什么？问题 2：米拉德氏是如何配制波尔多液的？通过这种故事的讲授提出问题，激发起学生对波尔多液的兴趣，为下面的实验探究作了铺垫。

2. 提出假设并制订试验计划　以配制 5 L1%等量式波尔多液（1∶1∶100）为例设计出不同的试验方式，用波美度计进行检测，看谁的最好，探索出一种最佳的配制方式。试验过程中要强调各化学仪器的正确使用，强调化学药剂的特性，保证试验安全。学生分成若干小组，2～3 人一组，师生共同确定以下 6 种假设，供小组选择。

1）用一半水溶解硫酸铜，另一半水溶解生石灰，然后同时将两液体倒入第三个容器中，边倒边搅拌。

2）用少量水分别溶解硫酸铜和生石灰，同时倒入第三个容器中，再加足水，搅拌。

3）用少量水溶解生石灰，大量水溶解硫酸铜，最后将稀硫酸铜液体倒入浓石灰乳中，边倒边搅拌。

4）用少量水溶解生石灰，大量水溶解硫酸铜，最后将浓石灰乳倒入稀硫酸铜液中，边倒边搅拌。

5）用少量水溶解硫酸铜，大量水溶解生石灰，将浓硫酸铜液体倒入石灰水中，搅拌。

6）用少量水溶解硫酸铜，大量水溶解生石灰，将稀石灰水液体倒入硫酸铜溶液中，搅拌。

小组内学生讨论，确定具体的试验方式，小组根据自己的兴趣选取一种方法进行试验，教师做好试验协调工作。小组计划所需药品、仪器数量等，做好分工，填入表 11-1。

表 11-1　小组试验计划书

项目	数量	负责人	备注
所需药品			
所需仪器			
试验步骤	1.		
	2.		
	3.		
	4.		
	5.		
结果测定			

3. 实施实验计划　按照实验计划，选用质量好的原料，硫酸铜以青蓝色结晶为好，暗绿色表示杂质不宜选用，使用前要研细，或用热水溶解，冷却后使用；石灰以块状为好，慢慢加水溶化，使石灰逐渐崩解化开。然后各小组分别按计划进行试验，同时观察记录试验过程出现的现象。

4. 完成试验并验证结果　各小组完成试验后填好实验报告，选用波美度计直接测量各小组配制好的波尔多液，将测定结果记录到报告单中。小组陈述试验过程，讲解试验的控制情况，并自己评估是否与试验计划一致等。

5. 归纳总结 教师将各小组的试验方式及试验结果汇总（表 11-2），总结出配制波尔多液的最佳方案。

表 11-2 试验结果统计表

组别	一	二	三	四	五	六
方法	两种稀释液同时倒入	浓液混合再稀释	浓石灰水倒入稀硫酸铜中	稀硫酸铜倒入浓石灰水中	浓硫酸铜倒入稀石灰水中	稀石灰水倒入浓硫酸铜中
结果						
结论						

教师总结：介绍鉴别质量的方法，掌握配制高质量波尔多液的标准，对学生学习效果进行评价（表 11-3）。

表 11-3 学习效果评价表

评价项目（100 分）	评价方式	评价标准			
		优	良	中	及格
总体效果 10	教师评价＋互评	试验报告内容准确，无安全事故	试验报告内容较准确，无安全事故	试验报告内容较准确，符合实际情况，能独立分析，过程需教师指导，无安全事故	试验报告内容不全，符合实际情况，在教师的指导下操作、分析，无安全事故
材料仪器的使用 25	教师评价＋自评	方法正确，材料预算准确，使用时安全意识强	方法正确，材料预算较准，使用时安全意识有	方法基本正确，材料预算不太准，使用时安全意识不强	方法有错误，材料预算不准，使用时安全意识不强
操作实施过程 40	教师评价＋自评	试验的过程正确，教师指导少。无安全问题。操作独立性强	试验的过程正确，有教师指导。操作过程有安全隐患。基本能独立操作	试验的过程基本正确，教师指导较多。操作过程中安全隐患较多	试验的过程基本正确，材料控制不准确。操作过程，出现了安全问题
总结汇报 25	教师评价＋互评	内容详细；过程记录和分析完整，并能提出一些新的建议	内容完整；有过程记录和分析，能解决所遇到的问题	内容基本完整；有过程记录，但相关内容不全，基本完成试验	内容不完整；过程记录不全面，在规定时间内，在教师的帮助下基本完成试验

小结：通过问题情境教学法，学生掌握了波尔多液的配制和鉴定优劣的方法，培养了学生的试验动手操作能力、观察能力和鉴别能力，培养了学生对试验的兴趣及合作意识。

（三）"波尔多液的配制和鉴定"案例应用体会

此案例应用的是问题情境教学法，波尔多液配制是生产中最常见的农药配制技术，而配制技术的不同，其药效也不相同，学生必须通过试验，才能掌握正确的配制技术。假设在教师引导下，学生再组合出不同的假设兴趣很浓，说明这样的设计贴近了学生的认知能力和水平，有"跳一跳摘到果子"的感觉，学生根据自己的兴趣选择不同的试验方法，尊重学生的选择，学生的合作意识明显增强，通过制订具体的试验计划，锻炼了学生的表达能力，通过小组试验，锻炼了学生动手能力、协作能力，基本实现了问题情境教学的目的。在问题情境教学法应用过程中，教师可以根据学生的认知能力和水平，灵活地提供给学生必要的帮助，促进该教学法的广泛应用。

二、问题情境教学法案例——"植物病理学"绪论

（一）"植物病理学"绪论案例设计说明

"植物病理学"是研究植物病害发生原因、发生发展规律及防治方法的一门学科，是为植保专业学生开设的一门专业课程。通过本课程的学习，力求学生对植物病理学的基本概念，植物受害的症状及诊断，病害发生原因和各种病原物的形态及分类，病原物与寄主的相互关系，病原致病机制，植物抗病机制，群体发病与环境的关系，调查、统计、预测和研究病害的方法，防治病害的措施与原则等内容进行系统的学习和掌握，培养学生理解、分析、解决问题的能力。在传统的绪论教学中，通常先介绍防治植物病害的重要性，然后讲授植物病理学的简史，植物病理学的研究内容及与其他学科的相互关系。课堂教学以教师为中心，上课时间满堂灌，教学气氛拘谨、单调，学生学习兴趣不浓，教学效果不好。

本案例采用问题情境教学法，通过一连串的问题，将《植物病理学》的内容联系起来，使学生对这门课的内容基本了解了大概，对接下来的内容充满期待，激发了学生的求知欲望，形成浓厚的学习氛围。

（二）"植物病理学"绪论案例教案

【教学内容】介绍植物病理学的研究内容；防治植物病害的重要性。

【教学目标】了解植物病理学的主要内容及防治植物病害的重要性，激发学生学习植物病理学的兴趣。

【教学重点】①植物病理学的内容。②防治植物病害的重要性。

【教学方法】问题情境教学法。

【教学准备】收集图片，制作多媒体课件。

【教学时间】2 学时。

【教学过程】教师提出问题：在人类和动物成长的过程中，会发生各种各样的疾病，那么，在植物生长过程中，会发生病害吗？

学生作出回答：会。

教师展示各种作物主要病害的图片，让学生认识植物病害及其危害，通过举例"爱尔兰饥荒"和"孟加拉饥荒"等对社会造成的影响，说明由于植物病害的发生会造成社会的动荡，引起学生对植物病害的重视。

教师接着提问：植物发病后，产生什么样的表现呢？从而引出症状的概念，然后通过展示植物病害典型的症状图片，让学生观察。

学生可以自由讨论，有的学生说会变色，有的学生说会打蔫，有的学生说会产生

病斑……

最后教师总结常见的症状类型。

教师进一步提问：植物病害是由什么原因引起的？这就涉及病原的问题，让学生思考人类得病是由什么原因引起的。

学生经过思考回答：由于细菌、病毒等病原的侵染或者受热、受冻等外界环境不适造成的。

这时候教师因势利导：植物发病也是由于病原物的侵染或不良环境条件引起的。然后教师举例，稻瘟病是由菌物侵染引起的，番茄黄化曲叶病毒病是由病毒侵染引起的，大白菜软腐病是由细菌侵染引起的，花生根结线虫是由线虫侵染引起的，大豆菟丝子是由菟丝子侵染引起的。教师在黑板上总结，引起植物病害的病原物有菌物、细菌、病毒、线虫、寄生性植物等。

接着教师继续提问：植物病原物是如何侵入植物的？又是怎么导致植物发病的？这就引出了侵染过程和植物的致病性两个方面的内容，并且把侵染过程的概念和人为划分的几个时期作一简单介绍，同时将植物病原物的侵染机制作一简单的概述。

紧接着又提出问题：植物对病原物的侵染会被动接受吗？

学生经过思考回答：不会。

教师给予肯定，引出植物抗病性的概念，简述植物的抗病机制。

教师提问：植物病害在田间大量发生时会造成什么现象呢？结合人类病害大量发生引出植物病害流行的概念，提出植物病害流行与那些因素有关，在田间流行的时间动态和空间动态是怎样的，如何预测病害的流行。教师简述相关的病害流行的因素、类型和时间动态和空间动态，激发学生的学习兴趣。

最后教师提出问题：我们怎么进行诊断病害？如何来防治病害？防治病害的原理和具体的措施有哪些？并指出这些就是在接下来病理学课程中讲授的内容，同学们通过学习会逐渐地掌握这些内容。

通过一连串的问题，将"植物病理学"的内容联系了起来，使学生对我们这门课的内容有个大体的了解，对接下来的内容不再感觉零散、琐碎，而是形成了一个系统。

小结：通过问题情境教学法，学生了解了植物病理学的主要内容及防治植物病害的重要性，激发学生学习植物病理学的兴趣。学习效果评价标准见表11-4。

表11-4 学习效果评价表

评价项目（100分）	评价方式	评价标准			
		优	良	中	及格
表述能力 25	互评	语言表达流畅，内容正确，术语选用恰当	语言表达较流畅，内容正确，术语不准确，可自行纠正	语言表达一般，内容不全，需同学提醒	语言表达一般，内容不完整，术语需教师帮助才能表达准确
合作精神 20	自评	积极参与小组的讨论，团队合作意识强，按时完成任务，愿意帮助同学，服从教师的安排	主动参与小组讨论，团队意识合作较强，在教师的指导下完成任务，服从教师的安排	能够参与小组讨论，团队合作意识较强，在同学的帮助下完成任务，服从教师的安排	能够参与小组讨论，合作意识一般，在教师帮助下可完成任务，服从教师的安排

续表

评价项目 （100分）	评价方式	评价标准			
		优	良	中	及格
分析归纳 能力25	教师评价＋ 互评	能准确归纳教学案 例中的知识点	教学案例中的知识 点归纳较准确	教学案例中的知识点 归纳不太准确,自己可 以独立修正	教学案例中的知识点 归纳不准确,需教师帮 助修正
综合表现 30	教师评价＋ 互评	积极参与整个教 学活动,观察认 真,提出的防治措 施合理,可行性强	主动参与整个教学 活动,观察认真, 提出的防治措施合 理,可行性较强	主动参与整个教学活 动,观察较认真,提出 的防治措施有可行性	能够参与教学过程,观 察较认真,能够提出防 治措施

（三）"植物病理学"绪论案例应用体会

此案例应用了问题情境教学法,教师提出问题,学生围绕问题进行讨论发言,最后教师引导总结,充分发挥了学生主观能动性,能培养学生分析问题、解决问题的能力,同时也促进教师自身素质的提高。通过这种方法,增强了学生学习"植物病理学"的兴趣,使学生的学习态度得到了改善,学生的问题意识得到了强化。

三、问题情境教学法案例——水稻病害的诊断和防治

（一）"水稻病害的诊断与防治"案例设计说明

水稻是我国的主要粮食作物,其种植面积和产量均居首位。然而,在种植过程中病害严重地影响着水稻的生产,因此,准确地诊断和防治水稻病害,对于水稻的高产、稳产具有重要的意义。常见的水稻三大病害有稻瘟病、水稻白叶枯病和水稻纹枯病,在我国发生面积大、流行性强、危害严重,是水稻生产过程中重点防治的病害。

对于中等职业学校的植保专业学生来说,已初步掌握植物病害的总论知识,对于病害的症状描述、病原的类型、病害侵染循环规律、发病的条件、病害的诊断技术和防治措施有了基本的了解,为学习各论部分病害的诊断和防治奠定了基础。

本案例采用问题情境教学法,课前准备水稻三大病害的症状标本或病害发生的症状图片,也可从农场等实习基地采集新鲜的病害材料,通过分组讨论,每组学生选择一个病害,在教师的引导下,学生通过自学,收集水稻三大病害的资料,教师提出几个问题,包括此病害的症状要点是什么,是由什么病原引起的,其初侵染来源来自哪里,是通过什么途径传播的,怎么完成初侵染,又是怎么完成再侵染的,病害的发生和流行与那些因素有关。学生依据查阅的资料分组讨论发言,解答问题。然后学生讨论制订防治措施,教师对其可行性作出评价,总结授课内容。通过这种教师启发提问与学生思考讨论相结合的方式,师生能很好地互动,课堂气氛活跃,学生逻辑思维较好,能更好地发扬团队协作精神,通过正确分析讨论病害,得出结论,教学效果明显得到提高。

（二）"水稻病害的诊断与防治"案例教案

【教学内容】稻瘟病、水稻白叶枯病、水稻纹枯病的诊断要点、病原类型、侵染循环规律、发生和流行因素、综合防治措施。

【教学目标】通过学习掌握稻瘟病、水稻白叶枯病、水稻纹枯病的诊断要点、病原特征、侵染循环规律、发生和流行的因素、综合防治措施。

【教学重点】稻瘟病、水稻白叶枯病、水稻纹枯病的诊断要点、侵染循环规律、发生和流行的因素、综合防治措施。

【教学方法】问题情境教学法。

【教学准备】水稻三大病害的症状标本或病害发生的症状图片，也可从农场等实习基地采集新鲜的病害材料。

【教学时间】4学时。

【教学过程】课前准备：教师准备水稻三大病害的症状标本或病害发生的症状图片制作多媒体课件，也可从农场等实习基地采集新鲜的病害材料。教师对水稻三大病害的发生和危害情况作简单介绍。接下来教师让学生观察这三种病害的标本，结合刚才所介绍的内容让学生选择病害。

学生分组讨论：学生分组，每组5~6人，每组学生选择一个病害。

教师提问，引导学生自学：此病害的症状要点是什么？是由什么病原引起的？其初侵染来源是什么？是通过什么途径传播的？怎么完成初侵染？又是怎么完成再侵染的？病害的发生和流行与哪些因素有关？

学生自学，查阅资料：根据教师的提问，学生有目的地自学、查资料，经过讨论将答案记录下来。

教师组织，每组派一个代表分别讲述稻瘟病、水稻白叶枯病、水稻纹枯病的诊断要点、病原、侵染循环规律、发生和流行的因素。

教师总结，补充。

教师引导学生，根据侵染循环规律制订防治措施。

学生讨论，制订防治措施。

教师总结，对其防治措施的可行性作出点评，并作补充。

小结：通过问题情境教学法，学生掌握了稻瘟病、水稻白叶枯病、水稻纹枯病的诊断要点、病原特征、侵染循环规律、发生和流行的因素、综合防治措施。

（二）"水稻病害的诊断与防治"案例应用体会

本案例采用问题情境教学法，通过教师启发提问与学生思考讨论相结合，师生能很好地互动，课堂气氛活跃，学生逻辑思维较好，能更好地发扬团队协作精神，通过正确分析讨论病害，得出结论，学生通过查阅文献，并且在课堂上讲授，提高了学生的自学能力和语言表达能力，教学效果明显得到提高。学习效果评价表见表11-5。

表11-5　学习效果评价表

评价项目（100分）	评价方式	评价标准			
		优	良	中	及格
表述能力 25	互评	语言表达流畅，内容正确，术语选用恰当	语言表达较流畅，内容正确，术语不准确，可自行纠正	语言表达一般，内容不全，需同学提醒	语言表达一般，内容不完整，术语需教师帮助才能表达准确

续表

评价项目（100分）	评价方式	评价标准			
		优	良	中	及格
合作精神20	自评	积极参与小组的讨论，团队合作意识强，按时完成任务，愿意帮助同学，服从教师的安排	主动参与小组讨论，团队意识合作较强，在教师的指导下完成任务，服从教师的安排	能够参与小组讨论，团队合作意识较强，在同学的帮助下完成任务，服从教师的安排	能够参与小组讨论，合作意识一般，在教师帮助下可完成任务，服从教师安排
分析归纳能力25	教师评价＋互评	能准确归纳教学案例中的知识点	教学案例中的知识点归纳较准确	教学案例中的知识点归纳不太准确，自己可以独立修正	教学案例中的知识点归纳不准确，需教师帮助修正
综合表现30	教师评价＋互评	积极参与整个教学活动，观察认真，提出的防治措施合理，可行性强	主动参与整个教学活动，观察认真，提出的防治措施合理，可行性较强	主动参与整个教学活动，观察较认真，提出的防治措施有可行性	能够参与教学过程，观察较认真，能够提出防治措施

四、问题情境教学法案例——昆虫的趋光性及其应用

（一）"昆虫的趋光性及其应用"案例设计说明

昆虫通过视觉器官，趋向光源的反应行为，称为趋光性。很多昆虫都有一定的趋光性。昆虫对于光源的刺激，有的表现正趋性，有的表现负光性。但是，很多昆虫对光波的长短、强弱的反应不同，根据这个现象进行实验，探究昆虫的趋光性。

对于中等职业学校的植保专业学生来说，学生的生活常识和生活经验很少，对许多生活现象不了解，对于一些不常见的昆虫了解更少，因此通过实验来验证，不同的昆虫趋光性不同。

本案例采用问题情境教学法，教师介绍昆虫趋光性的概念，通过实验设置问题情境，提出问题，哪些昆虫具有趋光性呢？哪些昆虫表现背光性呢？昆虫的趋光性与什么有关系呢？然后通过实验进行验证，教师总结，最后提出问题，昆虫的趋光性有何应用。教师介绍杀虫灯的原理和应用。

（二）"昆虫的趋光性及其应用"案例教案

【教学内容】昆虫的趋光性及其应用。
【教学目标】通过学习掌握昆虫的趋光性及其在生产中的应用。
【教学重点】昆虫的趋光性及其应用。
【教学方法】问题情境教学法。
【教学准备】蜜蜂、金龟子、黄粉虫、蚂蚁、蟑螂、蝴蝶各20只，实验箱，手套，黑布，不透光的塑料薄膜，纱网。
【教学时间】2学时。
【教学过程】
实验说明：准备一个较大的纸盒，在纸盒上，盖上纱网（透明），防止昆虫飞掉。

盖上纸盒长的 1/3 宽的黑布，提供无光环境。中间的 1/3 用不透光的塑料薄膜盖上，另外的 1/3 不处理，提供有光环境。注意：纸盒是全干或全湿的，不能有干有湿，否则会影响试验结果。

教师先介绍昆虫趋光性的概念：昆虫通过视觉器官，趋向光源的反应行为，称为趋光性。不同的昆虫对于光源的刺激表现不同，有的表现正趋性，有的表现背光性，下面我们通过试验来验证这一结论。

同学们分组试验：每组 5～6 人，按照课前准备的材料进行试验，步骤如下。

1）将昆虫放在纸盒中的塑料薄膜下，再将纸盒放在阳光下，观察昆虫的移动，要以大多数的昆虫来衡量，静置 5 min 之后迅速打开观察窗观察结果（尽量保持真实状态），记录每处各种昆虫数量。

2）重复实验三次。

3）然后换用剩余昆虫重复以上操作，最后分别计算出每处各种昆虫数量。

注意：选用的昆虫是健康的，盒子高度不能太高。

实验现象：蜜蜂和金龟子由中部向光源运动，集中于靠近光源一侧；蝴蝶与蚂蚁靠近与远离光源两侧数目相近；黄粉虫与蟑螂大多数聚集于纱网远离光源一侧。

实验结论：①蜜蜂与金龟子具有趋向光源的特性。②蚂蚁与蝴蝶趋光性不明显。③蟑螂与黄粉虫具有远离光源的特性。

教师进行总结：同学们通过试验我们得出结论，不同昆虫趋光性表现不一样。

教师提问：昆虫的趋光性与什么有关呢？

同学们进行思考。

教师进一步引导，很多昆虫对光波的长短、强弱反应不同，一般趋向于短波长。

同学们回答：哦，明白了。

教师提问：如何应用昆虫的趋光性防治害虫呢？

同学们思考，相互讨论，有的同学说，晚上在电灯底下放一个水盆，在水盆里面会淹死好多蛾子。

教师给予肯定：对！杀虫灯就是根据昆虫具有趋光性的特点，利用昆虫敏感的特定光谱范围的诱虫光源，诱集昆虫并能有效杀灭昆虫，降低病虫指数，防治虫害和虫媒病害的专用装置，主要用于害虫的杀灭和害虫的测报。现在使用较多的杀虫灯种类有日光灯、黑光灯、高压汞灯、节能灯、双波灯、频振灯等，不同类型的杀虫灯杀灭的害虫种类和效能有所差别。

最后，教师带领学生参观校园实习农场放置的黑光灯杀虫装置。

小结：通过采用问题情境教学法，学生们掌握了昆虫的趋光性及其在生产中的应用。学习效果评价见表 11-6。

表 11-6　学习效果评价表

评价项目 （100 分）	评价方式	评价标准			
		优	良	中	及格
总体效果 10	教师评价＋互评	试验报告内容准确，无安全事故	试验报告内容较准确，无安全事故	试验报告内容较准确，符合实际情况，能独立分析，过程需教师指导，无安全事故	试验报告内容不全，符合实际情况，在教师的指导下操作、分析，无安全事故

续表

评价项目 （100分）	评价方式	评价标准			
		优	良	中	及格
试验材料的使用 25	教师评价＋自评	方法正确，材料预算准确，使用时安全意识强	方法正确，材料预算较准，使用时安全意识有	方法基本正确，材料预算不太准，使用时安全意识不强	方法有错误，材料预算不准，使用时安全意识不强
操作实施过程 40	教师评价＋自评	试验的过程正确，教师指导少。无安全问题。操作独立性强	试验的过程正确，有教师指导。操作过程有安全隐患。基本能独立操作	试验的过程基本正确，教师指导较多。操作过程中安全隐患较多	试验的过程基本正确，材料控制不准确。操作过程，出现了安全问题
总结汇报 25	教师评价＋互评	内容详细、过程记录和分析完整，并能提出一些新的建议	内容完整；有过程记录和分析，能解决所遇到的问题	内容基本完整；有过程记录，但相关内容不全，基本完成试验	内容不完整；过程记录不全面，在规定时间内，在教师的帮助下基本完成试验

（三）"昆虫的趋光性及其应用"案例应用体会

本案例采用问题情境教学法，通过试验设置问题情境，不仅证实了昆虫的趋光性，而且证明了不同的昆虫其趋光性是不同的，有的有趋光性，有的无趋光性，有的趋光性不明显，对于培养学生的动手能力和创新能力，增强学生的学习兴趣，有着重要的意义。进一步的提问对于学生学习昆虫趋光性的应用激发了兴趣，拓展了学生的知识面，为将来生产中的应用奠定了基础。

思 考 题

1. 何谓问题情境教学法？有何优点？
2. 问题情境教学法的实施分为哪几个步骤？
3. 在植保教学过程中，如何应用问题情境教学法提高教学效果？

第十二章 讨论教学法

【内容提要】 讨论教学法的概念、特点和作用。运用讨论教学法的基本条件。讨论教学法的基本程序。讨论教学法的实施。讨论教学法的应用。

【学习目标】 了解讨论教学法的基本知识。掌握讨论教学法的实施和具体应用。

【学习重点】 讨论教学法的具体应用和实施

第一节 讨论教学法概述

一、概念

讨论教学法是指在教师的精心准备和指导下，为实现一定的教学目标，通过预先的设计与组织，启发学生就特定问题发表自己的见解，以求弄懂问题、解决问题，以培养学生的独立思考能力和创新精神。

二、讨论教学法的特点和作用

1. 能充分发挥学生的主体地位 利用讨论教学法组织教学，教师作为"导演"，对学生的思维加以引导和启发，学生则是在教师指导下进行有意识的思维探索活动。

2. 能充分调动学生的学习主动性和积极性 由于讨论教学法改变了学生在课堂教学中的地位，他们既是信息的接受者，更是信息的发出者，他们的思维不再受教师的限制。为了证明自己的观点，他们主动地、积极地去准备材料，搜集论据，进行思考。

3. 能有效地培养和提高学生的阅读和思维能力 讨论教学法要求学生在课前反复阅读教材的基础上，对已有的知识进行分析、加工、推理、论证等一系列思维活动，特别是在讨论和争论中遇到的问题是事先预想不到的，学生要在极短的时间内抓住问题的实质，组织人脑中储存的知识进行分析、推理、论证，从而得出结论，这种高密度的思维活动能有效地培养和提高学生思维的敏捷性、灵活性和独立性。

4. 能培养和提高学生独立分析和解决问题的能力 讨论题一般都有难度，学生必须把书本知识和实际问题密切结合，才能解决。这样学生在准备和讨论的过程中，运用知识解决问题的能力得到了培养和提高。同时，还能提高学生的即时反馈能力和评价能力。

5. 能培养和提高学生的口头表达能力 讨论的过程就是学生把自己的观点通过口头语言的形式准确、清楚、全面地表达出来的过程。在阐明自己的观点、驳斥对方的观点等一系列活动中，学生的口头表达能力也会得到锻炼和提高。

此外，通过讨论，教师能最大限度地了解和掌握学生个体和总体的知识准备程度和认识状况，随时调节教学进程，加强教学的针对性和有效性。学生能在讨论中听取别人的发言并作比较，取长补短，扩大视野，有利于新型师生关系和同学关系的建立。

三、运用讨论教学法的基本条件

实施讨论教学法，要有三个基本条件。

1. 教材方面 哪些教材内容可用讨论教学法呢？概括地说，凡是学生已有一定的基础知识，而新知识又是可以在原有知识的基础上通过分析、归纳就能总结出来的教材内容，可用此方法进行教学。所以，这种教学方法在综合性强的新课、练习课和复习课中，均可使用。

2. 学生方面 首先，学生必须改变过去那种教师讲、学生听的旧习惯，一定要认识到上课的过程就是自己主动学习、积极思维的过程。其次，是要有敢于大胆发表自己的见解及敢于争辩的勇气，要有认真倾听别人的意见，正确对待各种讨论结果的良好品质。当然也应具有相对独立地进行讨论的思想基础和一定的语言表达能力。

3. 教师方面 教师必须摒弃"满堂灌"的教学方法，要有民主思想和民主作风，要有群众观点，要坚信自己的教育对象通过引导、讨论、分析是能自己学会的，要放下架子与学生打成一片，构成融洽的师生关系，营造融洽的讨论氛围。此外，教师必须认真备课、精心设计讨论题和教学过程，还必须有一定的组织能力和应变能力。这就要求教师要更多地了解学生实际，向学生学习，不断总结经验教训，学会及时、恰当地处理讨论的各种问题，努力提高自己的教学灵活性，进而要求教师备课必须做到备教法、备学法、备教材、备学生，只有这样才能在课堂上游刃有余，达到预期的教学目标。

四、讨论教学法的基本程序

1. 准备阶段 课前教师根据每节课的内容、知识体系和学生的起点及学生的学习兴趣设计预习思考题；学生根据预习题，阅读教材，查阅相关资料，发现问题，提出问题。

2. 讨论阶段 教师根据教学目标和学生预习中存在的问题设计试验和讨论题；学生分组相互讨论，回答问题，学生讨论的同时教师及时引导，纠正错误。

3. 整理阶段 讨论结束后，教师引导归纳并分析重难点，学生总结，教师作出相应的补充，得到完整的知识体系。

4. 巩固阶段 教师布置基础练习，学生进行讨论和书面练习，进一步掌握知识点。

5. 强化阶段 教师精编综合练习，进行批改、讲评，学生课后先复习再完成课后作业。

五、讨论教学法的实施

在教学实践过程中，教师经常运用讨论教学法，在公开课中，更是把小组讨论看作是克服教学难点、活跃课堂气氛的法宝，为了使讨论教学法真正体现时效性，就此提出以下几点建议。

1. 内容的选择 讨论教学法是在教师指导下学生自学、自讲，以讨论为主的教学方法，属于间接教学的范畴。概念、案例可以采用讨论教学法进行教学，例如，昆虫与环境条件的关系，农业昆虫主要目、科的识别，植物病害的症状，植物病虫害的调查统计，植物病虫害的综合防治技术都可以采用讨论教学法进行教学。

2. 问题的设计 讨论教学法中，问题是讨论的关键，是讨论教学法的主体，问题设计的质量直接关系教学的效果。有效的问题设计，既可以调节课堂气氛，促进学生思考，激发学生的求知欲望，又能促进师生的互动。有关问题的设计有以下几点。

（1）挖掘教材设计问题、突出重点、突破难点　　在课堂教学中把教材中既定的知识点转化为问题让学生讨论，能够展现知识的发生和发展过程，帮助学生理解和记忆教学内容。讨论式教学中运用教材重点巧妙设问，在教师指导下，学生围绕问题积极思考，这能帮助学生突破难点，充分体现学生主体性。在教材重点处设置问题，要求教师不仅要准确理解教材内容，把握教材的重点，而且要紧扣教学目标。

讨论式教学中的问题在把握重点的同时还要立足突破难点。教材中的难点是学生掌握知识、理解内容的障碍所在，瞄准难点进行设问讨论，能化难为易，点要害，通关隘，有助于学生突破难点。例如，在讲植物病害的症状时，病征和病状是本节课的重点，也是难点，设计问题时通过层层递进的办法让学生明白病状和病征的根本区别。

（2）联系实际设计问题、激发兴趣、培养能力　　讨论式教学中教师应该结合生产和生活中的实例，创设问题情境，培养学生从实际问题中抓住主要因素，提取教学对象和教学案例。充分利用现代教育手段创设符合教学内容和要求的问题情境，增加学生的感性认识，激发学生的学习兴趣，形成良好的学习动机。也就是问题要能激发学生的学习兴趣，培养学生处理问题的能力。例如，在讲解农业病虫害的防治办法时，可以课前让学生作个调查报告，让学生初步了解一些当地的防治办法，然后多媒体展示常见的防治方法，并让学生进行归类，见表 12-1，教师进一步引导学生讨论这些防治办法的好处与不足，并一起总结完成此表格（表 12-2），这样就能让学生理论联系实际，又能激起学生的学习兴趣，能达到预期的教学目标。

表 12-1　当地主要病虫害防治方法统计表

当地防治病虫害的措施	农业防治法	化学防治法	物理防治法	生物防治法	备注
以虫治虫	否	否	否	是	
…	…	…	…	…	…

表 12-2　当地主要病虫害防治方法分析表

分析	农业防治法	化学防治法	物理防治法	生物防治法
好处				
不足				
其他				

（3）把握深度设计问题、可讨论性强　　这一点很显然，在问题的深度方面，若问题太浅显，问题本身不具有可探讨性，学生能很快想出结果，这样就失去了讨论的意义，学生必然觉得很无聊，就容易将注意力转移到问题之外，使讨论只剩下空壳；反之，如果问题太深奥，可能导致学生望而生却，即使全身心地去思考、讨论，最后还是得不出结果，必然打击学生的积极性，使讨论起了反作用。同时，在问题的广度方面，广度较大的问题若不加以限定，容易使学生的思考与讨论脱离教学的内容；广度较小的问题则

会导致小组成员想法相似而无讨论可言，并且也不利于学生发散思维的培养。因此，小组讨论教学中的问题必须要比平常提问更具有适当的深度和广度。例如，在讲解昆虫主要科、目的识别这一课时，在设计讨论问题时，既要限定在昆虫的范围内，又要求不能仅仅局限在表面，还要让学生能分清楚各个科、目的本质区别。

综上所述，在讨论式教学中，通过问题创造一个有利于开发、发展学生潜能的环境，是体现讨论式教学真正意义、潜在价值必不可少的部分。

3.合理的分组　　在讨论式教学中，分组是讨论学习的载体。一个和谐、积极进取、具备一定实力的小组是完成讨论学习的关键因素。

对于分组人数问题，通常认为，4～6人一组为宜，具体可根据学生的能力而定。人太少，不利于学生间的讨论、交流、互相帮助；人太多，不便于管理，同时也不利于学生间的交流和个人的充分展示，学生间的互动得不到全面体现。

在小组的组建上，应该采用均衡编组原则，尽量做到"组间同质、组内异质"，根据性别、能力水平、个性特点、家庭和社会背景、兴趣爱好等方面的合理分配而建立相对稳定的学习小组，以保证组内各成员之间的差异性和互补性，保证在课堂教学过程中，组内各成员主动参与讨论，即满足"组内异质"。而"组间同质"，则是各小组的总体水平要基本一致，以保证各小组之间公平竞赛，能力相当，以便于对比评价。这就考验教师在分组前对学生全面了解的程度，包括家庭情况、生活习惯、个性品质、学习成绩等，综合以上因素后根据学生能力差异作适当的搭配，让学生间的优势得到互补，以促使他们共同进步。在满足"组间同质、组内异质"的原则下，也可以让学生自由组合，以提高小组成员间的默契和学生的兴趣。小组应选出一位组织能力和合作意识较强的学生担任小组长，能组织全组人员有序地开展讨论交流。

在任教过程中，初次实施讨论教学法时，提出问题后经常会直接让相邻两排的学生组成小组进行讨论，这样随意的分组导致了讨论过程的失控，由于前后排的同学都很熟悉，平时打打闹闹的，讨论时更是异常活跃，但活跃也导致了一些问题，有的小组表面上活跃，其实所说的都与讨论的内容无关；还有就是讨论的结果参差不齐；有的小组由于都是能力较强、学习较好的，很快就得出了结果；也有的小组普遍学习较差，虽然认真地讨论思考，但仍然没有得出有用的结果；这就导致了部分同学有较大的挫败感，失去讨论的兴趣。针对这一情况按照以上所述的"组间同质、组内异质"的原则将全班学生进行分组。如全班有61位同学，首先将全班61人按成绩分为5个阶段，即1～12名为第一阶段，13～24名为第二阶段，以此类推第五阶段为49～61名。分组时每个阶段的学生各选取一名组成学习小组，由此产生了11个5人小组和1个6人小组。再根据学生的具体情况（生活习惯、个性品质等）来调整各个小组（也可以参考学生的意愿调整）。例如，一个5人小组成员在班上的成绩名次分别为2、16、25、41、52。可将排名16的学生换为同属第二阶段的13～24名的学生中的任何一位，这样的分组既保证了各小组总体水平一致，又保证了小组间各个同学水平的差异性，这样的分组，学生既不会讨论无果，也不容易提前得出结果而无所事事。

4.讨论中应时时关注督导　　讨论教学法讨论问题的过程，是讨论教学的主体部分。要强调的是，此部分并不只是学生在讨论交流，教师也必须参与其中，教师应该时时关注，及时督导。教师在学生讨论的过程中，不能走到哪个小组，就指导哪个小组，这样的指导过于随意，缺乏目的性。在小组讨论的过程中，师生、生生之间应该是平等的、互动的。教师是学生小组的指导者与合作者，应对全班整体的、各小组的讨论仔细观察和分析，及时对各种情况进行调控和适当的介入讨论。以下归纳了几点教师应该介入的情况及处理的思路。

1）连续几个人的发言离题太远，教师可以要求学生停下来，稍加提示以调整讨论的方向。

2）发言之间的间隔时间太长，教师应该弄清原因。若学生无思路，教师可以临时设计几个阶段性的问题，引导学生思考。

3）个别学生唱独角戏或者个别学生不参与讨论，可要求发言者概括其主要观点，也可调整发言的次序，对不参与者可要求其从简单问题入手，以提高其自信，鼓励发言，维持讨论的正常进行。

4）在教师提出的问题难度合适的前提下，等待超过 1 min 左右仍然无人参与讨论，教师要询问沉默的原因，引导学生大胆发言，此时要避免要求害羞的学生回答，因为大多数人，甚至那些善于言谈、自信心强的人都有点怯于打破沉寂。

5）出现争执，此时，教师要确保自己的确能理解学生的想法，不偏向任何一方，对各方争执的焦点问题适当提示，把问题的讨论引向深入。

教师在讨论的过程中，主要充当听众，把更多的时间让给学生，但教师在保持沉默的同时，要密切关注学生的讨论，要做讨论笔记，以便必要时指导学生的小组讨论。

5. 讨论后评价与总结　　讨论完成后教师总结评价，往往是整个小组讨论教学的点睛之笔。若对学生的点评不当，很容易使学生失去自信和学习的兴趣，从而使前面所做的一切都失去意义，最终功亏一篑。因为分组讨论学习使学生得到的潜在收获会大于可见收获。学生对学习态度的改变、思维活跃性的提高、团队合作精神的提高、交际能力和人际关系的变化，这些都是不会在讨论结果上直接体现的，所以对学生的讨论过程及结果的评价，不能仅仅看其讨论发言的多少、讨论发言对问题解决的有用性来定性，还应该从学生参与教学活动的程度、自信心、合作交流意识及独立思考的习惯、逻辑思维的发展水平等方面来评价。以下是对学生讨论过程评价的参考因素的一些观点。

1）学生是否积极主动地参与小组讨论。

2）学生是否乐于与其他组员合作，是否愿意与组员交流自己的想法。

3）学生能否找到有效解决问题的办法，是否尝试了从不同角度、以不同方法去思考问题。

4）学生是否能够使用专业术语有条理地表达出自己的思考过程。

5）学生是否能认真倾听别人的想法，是否在与其他组员的交流中获益。

6）学生是否会反思自己的思考过程。

另外，参与评价的成员，可以不仅仅是教师，也可采用小组自评、别组他评，形成人人参与评价的互动局面，让学生在相互交往中加深理解、沟通和包容，在相互交往中表现出尊重和信任，懂得成果的分享。听取别人发言的良好品质，也指导学生建立起合理的评价机制。

六、实施讨论教学中教师需注意的问题

教师首先应从主观上提高认识，讨论教学法不应成为制造主体学习热烈气氛的工具，不应成为公开课教师用来调整自身教学状态和讲课进程的工具，要从一切为了学生的高度上去提高认识，考虑教学的实效性，当然，要合理地驾驭一种教学方法，教师必然要具备相当的专业素养。

在教师的知识储备方面，教师只有对讨论的问题本身、学生的发展水平和经验、本学科及相关学科具有较宽厚的知识储备，才有可能对学生进行合理、适当的指导，才能应对讨论中出现的一些无法预测到的问题，进而有效地促进学生的全面发展。

在教师的能力方面，教师在设计课程讨论教学的教案时，主要体现出本身的"研究"能力，研究课程标准、教学内容及学生的身心特点等，在此基础上提出一个符合教学目标、学生实际和具有现实意义的问题来给学生讨论学习。要具备这种能力，需要教师在日常的教学活动中保持一定的敏感性，善于总结学生学习时容易出现的问题，反思自己在教学中的成功与失败之处，及时记录教学中的感悟、困惑和灵感。而在实施小组讨论教学的过程中，主要体现教师在组织教学和课堂管理两个方面的能力，这两点能力的提高需要平时教学活动的积累和日常生活中与学生的沟通。

在教师的情感方面，真正的课堂讨论是将课堂主体的地位完全地赋予学生，教师提供适时的帮助和给予适当的指导，如果讨论只是在教师严格控制下的重复书本内容或者不加限制地随意发挥，那么这样的课堂讨论只是流于讨论的形式，而不是真正意义上的思想碰撞。因此，教师首先要调整的是教师观和学生观，即学生是教学的主体，教师帮助学生完成学习过程；其次，必须足够重视讨论本身的作用并进行精心的准备，当然，也需要教师能够对学生抱以期望并关注学生取得的实质进步。

第二节　讨论教学法的应用

一、讨论教学法案例——农业昆虫主要目、科识别

（一）"农业昆虫主要目、科识别"案例设计说明

"农业昆虫主要目、科识别"是农业昆虫理论基础知识与实践操作能力相结合的桥梁与关键。本节内容主要采用的是讨论教学法，课本内容为科学家根据昆虫的特征、特性、生理、生态及亲缘关系的远近，将其进行理论分门别类。学习本节内容具有极强的实用价值，有利于控制害虫，保护益虫。从昆虫的形态特征、生理特性、生活习性食性几个方面入手，结合自己已有的对昆虫基本知识的了解，选择的问题接近生活中常见昆虫的特征，从而能激发起学生对问题讨论的兴趣和积极性，学生学会主动地去思考，培养了学生的知识应用能力、创新能力和总结归纳的能力。

整节内容 3 学时完成，第一学时通过标本演示和给学生布置学习任务，让学生从宏观上掌握农业昆虫主要目的特征、特性，认识农业昆虫各目之间的区别；后面的两学时通过讨论让学生识别各目中的各个科，讨论是在教师的提示下完成的，通过对整个讨论过程的把握，在课前安排预习，提出讨论的问题，课中分组讨论，通过讨论，学生反复

学习了昆虫的外部形态及生活习性等知识点，这样旧知识得到了巩固，同时通过进一步的归纳总结，又锻炼了学生的组织能力、口头表达能力，培养了合作交流等社会能力，很好地实现了教学目标。

（二）"农业昆虫主要目、科识别"案例教案

【教学内容】农业昆虫主要目、科识别。

【教学目标】①知识目标：掌握农业昆虫主要目、科的基本知识，能识别当地常见农业昆虫。②能力目标：培养组织能力、口头表达能力、合作交流的能力和自主学习的能力。③情感目标：通过图片观察和分组讨论，培养学生对农业昆虫的兴趣及控制害虫、保护益虫的意识。

【教学重点】农业昆虫主要目、科的特征。

【教学难点】农业昆虫各目、科的区别和联系。

【教学方法】讨论教学法。

【教学时数】3 学时。

【教学用具】按小组提供：各类昆虫的图片。共同使用多媒体及相关课件。

【教学过程】

1. 课前准备　教师搜集各个目昆虫典型的图片并制作成课件，学生各组准备好在当地采集的昆虫标本。

2. 导入新课　学生拿出自己课前采集的昆虫标本，并完成表 12-3。

表 12-3　昆虫信息表

序号	种类或名称	数量	特征描述	采集人	采集时间	备注

教师活动：欣赏昆虫图片，并讲解昆虫纲分为 34 个目，与农业生产关系密切的有 9 个目，分别是直翅目、半翅目、同翅目、缨翅目、鞘翅目、鳞翅目、膜翅目、双翅目和脉翅目，其中包括了几乎所有的农林害虫和益虫。

课件展示，昆虫纲的分类依据：①翅的有无；②口器构造及其个体发育中的变化；③变态类型；④翅的性质，胸节，触角及跗节特征。

3. 提出问题　教师提问：常见的农业昆虫有哪些？

学生回答：常见的农业昆虫有直翅目、半翅目、同翅目、缨翅目、鞘翅目、鳞翅目、膜翅目、双翅目、脉翅目。

4. 分组讨论　学生每 6 人一组，分组依据"组间同质、组内异质"的原则，每组讨论一类昆虫，根据观察标本和多媒体展示的昆虫图片，从昆虫的翅、口器类型，个体发育中的变化，变态类型，翅的性质，胸节，触角及跗节特征这些方面（表 12-4）展开讨论，最后选出一名代表发言，总结这一目或科的基本知识点。

表 12-4 昆虫主要科目的特征

主要目、科	主要特征						
	翅	口器	个体发育的变化	胸节	触角	跗节	食性
直翅目							
半翅目							
同翅目							
缨翅目							
鞘翅目							
鳞翅目							
膜翅目							
双翅目							
脉翅目							

5. 总结、交流 小组成员派代表总结本组讨论过程及结论，学生总结的时候教师应加以引导，使学生尽可能多地传递有效信息，教师最后总结，并且重点讲解主要目、科的易区分点和当地常见的昆虫种类，举例可适当用当地农业昆虫所代替，并可以适当讲解一些有效的防治措施。

6. 课堂作业 观察本地采集的昆虫标本，让学生分组说明本组采集的昆虫的主要特征和特性、识别昆虫目的种类。

7. 课后练习 走进农田，采集农业昆虫并记录采集数量，通过数量来测算当地主要的农业昆虫，自己说明昆虫的主要特征和特性，识别昆虫目的种类（表 12-5）。

表 12-5 当地主要农业昆虫的统计

昆虫名称	特征	科、目	数量	是否为当地主要农业昆虫	采集人	采集时间

【教学反思】 本节课主要通过讨论教学法讲解了农业昆虫主要目、科的识别，本节课的亮点是通过改变传统的讲授教学法，调动了学生的积极性，能发挥学生的主动性，不足之处是由于教师对讨论教学法的分组及讨论过程掌控不到位，使有些学生偏离主题或讨论只停留在表面现象，不会及时地概括、总结，进而没有达到预期的效果；并且在讨论的过程中对时间的把握不太准确。在以后的教学过程中，应该尽可能多地使用讨论教学法，进一步改进和完善讨论过程。

（三）"农业昆虫主要目、科识别"案例应用体会

在"农业昆虫主要目、科识别"课堂中，学生以小组为单位对各类昆虫的外部形态（包括口器、触角、足、翅、胸等部位）进行观察、对比，找出每目及各个目下面

各科昆虫的特征，通过小组讨论，最后归纳出每类昆虫特有的外部形态和生活习性。在教学中学生自己观察、相互讨论、总结的过程使学生有学习压力感，主动学习意识强、思维活跃，课堂气氛好，基本能达到预期的教学效果，同时学生的组织能力、观察能力、总结归纳能力和自主学习的能力明显提高；不足之处是在讨论的过程中有些学生不能很好地控制讨论的主题，容易走入死角或讨论一些与课堂无关的话题，在以后的教学中应加以改正。

二、讨论教学法案例——昆虫的外部形态

（一）"昆虫的外部形态"案例设计说明

本节课为《植物保护技术》（高教版）第一章"农业昆虫的基本知识"中的第一节内容，这节课的设计尽量体现贴近学生生活实际，学习对农业生产有用的植保知识。通过学习，达到指导学生理论联系实际、对农业生产中所见昆虫有一个深刻认识、能够判断出危害农业生产的昆虫类别的目的。本节课主要采用讨论教学法，恰当地利用多媒体课件激发学生的求知欲，调动学生主动参与的积极性。启发、引导学生积极思考，发挥学生主观能动性，体现学生的主体作用，使学生在不知不觉中主动学习，提高学习效率。在多媒体教室的学习环境下，利用多媒体课件等信息化资源，为学生提供一个更广阔的学习平台，进一步提高教学效益。

（二）"昆虫的外部形态"教案

【教学内容】昆虫的外部形态。

【教学目标】①知识目标：掌握昆虫的共同特征，掌握昆虫各体段的形态、构造。②能力目标：掌握科学的讨论方法，能根据昆虫各部位结构特点，采用科学的方法防治农业害虫。③情感目标：通过学生的自主探究，培养学生学习的主动性和合作交流的学习习惯。

【教学重点】昆虫各体段及其附器的构造，体壁的作用及构造特点。

【教学难点】如何结合昆虫的特点，有效地防治农业害虫。

【教学方法】讨论教学法，讲授法。

【教学时数】2课时。

【教学过程】

1．导入新课 在讲解新课之前，先让学生观察一段视频"昆虫的世界"，向学生展示多种生活中常见的昆虫，使学生对昆虫有一个初步的了解。通过视频课件，以蝗虫为例，了解昆虫的基本外部构造，进而具体学习昆虫的外部形态特征。

2．提出问题 视频播放完后，教师提出问题：以蝗虫为例，昆虫具有哪些共同的特点？

学生依据"组间同质、组内异质"的原则进行分组，并进行讨论，教师最后归纳昆虫属于节肢动物门昆虫纲，它们的共同特点：①身体分为头、胸、腹三个体段。②头部着生有口器、触角、一对复眼。③胸部由3节组成，分别着生有3对分节的足和两对翅。④腹部一般由9~11节组成，末端生有外生殖器，有的具有1对尾须。⑤昆虫体壁高度骨质化，

称为"外骨骼"。

3. 讲授新课

教师：现在请同学们认真观察这几种昆虫的外部形态（重点观察蝗虫），我们一起来讨论它们各部分的结构特点。

幻灯片出示观察提纲：身体分几个部分？头部有哪些结构？眼有什么特点？胸部有哪些结构？这些结构分别有几对？腹部有什么结构？各自行使什么功能？

学生：身体分两个/三个部分，头部有眼睛、触角，眼睛有两个大的，还有两个较小一点的。胸部有足和翅，腹部也有足和翅。触角应该起感觉作用，足和翅有运动功能。

教师补充：同学们观察得都很仔细，将蝗虫身体的外部形态特点基本上描述出来了，我再来补充下。蝗虫的身体分为头、胸、腹三部分，头部两侧有一对复眼，复眼之间有三个小小的隆起，那就是单眼，单眼在视觉上起辅助作用。头部有一个摄食器官——口器，蝗虫的口器是咀嚼式的。胸部可分为三部分：前胸、中胸和后胸，各有一对足，其中中胸和后胸各有一对翅和一对气门，胸部是运动中心。腹部是有明显分节的，其中第一节有听器，1～8 节各有一对气门，末端是生殖器，腹部主要是代谢中心和生殖中心。

归纳昆虫的主要特征过程如下。

现在大家来比较蝗虫与瓢虫、蝴蝶、蜜蜂、家蝇及蝉在外部形态上有何异同（讨论法）（10 min）。

学生：苍蝇怎么只有一对翅膀？

教师：这位同学观察很仔细，苍蝇属于双翅目昆虫，前翅很发达，后翅在进化过程中为了适应环境，退化为平衡棒，平衡棒起定位和调节作用。

学生：瓢虫有没有翅呢？

教师：瓢虫有两对翅，我们看到的最外面较坚硬的就是它的前翅，是鞘翅，所以属鞘翅目。后翅膜质，主要用于飞行，所以飞行时才能看到，静止时折叠在前翅的下面。

学生：蜜蜂看起来为什么只有一对翅膀？

教师：这个问题我请同学们先来讨论下，你们认为蜜蜂有几对翅呢？

学生：我认为有两对；不对，明明只有一对。

教师：其实，蜜蜂也有两对翅的，外面一对大的，里面一对较小的而已。

教师：同学们，现在我相信大家已经对昆虫的外部形态非常清楚了，那我们现在一起归纳下昆虫的主要特征（10 min）。

教师：身体分为哪三部分？

学生：头、胸、腹。

教师：头部一般有哪些结构呢？

学生：一对触角、一对复眼和三只单眼及一个口器。

教师补充：昆虫的触角是各式各样的。例如，蝗虫等直翅目昆虫的触角呈丝状，叫丝状触角；蝴蝶的触角是棒状；而与蝴蝶同属于鳞翅目的蛾子，它的触角却是羽毛状的；蜜蜂的触角呈人的膝关节状，叫膝状触角；金龟子是鳃瓣状触角。（PPT 展示。）

而且，并不是所有的昆虫的单眼都是 3 个，蝗虫、蜜蜂、蜻蜓、家蝇等有 3 个单眼，椿象有 2 个，而金龟子、菜粉蝶却没有单眼。单眼在昆虫的视觉上只起辅助作用。（PPT 展示。）

由于各种昆虫的食性和取食方式不同，形成了不同类型的口器。例如，直翅目的蝗虫、蟋蟀，蜻蜓目的蜻蜓，鞘翅目的金龟子都是咀嚼式口器，适于咀嚼动植物的组织和其他固体物质。蜜蜂的嚼吸式口器，适于咀嚼花粉和吮吸花蜜。蝴蝶是虹吸式口器，其吸管适于吸取花蜜。蝇是舐吸式口器，能够舔吸食物。蝉是刺吸式口器，适于刺入植物组织中吸取汁液。（PPT 展示。）

教师：胸部有几对足？几对翅？

学生：三对足，两对翅。

教师：对，胸部可分为前胸、中胸、后胸，各有一对足，一般有两对翅（有后翅或者两对翅都退化的类群）。而且不同种类的昆虫的翅，在质地和硬度上有很大的变化。例如，蝗虫的翅革质，蜜蜂的翅透明、薄膜状，叫做膜翅，金龟子的前翅坚硬叫鞘翅，鳞翅目的蝴蝶和蛾子膜质翅上布满鳞片，叫做鳞翅。

足也可分为几种不同的类型。例如，蝗虫的后足具发达的肌肉，适于跳跃，叫做跳跃足；螳螂的前足适于捕捉食物，叫做捕捉足；蜜蜂的后足适于采集花粉，叫做携粉足（分别放映幻灯片）。

腹部有多对气门，腹部末端有生殖器，雌虫叫产卵器，雄虫叫交配器。

小结（3 min）：这节课我们观察并认识了一些重要目的代表性昆虫，了解了蝗虫的外部形态结构特点。最后总结出昆虫纲的主要特征，请大家熟记昆虫纲最主要的鉴别特征：身体分节（头、胸、腹三部分），三对足，两对翅。

4. 总结评价　本节课主要学习了昆虫的外部形态的基本知识，在课堂上，小组成员派代表总结本组讨论过程及结论，教师对学生的学习过程、讨论发言等及时给予评价反馈；课程结束时，教师对本内容和目标完成情况加以总结；课程结束后，教师对学生的作业和后续工作进行评价、指导和反馈。

5. 课堂练习（2 min）

1）简述蝗虫的外部形态结构特点。

2）昆虫纲有哪些主要特征？

通过本节课的学习，已经掌握了昆虫的基本外部形态，下面我们通过一组图片来复习一下本节课的知识。请试着说出下列图片中的昆虫，各属于什么类型结构？

6. 布置作业　请结合所学知识思考应如何有效防治害虫，以小组为单位设计一种农业害虫的防治方法。

【教学反思】本节课知识点零散，内容多，学生在学习时缺乏学习兴趣，所以在教学时运用讨论教学法，发挥学生的主体性地位，这就要求教师提供学生足够的资源，让学生在昆虫的世界里寻找各个构造的特征，所以本节课课前准备任务重。另外，在教学时讨论—总结—讨论—总结的环节多，学生比较混乱，教师在课堂中不能很好地控制讨论的时间和过程，在以后的教学中应多训练，进而提高教学效率。

（三）"昆虫的外部形态"应用体会

本节课是将传统的讲授法与讨论教学法很好地结合在一起，学生积极参与讨论，在讨论时应注意的是要吸取其他同学回答问题的正确的地方，有根据地提出自己的见解和看法，充分利用多媒体提供的学习资源进一步提高自主学习、归纳、提炼、总结的能力，同时应多引导学生观察生产中的农业害虫，结合所学知识思考应如何有效防治，以小组为单位设计一些农业害虫的防治方法。

三、讨论教学法案例——植物病害概述

（一）"植物病害概述"案例设计说明

"植物保护技术"是中等职业学校种植专业的一门专业主干课程，学习本课程能使学生具备从事现代农业生产所必需的防治植物病虫草鼠害的基本知识和基本技能，能让学生科学地开展植物病虫害综合防治，本课程体现了职业教育"以服务为宗旨，以就业为导向，以能力为本位，以学生为主体"的教改精神。

《植物保护技术》教材中所讲述的生物灾害最主要的是病虫害，所以"植物病害的基本知识"是《植物保护技术》教材中最重要的内容之一。而"植物病害概述"是本教材第二章"植物病害的基本知识"中的第一节内容，对本章的后两节内容起总领和启下作用。只有学会了本节知识，掌握了植物病害的基本概念，才能更好地学习本章第二节"植物病害主要病原物的识别"的知识，进而有利于学会本章第三节"植物侵染性病害的发生发展"的内容，才能做好病害的防治工作。所以，学好"植物病害概述"一节知识具有十分重要的意义。

本班学生学习目的明确，态度端正，好观察，热爱实践，对学习"植物保护技术"兴趣浓厚。本节内容是在学生学习掌握了第一章"农业昆虫的基本知识"之后开设的，由于学生对学习昆虫学的教学方法有所了解和熟悉，植物病理学的学习方法基本和昆虫学相似，都是多实践、多观察、多识记、多巩固，这些都给学习"植物病害概述"一节内容提供了参考和借鉴。同时学完本节内容后，为以后的实验实训和农业生产奠定了基础。不利的一方面是本节课的概念多、概念的定义长、概念容易混淆，再加上"病状和病征的类型"这部分内容讲得比较细致，举例较多，由于学生基础差，识记起来就比较困难，必须在教学中加以注意。所以，采用讨论教学法完成本节课的教学。

（二）"植物病害概述"案例教案

【教学内容】植物病害概述。

【教学目标】①知识目标：掌握植物病害、病理程序、症状等概念；学会区分病状和病征及掌握其类型；掌握病原、病原类型及其引起病害类型。②能力目标：通过给学生设置问题的情境，结合展示清晰的多媒体图片和实物标本观察，培养学生分析问题、解决问题的能力；培养学生的自主学习能力和语言表达能力。③情感目标：通过理论和实践相结合的教学互动，使学生增强学习专业课的兴趣，培养学生科学认知事物的态度。在教学中，学生不断探索植物病理知识，克服学习中遇到的难题，培养学生良好的心态；在分组观察和探讨学习中，学生相互检查和指导，培养学生交流协作精神；在教学过程中引导学生对农村的热爱，并产生一种责任感，培养学生扎根农村、建设家乡的意识。

【教学重点】植物病害、病理程序、症状等概念，病状和病征的区分及主要类型。

【教学难点】病状和病征的区分及类型。

【教学方法】本节课采用设疑引入、探究问题、教师讲解、实物观察、展示多媒体图片、学生实践交流、师生互动、引入激励机制和才能展示等多种教学方法相结合的教学方法。

【教学时数】2 课时。

【设计思路】利用课件,展示图片→讲授新课,提出问题→提出质疑,师生互动→观察实物,展示图片,区分病状→分组探究,检验评比,引入激励→分析总结,巩固练习。

【教学过程】

1. 展示图片设疑导入 在多媒体上展示一幅带叶片的苹果枝条图片,教师提问:这幅图片上苹果的叶片正常吗?学生观察后回答:不正常,生病了。引入本节要学习的内容:植物病害概述(多媒体显示)。

又在多媒体上展示 4 幅植物图片,让学生思考:这些图片中属于植物病害的是哪幅呢?学生纷纷讨论起来,有的同学说 B 图片,有的同学说 B、C、D 都是……

多媒体上显示正确答案:B 图片。

教师继续设疑:①为什么只有 B 图片是植物病害?②什么叫植物病害呢?③判断植物病害的标准是什么?由此引出本节主题"植物病害概述"。

2. 讲授新课

(1)植物病害、病理程序的定义 多媒体上展示问题:什么叫植物病害、病理程序?

学生根据思考题预习课本,并分组讨论,分组尽量做到"组间同质、组内异质"的原则,培养学生观察、分析、归纳问题等自主学习能力。学生根据刚刚预习的结果,齐声回答,教师点评小结,多媒体显示植物病害、病理程序的定义。

教师设疑:想一想,有病理程序一定是病害吗?把学生引入下一个知识点的学习。

(2)判断病害的标准 大屏幕上显示茭白、洒金柏、韭黄三种常见植物图片,教师置疑:它们都有病理程序,为什么不把它叫病害呢?

同学们激烈讨论,据理力争,互不相让,培养了学生勇于探索精神。最后教师点评:这些现象对植物自身是病态,但对人类却提高了经济价值,一般不当作病害。

教师又置疑:判断病害的标准是什么?

经过学生的讨论和教师的点评,学生踊跃举手发言,经教师点拨,多媒体显示判断病害的两条标准。

(3)植物病害的症状 多媒体上展示问题:什么叫症状?其包括哪两方面?

通过自学,汇报学法及提出问题等方式,培养学生的自学能力、语言表达能力、归纳能力和分析问题的能力。

教师置疑:症状、病状和病征,其三者有何不同?

通过学生自学,独立思考,给学生充分的想象空间,培养学生的逻辑思维能力。通过图片展示,启发学生主动参与,激发学生强烈的学习动机。多媒体显示症状、病状、病征三者区别。

(4)病状和病征类型 多媒体上展示问题:举例说明病状和病征各包括哪些类型。

教师提出要求:认真预习课本,大家分组互相讨论,归纳总结出病状和病征各包括哪些类型,并提出自己新的见解。教师巡视,了解讨论情况。

小组讨论,让学生充分发挥自主学习的精神和团结协作的精神,培养了学生自主分析问题和解决问题的能力。各小组汇报互学成果，并竞相作答。多媒体显示病状和病征各包括的5种类型。

由于植物病害的病状和病征类型是本节的难点，在教学上应在展示多媒体图片基础上教师一边讲解，学生一边观察，并激励学生竞相作答。

教师置疑：想一想，植物病害都有病状，是否也都有病征呢？

学生通过辩论，激发了学习兴趣，既有利于学生对知识理解，并且使知识得到升华，又培养了学生的语言表达能力。教师对学生的辩论进行点评、总结，多媒体显示：病征只有在由真菌、细菌所引起的病害上表现明显，常见的病征多属真菌的菌丝体和繁殖体，而细菌性病害的病征多为胶状菌脓。

（5）植物病害的病原 多媒体上展示问题：什么叫病原？可分为哪两大类？分别引起哪两类病害？

经过学生认真预习课本、分组讨论和教师结合多媒体图片讲解，最后师生共同归纳总结出病原、病害的类型和特点，多媒体显示病原、病害的类型和特点。

3．小结

1）植物病害、病理程序、症状等概念。

2）判断病害的标准。

3）病状和病征的区分及类型。

4）病原、病原类型及其引起病害类型。

4．课堂练习

1）下列现象中，属于植物病害的是（ ）。

A．感染病毒的郁金香呈现鲜艳杂色花瓣

B．感染黑粉菌的茭白茎基组织肥大

C．豆科植物由于根瘤菌的侵入而出现根瘤

D．蔬菜根部由于根结线虫的侵染而出现根结

2）判断题：植物病害都有病征（ ）。

3）细菌性病害特有病征是（ ）。

A．霉状物 B．粉状物 C．脓状物 D．无

4）植物病害的病原按其性质不同可分为_____和_____两大类。

5．课外作业和实践

1）什么叫植物病害、病理程序？

2）什么叫病状和病征？病状和病征各包括哪些类型？

3）什么叫病原？可分为哪两大类？分别引起哪两类病害？

4）课后深入田间、果园，观察植物病害的病状和病征。

（三）"植物病害概述"案例应用体会

本节课采用PPT课件、讨论式教学，通过采用设疑引入、探究问题、教师讲解、实物观察、展示多媒体图片、学生实践交流、师生互动、引入激励机制和才能展示等教学方法，完成了本节的教学。讲完课后，就本节课的环节设计、教法选择、媒体使用等方面，谈一下个人感受。

1．用展示图片设疑导入课题，效果很好 本节课运用多媒体课件辅助教学，在上课之初在多媒体上给学生展示 5 幅图片设疑（这幅图片上苹果的叶片正常吗？这些图片中属于植物病害的是哪幅呢？）引入本节课主题，能很快把学生的注意力集中起来，引起学生极大的学习热情，为本节课开了一个好头，在今后教学中值得采用。

2．突出了专业课的实践性，培养了学生动手实践能力 "植物保护技术"是一门专业性、实践性非常强的科学，学习这门课程就是让学生掌握植物病虫草鼠害的基本知识和基本技能，也体现了职业教育"以就业为导向，以能力为本位"的教改精神。所以在教学中一定要突出实践性，让学生理论联系实际，学有所长。因此在教学过程中，采用多媒体辅助教学，展示大量的图片，让学生观察实物和标本挂图，学生既感兴趣，又能够真正掌握知识，效果确实很好，在今后教学中应该值得提倡。

3．分组探究、引入激励机制，培养学生良好心态和科学精神 在学习中，学生人人参与，并相互探讨，再加上教师对积极思考、勇于发言的同学及时提出表扬，并授予他们"学习明星"称号，能很好激励学生养成积极进取、不甘落后、互相帮助的良好心态。在学习本节课过程中，教师一定要反复强调。

思 考 题

1．概述讨论教学法的基本程序及应用范围。
2．根据所学内容设计一个运用讨论教学法的教学案例。

第十三章　实验教学法

【内容提要】　本章主要讲授实验教学法的概念及特色，实验教学法的实施环节及注意问题，以及实验教学法的应用范围。此外还以植物化学保护课程实验"常用农药性状观察及质量检查"和"波尔多液的加工及质量鉴定"为实例，讲解实验教学法的应用、实施过程。

【学习目标】　了解实验法的概念及特色、应用范围，掌握实验教学法的实施环节及注意问题。认真理解领会案例，真正掌握实验教学法的应用。

【学习重点】　实验教学法的概念及特色，实验教学法的实施环节及注意问题，实例。

第一节　实验教学法概述

一、实验教学法的概念及特点

1. 实验教学法的概念　　实验教学法是德国职业教育和职业培训广为采用的一种教学方法，近年来已得到我国职教界的广泛认同。实验教学法可为学生创建自主学习和自主创新的学习、实验、工作的平台，激励学生实践创新、团结协作、勤奋进取，达到因材施教的教学目的。

所谓实验教学法通常是指学生在教师的指导下，科学地选择研究对象，使用一定的实验设备和实验材料，采取一定的操作步骤，人为地控制某些条件的变化从而引起实验对象发生变化；最终通过观察和分析自变量与因变量之间的因果关系，从中获取新知识、形成新技能或检验已经学过的知识的一种教学方法。实验教学法把学生的兴趣、知识、能力等各种心理因素融为一体，使学生直接参与到实验的过程中，实现理论和实践的有机结合。这不仅可以使学生加深对概念、规律、原理、现象等知识的理解，而且有利于培养他们的探索研究和创造精神及严谨的科学态度，更有利于学生主体地位的发挥。

农业生产中的植物保护工作，主要是采取各种有效的方法，控制和消灭危害农作物生产的病虫草鼠害等，保护农作物能够正常生长，从而不断地提高农产品的数量和质量。而植物保护专业则主要培养具备植物保护科学的基本理论、基本知识和基本技能，能在农业及其他相关的部门或单位从事植物保护工作的技术与设计、推广与开发、经营与管理、教学与科研等工作的高级科学技术人才。由于植物保护面向生产实际，涉及不同作物、不同的病虫草害，因此在植物保护专业等的专业实验教学中，主要是以验证性实验和探索应用型实验为主。验证性实验即通过实物标本，给学生提供直观形象的感性认识，变抽象的书本知识为实物认识，从而加深所学知识的记忆及进一步的应用。如危害水稻生产的病原真菌菌丝、孢子、病原细菌的显微镜镜检观察；危害蔬菜生产的小菜蛾、菜青虫的成虫、幼虫的形态识别；危害烟草生产的单子叶杂草、双子叶杂草的种子和杂草形态识别等。探索应用型实验则是在教师的指导下，以教师提供的实验材料，按照一定的步骤由学生亲手完成某项实验设计，观察实验现象，测定某些指标，最终完成某个知识点的学习，使学生掌握实验原理、方法和结果之间的逻辑关系。验证性实验和探索应用型实验可以很好地帮助学生加深对一些理论或知识的理解、增强学生的学习兴趣。然而作为教学论中严格意义上的实验教学法，特别是在职业教育的教学实践中，实验教学还应该在实验过程中培养学生的"关键能力"（除专业能力以外的个性能力、方法能力、社会能力等），因此，在职业教育教学过程中理论教学与实验教学同等重要。这样就需要在教学过程中不断地通过实验教学强化理论与实践的结合，激发学生主动学习的积极性，达到拓宽思维、提高动手能力、培养创新意识及实践能力的目的，所以，实验教学的地位和作用也是理论教学无法替代的。如何在实验教学中贯彻改革的思想，"以学生为主体，以教师为主导"，在教学过程中不断改进，不断创新；以及如何提高学生的素质，充分调动学生的积极性；如何引导学生把一定的直接知识同书本知识联系起来，以获得比较完整、系统、客观的认识，同时又注重培养学生独立探索能力、实验操作能力和科学研究兴趣，是实验教学亟待解决的重要课题。

2. 实验教学法的特点　实验教学法用实验手段去验证事物的属性，发现事物的变化、联系和规律，让学生理解科学的思维过程、设计原理，学习科学的研究方法，掌握科学的学习方法，达到"授人鱼不如授之以渔"的教学效果。实验教学法有以下几点主要特征。

（1）形象直观，使学生成为学习的主体　传统的教师讲、学生听的方式比较乏味，学生对于概念原理的掌握和现象的分析主要靠记忆，实验教学法中需要学生自己通过验证性实验和探索应用型实验，直接参与操作，主动去探索和发现，自己去建构知识的意义，主动搜集并分析有关的信息及资料，对所学的问题提出各种假设，并努力加以验证，从而使学生自己通过实验得出规律，达到对所学理论加深理解、巩固记忆的目的。这种方式有利于培养学生的动手能力和独立思考、分析、解决问题的能力。此外，有些比较抽象的内容，在课堂上不易讲透，只有通过直观的实验过程，才能让学生领会和掌握。

（2）有利于培养学生的职业能力和综合素质，养成创造性思维　实验教学法通过课内外的练习、实习等一系列以学生为主体的实践活动，在教师指导下学生进行实际操作，在整个实验过程中特别强调学生的自主参与意识和自主参与行为，使学生巩固、丰富和完善所学知识，同时，由于整个实验组织形式是以小组为单位的，学生学会了如何在工作中分工协作，找准自己的位置从而更有利于培养学生的职业能力和综合素质。学生不仅会用仪器，会做实验，更主要的是培养学生的综合能力及创造能力。

此外，传统的教学过程，学生对教师有太大的依赖性，教师给学生的都是一些现成的答案，这些"答案"束缚了学生的发展，不利于学生创新性思维的发展。实验教学法则能激发学生的学习兴趣和思考，能让学生运用多种感官参与认识活动，获得鲜明表象。在感知的基础上，认识事物本质，建立正确的概念。这有利于学生加深对知识的理解，丰富学生的感性经验，为学生形成科学概念、掌握理性知识、发展智力创设有利条件，同时也有利于知识的巩固，能促进学生的想象力的发展。

（3）具有很强的灵活性和直观性　由于植物保护专业的独特性，植保专业实验教学具有较强的灵活性和直观性。实验教学可以根据教材、学生及器材的实际情况，采用多种方式进行，既可以和课堂教学融为一体，也可以作为单列的课程实施。它可以安排在新课的开始，作为新课的设疑教学，起到激发学习兴趣的作用；也可以安排在新课的教学过程中，作为学生辨疑解难的一种手段，起到启发、帮助学生理解概念和解决疑难问题的作用；还可以安排在下课前的几分钟，作为复习巩固之用。

（4）有利于培养学生严谨、求实的科学态度　在实验活动中可以使学生逐步树立实践观点，培养学生实事求是的科学态度。通过排除实验过程中偶发的次要因素，学会识别事物本质的本领；通过调试仪器、排除故障，培养探索进取精神和坚强毅力；在捕捉稍纵即逝的瞬间信息中养成一丝不苟的严谨作风和敏锐捕捉异常现象的能力，在较差的实验环境中培养艰苦奋斗的献身精神。实验课上应潜移默化地对学生进行思想品德教育和世界观教育，养成科技工作者的良好素质和职业道德。

当然，实验教学法主要获得的是感性知识，但是从感性知识上升到理性认识是需要相应的知识基础作为奠基的。由于学习时间的限制，学生不可能无休止地花时间对所有的问题都进行直接的感知，这是实验教学法的局限性，同时仍然需要采用其他的教学法共同完成专业的学习。

二、实验教学法的教学环节

1．课前准备　实验和实习前，教师要认真备课，制订好实验和实习的计划，确定好教学目的、要求和方法、步骤。并和实验员一起准备好所需的仪器、材料、用具等，为防止意外，对所用仪器、药品等要进行一番检查，看仪器是否完好，药品是否失效。如有必要对实验可以亲自预做一遍。

2．实验说明　教师在操作前对实验的目的、原理、仪器设备的使用方法及操作步骤为学生作详细的说明和示范，增强学生实验的自觉性，必要时可用提问的方式让学生进行复述。较复杂的实验和实习，事前还要提前布置预习实验和实习指导材料，以保证取得好的教学效果。

3．学生实施实验　根据实验条件和实际情况，划分实验小组，小组实验尽量使每个学生都亲自动手，每组以不多于 3 人为宜；如条件实在有限可以每组 3～5 人。实验进行过程中，教师应巡回指导，及时发现和解决出现的问题。如个别学生出现问题，要个别指导；如发现大多数学生对某一问题有困难，要暂停实验和实习，待重新讲解或纠正后再继续进行。

4．实验总结　实验和实习结束后，要指导学生将所用的装置洗刷干净，归类，整齐地放回原处。然后教师进行小结，对表现好的学生要给予表扬，对实验和实习中的成功之处，特别是对有创造性的做法，要加以肯定和鼓励。对不严肃不认真的学生要给以适当批评，对实验和实习中出现的差错和误差，要进行分析，指出产生的原因。最后指导学生按照要求写出实验或实习报告。

三、实验教学法在教学中应注意的问题

1．指导教师提前做好准备　要认真检查仪器设备、实验材料，确保实验效果和安全。教师在操作前对实验的目的、原理、仪器设备的使用方法及操作步骤为学生作详细的说明和示范，增强学生实验的自觉性。教学中要正确引导学生对中心问题的认识，培养学生分析问题、解决问题的能力。对在操作过程中可能存在的各种安全隐

患，提前做好防范工作，提醒学生注意安全。任务不宜过多，要在学生理解和操作能力的范围内。小组实验尽量使每个学生都亲自动手。

2. 实验教学中要突出探索性 传统的实验教学中，总是由教师安排好操作步骤，然后学生按照教师的安排重复操作。学生的注意力大多集中在如何按照教师的详细指导，照猫画虎地完成实验，测出正确的实验数据，一旦实验结果与教师要求的不一样，或者出不了实验结果，便直接请教教师，很少自己去分析、思考失败的原因。学生虽然也参与了实验教学活动，但实质上是处于被动接受的状态，学生的主动性、积极性受到一定限制，不利于其创造能力的培养。因此，在实验中教师应最大限度地突出学生主体，让学生主动探索，独立思考，逐步理解和掌握知识，以促使学生构建良好的知识结构和能力结构，力求让学生自主实验，在实验中探究，在探索中反思，在反思中归纳总结，从中体验科学发现的过程和科学研究的过程，逐渐掌握学习方法，形成科学创新的意识和能力。

3. 不仅要注重实验结果，更要注重实验过程 实验不仅仅是测量几个数据。实验方法是否得当，学生的观察能力、发现问题、分析问题、解决问题的能力、实验操作能力等是否得到培养，实验研究能力是否得到发展更是应该被注重的问题。要让学生明白为什么要做这个实验，做这个实验想说明什么问题，测这些数据是为了说明什么问题，引导学生思考采用什么方法测好、测准这些数据，哪些因素会影响这些数据的测量，为什么采用这个实验方案，其他方案是否可行，各参数为什么这么取，为什么要这样安排，得不到要求的实验结果怎么办，改变实验条件后又会出现什么样的实验结果，各个参数之间有什么关系，实验中应注意哪些事项，如何改进已有的实验，对实验中出现的异常现象如何分析等问题。教师不仅关注实验的结果，更要关注得到这些实验结果的全过程。只有这样，学生才能真正学会做实验，才能真正掌握科学实验的方法。

四、实验教学法的适用范围

实验教学法适用于针对性、操作性强的实验课、实训课及能够在课堂实验演示的理论课。植物保护专业涉及的专业主干课如"普通植物病理学"、"农业植物病理学"、"普通昆虫学"、"农业昆虫学"和"植物化学保护"都需要开展实验课。如在专业学习的初级阶段，许多适合学生的观察实验、调查实验、简单的操作实验都可以采用实验教学法来进行，如病原菌的调查、害虫形态鉴定、药剂检验及质量鉴定等。

第二节　实验教学法的应用

一、实验教学法案例——常用农药性状观察及质量检查

（一）"常用农药性状观察及质量检查"案例设计说明

农药主要是指用于预防、消灭或者控制农业、林业的病虫草和其他有害生物及有目的地调节植物、昆虫生长的化学品。农药厂生产的绝大多数原药不经加工都不能直接用在农作物上，必须加工配制成各种类型的制剂才能使用。本节实验的目的就是了解不同形态的农药制剂特性及简易鉴别方法，辨识农业生产上常见农药剂型的物理性状。实验主要通过学生亲自动手，利用给定的农药品种，正确地辨识粉剂、可湿性粉剂（wettable powder，WP）、乳油、颗粒剂、水剂、烟雾剂、悬浮剂等剂型在物理外观上的差异；测定以可湿性粉剂为代表的固体制剂的润湿时间、悬浮率等关键指标；测定以乳油为代表的液体制剂的乳化分散和稳定性能。通过实验教学将课本上的抽象知识变成直观现象，加深对知识的了解与掌握。

（二）"常用农药性状观察及质量检查"案例教案

【教学内容】①农药制剂的性状观察。②可湿性粉剂的质量鉴定。③乳油的质量鉴定。

【教学目标】①了解不同形态的农药制剂特性。②掌握可湿性粉剂的质量鉴定方法。③掌握可湿乳油的质量鉴定方法。

【教学重点】不同形态的农药制剂特性；以可湿性粉剂为代表的固体制剂和以乳油为代表的液体制剂的质量鉴定。

【教学方法】实验教学法。

【教学准备】教师提前采购实验所用的商品制剂，可根据当地具体情况自行选择，但剂型要尽量全，所给材料也可随着当年农药市场采购品种确定。所购农药剂型至少涵盖常见农药剂型如粉剂、可湿性粉剂、乳油、颗粒剂、水剂、烟雾剂、悬浮剂中的至少4种。本案例使用如下制剂：2.5%敌百虫粉剂、80%敌敌畏乳油、40.7%乐斯本乳油、1.8%阿维菌素乳油、3%辛硫磷颗粒剂、25%灭幼脲悬浮剂、10%吡虫啉可湿性粉剂、18%杀虫双水剂、3%多菌灵烟剂等。准备测定润湿性能、悬浮率、乳化分散和稳定性能所用的量筒、天平、药匙、试管、量筒、烧杯、玻璃棒、秒表、布氏漏斗、烘箱、滤纸、称量纸等仪器设备和实验耗材。配制标准硬水（称取无水氯化钙 0.304 g 和带结晶水的氯化镁 0.139 g 于 1000 mL 容量瓶中，用蒸馏水稀释至刻度即可，硬度是将水中钙、镁折合成碳酸钙的质量为 0.342 g/L）。学生复习所学有关制剂方面的知识。

【教学时间】4 课时。

【教学过程】师生首先共同回顾所学有关制剂方面的知识，引入实验，然后教师引导学生了解农业生产上常用的农药剂型，如粉剂、可湿性粉剂、乳油、粒剂、水剂、烟剂、悬浮剂等。粉剂通常由原药和填料（或载体）及少量其他助剂（如分散剂、抗分解剂等）经混合粉碎至一定细度而成。粉剂中有效成分含量通常在10%以下，一般不需稀释直接喷粉施药，也可供拌种、配制毒饵或毒土等使用。可湿性粉剂则是一种易被水湿润且能在水中悬浮分散的粉状物，通常由原药、填料（或载体）、润湿剂、分散剂及其他助剂经混合粉碎至一定细度而成。可湿性粉剂一般用水稀释至一定浓度后喷雾施药，其有效成分含量通常为10%～50%，也有高达80%以上的品种。乳油是将原药、乳化剂及其他助剂溶于有机溶剂中形成的均相透明溶液。其有效成分含量通常为20%～50%，加水稀释后形成稳定的乳状液体，供喷雾使用。粒剂是由原药、载体和少量其他助剂通过混合、造粒工艺而制成的松散颗粒状剂型。粒剂的有效成分含量为 1%～20%，一般供直接撒施使用。水剂是农药原药的水溶液剂型，是有效成分以分子或离子状态分散在水中的真溶液制剂。水剂由原药、水和防冻剂组成，但通常也含有少量润湿剂。对原药的要求是在水中有较大溶解度，且稳定，如杀虫双。而在水中溶解度小或不溶于水的原药若可以制备成溶解度较大的水溶性盐，并保持原有生物活性也可加工成水剂，如草甘膦铵盐。烟剂是由原药、燃料、助燃剂、阻燃剂等按一定比例混合加工成粉状物或饼状物。点燃后无明火，农药受热汽化后可在空气中凝结成微细颗粒（烟）。悬浮剂是将不溶于水的固体原药、湿润剂、分散剂、增稠剂、抗冻剂及其他助剂经加水研磨分散在水中的可流动剂型。其有效成分含量通常为40%～60%，使用时加水稀释至一定浓度的悬浊液，供喷雾。

目前国内使用最多的固体制剂品种为可湿性粉剂，使用最多的液体制剂品种为乳油。可湿性粉剂是在粉剂的基础上发展起来的一个剂型，性能优于粉剂。可湿性粉剂是用农药原药、惰性填料和一定量的助剂，按比例经充分混合粉碎后，达到一定粉粒细度的剂型。从形状上看，与粉剂无区别，但是由于加入了湿润剂、分散剂等助剂，加到水中后能被水湿润、分散，形成悬浮液，可喷洒施用。与乳油相比，可湿性粉剂生产成本低，可用纸袋或塑料袋包装，储运方便、安全，包装材料比较容易处理；此外可湿性粉剂使用时受风力影响小，对环境和工作人员都比较安全，在植物上的黏附性好，药效比同种原药的粉剂高，容易加工，产品便于储存和运输。可湿性粉剂的特点：不溶于水的原药，都可加工成可湿性粉剂，如需制成高浓度或喷雾使用，一般加工成可湿性粉剂；附着性强，飘移少，对环境污染轻；不含有机溶剂，环境相容性好，便于储存、运输；生产成本低，生产技术、设备配套成熟；有效成分含量比粉剂高；加工中有一定的粉尘污染。常用作加工可湿性粉剂的填料有黏土类、硅藻土、二氧化硅等。农药可湿性粉剂的检测指标一般有：①含量一般要求有效成分含量大于标称含量。用质量百分比（%）表示。②悬浮率，指可湿性粉剂兑水喷雾后，悬浮在水中的能力，一般用百分比表示，一般要求悬浮率大于 70%。悬浮率越高，表明可湿性粉剂质量越好。③润湿性能是指可湿性粉剂被水润湿的能力，一般用秒（s）表示，一般要求润湿性能小于120 s。④酸碱度（pH）是指可湿性粉剂产品在水中稀释后的酸碱度。不同产品的酸碱度不同，一般为中性偏酸性居多。但是也有强碱性或者强酸性可湿性粉剂，这取决于原药的性质和配方组成。⑤水分，指可湿性粉剂的含水量。一般要求水分含量小于 3%，水分越低越好。⑥热贮稳定性，（54±2）℃贮存 14 天，有效成分分解率不得大于 10%。另外，出口可湿性粉剂要求的指标还有持久起泡性等。其中湿润性能和悬浮率是最主要的质量指标。

乳油是由不溶于水的原药、有机溶剂苯、二甲苯等和乳化剂配制加工而成的透明状液体，常温下密封存放两年一般不会浑浊、分层和沉淀，加入水中迅速均匀分散成不透明的乳状液。乳油的特点是药效高、施用方便、性质较稳定。由于乳油的历史较长，具有成熟的加工技术，所以品种多，产量大，应用范围广，是目前中国乃至东南亚农药的一个主要剂型。乳油的有效成分含量一般为 20%～90%。乳油在现阶段是使用效率最高的剂型。乳油加工设备简单，制剂稳定，耐贮藏，是目前我国农药主要剂型之一。可用喷雾器喷洒，也可用于泼浇、涂茎、灌心叶、拌种、浸种等。由于乳油中含有较多的乳化剂，较易在农作物、病菌和虫体上黏附和展着，并使药剂容易渗透到植物体内。施药时受风力影响较小，可延长残效期，充分发挥药效。目前国内乳油的质量标准：外观合格；有效成分含量不少于标明含量；乳液稳定性［用标准硬水稀释一定倍数（200 倍、500 倍、1000 倍）后，在 30 ℃静置 1 h，无浮油及沉淀物］；乳油分散性（取 0.5 mL 乳油，滴入盛有 99.5 mL 蒸馏水的量筒中，观察其分散情况，根据乳油分散状态评定其分散性能的优劣）好；水分含量不低于某百分数；酸碱度根据农药遇酸、遇碱的化学稳定性而定；冷、热贮稳定性合格。其中分散性及稳定性是其主要质量指标。

明确实验的目的要求。在回顾了农药剂型之后，引入本次实验的目的要求。指出本次实验的目的即了解农药剂型的特性和简易鉴别方法，辨识常见农药的物理性状。掌握以可湿性粉剂为代表的固体制剂和以乳油为代表的液体制剂的质量鉴定方法。

教师讲授实验内容和主要方法如下。

一是利用给定的上述农药品种，正确地辨识粉剂、可湿性粉剂、乳油、颗粒剂、水剂、烟剂、悬浮剂等剂型在物理外观上的差异，并将各制剂分类记录在实验报告册上。

二是利用给定的实验设备测定可湿性粉剂的润湿性能和悬浮率。湿润性能测定时，首先取标准硬水（100±1）mL，注入 250 mL 烧杯中，将此烧杯置于（25±1）℃恒温水浴中，使其液面与水浴的水平面平齐。待硬水至（25±1）℃时，称取（5±0.1）g 的试样（试样应为有代表性的均匀粉末，而且不允许成团、结块），置于表面皿上，将全部试样从与烧杯口平齐的位置一次性均匀地倾倒到该烧杯的液面上，但不要过分地扰动液面。加试样时立即用秒表记时，直到试样全部润湿为止（留在液面上的细粉末可忽略不计）。记下润湿时间（精确至秒）。如此重复 5 次，取平均值，作为该样品的润湿时间。悬浮率测定时，首先称取 2 g混合均匀且有代表性的可湿性粉剂于具塞量筒中，加水至 250 mL，轻摇混匀（15 个来回），静置 30 min，用吸管逐渐吸去上部 225 mL 溶液，称量滤纸质量后置于漏斗中，过滤余下的溶液，滤后将滤纸置于烘箱烘干并称重，采用下述公式计算悬浮率，重复三次，求平均值。

$$悬浮率 = \frac{（滤纸重＋样品重）－烘干后的总重量}{样品重}$$

三是测定乳油的分散情况及稳定性。乳油分散情况的观察：首先将装有 500 mL 标准硬水的大烧杯置于 25 ℃恒温水浴中，待温度平衡后，用移液管吸取自配乳油 1 mL，离液面 1 cm 处自由滴下。若乳油滴入水中能迅速分散成白色透明溶液，则为扩散完全；若呈白色微小油滴下沉或大粒油珠迅速下沉，搅动后虽呈乳浊液，但很快又析出油状沉淀物，则为扩散不完全。同时做对照实验。乳油分散性评价分 5 级，如表 13-1 所示。

表 13-1　乳油乳化分散性评价方法

分散状态	乳化状态	评价记号
迅速自动均匀分散	稍加搅动呈蓝色或蛋白色透明乳状液	Ⅰ级
能自动均匀分散	稍加搅动呈蓝色或半透明乳状液	Ⅱ级
呈白色云雾状或丝状分散	搅动后呈蓝色不透明乳状液	Ⅲ级
呈白色微粒状下沉	搅动后呈白色不透明乳状液	Ⅳ级
呈油珠状下沉	搅动时能乳化，停止搅动后很快会分层	Ⅴ级

乳油稳定性的观察：在 250 mL 烧杯中，加入 100 mL 的标准硬水（25～30℃），用移液管吸取 0.2 mL 乳油试样，在不断搅拌下，缓慢加入硬水中，加完乳油后，缓慢搅拌30 s，立即将乳剂转入一清洁干燥的 100 mL 量筒中，在 25℃水浴中静置 1 h，如无乳油沉淀物，则认为此乳油稳定性合格。实验注意事项：①所用农药多为有毒农药，一定要戴手套、口罩等个人安全防护用品；②质量鉴定必须取样标准，否则会影响实验结果。

在完成实验目的、实验内容和主要方法的讲授后，让学生按照学号或者自由分组，每组 3～5 人；在指定的时间内分组进行观察，测定制剂的指标；在学生实验的同时，教师巡回指导，及时纠正不正确的操作方式，解答学生疑惑。最后小组填写实验报告单，记录观察到的结果，使知识由直观上升到理论高度。教师总结学生实验过程中共性和关键性的问题并分析问题的原因。学习效果评价见表 13-2。

表 13-2 学习效果评价表

评价项目（100分）	评价方式	评价标准			
		优	良	中	及格
总体效果 40	教师评价 ＋互评	实验报告内容准确，过程控制符合实际情况，无安全事故	实验报告内容准确，符合实际情况，过程控制有困难但可以排除，无安全事故	实验报告内容准确，符合实际情况，能独立分析但过程不能完全控制，无安全事故	实验报告内容不全，符合实际情况，在教师的指导下能分析和控制过程，无安全事故
工具的使用 20	教师评价	方法正确，使用时安全意识强	方法正确，使用时安全意识较强	方法基本正确，使用时安全意识不强	方法有错误，能及时纠正，使用时安全意识不强
操作实施过程 40	教师评价 ＋自评	实验的过程材料全且正确，教师指导少，操作独立性强	实验的过程材料全且正确，有教师指导，基本能独立操作	实验的过程材料全且基本正确，教师指导较多	实验的过程有材料，但是遗漏较多，基本正确，教师指导每个过程

（三）"常用农药性状观察及质量检查"案例应用体会

"常用农药性状观察及质量检查"采用实验教学法完成相关知识的教学。主要通过学生亲自动手，利用给定的农药品种，正确地辨识粉剂、可湿性粉剂、乳油、颗粒剂、水剂、烟雾剂、悬浮剂等剂型在物理外观上的差异。借助实验工具，测定可湿性粉剂为代表的固体制剂的润湿时间、悬浮率等质量鉴定关键指标；测试乳油为代表的液体制剂的乳化分散和稳定性能等质量关键指标。最终将课本上的抽象知识变成真实的体验，加深对知识的了解。同时也培养了学生热爱科学实验的情感，锻炼学生自己动手观察实验的能力。

二、实验教学法案例——波尔多液的加工及质量鉴定

（一）"波尔多液的加工及质量鉴定"案例设计说明

波尔多液是无机铜杀菌剂的代表，至今在许多国家和地区的多种作物上仍在广泛地使用。常用于防治多种真菌、卵菌和细菌引起的叶斑病、疫病、炭疽病、霜霉病、黑点病和溃疡病。适宜作物为马铃薯、小麦、葡萄、苹果、梨、棉花、辣椒、油菜、豌豆、水稻等。波尔多液加工简单，是硫酸铜和氢氧化钙（熟石灰）反应的产物。农业生产上常用1%等量式、1%半量式、0.5%倍量式、0.5%等量式和0.5%半量式的波尔多液。实验主要通过学生亲自动手，完全再现农业生产中波尔多液的加工，通过实验掌握波尔多液的配制方法，了解原料质量和不同配制方法与波尔多液质量的关系，掌握波尔多液的性质及其防病特点。最终通过实验现象的观察，感性体验，比较不同配制方式对波尔多液质量的影响。加深对所学波尔多液相关知识了解，方便的农业生产的实际应用。

（二）"波尔多液的加工及质量鉴定"案例教案

【教学内容】①波尔多液配制原料的预处理。②不同比例和方法波尔多液的配制。③波尔多液的质量鉴定。

【教学目标】①了解波尔多液配制原料的处理方法。②掌握波尔多液的配制。③不同配制方法所得波尔多液的质量鉴定。

【教学重点】通过波尔多液配制原料的预处理，掌握波尔多液的配制及不同配制方

法所得波尔多液的质量鉴定。

【教学方法】实验教学法。

【教学准备】教师提前采购实验所用的药品，主要是生石灰和晶体硫酸铜。准备烧杯、量筒、试管、试管架、托盘天平、玻璃棒、研钵、试管刷、石蕊试纸、10%铁氰化钾溶液（教师预先配制好）、胶头滴管等。学生复习所学有关波尔多液方面的知识。

【教学时间】2课时。

【教学过程】教师讲授有关波尔多液发现、轶事及相关知识，引入实验。波尔多液是无机铜杀菌剂。1882年法国人米拉德氏于法国波尔多城发现其杀菌作用而命名。它是由约500 g的硫酸铜、500 g的生石灰和50 kg的水配制成的天蓝色胶状悬浊液，配料比可根据需要适当增减。一般呈碱性，有良好的黏附性能，但久放物理性状易被破坏，宜现配现用或制成失水波尔多粉。使用时再兑水混合。波尔多液的化学原理是石灰与硫酸铜起化学反应，生成碱式硫酸铜，具有很强的杀菌能力。

配制波尔多液时，根据不同作物对铜或石灰忍耐力的强弱，选择合适的配比。通常硫酸铜、氢氧化钙和水的配比为1∶1∶100，即称为1%等量式。植物幼嫩生长期喷施的波尔多液，硫酸铜和熟石灰的含量需要减少，其配比可以为1∶0.5∶100（1%半量式）、0.5∶1∶100（0.5%倍量式）、0.5∶0.5∶100（0.5%等量式）和0.5∶0.25∶100（0.5%半量式）等。对波尔多液敏感的植物，熟石灰的浓度需要大幅度提高，一般可用熟石灰三倍量式（1∶3∶100）。

波尔多液是最早发现和应用的保护性杀菌剂之一。其胶粒扁平呈膜状，喷在植物表面可形成一层薄膜，黏着力很强，不易被雨水冲刷。波尔多液通过释放可溶性铜离子而抑制病原菌孢子萌发或菌丝生长。在酸性条件下，铜离子大量释出时也能凝固病原菌的细胞原生质而起杀菌作用。在相对湿度较高、叶面有露水或水膜的情况下，药效较好，但耐铜力差的植物易产生药害。持效期长，广泛用于防治蔬菜、果树、棉、麻等的多种病害，对霜霉病和炭疽病，马铃薯晚疫病等叶部病害效果尤佳。至今，波尔多液仍以其杀菌谱广、使用安全、价格低廉、不易产生抗性而被广泛应用。

明确实验的目的要求。在回顾复习了波尔多液的相关知识之后，引入本次实验的目的要求。指出本次实验的目的即学习波尔多液的加工及质量鉴定方法。

教师讲授实验内容和主要方法。实验第一步内容是处理提供的原料，配制加工波尔多液所需的溶液，具体就是配制5%硫酸铜水溶液和10%石灰乳。5%硫酸铜水溶液配制：首先称取五水硫酸铜30 g，加少量水使其溶解，然后加水配制成5%硫酸铜水溶液150 mL。10%石灰乳的配制：首先称取15 g生石灰，放入烧杯中，以胶头滴管缓慢滴加少量水使生石灰化成粉状，然后加水配成10%石灰乳150 mL。实验第二步内容是利用给定的实验设备按照表13-3所示的方法配制不同比例的波尔多液。

表13-3　不同比例波尔多液的配制

处理	20 mL硫酸铜加水的量（A）/mL	20 mL石灰乳加水的量（B）/mL	操作方式
1	30	30	（A→B）+100 mL水
2	80	80	A与B同时混合
3	145	15	A→B

处理	20 mL 硫酸铜加水的量（A）/mL	20 mL 石灰乳加水的量（B）/mL	操作方式
4	160	0	A→B
5	160	0	B→A
6	0	160	A→B

注：→ 为加入

在完成不同比例波尔多液配制以后，进行质量鉴定，主要鉴定内容如下：一是分别在配制后静置 10 min、20 min、30 min 测量不同配制方法得到的波尔多液的悬浮率；二是用 pH 试纸测定各波尔多液的 pH，以碱性反应为好；三是取少量波尔多液的澄清液于试管中用玻璃管插入液面下吹气，若变浑浊表明药液良好；四是测定铜离子量是否过剩；取少量波尔多液于试管中，加几滴 10%铁氰化钾溶液，观察是否有红棕色沉淀生成，若有表示铜离子量过剩，如无铁氰化钾，可用磨亮的铁丝插入波尔多液片刻，观察铁丝上有无镀铜现象，以不产生镀铜现象为好。

实验注意事项：一是原料生石灰和硫酸铜均应选择优质的，特别是生石灰要用质量好的，烧透的、无杂质的块状生石灰，已风化的石灰无效；二是配制过程中硫酸铜溶液与石灰乳的温度应冷却到室温；三是不可用金属容器溶解硫酸铜，以防腐蚀。

在完成实验目的、实验内容和主要方法的讲授后，让学生按照学号或者自由分组，每组 3～5 人；在指定的时间内分组进行实验，配制不同配比的波尔多液，并测定其质量指标；在学生实验的同时，教师巡回指导，及时纠正不正确的操作方式，解答学生疑惑。最后小组填写实验报告单，记录观察到的结果，使知识由直观上升到理论高度。教师总结学生实验过程中共性和关键性的问题并分析问题的原因。学习效果评价见表 13-2。

（三）"波尔多液的加工及质量鉴定"案例应用体会

波尔多液因法国波尔多地区用来防治葡萄霜霉病而得名，是硫酸铜和氢氧化钙（熟石灰）反应的产物，至今仍然是在全球范围内应用最广的含铜杀菌剂。"波尔多液的加工及质量鉴定"主要采用实验教学法，在教师的指导下，学生动手处理配制波尔多液的原料，并按给定的方案加工不同配比的波尔多液，然后通过肉眼观察，借助不同的化学反应和现象测定不同配比波尔多液的质量差异。最终将书本上不同配比的波尔多液的抽象知识变成真实的产品，加深对知识的了解。同时也培养了学生的观察力，锻炼了学生的动手、动脑和善于思考、勤于反思的能力，以及对实验结果的归纳总结能力。运用此法需要注意学生的组织实施情况，实验成功的关键是石灰乳的配制及不同配比的操作顺序，否则会影响最终结果，达不到预期效果。

思 考 题

1. 简述实验教学法的概念。
2. 实验教学法有哪些特点？
3. 实验教学法教学主要包括哪些环节？
4. 根据所学专业知识设计实验教学法教学案例。

第十四章　任务驱动教学法

【内容提要】 任务驱动教学法的含义、特点和作用。国内外的研究现状。任务的设计过程。任务驱动教学法教学案例。

【学习目标】 掌握任务驱动教学法的含义、特点及任务驱动法的应用，同时了解任务驱动法的国内外研究现状。

【学习重点】 掌握任务驱动法在植物保护专业技能教学中的应用。

第一节　任务驱动教学法概述

教学改革和创新是中职学校不断发展进步的要求。植物保护专业课教学需在课程结构、教学方式等方面进行改革，任务驱动的教学模式是最佳的选择，任务驱动法改变了传统的教与学的结构，使学生真正成为学习的主体，教师除了具有辅导者、引导者的身份外，不具备其他任何权威。

一、任务驱动教学法的含义

所谓任务驱动就是在学习的过程中，学生在教师的帮助下，紧紧围绕一个共同的任务活动中心，在强烈的问题动机的驱动下，通过对学习资源的积极主动应用，进行自主探索和互动协作的学习，并在完成既定任务的同时，引导学生产生一种学习实践活动。

任务驱动是一种建立在建构主义教学理论基础上的教学方法。它要求"任务"的目标性和教学情境的创建，使学生带着真实的任务在探索中学习，从而培养出独立探索、勇于开拓进取的自学能力。

二、任务驱动教学法的特点

任务驱动教学法最根本的特点就是"以任务为主线、教师为主导、学生为主体"，主要适用于学生操作类和知识技能类学习，形成由表及里、逐层深入、逐步求精的学习途径，能够培养学生自学和独立思考问题的能力。因此，在设计任务时目标要明确、具体，把要学习的内容设计为一个个小的任务，通过任务的实现完成学习的总体目标。

三、任务驱动法的作用

从学生的角度分析，任务驱动是一种有效的学习方法。它从浅显的实例入手，带动理论的学习和实验的操作，大大提高了学习的效率和兴趣，培养了他们独立探索、勇于开拓进取的自学能力。

从教师的角度分析，任务驱动是建构主义教学理论基础上的教学方法，将以往以传授知识为主的传统教学理念，转变为以解决问题、完成任务为主的多维互动式的教学理念；将再现式教学转变为探究式学习，使学生处于积极的学习状态，每一位学生都能根据自己对当前任务的理解，运用共有的知识和自己特有的经验提出方案、解决问题，为每一位学生的思考、探索、发现和创新提供了开放的空间。

1. 任务驱动教学模式有助于使学生的学习目标更明确、具体，有助于学生更容易地掌握学习内容　采用任务驱动教学模式进行教学，教师的教和学生的学都是围绕如何完成一个具体的任务进行的。教师教学思路清晰，容易使整个教学过程条理清楚、层次分明、顺理成章、轻松自然；学生目的明确，更加容易掌握学习内容；授课顺序就是完成任务的顺序，有针对性地选用合适的教学方法，符合学生的认知规律。

2. 任务驱动教学模式有助于调动学生学习积极性，培养学生自主学习能力　学生的学习积极性来源于学生的兴趣与需求，由于教师所设计的任务来自于学生日常的学习、生活、兴趣、爱好、需求等，学生自然会非常感兴趣，学习的积极性也就被调动起来了。在这种模式中，学生是知识意义的主动构建者，教师是教学过程的组织者、指导者、帮助者和促进者，教材所提供的知识不再是教师传授的内容，而是学生主动构建的对象，教师在引导学生完成任务的同时，也培养了学生的自主学习能力。

3. 任务驱动教学模式有助于培养学生提出问题、分析问题和解决问题的能力　传统的教学模式中总是教师先提出问题，然后给出解决问题的方法或过程，学生只是被动地接受、模仿，由于缺乏独立的思考，学生就失去了学习的主动性，自然也就不可能提出富有探索性的问题。而任务驱动教学模式中，所有的教学内容都蕴涵在任务之中，在这种方式下，学生必须学会发现问题，提出待解决的问题，同时设想解决问题的各种可能的方案，并自己探究出解决的方法。如果学生提不出问题，就不知从何处开始学习，也就不可能完成任务了。从中可以看到，学生在完成任务的过程中，其实也培养了提出问题、分析问题和解决问题的能力。

4. 任务驱动教学模式有助于培养学生的创新精神和实践能力　利用任务驱动教学模式进行教学的过程，其实是学生动手实践的过程，也是学生的一个创造过程。在学生完成任务，利用计算机进行学习的过程中，都需要学生开动脑筋，大胆想象，自己动手实践，自己探索。从中也培养了学生的创新精神和实践能力。

5. 任务驱动教学模式有助于教师因材施教，解决学生之间的个体差异　中职学生在学习过程中大多需要用到计算机，而目前大多数职业中学都存在这样一个问题：学生对计算机知识和技能的掌握差异非常大，有的学生对计算机的操作已经非常熟练了，甚至有的学生的电脑水平在某一些方面比教师还高，而有的学生却很少接触计算机，甚至从来没有碰过计算机。面对如此大的差异，用传统的教学方法是没有办法解决的。

在任务驱动教学模式中，教师所设计的每一个任务中既包含有基本任务，又包含有任务的延伸和扩展点。这样，学生在完成任务的过程中就可以量力而行了，接触计算机较少的学生就可从基本任务入手，完成任务中最基本的部分，而对于接触计算机较多的学生，他们可以在很短的时间内完成基本任务，在此基础上继续研究任务的延伸部分和扩展点，这样每个学生都有收获，所有的学生都有成就感，从而真正做到了因材施教。

6. 任务驱动教学模式有助于培养学生的团队协作精神　在任务驱动教学模式中，教师可以根据实际情况，将学生分成若干个小组，这样学生可以互相讨论、互相帮助，取长补短，学生之间互为教师，一起分析问题、解决问题，学生的思维能力得以展现，学生之间的观点、方法得以交流，大家利用集体的智慧一起去完成任务。学生在完成任务的过程中，体现出了团队协作的精神，为他们今后的学习、生活和工作打下了坚实的基础。

四、国内外任务驱动教学的研究现状

通过查阅国内外文献发现，国外并没有使用"任务驱动"一词，国外兴起的一种教学方式叫"任务型教学"，最初主要应用于语言教学，其本质是一样的。任务型教学是20世纪80年代兴起的一种强调"做中学"的教学方法，进入21世纪后这种"用语言做事"的教学理论逐渐引入我国的基础英语课堂教学。任务型教学出自交际语言教学理论，其理论来自4个方面：第一，功能意念论；第二，认知论；第三，语言习得论；第四，人本主义论。同时集中了当代心理学理论（如语言意义建构主义、人本主义心理学、认知主义的信息加工理论和社会互动理论）的最新教育教学理念。它强调以各种各样的学习任务为中心，学生在学习时首先要考虑如何完成学习任务，而不是如何学会某种语言形式。任务型教学以任务为组织单位，课堂教学由一系列的"任务"构成。

国外语言学与教学法专家对"任务"进行了多种阐释，形成了一些基本观点和看法。其特点表现在：任务是真实的交际活动，具有很强的真实性；任务是完成特定学习目标的交际活动，具有明确的目的；任务以意义为中心；任务具有实践的运用功能。

国外任务型语言教学实施模式比较多，其中具有代表性的是 Willis 的三阶段模式和 Skehan 的三步骤模式。Willis（1996）把任务型语言教学过程分为任务前、任务中和任务后三个阶段。任务前阶段，包括介绍话题和任务。在这一阶段，教师引入任务，与学生一起探讨话题。任务中阶段，包括任务、计划和报告。这一阶段，学生首先以对子或小组的形式来执行任务，教师并不直接指导；然后各组学生以口头或书面的形式报告任务完成的情况；最后通过小组向全班报告或小组之间交换书面报告的形式比较任务的结果。任务后阶段即语言焦点阶段，包括分析和操练。Skehan（1998）把任务型语言教学分为任务前活动、任务中活动和任务后活动三个步骤。任务前活动包括教的活动、意识提升活动和计划。任务中活动包括执行任务、计划后面的报告、报告三个方面。任务后活动包括分析和操练。在他提出的三个步骤中，任务前活动非常重要，后两个步骤与 Willis 的模式大同小异。可见，国外任务型教学无论在理论还是在实践方面都已相当成熟。

我国有的学者认为任务驱动是一种教学方法，有的学者认为任务驱动是一种教学的模式，但大多数学者认为任务驱动应归属为任务驱动教学模式的一种教学方法。

经过广大教师的教学实践，逐步形成了"设置情境—提出任务—展开自主与协作学习—任务评价—教学总结"5个教学基本环节。并提出了任务的设计是实施任务驱动教学的关键，提出了若干设计任务的模式、方法，比较有代表性的观点有：任务要有可操作性、符合学生特点、依据信息技术学科特点进行设计、注重学生能力的培养、注重个别学习与协作学习等。从此可以看出，这些设计思想是建立在系统科学的观点之上的，符合教学设计的特性。

五、任务的设计过程

（一）分析教学内容

教师必须以课标为指导，对教学内容进行认真与细致的分析，在充分分析教学内容的基础上，确定一个单元或一个部分要求学生掌握的知识点。

（二）分析学生学习特征

分析学生学习特征时首先要分析学生已经具备的知识与技能基础，其次要分析学生学习当前知识技能可能遇到的困难与问题。对新学习的知识内容进行分析，看哪些内容学生自行探索能掌握，哪些内容需要给予必要的指导与讲解，它对设计任务十分重要。最后要确定学生学习的难点与教学的突破点。在分析学生可能遇到的困难与问题的基础上，需要进一步明确教学过程中学生的难点，并就学生的学习难点进行精心设计，从而能够突破难点，使学生掌握新的知识与技能。

（三）确定教学目标

教学目标是指导教学过程设计与教学效果评价的依据，根据教学内容与学生学习特征，确定当前教学内容所要达到的目标水平，确定每一个知识点应该达到的目标水平，是进行教学设计的首要环节。

（四）任务设计的原则

实施任务驱动教学法，任务的设计是关键，一个好的任务能够有效地驱动学生的学习，任务的设计要避免形式化倾向，应遵循一定的设计原则。

1. 系统性原则　　系统性是强调任务不是一个个的独立体，而是彼此联系、互相影响，形成一个有计划、有组织的有机整体，整体功能大于各部分简单相加之和。

（1）各类任务要协调安排　　认知灵活性理论认为，建构既是对新信息的意义的建构，同时又包括对原有经验的改造和重组。一个可操作的任务，可能涉及教材中某一个模块，甚至某一个单元的内容，模块化教材的编排，在知识内容上看似没有紧密的联系，实际上这些内容在教材的前后都会交叉出现，后面内容的学习也要用到前面的内容，因此，任务的设计，要通观整套教材，合理安排哪些内容在前面的任务中出现，哪些内容在后面的任务中出现，做到前后内容的联系。

还要根据教学目的和教学重点，突出重点和难点，任务的设计顺序也不是随意排列的，而是根据学习内容的过程与规律，体现由表到里、由浅入深、由整体到部分再到整体的任务解决过程。还要处理好每一项任务与整个单元、整册教材的关系。

（2）任务要有序列和计划　　任务的安排要有计划性，任务的内容和要求都要注意通盘考虑，全面安排。一是具体的一学段内各种任务要系统规划；二是不同的学段任务要有一定的序列，大致体现由简到繁，由单纯到复杂，逐步提高的过程。具体来说，要考虑学段和年级的递进，高年级和低年级，内容和要求的深浅难易应当不同；要考虑知识和能力本身的递进，前引的旧知和后续的新知，要安排恰当；初步的能力和综合的高要求的能力、一般技能和熟练技巧，也都要衔接合理。

根据任务的大小，有的学者把任务分为"大任务"和"小任务"，旨在说明在一个"大任务"统领下，"小任务"涉及的知识、技能与方法对教学目标要形成全覆盖，并突出重点。"大任务"与"小任务"密切结合，形成一套相对完整，而又前后照应的"任务"体系。

2．综合性原则　　综合性原则体现在任务内容的综合和学生综合能力的培养两个方面。

（1）任务内容的综合　　综合性的任务也就是通常所说的大任务，要涵盖教材的主要知识点，学生在完成任务的过程中，需要借助其他学科知识，要借助于同伴，要借助于网络、社区等其他学习资源，解决实际问题。

（2）学习综合能力　　学习能力在学生完成综合任务过程中培养，当学生在完成一项任务的过程中，需要与学习同伴、教师进行沟通，需要查找相关学习资源，需要分析已掌握的资料，需要自己动手制作，需要整理自己的学习成果等，任务完成了，相应的各方面能力也得到了培养。

3．启发性原则　　《学记》中讲到教师要力求做到"道而弗牵，强而弗抑，开而弗达"，这也同样适用于任务的设计，即任务的设计应积极引导、启发学生。任务设计中要遵循的启发性原则体现在以下几个方面。

（1）引起学习动机　　设计的任务本身新颖有趣，就能引起学生的探究兴趣，就会使学生的学习情绪处于高涨状态，激发起解决问题的积极性。能激发学生探究兴趣的问题，从内容上看大都是与学生生活密切相关的问题；设计高质量的任务，激发学生的成就动机，学生在任务要求的驱动下，经过一番努力，不仅完成了任务，获得了知识，提高了能力，还在学习的过程中体会到成功的喜悦，充分调动学生学习的自觉性、积极性。

（2）开启思路，发展思维　　任务内容要精选重点、关键点，学生容易产生困惑的地方教师作适当的指点，以简洁明快的语言启发学生沿着一定的思路思考，运用已经学过的知识去探求问题，启迪智慧，发展思维。

（3）学会自己学习　　在任务要求中作适当的点拨，引导学生总结规律性的认识，并能举一反三，灵活运用到新的情境中去，启发学生学会思考问题的方法，由此领悟一个道理，乃至开始养成一个好习惯。还要鼓励学生质疑问难，自己提出问题和解决问题，最终学会自己学习。

4．层次性原则　　层次性原则是根据学习任务的难易程度和学生自身知识水平的差异设计适合学生的任务。

戴尔认为，当学习是由直接到间接，由具体到抽象时，获得知识和技能就比较容易。同一内容在面向不同层次的学生时，所设计出的任务应有所不同，应接近学生的最近发展区，使学生"跳一跳能摘到果子"。从而利用和调控学生的不同需求，有针对性地启动各类学生的内在动力。可以根据其难易程度设计多个任务，体现由易到难、由浅入深、循序渐进的层次结构。过于简单和容易的任务，容易将学生引向形式化的学习，只有解决有适当难度的问题，才会使学生学会探索、学会研究、学会学习。

5．开放性原则　　要培养学生的信息素养，促进素质的可持续发展，就要用开放的观点来设计任务，任务的开放性可以分为两种情况。

（1）解决方向具有开放性　　设计的任务没有唯一的解决方法，而是存在着多种解决方法与途径，鼓励学生从多个方向去解决问题，用多种方法来解决同一个问题，鼓励学生大胆尝试，最大限度地发展学生的创造性思维能力，帮助学生克服思维定势。这样学生就有"自由驰骋"的空间，可以从不同角度、不同侧面、不同方法去思考问题，从而引起多角度的心理兴奋，有利于发展学生的创造性思维和培养创新能力。

同时，展开"任务"时，注重讲清思路，理清来龙去脉，在不知不觉中渗透处理问题的基本方法。让学生在掌握了基本方法后，能够触类旁通，举一反三，开阔思路，增加完成类似"任务"的能力。

（2）任务内容具有开放性　　任务所包含的内容，并不封闭在教科书中，而是向课外多方位地开放，与其他学科整合、与学生的现实生活联系、向学生的心灵世界延伸，在广阔的社会生活中开展实践活动，以任务为平台，实现以教材内容为轴心的向外辐射，这些开放性的任务将会极大地开阔学生的视野，丰富学生的精神世界，培养综合实践能力，为学生今后的可持续发展奠定良好的基础。

6. 针对性原则　　任务的设计应该有着很强的针对性。

（1）针对教材内容和教学重点　　针对教材内容和教学重点是指任务的设计要体现课程标准的要求、符合每一个模块重点的安排和针对教材内容的关键点。程序教学的开拓者霍兰德的实验证明，与学习材料的关键内容关系不大的练习，无助于学习，唯有与学习的关键内容有关的练习，才能促进学生的学习。

（2）针对学生的实际，可操作性强　　任务设计要适合学生的年龄阶段心理特点和已有的知识水平，要难易适度，如果太容易，学生不需要动脑筋，提不起兴趣；难度过高，学生做不出来，又会失去信心，根据量力性与高难度相结合的原则，让学生在教师的指导下，经过一定的思考，能够较好地完成。

7. 联系生活原则　　当今时代的标志之一是"学习化社会"，"学习"一词被引用的频率越来越高，人们根据杜威提出的"教育即生活"口号，提出了"学习即生活"口号，意味着人们不能将"学习"和"生活"割裂开来，一旦真正学到什么东西，就应该随时运用到实际生活当中。设计与学生现实生活相联系的任务，可以提高学生的学习兴趣，使学生将学到的知识，真正运用到解决生活实际问题中，问题解决了，学生才能真正体验到学有所用，增强学习的信心。

英国教育家皮斯博说："如果你想要儿童变成顺从而守教条的人，就会采用注入式的教育方法，而如果你想要让他们能够独立地批判地思考，并且有想象力，你就应当采取能加强这些智慧品质的方法。"因此，研究、改革教学方法的前提条件，是明确社会对人才的需要，在当前，特别需要较具体深入地掌握新的历史时期社会所需要的人才具有哪些特点，来研究和改革教学方法。

（五）任务的类型

在任务驱动教学法中，任务的设计要有针对性，要对教学内容与教学目标紧密结合，根据任务的不同，可以把任务分成以下几种类型。

1. 依据任务大小进行划分

（1）系统的任务　　系统的任务可以称为大任务，是针对一个学习单元或阶段的任务，需要通过多节课完成。通过大任务的完成，能够形成一个比较系统与全面的结果，使学生掌握比较系统的知识与技能。大任务一般需要分解成二级甚至三级四级子任务来完成。

（2）独立任务　　独立任务也称为小任务，它是一个独立的内容，在一二节课的时间内完成。

2．根据任务的实施中的开放程度进行设计

（1）封闭性任务　　它是由教师预先设计完成，学生在教师的指导下，以小组合作或独立完成的任务。封闭性任务一般都是小任务。当需要学习大量新的知识与技能时，学生的背景知识不够充实时，一般采用封闭性任务，在完成这类任务时，学生自主程度低。

（2）半封闭性任务　　当学生已经具备了一定的知识与技能时，学生完成任务需要掌握的知识点的量较少，教师通过展示大量案例，给出明确的、具有限定性的主题与条件要求，由学生合作小组根据主题，规划任务，学生具有一定的自主程度，有利于培养学生创造能力。

（3）开放性任务　　当学生已经具备了大量的知识与技能，但这些知识与技能还没有形成系统的知识与技能，可由教师给出较少限制条件的主题，由学生规划一个任务。通过完成任务，使分散的知识与技能系统化、技能化（如在掌握一定的植物分科的基础上自己分析特点、制作表格，编写顺口溜记忆），给学生有充分的创造空间。

任务的分类不是一成不变的，一般在大任务中会综合运用到封闭性任务、半封闭性任务与开放性任务，大任务通常都以子任务的形式来完成。

（六）任务实施过程

任务的实施过程，就是任务的完成过程，也是学生获得知识与技能的过程，是对学生能力培养的过程，是课堂教学的组织过程。在这一过程中教师行为与学生行为要进行有效的组合，保证任务的顺利开展与完成。

1．教学中教师的行为

（1）在封闭性任务教学中　　第一，教师的讲解与学生的模仿相结合。封闭性任务一般用于新知识的传授过程中，在学习新知识时，教师必须给予明确的讲解，教师的讲授与学生的模仿练习进行有机的结合。

第二，要注重新知识技能的传授。在利用任务驱动教学法教学时，并不是把学习内容都交给学生去探究，而是在合作中、在任务的完成过程中学习新知识，特别是一些基础性的知识仍然需要教师的详细传授，不能以完成任务为目标，重要的是要在任务中，使学生掌握新的知识与技能。

第三，教师讲授与学生的探索相结合。在完成任务的过程中，要有效组织学生的探索活动，使学生在探索中能够把新的知识技能与原有的知识技能进行联结，形成具有新意义的知识技能。

第四，有效组织学生的小组合作学习。在一定知识背景的支撑下，进行小组合作学习，能够比较有效地培养学生的分析问题与解决问题的能力，能够使学生在现有知识与技能基础上得到发展。

（2）在半封闭性任务教学中　　在任务设计阶段（实际上教师对任务的内容已经有了明确的态度，只是引导学生自己提出来），通过展示案例，提出任务主题，引导学生观察与思考，使学生规划的任务能够与教学内容与目标相吻合。在这一过程中，提出完成任务的必要限制条件非常重要，这些限制条件保证学生完成任务目标，这就要求教师在组织半封闭性任务教学中要做到以下几点：①有效地组织学习小组。小组划分要根据任务需要采用异质组或同质组两种不同的方式；②讲授与学生探索相结合；③引导与学生合作探究相结合；④进行恰当的指导；⑤对任务的完成过程进行有效的控制；⑥注重学生对新知识与技能的掌握。

（3）在开放性任务的教学中　开放性任务涉及创造性能力的培养，这种任务一般会在完成一个单元后进行综合练习或系统知识能力培训中使用。教师在利用开放性任务教学时应做到：①教师要提出明确的主题，对任务的结果进行有效的描述；②对学生合作小组进行指导，使任务的规划与教学内容紧密联系；③在完成任务过程中，引导学生进行分散知识与技能的综合与系统化，实现知识与技能的有效迁移；④及时对学生给予指导；⑤激励学生创造能力的发挥。

2．教学中学生的行为

1）在封闭性任务的教学中，学生要努力完成每一个任务中的各个操作环节；要形成主动学习的态度，实现知识与技能的有效变迁；要进行探索学习，在探索中掌握与扩展新的知识与技能；要与同学进行有效的合作。

2）在半封闭性任务教学中，在任务设计阶段，应认真观看教师展示的案例和提出的主题，在教师的指导下完成任务的设计；与同学进行有效的合作与讨论；进行小组内的合理分工；在任务的完成过程中进行有效的探究，能够创造性地解决问题，完成任务。

3）在开放性任务的教学中，学生之间要进行有效的合作；要善于发现他人的优点，善于倾听他人的意见；能够在完成任务的过程中具有创新意识；要注重对新知识与技能的掌握。

（七）评价

在任务驱动教学法的实施过程中，评价是非常重要的环节，评价能够从多方面给予启示，让学生发现同伴的优点，看到自己的不足，能够把原理性知识技能与操作性知识技能进行有效的整合，形成综合知识能力的提升，教师在评价中应注意以下几点。

1）注重对学生学习过程的评价。

2）对任务结果的综合评价，引导学生进行反思。

3）注重学生在完成任务过程中的非知识技能素质的评价，不仅是对知识与技能的评价，对合作态度、创造性问题的提出等进行评价同样重要。

4）采用自评、小组内成员评价、教师评价等多元化评价方法，对学生的学习行为给予科学公正的评价。

任务驱动教学法是实施操作性与实践性教学内容教学的有效方法，但在利用这一方法时要根据教学内容，充分考虑它的适用性，对教学内容进行科学深入的分析，确保对这一方法运用的合理、恰当。

第二节　任务驱动教学法的应用

一、任务驱动教学法案例——小麦病害种类识别

（一）"小麦病害种类识别"案例设计说明

本案例主要采取任务驱动教学法，把小麦病害种类识别作为学习任务，此前学生已

经具备了大量的植物病害诊断和识别的知识与技能，为了提高学生的实践能力和灵活运用能力，使学生熟悉小麦病害的田间识别与诊断方法，具有一定的田间诊断能力，达到理论与实践的紧密融合，在教学中教师可以根据现有教学条件，选择一块小麦病害发生较重的麦田，通过布置学习任务，最终使学生独立完成并达到学习目标。

本节授课改变了以课堂教学为主体、以教师教学为主导、理论实践分离的传统教学模式，建立了以工作任务为主线、实践教学为主体的理实一体的新型教学模式，实现知识、理论、实践一体化，教、学、做一体化，课堂与实习地点一体化的教学。

根据教学内容分析和教学目标，采取以下的教学流程：教师任务设计—师生分解及分析任务—学生查找资料、讨论研究、学习知识—教师引导—学生实训—教师督导—评价总结。

（二）"小麦病害种类识别"案例教案

【教学内容】①小麦病害的主要种类识别。②小麦病害的症状特点识别。

【教学目标】①知识目标：通过学习掌握当地当季小麦上的主要病害种类及其症状识别特点，为描述、诊断、防治小麦病害奠定基础。②情感目标：通过小组任务的完成，培养学生与他人合作、相互学习、相互帮助的优秀品质。

【教学重点】小麦病害的症状特点识别。

【教学方法】任务驱动教学法。

【教学准备】先选择一块小麦病害发生较重的麦田；提前给学生布置识别该麦田主要病害种类、描述危害特点的任务；让学生准备在现场抽选 1 名学生主讲，其他学生补充讲解任务；将学生进行分组，5～6 人为一组，每组推选一名负责人。

【教学时间】2 学时。

【教学过程】

1. 明确教学目标，布置任务　　教师提问：小麦是我国的主要粮食作物之一，在我们当地的栽培面积也比较大，哪位同学知道小麦在生长过程中会有哪些病害发生？你认识哪些种类的小麦病害呢？这些小麦病害有哪些症状特点呢？在田间你怎样诊断小麦病害的种类，根据是什么？学生对此进行回答。

教师借助引导问题确定学生课前准备情况。

确定目标：小麦病害种类识别，明确应该做什么。

2. 分析任务，制订工作计划　　解决应该怎么做，学生借助问题进行小组讨论确定工作计划：分组—分组观察整块麦田的生长情况—发现发病中心后认真观察—通过病状、病征观察描述确定病害—小组汇总—教师指导。

3. 学习知识　　小组内学生相互讨论交流储备及掌握的知识，以便更好地完成任务（学生之间、师生之间讨论交流）。

4. 完成任务　　分组调查麦田病害种类，并进行症状描述（学生独立完成，教师分组指导）并完成表 14-1；小组汇总总结，对不认识的病害种类寻求教师指导。

各小组汇报交流（随机抽取一名同学汇报，其他人员可以补充说明），找出差距或田间观察遇到的问题。

表 14-1　小麦主要病害种类及症状描述

序号	病害名称	病状特点	病征特点	备注

5．评价、总结　　任务驱动教学法评价的主要目的是鼓励和表扬，教师多发现学生的优点、亮点，从而激发学生的自信心及工作热情。

自我评价：各小组推荐一学生介绍本组工作过程，任务完成情况，学生之间相互评论，教师点评。

教师总结、评价：对学生的工作态度、田间调查方法、教学效果进行总结点评，对发现的问题提出解决措施，对工作中学生取得的成绩进行表扬，并布置课后作业。

任务评价见表14-2。

表 14-2　任务完成评价表

被考评人			考评地点		
考评内容					
考评指标		考评标准	分值/分	自我评价/分	小组评议/分	教师评价/分

	考评指标	考评标准	分值/分	自我评价/分	小组评议/分	教师评价/分
专业知识技能掌握	知识点 1	掌握	10			
	知识点 2	掌握	10			
	知识点 3	掌握	10			
	课业完成情况	各项实训活动完成表现	20			
通用能力培养	出勤	按时到岗，学习准备就绪	10			
	道德自律	自觉遵守纪律，有责任心和荣誉感	15			
	学习态度	积极主动，不怕困难，勇于探索	10			
	团队分工合作	能融入集体，愿意接受任务并积极完成	15			
合计			100			

考评辅助项目		备注
本组之星		两项评选活动是为了激励学生的学习积极性
组间互评		
填表说明	1．实际得分＝自我评价（40%）＋小组评议（60%） 2．考评满分为100分，60分以下为不及格；60～74分为及格；75～84分为良好；85分及以上为优秀 3．"本组之星"可以是本次实训活动中突出贡献者，也可以是进步最大者，同样可以是其他某一方面表现突出者 4．"组间互评"由评审团讨论后为各组给予的最终评价。评审团由各组组长组成，当各组完成实训活动后，各组组长先组织本组内人员进行商议，然后各组组长将意见带至评审团，评价各组整体工作情况，将各组互评分数填入其中	

（三）"小麦病害种类识别"案例应用体会

此案例应用的是任务驱动教学法，教师布置任务，并进行任务分解，引导学生在查阅相关资料基础上明确自己的工作任务，各小组带着任务到田间操作，整个过程充分发挥了学生主观能动性，把课上所学知识运用到生产中诊断病害，进一步培养了学生分析问题、解决问题的能力，达到理论与实践密切结合，同时教师跟进田间，促进了教师自身素质的提高。

二、任务驱动教学法案例——昆虫的发育和变态

（一）"昆虫的发育和变态"案例设计说明

以"学"为主的教学设计重视学习情境（环境）的设计，以任务（问题）为核心驱动学习，能发挥学生的主动性，有利于学生主动探索、主动发现。"昆虫的发育和变态"这部分内容单纯地进行课上理论教学，容易使学生感觉看不到摸不着，很难学习，但如果采取任务驱动教学法（任务为昆虫的发育和变态）：先选择学生熟悉的蝗虫、蝴蝶的实物标本、图片或视频短片，提前给学生布置识别了解蝗虫、蝴蝶的生长发育过程的任务，学生就会主动学习教材或其他资料上相关的内容；在完成观察、描述任务过程中学习专业知识，教师再点评、讲解；再让学生仔细观察昆虫生殖变化的全过程，学生总结描述，教师随时作解释，这种独立思考、合作探究的学习，不仅可以极大提高学生的学习积极性，而且印象深刻，效果好。

（二）"昆虫的发育和变态"案例教案

【教学内容】①昆虫的个体发育。②昆虫的变态及其类型。

【教学目标】①知识目标：掌握昆虫的个体发育特点，什么是胚胎发育，什么是胚后发育；掌握昆虫变态的概念及两种类型。②情感目标：通过小组任务的完成，培养学生观察事物的能力，分析总结问题的能力和与他人合作的能力。

【教学重点】昆虫变态的两种类型。

【教学方法】任务驱动教学法。

【教学准备】准备学生熟悉的昆虫（蝗虫、蝴蝶）生活史标本、图片、视频；准备需要学生观察的昆虫标本（蜜蜂、蚂蚁、苍蝇、蝴蝶、蛾子、蝗虫、蟋蟀、螳螂、蜻蜓、蝉、蚜虫）；准备多媒体设备或教室；提前给学生布置了解自己熟悉的昆虫的生长发育过程的学习任务；将学生进行分组，4~5人为一组，每组推选一名负责人。

【教学时间】2学时。

【教学过程】

1. 情境引入　　给学生播放"蝴蝶的一生"视频短片，让学生了解蝴蝶的生长发育过程，并要求学生自己总结昆虫的个体发育阶段及虫态变化，通过视频激发学生学习的兴趣并引入学习任务。

2. 明确目标，布置任务　　教师提问：我们现在了解了蝴蝶的生长发育过程，那么你还认识哪些昆虫？它们有几个虫态？你熟悉的昆虫生长有何不同？学生对此进行回答。

确定学习任务：昆虫的个体发育和不同昆虫的变态类型观察。

3．分解、分析任务，制订工作计划 学生借助问题以小组为单位讨论任务的实施方法，确定工作计划。

分组（4 人一组）—视频学习—总结观察结果—分组观察昆虫图片（教师参与指导）—小组总结（教师参与指导）—小组汇报—教师总结。

任务一：学习掌握昆虫个体发育的概念。

任务二：观察蝴蝶和蝗虫的一生有何区别，总结完全变态和不完全变态的区别。

任务三：对观察的昆虫标本，按变态类型分类。

4．自主学习，完成任务

（1）工作流程 按照工作计划（任务程序），教师播放"蝴蝶的一生"视频，在学生观看了"蝴蝶的一生"视频资料，对完全变态有了一定的感性认识后，让学生总结出蝴蝶和毛毛虫有何不同；教师再播放"蝗虫"视频，让学生观察蝗虫的一生是怎样的，之后学生分组总结蝗虫的一生和蝴蝶的一生有何不同。再让学生观察他们熟悉的蝗虫、蝴蝶的生活史图片和标本，讨论昆虫的发育过程（什么叫昆虫的个体发育，昆虫个体发育包括哪两个阶段）及昆虫一生要经历的不同虫态，小组讨论，然后发表自己的看法；最后再让学生逐一观察所给出的昆虫生活史标本，进行总结归纳，完成学习任务，在此过程，教师分组巡回指导，及时解决发现的问题。

（2）任务交流 通过学习，各小组完成以下任务，并组织学生将各自的任务结果向全体同学展示交流。

任务一：明确昆虫个体发育的概念及昆虫个体发育的两个阶段。

任务二：通过视频及图片、标本观察完成表 14-3。

表 14-3　蝴蝶和蝗虫的一生

昆虫	具有的虫态				变态类型	备注
	卵	幼虫	蛹	成虫		
蝴蝶						
蝗虫						

注：在有的虫态下边打"√"

任务三：把所给出的昆虫（蜜蜂、蚂蚁、苍蝇、蝴蝶、蛾子、蝗虫、蟋蟀、螳螂、蜻蜓、蝉、蚜虫）按变态类型分类并完成表 14-4。

表 14-4　不同昆虫的变态类型

变态类型	昆虫名称	备注
完全变态		
不完全变态		

5．评价、总结 本阶段的主要任务是通过自评、互评、师评，肯定成绩，指出不足，取长补短，共同进步。

学生评价：各小组分别对自己、对小组、对他人进行评价，包括自己在实施工作任务过程中发现的问题，心得体会，同时也可以对其他小组的结论提出质疑，教师在此阶段主要组织学生对本次任务的完成过程进行评价，听取学生交流，必要时进行指导。

教师评价：对每组学生的工作态度、知识的掌握、教学效果进行总结点评，对发现的问题进行解析，并布置课后作业（根据自己完成任务的过程对所用到知识进行整理）。

任务评价见表 14-2。

（三）"昆虫的发育和变态"案例应用体会

本节课采取任务驱动教学法，目的是通过让学生观看视频短片，亲自观察昆虫生活史标本，把单纯的、静态的课上理论教学变为鲜活的动态学习场景。通过任务驱动学习昆虫的发育和变态，充分发挥了学生的主动性，激发了学生主动探索、主动发现、善于发现、善于总结的学习热情，收到了很好的教学效果。

三、任务驱动教学法案例——白菜霜霉病的田间药效试验

（一）"白菜霜霉病的田间药效试验"案例设计说明

植物保护专业毕业生从事的工作岗位之一就是植物保护技术员，保护植物的最终目的就是使植物正常地生长发育，免受病虫危害，使植物产品高产、优质，因此，植物病虫害药剂防治技术是学生必备的技术之一。

白菜霜霉病的田间防治效果直接影响到白菜的产量及质量，因此本次教学内容对农业生产具有实际的指导意义，植物病虫害田间防治方法、效果的评价也是植物保护专业学生应该掌握的技能，为今后的农业生产实践及植物保护奠定基础。

学生已经掌握了白菜霜霉病的田间诊断技术，了解了白菜霜霉病的病原种类及其生物学特性，掌握了其发病条件，本次教学任务是针对当地生产实际，选取种植面积较大，发病普遍而且严重的白菜霜霉病，是理论课的延伸。

本次教学采用任务驱动教学法，通过明确任务，让学生利用学过的知识，独立思考，合作探究，经过任务分解，制订工作计划，之后小组学习知识，分工协作，选择试验地，进行药前病情基数调查，然后按照设计农药浓度进行小区药效试验，最后调查农药的防治效果。通过任务活动的完成，学生可以有效培养敏感的职业观察能力、团结协作共同探究能力及综合运用专业技术的能力，为学生把理论知识和实践技能的有机融合提供良好平台，最后学生以试验报告的方式提交本次任务活动的成果。

（二）"白菜霜霉病的田间药效试验"案例教案

【教学内容】白菜霜霉病田间药剂防治试验。

【教学目标】①知识目标：掌握白菜霜霉病的田间识别技术；学会白菜霜霉病的田间病情调查方法；掌握田间药剂防治植物病害的方法；学会田间药剂防治植物病害田间防效的评价方法。②情感目标：通过小组任务的完成，培养学生的观察能力，分析问题、解决问题的能力、实际操作能力，同时培养学生团队意识。

【教学重点】田间药剂病害防治技术；植物病害田间防效的评价方法。

【教学方法】任务驱动教学法。

【教学准备】仪器用具准备：准备药剂试验常用用具如喷雾器、手套、插地杆、记

号牌、标签等。

材料准备：选取白菜霜霉病为田间药效试验的对象，杀菌剂可选取当地常用农药 3～4 个品种或剂型。选取初发霜霉病的白菜田块。

人员准备：对学生提前分组分工，5～6 人为一组，每组推选一名负责人。布置任务，提前储备相关知识。

【教学时间】2 学时。

【教学过程】

1．明确教学目标，布置任务 教师提问：我们学习了白菜霜霉病的症状、病原、侵染循环、发病条件及防治措施，那么哪位同学知道什么药剂能有效防治白菜霜霉病呢？这些药剂如何使用呢？在田间进行病害药剂防治时应该注意哪些问题呢？学生对此进行回答。

教师借助引导问题检查学生对知识的掌握情况及课前准备情况。

确定目标：白菜霜霉病田间药效试验。

2．分析任务，制订工作计划 学生借助问题以小组为单位讨论任务的实施方法，确定工作计划。

分组（6 人一组）—试验设计（教师参与指导）—试验实施（教师参与指导）—试验结果调查（教师参与指导）—小组总结（教师参与指导）—小组汇报—教师总结。

3．自主学习，完成任务

（1）工作流程 按照工作计划（任务程序），小组讨论完成任务一试验设计部分，教师指导确认后继续任务二白菜霜霉病田间施药，试验结束后等待完成任务三调查统计工作。

（2）任务交流 通过讨论，各小组完成以下任务，并组织学生将各自的任务结果向全体同学展示交流。

任务一：白菜霜霉病田间药效试验设计（教师分组巡回参与指导）。

试验设计包括完成白菜霜霉病试验地选择—试验药剂处理—试验设计（设置重复、随机区组、设置对照区及保护行）—白菜霜霉病病情调查方法。

1）试验地选择：试验地的地势应平坦，肥力水平均匀一致，白菜生长整齐、品种一致，而且霜霉病常年发生较重且危害程度比较均匀，田间管理水平相对一致的地块。

2）试验药剂处理：选择防治白菜霜霉病的有效药剂两种，每种药剂至少使用 3 个浓度梯度、1 个常规标准农药的常用浓度和 1 个空白对照 5 个处理。

3）设置重复次数：每个处理至少 3 次重复，随机区组小区试验。

4）设置对照区和保护行：对照设 2 种，以常用农药为对照，并设清水处理为空白对照，以 CK 表示。在试验地的周围还应设立保护行，保护行的宽度应在 1 m 以上。小区之间还应设置隔离行 2～3 行，这样即使在喷药时相邻小区的药液有轻微的飘移，也不会影响处理间的评价效果。

5）调查方法。在每个小区进行病情调查，调查可以采取五点取样法，根据小区面积设计每点取株样数。每个小组根据白菜霜霉病分级标准记录不同病级的发病株数，最后统计出发病率和病性指数。

任务二：白菜霜霉病田间施药。

按照试验药剂处理方案进行田间喷雾施药。

任务三：白菜霜霉病田间药剂防治效果调查。

采用对角线法 5 点取样，每个样方为 1 m 行长，分别记载各药剂种类、剂型或施药浓度，在施药前和施药后 3 天、5 天、10 天、15 天的发病程度并计算病情指数，再计算 3 天、5 天、10 天、15 天的相对防治效果。

$$防治效果 = \frac{对照病情指数 - 处理病情指数}{对照病情指数} \times 100\%$$

4. 评价、总结　　学生完成任务后，在教师的主持下进行总结、评价。评价活动采取学生自评、小组互评、教师点评相结合的方式。学生以试验报告形式将自己完成任务的步骤、结果写出来，并进行总结；小组之间交流、讨论任务过程及结果，拓展学生思路，取长补短；教师对学生出现的问题进行点评，培养学生的成就感，并对现有任务进行扩展，引导学生更加深入地领会、思考。

对比每组的试验结果，分析白菜霜霉病药剂防治过程中出现的具体问题，如药剂浓度的配置是否准确、喷药质量是否符合要求、药剂的防治效果每组之间出现误差的原因是什么。

（三）"白菜霜霉病的田间药效试验"案例应用体会

本次教学采用任务驱动教学法，通过教师的任务分解，学生分组承担任务开始，通过小区试验设计、试验地选择、药前药后白菜霜霉病病情调查、田间防治效果评价、小组总结汇报等任务的完成，有效地培养了学生观察、组织、协作、共同探究问题及解决问题的能力，对教师的实践技能的提高也起到强化作用。

思 考 题

1. 简述任务驱动法的作用。
2. 简述任务设计的原则。
3. 简述任务的类型。
4. 根据本章内容设计任务驱动教学案例。

第十五章 现场教学法

【内容提要】 本章包含现场教学法的概念、现场教学法的意义、现场教学法的类型、现场教学法的作用、现场教学法的要求和现场教学法的实施步骤，分别以"病毒病的识别"、"园林植物叶部病害诊断"两个现场教学法案例为例，介绍了现场教学法的具体实施方法。

【学习目标】 识记现场教学法概念、意义、类型、作用。理解现场教学法要求。掌握现场教学法的实施步骤与案例的编写。

【学习重点】 现场教学法的实施步骤；现场教学法的案例撰写。

第一节 现场教学法概述

在自然和社会现实活动中进行教学的组织形式，便是现场教学。现场教学不仅是课堂教学的必要的补充，而且是课堂教学的继续和发展，是与课堂教学相联系的一种教学组织形式。借以开阔眼界，扩大知识，激发学习热情，培养独立工作能力，陶冶品德。

一、现场教学法的概念

现场教学法是学生深入教学现场，通过对现场事实的调查、分析和研究，提出解决问题的办法，或总结出可供借鉴的经验，从事实材料中提炼出新观点，从而提高学生运用理论认识问题、研究问题和解决问题的能力。现场教学具有现场、事实、实践者、学员和教员5个要素。现场教学法的根本特征体现在现场成为课堂、事实成为教材、实践者成为教师、学员成为主体、教员成为主导；其教学功能主要在于亲临实践现场、直接认识事实，面对事实讨论、掌握规律，启发拓展思路、提高实际能力；其操作流程一般分为准备、实施、总结三个阶段。

二、现场教学法的意义

现场教学能提供学生丰富的直接经验，有助于理解和掌握理论性的知识；通过实际操作，培养学生运用知识于实践的能力；为师生接近工农，接触社会主义建设的实际创造条件。它是课堂教学的一种辅助形式。

现场教学要求有明确的目的，在教师领导下有计划、有组织地进行，并取得实际工作者的指导。

三、现场教学法的类型

根据现场教学的目的和任务，可以将现场教学分为两大类型。

一种是根据学习某种学科知识的需要，组织学生到有关现场进行教学。有些学科知识，只在理论上对学生进行解释，学生很难清晰透彻地理解，但到现场看一看，增强感性认识，则能更真实地理解知识，并且能增强学生解决实际问题的能力。

另一种是由于学生为了从事某种实践活动，需要到现场学习有关的知识和技能。这常见于一些与生产劳动密切联系的教学，如农作物种植技术、病虫防治技术等。

四、现场教学法的作用

1．利于学生获得直接经验，深刻理解理论知识　　现场教学作为现代教学组织的辅助形式，它能在某种程度上弥补课堂教学的不足。在这种教学组织形式下，教师可以结合实际，讲授理论知识，使抽象理论直观化。

2．使教学丰富多彩　　现场教学可以增强教学的趣味性，使教学更为生动、丰富。

3．丰富学生的情感世界　　现场教学，可以让学生在轻松、愉快的环境下掌握知识、技能，还感受了自然、社会，丰富了学生的情感空间。

4．提高学生解决实际问题的能力　　通过现场可以让学生做一做，增强其动手操作的能力。

五、现场教学法的要求

1．教学目的要明确　　现场教学要解决什么问题，完成什么任务必须明确。

2．准备要充分　　教师要认真考虑现场教学所要解决的矛盾，引导学生做好必要的知识储备。同时，还要动员组织学生，使他们了解现场教学的目的、要求、注意事项，做好心理上、物质上的准备。

3．重视现场指导　　在现场教学中，教师要引导学生从多角度充分感知感性材料，并有针对性地与理论知识相结合，深化学生的理性认识，还要鼓励学生动手操作，发现问题，解决问题。

4．及时总结　　现场教学不是学生的放松和娱乐，不是只在乎"过程"，不是过程结束了就完了，而是要在必要和适当的时候及时进行总结。

六、现场教学法的实施步骤

1．课前准备　　进入现场教学前，在前期的课堂教学中，教师指导学生围绕操作方法、操作步骤、注意事项等方面的内容进行重点预习，使学生在进入现场时不会感到茫然，而是有充分的知识储备和必要的心理准备。由于植物病虫害的发生时间性很强，因此，确立现场教学的时间、地点及主要病虫害种类显得尤为重要。植物保护课程现场要让学生观察掌握植物病虫的形态特点、危害特征、危害程度、发生规律等内容，就应该准确把握病虫害的发生时期及最佳现场教学地点。如何在有限的时间内让学生掌握必要的生产实践知识，做到事半功倍，教师提前踩点是十分重要的一项工作，也是现场教学的关键。教师根据农田有害生物的发生情况和课程的特点，做好前期调研工作，熟悉当地植物病虫害的种类及发生时间、发生地点，最佳观察时间等，便于准确地开展现场教学。为了节约时间，可将同一阶段同时发生的多种植物的各类病虫害一并观察，以提高现场教学效率。

2．课中实施

（1）教学内容设计　　现场教学的优势和特点，就是熟悉现场，紧密联系实际，使理论能够落到实处。因此，现场教学内容的设计要有鲜明的针对性，选择课程中理论较抽象且与实际联系较密切的重点、难点知识作为现场教学的内容。教学问题的设置和提出要根据植物保护课程的相关内容，利用学生进入现场对一切都好奇、新鲜、急于知道的心态，借助真景实物，通过设问的形式，启发学生去发散思维，寻找求解思路。学生比较感兴趣的教学内容有植物病虫害形态特征识别、植物病虫害综合调查、病虫害的诊断、综合防治方案的制订。

（2）现场教学管理　　现场教学完全不同于课堂教学，而且每个现场场景都是独一无二的，具有自己鲜明的特点，易使学生专注于现场环境和设施，注意力不能完全集中在教学内容和环节上，教学组织和实施难度比较大。因此，现场教学实施前要向学生提出现场教学管理要求，并指定班委分组负责管理。在现场教学中，掌握好教学节奏，调控好教学秩序，让学生认真听讲，注意观察，善于提问，避免现场教学看看热闹，走过场。

（3）现场教学考核　　考核是对教学目标达成情况的评价，只有通过考核，才能使教学意图转变为学生的知识和技能，教学目标才能达成。现场教学的考核从专业基本能力与关键能力入手，主要从三个方面考核：一是过程评价。教师在学生现场操作过程中对学生的情况作出评价，并将评价结果及时反馈给学生。二是学生自我评价。各小组推举代表进行简短交流发言，根据现场教学内容，将自己对知识和技能掌握情况进行客观的评价，教师通过学生的自我评价，了解其掌握知识和技能的情况，及时提出指导性意见。三是教师评价。教师在学生独立操作后进行的评价，对项目完成情况进行检查，并对结果的正确性、完整性进行检查，并给出最终的评价。

3．课后讨论　　现场教学时，学生是分散在生产现场，且由于各种因素的限制，现场会有其他非教学人员走动，学生的注意力易分散，无法像在课堂一样确保现场讲解的效果。为了巩固现场教学的成果，现场教学之后回到课堂必须进行小组的讨论或小结，整理各自的收获。

七、结合教学实际有效应用现场教学法

现场教学法作为一种新的教学方法，在课程教学过程中应结合实际情况加以应用，以达到最佳的教学效果。

1．重视现场教学内容与形式　　相对于理论讲解等方法，现场教学等方法虽然直观、形象并可提高学生学习积极性和实践能力，但所需的时间和费用相对较多，对教师的理论和实践水平要求也更高。因此，不可能也没必要对植物保护课程的所有内容都进行现场教学。教学内容对准职业岗位是现场教学成功的基础，可以精选能培养学生独立思考并解决问题能力及实践性和操作性较强的内容，进行现场教学，以提高学生的学习效率。

2．重视调动学生的积极性与主动性　　在现场教学过程中，大多数学生能积极主动参与，认真准备，积极思考。但也有部分学生只停留于教师的讲解，不注意自己发现问题，主动思考，提出解决问题的方案。现场教学要充分地调动学生的积极性，除丰富的教学内容外，还应该重视现场教学的组织与实施，充分调动学生在现场教学中的主动性。教师要注意调动学生的热情、激活学生的思维，使其打开思路、畅所欲言。教师对现场情况和学生观点进行分析评价时，要善于从事实中归纳、提炼出理论观点，使现场教学

得到升华。

3.重视现场教学成果的评价 在现场教学课的最后，教师需要对本课内容进行总结评价，系统地总结本节课的内容、学习方法、学生获得的知识，让学生感到通过这次现场教学的确是学有所获。注意表扬那些准备充分，肯动手实践，观察认真，思维活跃，发言积极的学生，从而增加他们的信心和学习热情，激发学生深入钻研，推动下一次的教学活动。

4.重视培养学生的综合能力 只有具备很强的适应能力、分析问题、解决问题能力的高素质人才，才具有竞争优势。现场教学法在锻炼学生的实践能力方面，无疑是一种有效方法，教学中更应结合实际全面考查，以达到提高学生综合素质的教学目标。

第二节 现场教学法的应用

"植物保护"是植物保护专业的一门专业核心课，其实践性很强，在教学中，单纯的理论教学不能使学生有效地掌握知识。只有将学生从单一的课堂中解放出来，带到生产现场，将理论教学与现场教学相结合，使学生将理论知识变成实践经验，才能更好地掌握专业知识，提高运用专业知识的能力，为学生参加工作打下坚实的基础。

一、现场教学法案例——病毒病的识别

（一）"病毒病的识别"案例设计说明

教材使用高等教育出版社肖启明、欧阳河主编的《植物保护技术》（第二版），第二章植物病害的基本知识，第二节"植物病害主要病原物的识别"（第7次课）——病毒病的识别。根据病毒病的识别知识学习的需要，组织学生到附近大田地进行现场教学。由于病毒个体较小，学生看不到摸不着，对于其危害症状只在理论上对学生进行解释，学生很难清晰透彻地理解，依据当地植物病毒病发生现状，通过在植保综合实训室、大田作物、校内外生产基地的学习认知活动，让学生身临其境地感受，亲自到现场看一看，了解病毒病的基础知识，识别其危害状，激发学生的兴趣，增强感性认识，培养他们分析问题、解决实际问题的能力，达到准确识别的目的。

（二）"病毒病的识别"案例教案

【教学内容】①病毒病的症状观察。②病毒病的发生、分布规律。③病毒病的传播方式。

【教学目标】①掌握病毒病识别的基础知识。②识别病毒病害的一般症状及发生特点。③调查田间病毒病的发生情况。④通过感性知识的培养，激发学生的兴趣，调动他们从事农业工作的积极性，逐步养成严肃认真、一丝不苟的工作态度。

【教学重点】病毒病害的识别。

【教学方法】现场教学法。

【教学准备】①地点：在春季蔬菜病虫害发生期到校外实习基地进行现场教学，师生对蔬菜（黄瓜、番茄、白菜等）基地进行选点取样。②材料：番茄病毒病、白菜

病毒病、黄瓜病毒病等各种病害为害状、盒装标本及病原玻片标本。③知识准备：植物病害的基本知识。④教学路线的设定：实验室或实训室—多媒体教室—病毒病的发病田—教室

【教学时数】3课时。

【教学过程】

1. 课前准备　　设计说明：本着有比较才有鉴别的思想和温故知新的教学原则进行本课时教学。根据现场教学法的要素，首先需要的是场地，可以利用实验室进行实物标本现场教学，也可以在多媒体教室进行视频教学，然后再转到生产现场教学进行实践活动。

教学前准备：提前一周告知学生何时进行现场教学，并要求学生做好准备。教师准备好田间现场教学地点并采样，并准备好视频资料，教师还要准备一些问题带到现场，以提高学生学习探究的浓厚兴趣。

2. 组织现场教学　　学生进入实验室后，教师首先向学生展示真菌病害、细菌病害、病毒病害的典型标本，学生通过现场观察后，教师再向学生提问："植物病毒病与细菌性病害、真菌性病害有什么区别？"这时学生会积极回答，之后教师点名让两名学生分别回答同一个问题，随后教师进行总结归纳，细菌性病害与其他病害的区别有两点：一是植株病变部位无明显附属物（如菌丝、霉、毛、粉等）；二是发病后期病变部位往往有菌脓出现，而真菌病害则有霉状物（菌丝、孢子等）。

进入多媒体教室，教师先讲解视频教学的重点及难点，之后播放视频。通过观看视频资料，让学生讨论总结病毒病的症状及田间分布特点，并找出与真菌病害的异同点，教师针对学生的总结及提出的问题进行讲解。

教师总结：由于真菌性病害的类型、种类繁多，引起的病害症状也千变万化。但是，凡属真菌性病害，无论发生在什么部位，症状表现如何，在潮湿的条件下都有菌丝、孢子产生。这是判断真菌性病害的主要依据。

带学生进入田间现场，分组进行观察、调查，分别做好记录，每小组采集观察到的病害标本。教师提醒学生观察症状、发生部位、田间分布、有无病征、周边环境、传播介体等。

教师指导学生按照病害调查的方法共同观察分析田间病毒病发病情况。

最后教师组织学生进行本次教学内容的交流与讨论，讨论地点可以直接在田间，也可以回到教室进行，小组间相互评价及教师作总结性评价。

教师总结相关知识：植物病毒病在多数情况下以系统浸染的方式浸害农作物，并使受害植株发生系统症状，产生矮化、丛枝、畸形、溃疡等特殊症状。植物病毒病的主要症状类型有花叶、变色、条纹、枯斑或环斑、坏死、畸形。

植物病毒病的传染方式有机械（摩擦）接触传染、嫁接传染、介体（包括昆虫、线虫、真菌、螨类和菟丝子）传染、花粉及种子传染等。

由于病毒是专性寄生物，它的侵染来源都与活体（活的动物、植物体或介体）有关，传染要使病毒接触活体。例如，汁液摩擦接种，要用新鲜的病毒汁液，摩擦的目的是造成寄主植物体表面的微伤，使病毒有可能进入活的细胞，但过重的损伤造成组织坏死并不利于病毒的传染。

3．检查评价

学生完成任务后，要对学生的学习效果进行检查评价，评价标准见表 15-1。

表 15-1　现场教学检查评价表

序号	重点考核环节	考核标准	标准分值	得分
1	病毒病症状特点	病毒病的一般症状及危害特点	20	
2	病毒病的识别	能正确识别常见病害种类，指明各种病害的病原	20	
3	标本的采集及制作	制作规范，病害症状典型完整	20	
4	发生危害情况调查	调查方法正确，结果能反映病害发生的实际情况	20	
5	实训报告	能按时、认真完成报告，能在报告中认真分析实训过程中出现的问题	20	

4．思考题

1）怎样正确区分病毒病？

2）黄瓜病毒性病害的症状主要有几种类型？

3）病毒病的传播方式有哪几种？

（三）"病毒病的识别"案例应用体会

现场教学法带领学生亲临校内外基地，让学生首先观察了解田块的土壤状况、周围环境、当年气候特点、上年发病情况、田间管理状况等，并从中预测田间可能存在的病毒性病害，引导他们分析引起病害发生、传播的主导因素。然后针对田间发生典型的病毒性病害症状进行识别与讲解。学生在教学现场与教师分享彼此的思考、经验和知识，交流彼此的情感、体验和观点。其结果不仅丰富了教学内容，而且求得了学生新的发现。这样的教学既培养了学生自主、探索、合作、交往的能力，又使学生逐步养成认真、细致的学习工作态度。

二、现场教学法案例——园林植物叶部病害诊断

（一）"园林植物叶部病害诊断"教学设计说明

本课选自高等教育出版社出版的《园林植物病虫害防治》（第一版）教材，第四章"园林植物主要病害及防治"第二节"园林植物叶部病害诊断"，本节内容是在上节"病原物类型和病害症状"基础上的延续，同时又是后面内容"病害防治"的基础，在逻辑上不可分割。园林植物叶部病害诊断技术是园林工作者必须掌握的一项工作技能，内容包括叶部病害症状诊断及病原诊断等。结合本课程教学的特点，为使教学更具有直观现实性，组织学生到园林公司进行现场教学，学会相应技能，并构建相关理论知识，发展职业能力。课程内容突出对学生职业能力的训练，且理论知识的选取，紧紧地围绕工作任务完成的需要，现场教学典型真实。

（二）"园林植物叶部病害诊断"案例教案

【教学内容】①园林植物叶部病害的症状诊断技术。②园林植物叶部病害的病原诊断技术。③园林植物叶部常见病害的识别。④标本采集、作品制作、成果展示。

【教学时间】2 课时。

【教学目标】①知识目标：学生能认识植物叶部病害，并能在田间区分病害和虫害；学生能够根据病征特点及类型掌握鉴定植物病害病原的种类。②能力目标：通过小组合作，综合利用各种资料与工具对植物叶部病害进行观察、分析、诊断，增强感性认识，锻炼观察判断的能力，提高分析信息的能力。③情感目标：学生在完成现场教学的过程中，形成严谨、求实的科学态度，通过作品展示，分享成功的快乐；整个学习过程，学生身处园林美景中，受到园林美景潜移默化的熏陶。

【教学重点】植物叶部病害诊断技术：①设计依据。准确诊断病害名称，是病害诊断技能的最高目标，病害诊断准确才能为后期的病害防治提供科学依据，同时，学生具有协作精神和较好表达能力，对他们职业和人生发展终身有益。②解决方法。制作病害诊断表，学生根据病害诊断表栏目的指引，学习相关知识，逐项区分排除，最后借助病害图谱核对，确定病害名称。在制订现场教学计划过程中，教师适当引导学生进行分工与合作，在作品展示阶段给学生表达的机会，在学生自评表中设置社会能力栏，引导学生对协作精神和表达能力进行评价。

【教学难点】准确诊断病害名称：①设计依据。准确诊断病害名称，是病害诊断技能的最高目标，需要综合各种知识和经验，并借助一定的工具才能完成。②解决方法。制作病害诊断表，提供放大镜，病害彩色图谱，学生根据相关的理论知识和病害诊断表目的指引，对病害部位进行观察，逐项区分排除，最后借助图谱核对，确定植物叶部病害名称。

【教学方法】现场教学法。

【教学准备】考察并联系适宜本节现场教学的场地，《园林花木病虫害诊断与防治原色图谱》，叶部病害诊断表，学生评价表，放大镜，白纸等。

【教学时数】3 课时。

【教学过程】现场教学资讯—计划、决策—实施过程—展示、交流—评价、迁移。

1．现场教学导入与描述

（1）设计理念　通过情境表演，使学生融入到真实的工作情境中；集中讲解现场教学信息，了解现场教学要求。

（2）教师活动　设置情境（园林景观工程有限公司植物养护员与学生对话），引出工作现场教学内容——植物叶部病害诊断。教师对"植物叶部病害诊断"现场教学任务进行描述。

1）能认识植物叶部虫害与病害，能够区别侵染性病害与非侵染性病害的特征。

2）基于已经掌握的理论知识，利用放大镜，学生能够鉴定病原物类型。

3）通过小组合作，综合利用各种资料与工具对植物叶部病害进行观察、分析、诊断，增强感性认识，锻炼观察判断的能力，提高分析信息的能力。学生在完成现场教学的过程中，形成严谨、求实的科学态度。

4）采集叶部病害标本。

（3）学生活动　观看情境，领会本次课的学习任务，倾听任务要求。

2．制订计划、进行决策

（1）设计理念　通过分组，组内分工，使任务落实到每个学生，学生通过交流、协作学习。

（2）教师活动　　引导学生制订完成现场教学的计划，并作出决策。检查分组情况、组长选评、各组观察路线、教具携带、人员分工，做好病害的观察、记录、表格填写、作品的采集、作品制作等工作。

（3）学生活动　　分组（5人/组）共4组，讨论制订完成现场教学的计划、制作方案。完成分组，组长选评，教具携带，包括《园林花木病虫害诊断与防治原色图谱》、叶部病害诊断表、学生评价表、放大镜、白纸等，确定观察路线，人员分工，安排好病害的观察、记录、表格填写、作品的采集、作品制作等工作。

3．现场教学实施过程

（1）设计理念　　在完成具体的工作任务中通过对卡片知识的学习和团队的协作，实现职业技能和社会能力的培养（病害诊断技术、协作交流能力）。

（2）教师活动　　参与到各组中进行必要的指导和帮助，教师不过度介入。

（3）学生活动　　小组向工作地点出发，利用已有知识对叶部病害诊断。

1）认识：病害、虫害。

虫害症状：叶面上的虫害通常会造成缺口、穿孔、卷叶、昆虫粪便污染等。

病害症状：变色、枯萎、褪绿、花叶、霉层、腐烂、斑点、畸形等。

2）区分：侵染性病害、非侵染性病害。

侵染性病害：由微生物侵染而引起的病害称为侵染性病害。根据侵染源的不同，又可分为真菌性病害、细菌性病害、病毒性病害等多种类型。特点：病害有一个发生发展或传染的过程；在病株的表面或内部可以发现其病原生物体存在（病征），它们的症状也有一定的特征。

非侵染性病害：由不适宜的物理、化学等非生物环境因素直接或间接引起的，又称生理性病害。特点：没有病原生物的侵染，从病植物上看不到任何病征，没有逐步传染扩散的现象。

3）鉴定：病原物类型。

细菌性病害常见症状有腐烂、坏死、肿瘤、畸形和萎蔫等；识别依据无菌丝、孢子，病斑表面光滑。

真菌病害常见症状有霜霉、白粉、白锈、黑粉、锈粉和烟霉等；识别依据有霉状物（菌丝、孢子等）。

病毒病害常见症状有花叶、矮缩、坏死等；识别依据无病征。

4）诊断病害：园林植物叶部病害的症状的主要类型有灰霉病、白粉病、锈病、煤污病、叶斑病、毛毡病、叶畸形、变色等。

5）标本采集、作品制作。

4．成果展示

（1）设计理念　　通过优秀作品展示促使学生从多方面思考问题，认同小组合作的重要性，认同学习过程的重要性。

（2）教师活动　　组织学生展示作品。要求至少上交2种以上病害并说明鉴别依据。

（3）学生活动　　各个小组上交相关材料、展示作品（至少2种），介绍现场教学完成过程及成果，分享各组的经验和做法。

5．评价、迁移

（1）设计理念　　归纳本次活动中学会的技能与方法，学生经历成功后备受鼓舞，能力得到内化，情感得到升华。

（2）教师活动　　认可学生的表现，给予必要的评价及建议。布置新任务"校园植物病害诊断"，使能力得到迁移应用。

（3）学生活动　　进行自我评价，感受成功的快乐。试图把本节课形成的方法应用到新的情境中。

6．检查评价

叶部病害诊断表及学生评价表见表 15-2、表 15-3。

表 15-2　植物叶部病害初步诊断表

编号	植物名称	病害名称	病害类别（非侵染性病害/侵染性病害）	病原物种类（细菌/真菌/病毒）	备注
1					
2					
3					
4					
……					

表 15-3　园林植物叶部病害诊断现场教学自评/互评表

现场教学内容	要求	评定（3，2，1，0）		
		自评	组评	师评
现场教学计划	制订计划是否经过小组成员讨论 □经过□不经过			
现场教学决策	项目的决策是否合理 □合理□需改进			
认识病害的特征	能否认识病害的特征 □能□不能□能认识部分			
鉴别病原物类型	能否鉴别病原物类型 □能□不能□能鉴别某些			
诊断叶部病害	准确诊断叶部病害多少种 □1 种□2 种□3 种以上			
总体完成效果	总体完成效果 □好□较好□一般			
意见与反馈				

7．思考题

1）什么是非侵染性病害？它有哪些特点？

2）园林植物叶部病害的症状的主要有哪些类型？

3）园林叶部病害侵染循环的主要特点？

（三）"园林植物叶部病害诊断"案例应用体会

1．创设情境，激发兴趣，缩短了学生与工作现场教学的距离　　设计园林景观工程公司植物养护人员与学生的对话，使学生了解植物保护工作环境，设身处地地融入到职业工作情境中，由此自然引出现场教学——植物叶部病害诊断。这是一个真实的现场教学，但是，通过情境引入，比直接布置现场教学任务更能激发学生完成的热情，为接下来的学习活动做好铺垫。

2．归纳知识点，通过任务驱动，学生自主学习　中职生好玩、好动，对教材知识不感兴趣，不会主动学习，这是中职生的学习现状。在这节课里，把完成现场教学需要的理论知识进行梳理，去粗取精，归纳成实用的知识点，学生必须通过学习知识点上的内容才能顺利完成任务，即通过任务的驱动，促使学生进行学习，把学习变成自身的需要，因此学生会主动学习。

3．关注课程资源的动态生成　叶澜教授有一句精辟的论述："教学在互动中生成，在沟通中推进。"本次教学教师注重引导学生在情境中去经历、去体验、去感悟、去创造。由于学习环境开放宽松，学生容易产生出"奇思妙想"，甚至是错误想法，这些对教师来说都是难得的信息，应及时给予鼓励。可以说有动态生成的课堂才是真实的课堂、美的课堂。

思　考　题

1. 何谓现场教学法？应用现场教学法有什么意义？
2. 现场教学法有什么作用和要求？
3. 怎样有效实施现场教学法？

第十六章 参与式教学法

【内容提要】 本章主要介绍了关于参与式教学法的起源、概念和优点。阐明了参与式教学过程中应当遵循的 4 个设计原则：针对性原则、可行性原则、整体性原则和实效性原则。明确了参与式教学法的主要内容和制约因素。分别以"植物病毒的接种——以烟草花叶病毒摩擦接种烟草为例"、"棉花枯黄萎的识别与鉴定"和"常用可湿性粉剂的质量控制与检测方法"三个参与式教学案例为例，介绍了参与式教学的具体设计方法、原则和注意事项。

【学习目标】 了解参与式教学法的含义，明确参与式教学过程的设计原则、适用条件及制约因素等，掌握参与式教学方案的主要内容和设计方法。

【学习重点】 参与式教学的设计方案。

第一节　参与式教学法概述

一、参与式教学法的渊源及概念

1. 参与式教学法的渊源　　20 世纪 50 年代以来，随着社会经济、文化和科学技术的发展，人们对个人适应社会发展的能力素质提出了更高的要求，原有的"灌输式"、"传授式"或者"独白式"的教学方法、教学思想已然无法适应社会发展的需要。在此背景下，诞生了一系列的以发展人的主体性为核心的教育学说和流派。80 年代中期，以美国学者 Astin 提出的"卷入理论"为代表的学生在课堂教学过程中的参与理论已经成熟。90 年代初期，西方国家的教育研究者通过对传统教学思想的反思，着手未来教学方式、教学设计的探索与研究。到 90 年代中期，将课堂教学的权利逐步地从教师转入学生手中已成为西方教育界的共识。而至 90 年代末期，参与式教学法基本形成，并在美国、英国、澳大利亚等西方国家和地区的大学教学当中得到普遍应用。

在我国教育史上，尽管没有形成参与式主体教育思想理论体系，但是体现参与式主体教育思想的言论在很多教育家的论述和著作中均有呈现，例如，孔子的教育名句"不愤不启，不悱不发"即是对学生在教学过程中主体性参与的阐释。而国内对于西方参与式教学法的引入和介绍始于 20 世纪末期。相关学者通过介绍西方社会教育领域中参与式教学研究的内容和成果，引起国内教育人士的关注与兴趣。到目前为止，参与式教学理论已在国内教育界得到共识，但是与西方国家相比，在对其研究的广度和深度，特别是在教育实践中对参与式教学法的应用等方面，还存在较大的差距。

2. 参与式教学法的概念　　关于参与式教学法的含义，不同学者有不同的阐释，大部分学者趋向于认为学生参与教学实践的过程即为参与式教学，但是也有部分学者倾向于让学生参与包括教学设计、教学实施和教学评价在内的整个教学过程。在后者中，部分学者认为学生仅参与教学实践活动的教学模式属于互动式教学，是参与式教学的一部分，参与式教学要求学生在教学过程中的方案设计、实施、教学评价和教学反馈等的各个阶段，都有不同程度的参与。目前，国内有关参与式教学实践的相关报道，大部分遵从于后者，本书亦循此例。例如，和学新（2004）指出，学生的主动参与是指参与包括备课、上课、讲解、提问、演示、操作练习、检查和作业等各个环节在内的教学全过程，通过学生的主动参与，使得教师的"教"和学生的"学"紧密联系起来；鄂奋（2013）在"高校思想政治理论课的参与式教学方法的设计原则"一文中也指出，要注意互动式教学与参与式教学的区别，参与式教学法要求以教学内容为基准，结合现有的教学条件，根据受教育者自身不同的特征，不同程度、不同方式地参与教学的各个环节。

二、参与式教学法的原则

正如不同学者对参与式教学法含义的理解不同，参与式教学方案设计与实践时，不同学者有不同的侧重方面，难以通过一个方法去鉴定评价这些教育方案与教育实践的优劣。因此，明确参与式教学法的原则尤为必要。鄂奋（2013）在有关高校思想政治理论课的参与式教学方案设计时，阐明了4条基本的设计原则，分别为针对性原则、可行性原则、整体性原则和实效性原则。在中等职业学校植物保护教育教学领域，参与式教学的设计原则也可以通过这4个方面来阐释，具体内容如下。

1．针对性原则　　参与式教学法中，针对性原则主要体现在两个方面：第一，针对具体的教学内容，设计具体的参与式教学方案。在中等职业学校植物保护教育教学中，教师要严格按照教材所示的教学内容，根据教学目的与培养目标，有针对性地通过参与式教学法给学生讲解植物病虫草鼠等各方面的内容。第二，针对受教育者的教育背景、知识架构与认知程度等基本特征，合理选择不同的参与式教学法。在我国，中等职业学校的学生大部分来源于普通中学，学生认知水平偏差，基础知识掌握不扎实，对教学过程缺乏主动的参与性，依赖于教师的心理比较严重，教师要根据学生的实际情况，选择恰当的内容，来进行参与式教学，逐步提高学生的参与度，激发学生参与教学的积极性。

2．可行性原则　　可行性原则是衡量任何教学方法能否用于教学实践的一个基本原则。影响参与式教学法可行性的因素一般包括三个方面：第一，受教育者的参与度、教学内容的可演绎程度及实施参与式教学的客观条件等。中等职业学校植物保护教学面向的学生，能力素质普遍不高，在教学实践活动中，主动参与的意愿与能力不强。因此，教师要根据这些特点，有计划地选择教学内容进行参与式教学实践，逐步提高学生的自身素质。第二，在中等职业学校植物保护教学内容上，概念性知识与识记的内容较多，并不是所有内容都适合参与式教学法，教师要根据具体的教学内容选择适当的教学方法，不能为了参与式教学而教学。第三，我国目前在中等职业教育领域的教育理论、教学方法及教学投入等方面的原因，可能会限制参与式教学法的实施，教师要根据不同学校的教学条件，切合实际地进行参与式教学。

3．整体性原则　　鄂奋（2013）从两个方面阐释了参与式教学的整体性原则。第一，受益群体最大化。他认为参与式教学应该面向尽可能多的受教育者，并使他们享受参与式教学带来的教学效果的提升。在中等职业学校植物保护教学过程中，教师也要使绝大多数的受教育的职业学校学生主动参与到参与式教学过程中，督促少部分意愿不强的学生增加主体参与的能动性。第二，实施程序的完整性。在此方面，鄂奋认为，受教育者应该参与涵盖参与式教学方案制订、过程监督、反馈和评价在内的完整的教学实施过程。

4. 实效性原则 任何教学方法的选择，最终的评价依据在于教学效果的好坏。中等职业学校植物保护教学领域参与式教学法的实效性体现在植物保护理论与实践教学的时效性、可衡量性与能动性上。时效性即利用参与式教学法在中等职业学校植物保护教学过程中取得的教学效果。一般地，通过学生在受教育期间对教学内容掌握程度的检测体现教学效果的时效性。可衡量性是指中等职业学校植物保护参与式教学所取得的教学效果应当具有可量化、可衡量的特点。对教学效果的指标进行量化，能够清晰地表现所选教学方法的优劣。能动性是指在参与式教学活动中，要充分地调动教育者和受教育者的主观能动性。教育者要积极主动地发挥引导、监督的作用，受教育者要在教师的引导下主动地、有效地参与教学活动的方方面面，这样才能使得整个参与式教学实践活动有目标、按计划地顺利完成。

三、参与式教学方案的主要内容

参与式教学方案设计是参与式教学实施过程的核心环节，是整个教学过程顺利进行的蓝本，因此，合理设计制订参与式教学方案是参与式教学法的必然要求。一般地，参与式教学方案包括教学目的、教育对象、教学内容、工作方式和实施条件等几个方面的内容。

1. 教学目的 教学目的是整个参与式教学过程要达到的主要目标，一般表现为培养学生掌握某一方面的具体知识或者能力。在制订参与式教学方案前，对教学目的进行合理的分析，可以达到事半功倍的效果。在中等职业学校植物保护教育教学过程中，根据教学要求，明确分析某部分的教学内容要培养学生达到的具体目标，以便有的放矢地设计合理的参与式教学方案。

2. 教育对象 受教育者是教育教学过程中的主体。准确分析受教育者的能力素质特征，对于设计合理的参与式教学方案尤为重要。中等职业学校植物保护教育教学过程面向的是广大中等职业学校植物保护类及种植类专业学生，这部分学生本身具有的思想意识、行为习惯、知识构成、接受能力与互动能力等方面的特征具有特殊性。教师要在制订参与式教学方案时，充分考虑受教育学生的接受能力、课堂参与能力及课后的主动学习能力，由浅入深、由易而难的制订教案。

3. 教学内容 教无定法，并非所有的内容都适合、适用于参与式教学法。教师要根据不同教学科目的特点，合理选择教学内容进行参与式教学方案的设计。具体在中等职业学校植物保护教育所涉及的课程中，识记的内容占据多数课程的主要部分，因此，教师在选择教学内容时，要注意选择恰当的、易与学生参与操作的教学内容。

4. 工作方式 依据教学内容和受教育对象的不同，确定在参与式教学法中采取的实施操作方法，如张贴板法、陈述法、PPT 演绎法等。在中等职业学校植物保护教育教学过程中，针对种植类学生的特点，一般选择张贴板法和 PPT 演绎法较为恰当。

5. 实施条件 相对于传统的"独白式"、"传授式"教学方法，参与式教学法对实施条件提出更高的要求。目前，在我国的中等职业学校中，相关的教育教学条件配备还不完善，要求教师在实行参与式教学过程中，要充分考虑到教学实施条件的限制，在有限的条件下，采取替代、简化等多种方法，尽可能地完成教学过程。

6. 学时计划 目前，我国职业教育领域还是采取传统的教育教学思想，在学时安排上，国家、教育部门及各个学校对每一门课程的学时计划都有较为明确的规定。参与式教学法，要求众位受教育者广泛参与整个教学过程，这就产生了大量的学时需求。教师在设计参与式教学方案时，要全盘考虑整个课程安排，合理安排教学课时计划，以免参与式教学的实施耽误或者影响整个教学计划。

7. 教学评价指标 可量化、可衡量是参与式教学法的基本原则之一。在参与式教学方案设计过程中，要求教师给出清晰明确的教育教学成果的评价标准，以便学生在教学结束后，根据具体的标准评价教学实施过程与结果的好坏，并在此基础上进行反思，进一步提高优化教学过程。

四、参与式教学法的优点

在参与式教学实施过程中，学生积极、主动参与教学的整个过程，相较于传统的"填鸭式"、"独白式"的教学方法，能在多个方面提升学生的学习兴趣和能力，具体表现为：第一，参与式教学能够提高学生学习的主动性和学习兴趣；参与式教学改变传统的教师作为表演者，学生作为受众的教学方式，学生在自身参与教学方案的设计、教学过程的实施及教学结果的评估过程中，产生一种成为学习主体的思想意识，可以极大提高学习的主动性和自觉性。第二，利于师生间融洽关系的形成；参与式教学改变了传统教师的形象，教师成为教学过程中的一个引导者、协商者，学生更容易与教师产生相互的信任与尊重，并形成良好的师生关系，进而保障教学过程的顺利实施。第三，满足不同程度学生的学习需求；参与式教学法整体性的原则要求受教育者尽可能地全部参与到整个教学过程中来，在此过程中，不同知识背景、不同能力水平的学生会产生不同的思想交叉与碰撞，利于不同程度的学生在交流、对话中提升自己，增进受教育者学习的自发性、紧迫性及终身学习观念的形成。

五、参与式教学法的制约因素

教学有法，教无定法。任何教学方法都有其适用范围，尽管参与式教学法具有一般传统教学法所不具备的很多优势，但是在具体的教育教学实践过程中仍然有很多限制因素。一般地，参与式教学法的限制条件分为三类：教学环境因素、教学主体因素和课堂内部因素。教学环境因素主要指尽管国内部分学者对参与式教学理论与实践进行了系列的研究与探索，但是当前国内的教育领域的主要教学思想和教学理念仍具有浓厚的传统教育的色彩，教学计划与安排、课时量、考核指标等方面不利于参与式教学法的实施。教学主体因素包括教师和学生两个方面。对于教师而言，部分教师对参与式教学法不熟悉、不热心或者安于原有教育教学方法，不愿改变现存的师生关系；对于学生而言，部分学生不愿或者能力不足尚无法参与到教学过程中，对教师的依赖性较高，主动学习、自觉学习的能力较差。作为教学过程的两个主体，教师和学生因素是影响参与式教学法效果的关键因素。最后是课堂内部因素，主要指不同班级学生的特点、学生的活跃程度及学生与教师在交流过程中的顺畅程度等方面的因素。

第二节　参与式教学法的应用

一、参与式教学法案例——植物病毒的接种（以烟草花叶病毒摩擦接种烟草为例）

（一）"植物病毒的接种——以烟草花叶病毒摩擦接种烟草为例"案例
　　　设计说明

植物病毒病害是农业生产上一类重要的作物病害类型，广泛危害包括粮食作物、经济作物、蔬菜、水果及花卉等在内的各种不同植物，给农业生产带来严重的危害。植物病毒侵染常常能造成作物生长减弱、生长势减缓、降低品质和市场价值及增加作物栽培的成本等方面的损失。因此，中职学校种植类专业学生需要了解并掌握常见的植物病毒病害类型、鉴别方法及重要的防治措施等内容。

植物病毒是严格的专性寄生物，离开活体寄主时没有生命活性。寄主（host）是指植物病毒能够侵染的某种植物，根据病毒是否可在全株植物扩散传播又可分为局部寄主（local host）和系统寄主（systemic host）两种类型。鉴别寄主（indicator）是指用以鉴别病毒种或其株系的具有特定反应的植物。常用一个鉴别寄主谱来区分不同的病毒或者病毒株系。植物病毒的侵染传播方式是完全被动的，但病毒病的发生仍然十分普遍，这主要是由病毒侵染的机制和传播的有效性决定的。在实验室中，研究人员常用病株研磨的汁液作为人工接种的材料，可有效地将大多数病毒通过机械摩擦接种的方式，将病毒接种到试验材料上。

烟草花叶病毒（tobacco mosaic virus，TMV）属于烟草花叶病毒属（*Tobamovirus*），是烟草和其他茄科作物上的一种常见的植物病毒之一。烟草花叶病毒主要通过汁液摩擦进行传播。在受侵染植物的病健叶上面由于农事操作、风雨或者自然生长等原因造成的微伤口，是该病毒的入侵途径。在实验室，研究人员通常用机械摩擦的方式，将烟草花叶病毒接种保存在烟草植株中。

本案例的教学重心主要集中于学生通过人工摩擦接种的方式接种烟草花叶病毒，学习常规的病毒汁液接种法，并掌握其中的关键技术；通过对一套鉴别寄主的接种，了解鉴别寄主的鉴别作用、筛选作用和定量作用。汁液摩擦接种的注意事项，接种时预防病毒钝化的方法及常见的用于区分病毒的鉴别寄主谱类型，是本案例中应当注意的主要问题。

主要教学过程如下。

参与式教学方案设定：通过植物病毒病害特别是烟草花叶病毒病害的田间危害状况、症状照片、植物病毒接种保存方式、鉴别寄主含义及鉴别寄主谱的组成等介绍引出本案例的相关课题。在此阶段，让学生首先查询相关资料，了解植物病毒病害在生产上的重要性，然后学生分组讨论，并分别与教师讨论，确定参与式教学的实施方案。通过主动参与，引起学生产生兴趣，激发学生的自主学习动力。

计划实施：本案例拟通过6人小组的形式进行。每个小组根据参与式教学方案中的内容，在教师的引导监督下，在实验室提取烟草花叶病毒，通过汁液摩擦的方法接种病毒，并根据鉴别寄主谱的原则，选择接种合适的寄主。在此过程中，小组内学生要充分讨论，根据查询的背景资料，讨论检查接种方法的正确性，选择合理正确的寄主种类，接种后对接种植物的症状特征、类型进行准确的观察记录；教师要加强监督，增加与学生的互动交流，及时给予指导，防止学生出现较大的失误，引起教学过程失败。

控制与评估：要求各小组内学生按计划执行任务，采用张贴板法、PPT 演绎法等方式汇总各实验小组的试验进度，及时总结评估各小组、各成员出现的问题。加强小组间成员的沟通，培养学生分析问题、解决问题的能力、语言表达及相互沟通的能力。

（二）"植物病毒的接种——以烟草花叶病毒摩擦接种烟草为例"案例教案

【教学目的】① 通过人工摩擦接种，学习常规的汁液接种法和关键技术。② 通过对鉴别寄主的接种，了解鉴别寄主在植物病毒的鉴别、筛选和定量鉴定方面的作用。

【教学重点】指导学生掌握汁液摩擦接种植物病毒的方法和关键技术。

【教学难点】鉴别寄主筛选鉴别植物病毒的原理。

【教学方法】参与式教学法。

【教学时数】4 课时。

【教学过程】

1. 学生查询了解相关知识背景 相关信息包括：植物病毒病害的症状类型；汁液摩擦接种植物病毒的方法及注意事项；病毒病害症状观察记录的方法；常用的烟草花叶病毒鉴别寄主谱由哪些植物构成（表 16-1）。

表 16-1 烟草花叶病毒寄主谱构成及症状表现

寄主种类	典型症状	备注
1		
2		
3		
4		
……		

参考材料：学生可以利用教材、图书馆查阅书籍、文献或者计算机网络查询相关资料。

教材：《马修斯植物病毒学》、《植物病毒学》（第三版）、《比较植物病毒学》等。

文献：可在"中国知网"、"万方数据库"等相关网站以"烟草花叶病毒"、"摩擦接种"为关键词查询相关文献。

2. 制订参与式教学实施方案 学生根据所查阅资料，完成信息卡（表 16-1）。

分组：按照学生意愿，划分教学小组，原则上 6 人一组，注意男女生比例、学生素质能力等方面的因素，尽量保证每位学生都能在小组中参与互动。

每组学生根据查询资料，组内相互讨论，形成教学方案雏形，然后班级内各组间相互讨论，进一步完善实施方案，最后与教师讨论，确定实施方案（表 16-2）。

表 16-2 "烟草花叶病毒摩擦接种实验"参与式教学实施方案

项目	内容	学生参与度	教师参与度	备注
教学目的	通过人工摩擦接种,学习常规的汁液接种方法及其关键技术 通过对鉴别寄主的接种,了解鉴别寄主的鉴别作用、筛选作用和定量作用	学生依据背景资料讨论确定初步的教学目的	教师根据教学大纲、培养目标指导学生确认教学目的	

项目	内容	学生参与度	教师参与度	备注
重点难点	重点：指导学生掌握汁液摩擦接种植物病毒的方法和关键技术 难点：鉴别寄主筛选鉴别植物病毒的原理	学生列举资料查询中存在的问题，讨论教学过程中的重难点	教师根据学生列举的问题及教学大纲，引导学生确定本教学过程的重点难点	
教学对象及特征	植保类专业××级××班	学生讨论自身的特征	教师和学生讨论确认	
参与式教学内容选择与组织	内容：采用汁液摩擦法接种烟草花叶病毒，并观察烟草花叶病毒在不同寄主上的症状表现 组织：采取小组（5～6人）的方式进行实验	小组间学生相互讨论、自主实验	教师监督，并适时指导	小组人员视班级具体情况而定
实施方式	小组实验；PPT演绎；张贴板法	小组间学生相互讨论、自主组织实施	教师指导、监督	
实施条件	实验室、寄主植物、相关实验材料、多媒体教室、PPT制作	小组间学生相互讨论、自主组织实施	教师提供相关材料、试剂，引导学生做完备的实验准备	
评价指标	资料查询、各小组制订的实施方案的可行性、实施过程、实施结果及反思评估等方面	教师学生相互讨论	教师学生相互讨论	
反馈与总结	通过本方案的实施所得经验教训，扬长避短，利于以后参与式教学方案的制订实施	教师学生相互讨论	教师学生相互讨论	

3. 实施计划 各小组、各位学生按照师生最后确立的参与式教学实施方案，进行实验准备，包括样品采集所用的各种工具、实验室接种用到的实验仪器、植物、药品等，教师要引导和监督学生的准备情况。

各小组按照计划，独立地实施计划。教师要监督各小组的计划完成状况，针对计划实施过程中出现的问题，及时指导。

4. 评价

评价方式：学生自评、小组间学生互评及教师评价相结合。

评价标准：植物病毒病相关背景资料的查询情况、实验计划的制订情况、实验材料的准备情况、病原接种、症状观察与记录等，以及项目执行过程中各位学生的工作态度、责任心等。具体标准见表16-3。

总结：根据各小组的学生的评定结果，教师对学生课程内容的学习掌握情况进行总结。

表16-3 评价标准明细表

评价项目（100分）	评价方式	评价标准			
		优秀	良好	合格	不及格
资料查询10	自评＋互评＋教师评价	各知识点了解充分；查询资料丰富；完全掌握相关背景知识	各知识点了解较好；查询资料较丰富；掌握相关背景知识	了解各知识点；查询相关资料；基本掌握相关背景知识	知识点了解不充分；很少查询资料；未能掌握相关背景知识

续表

评价项目 （100分）	评价方式	评价标准			
		优秀	良好	合格	不及格
实施方案 制订30	自评＋互 评＋教师 评价	实施方案合理,具备 切实的可行性,对病 毒接种关键步骤有 明确的分析说明,提 出新见解、新方法	实施方案合理,可行性 较好,了解病毒接种的 关键步骤,对实验计划 有充分的理解	实施方案较为合理,经 修改后具备一定可操 作性,了解实验的各个 环节	实施方案不合理,可 行性差,不了解工作 计划中各个环节
实验材料 10	自评＋互 评＋教师 评价	实验仪器、寄主植 物、实验材料准备充 分完整	实验仪器、寄主植 物、实验材料准备较 为充分完整	实验仪器、寄主植物、 实验材料在教师指导 下准备完整	实验仪器、寄主植 物、实验材料未能完 整准备
摩擦接种 20	自评＋互 评＋教师 评价	摩擦接种方法正确, 熟练掌握运用关键 技术,较好地完成接 种实验	摩擦接种方法正确, 掌握运用关键技术, 完成接种实验	摩擦接种方法基本正 确,掌握关键技术,基 本完成接种实验	摩擦接种方法存在 较大失误,关键技术 掌握不当,未能完成 接种实验
症状识别 记录20	自评＋互 评＋教师 评价	症状识别完整正确, 记录方法得当	症状识别完整正确, 记录方法可行	症状识别基本正确,记 录方法可行	症状识别存在较大 失误,记录方法不 得当
综合表现 10	自评＋互 评＋教师 评价	整个教学过程工作 踏实认真,工作态度 优良,具有很强的责 任心,按时保质完成 工作任务	整个教学过程工作 较为认真,工作态度 较好,具有责任心, 按时保质完成工作 任务	整个教学过程工作基 本认真,工作态度一 般,责任心不强,基本 完成工作任务	整个教学过程工作 不认真,不积极,工 作态度较差,没有责 任心,未能按时完成 工作任务

（三）"植物病毒的接种——以烟草花叶病毒摩擦接种烟草为例"案例应用体会

"植物病毒的接种——以烟草花叶病毒摩擦接种烟草为例"教学案例，采用参与式教学法，充分调动学生在教学过程中的主观能动作用，提高其学习的积极性，激发学习兴趣，取得良好的教学效果。通过这种方法，学生在参与式教学方案的指导下，自主查询植物病毒病害、植物病毒接种、鉴别寄主等相关背景知识，了解植物病毒病害的症状类型，掌握常用的植物病毒接种方法、利用鉴别寄主区分保存植物病毒的原理等内容。通过亲身参与整个教学过程，学生直接感受植物病毒病害对作物产生的危害，感病植物的症状表现，植物病毒的接种等过程，学习兴趣高涨，有利于学生各项能力的提高。

二、参与式教学法案例——棉花枯黄萎的识别与鉴定

（一）"棉花枯黄萎的识别与鉴定"案例设计说明

棉花枯萎病（cotton fusarium wilt）和棉花黄萎病（cotton verticillium wilt）是目前我国棉花生产上的两种重要病害类型。棉花枯萎病于 1892 年在美国亚拉巴马地区首次发现，目前已广泛发生分布在世界各个国家和地区的棉花种植区。与之类似，棉花黄萎病在 1914 年首次发现于美国弗吉尼亚州，目前该病害也已在世界范围内的棉花种植区广泛发生分布。在我国，目前棉花枯萎病和棉花黄萎病已经广泛发生分布在全国各省的棉花产区，是我国棉花生产上的主要病害类型，严重威胁棉花的产量和质量。棉花枯萎病常

造成棉花苗期或蕾铃期枯死，轻病株表现发育迟缓、结铃少、吐絮不畅、纤维品质和产量下降及种子发芽率降低等症状，一般引起减产 10%～20%，严重地块减产 30%～40%，甚至绝收。棉花黄萎病多与棉花枯萎病混合发生，引起棉花植株叶片枯萎、蕾铃脱落、棉铃变小等症状，产量损失 20%～60%。

棉花的枯黄萎病一般混合发生，但是其在叶片、茎秆维管束组织等症状表现不同，田间可以通过观察不同的症状特征鉴定。本案例拟通过学生参与制订教学方案设计，在教学过程自主查询资料、独立进行田间调查、样品采集、症状观察和病原分离鉴定，让学生鉴定区别棉花的枯黄萎病，并提出针对当地气候条件下的综合防治措施。

本案例的教学重心和难点主要集中于识别棉花枯黄萎病的不同症状特征。学生通过田间样品观察、采集，实验室病原种类鉴定，以确定不同的病害类型。田间样品采集，实验室症状观察中所需的注意事项，是本案例中应当关注的主要问题。

主要教学过程如下。

参与式教学方案设定：棉花枯黄萎病田间危害状况、症状照片、流行传播途径及发生分布状况。在此阶段，首先让学生了解棉花枯黄萎病的在棉花生产上的重要性，引起学生对棉花枯黄萎病的流行暴发原因、病原类型、防治方法等方面产生兴趣，激发学生的学习动力，然后学生分组讨论，并分别与教师讨论，确定参与式教学的实施方案。

实施计划：本案例以 2 人小组、3 小组为一大组的形式进行。大组同学相互讨论，在教师指导下制订参与式教学方案。每个小组同学根据参与式教学方案中的内容，在教师的引导监督下，独立采集病害样品，观察并记录棉花枯黄萎病在棉花不同部位的症状特征，田间对照区分两种不同的病害类型，而后在实验室内进行病原物的分离，制作临时玻片，观察并记录病原物的结构特征，确定病害类型。然后根据不同类型的棉花病害种类，结合当地的农业生产状况，有针对性地提出综合防治的策略。在此过程中，大组、小组内学生要在田间和实验室内充分讨论，相互交流；教师要加强监督，增加与学生的互动交流，及时给予指导，防止学生出现较大的失误，引起教学过程失败。

控制与评估：要求各组内学生按计划执行任务，采用张贴板法等方式汇总各实验小组的试验进度，及时总结评估各小组、各成员出现的问题。加强组间成员的沟通，培养学生分析问题、解决问题的能力及语言表达能力。

（二）"棉花枯黄萎的识别与鉴定"案例教案

【教学目的】①指导学生通过田间调查、样品症状识别，区分棉花枯萎病和棉花黄萎病。②要求学生掌握合理的综合防治棉花枯黄萎病的措施。

【教学重点】指导学生掌握田间调查识别棉花枯黄萎病的方法。

【教学难点】实验室观察鉴定棉花枯黄萎病病原类型。

【教学方法】参与式教学法。

【教学时数】4 课时。

【教学过程】

1. 学生查询相关信息　　相关信息包括：棉花枯黄萎病各自的典型症状特征（表 16-4）；棉花枯黄萎病的病原类型，病原物的典型特征（表 16-5）；常见的病原物临时玻片的制作方法，在制作过程中，要注意的相关事项；棉花枯黄萎病的综合防治方法，结合当地生产，提出棉花枯黄萎病的综合防治措施。

参考材料：学生可以利用教材、图书馆查阅文献或者计算机网络查询相关资料。

教材：《农业植物病理学》、《普通植物病理学》、《普通植物病理学实验》等。

文献：可在"中国知网"、"万方数据库"等相关网站以"棉花枯萎病"、"棉花黄萎病"为关键词查询相关文献。

2.制订参与式教学实施方案　　学生根据所查阅资料，完成信息卡（表16-4，表16-5）。

表 16-4　棉花枯黄萎病症状表现

项目	棉花枯萎病	棉花黄萎病
危害时期		
发病盛期		
主要症状特点		
株型		
发病特点		
备注		

表 16-5　棉花枯黄萎病病原物类型及特征

种类	病原物类型	病原物特点
棉花枯萎病		
棉花黄萎病		

分组：按照学生意愿，划分教学小组，考虑到教学计划、实验内容及田间病害样品采集等过程，原则上2人小组，3小组为一个大组，共4~5个大组。每小组包括男女生各一名，以便于田间棉花枯黄萎病样品采集和后续实验安排。

每大组学生根据查询资料，组内相互讨论，形成教学方案雏形，然后班级内各组间相互讨论，进一步完善实施方案，最后与教师讨论，确定实施方案（表16-6）。

表 16-6　"棉花枯黄萎的识别与鉴定"参与式教学实施方案

项目	内容	学生参与度	教师参与度	备注
教学目的	指导学生通过田间调查、样品症状识别，区分棉花枯萎病和棉花黄萎病；要求学生掌握合理的综合防治棉花枯黄萎病的措施	学生依据背景资料讨论确定初步的教学目的	教师根据教学大纲、培养目标指导学生确认教学目的	
重点难点	重点：指导学生掌握田间调查识别棉花枯黄萎病的方法 难点：实验室观察鉴定棉花枯黄萎病病原类型	学生列举资料查询中存在的问题，讨论教学过程中的重难点	教师根据学生列举的问题及教学大纲，引导学生确定本教学过程的重点难点	
教学对象及特征	植保类专业××级××班	学生讨论自身的特征	教师和学生讨论确认	

续表

项目	内容	学生参与度	教师参与度	备注
参与式教学内容选择与组织	内容：棉花枯黄萎病病害田间症状识别与鉴定、实验室病原物观察及综合防治措施	小组间学生相互讨论、自主实验	教师监督，并适时指导	小组人员视班级具体情况而定
	组织：分组进行，每小组2～3人，3个小组合为一个大组，采取大组讨论，小组实验的方式进行			
实施方式	小组实验；PPT演绎；张贴板法	小组间学生相互讨论、自主组织实施	教师指导、监督	
实施条件	实验室、相关实验材料、多媒体教室、PPT制作	小组间学生相互讨论、自主组织实施	教师提供相关材料、试剂、引导学生做完备的实验准备	
评价指标	资料查询、各小组制订的实施方案的可行性、实施过程、实施结果及反思评估等方面	教师学生相互讨论	教师学生相互讨论	
反馈与总结	通过本方案的实施所得经验教训，扬长避短，利于以后参与式教学方案的制订实施	教师学生相互讨论	教师学生相互讨论	

3．实施计划 各小组，各位学生按照师生最后确立的参与式教学实施方案，进行实验准备，包括样品采集所用的各种工具、实验室病害鉴定用到的实验仪器、药品等，教师要引导和监督学生的准备情况。

各小组按照计划，独立实施。教师要监督各小组的计划完成状况，针对计划实施过程中出现的问题，及时引导。

4．评价 评价方式：学生自评，组间学生互评及教师评价相结合。

评价标准：棉花枯黄萎病相关背景资料的查询情况，实验计划的制订情况、实验材料的准备情况、样品采集结果、病原鉴定结果、病害综合防治策略的合理性及项目执行过程中各位学生的工作态度、责任心等。具体标准见表16-7。

总结：根据各小组的学生的评定结果，教师对学生课程内容的学习掌握情况进行总结。

表 16-7 评价标准明细表

评价项目（100分）	评价方式	评价标准			
		优秀	良好	合格	不及格
资料查询10	自评＋互评＋教师评价	各知识点了解充分；查询资料丰富；完全掌握相关背景知识	各知识点了解较好；查询资料较丰富；掌握相关背景知识	了解各知识点；查询相关资料；基本掌握相关背景知识	知识点了解不充分；很少查询资料；未能掌握相关背景知识
实施方案制订30	自评＋互评＋教师评价	实施方案合理，具备切实的可行性，对病毒接种关键步骤有明确的分析说明，提出新见解、新方法	实施方案合理，可行性较好，了解病毒接种的关键步骤，对实验计划有充分的理解	实施方案较为合理，经修改后具备一定可操作性，了解实验的各个环节	实施方案不合理，可行性差，不了解工作计划中各个组成环节

续表

评价项目（100分）	评价方式	评价标准			
		优秀	良好	合格	不及格
实验材料10	自评＋互评＋教师评价	实验仪器、样品采集工具、田间调查材料、实验材料准备充分完整	实验仪器、样品采集工具、田间调查材料、实验材料准备较为充分完整	实验仪器、样品采集工具、田间调查材料、实验材料在教师指导下准备完整	实验仪器、样品采集工具、田间调查材料、实验材料未能完整准备
田间调查与症状识别10	自评＋互评＋教师评价	田间调查方法结果合理可靠，症状识别完整正确，记录方法得当	田间调查方法结果较为可靠，症状识别完整正确，记录方法可行	田间调查方法结果基本可靠，症状识别基本正确，记录方法可行	田间调查方法结果不合理，症状识别存在较大失误，记录方法不得当
实验室病原观察20	自评＋互评＋教师评价	临时玻片制作过程完整，病原鉴定观察过程正确，病原登记表记录完整	临时玻片制作过程较为完整，病原鉴定操作正确，病原登记表记录完整	基本完成临时玻片制作，基本鉴定观察不同病原特征，病原登记表基本完整	未制作出合格的临时玻片，未鉴定出病原或者鉴定错误，病原登记表记录不完善
防治策略10	自评＋互评＋教师评价	防治措施制订合理正确，切合当地生产实际，具有较好的可行性	防治措施制订合理正确，基本符合当地生产实际，具有可行性	防治措施制订基本合理，与当地生产实际有偏差，可行性较差	防治措施制订错误，不符合当地生产实际，不具备可行性
综合表现10	自评＋互评＋教师评价	整个教学过程工作踏实认真，态度良好，具有很强的责任心，按时保质完成工作任务	整个教学过程工作较认真，工作态度较好，具有责任心，按时保质完成任务	整个教学过程工作基本认真，工作态度一般，责任心不强，基本完成工作任务	整个教学过程工作不认真，不积极，工作态度较差，没有责任心，未能按时完成工作任务

（三）"棉花枯黄萎的识别与鉴定"案例应用体会

"棉花枯黄萎的识别与鉴定"教学案例采用参与式教学法，充分调动学生学习积极主动性，发挥了学生自身的主观能动作用。在该方法中，学生在参与式教学方案的指引下，自主查询棉花枯萎病和棉花黄萎病的田间症状特征、病原物类型、流行传播规律及综合防治措施等相关背景知识，独立或者以小组的形式参与整个教学过程设计、制订与实施，按照教学方案，完成教学过程。通过亲身参与整个教学过程，学生可以产生一种自主参与、独立学习的思维意识，有利于提高学生行为能力。

三、参与式教学法案例——常用可湿性粉剂的质量控制与检测方法

（一）"常用可湿性粉剂的质量控制与检测方法"案例设计说明

可湿性粉剂（wettable powder，WP）是农药剂型中历史悠久、技术成熟、使用方便的四大基本剂型之一，由原药、填料和助剂等混合组成，并经粉碎至一定细度而制成的一种粉状制剂。可湿性粉剂通常具有以下特点：使不溶于水的农药原药，加工成兑水使用的农药制剂；附着性强，漂移少，对环境污染轻；生产成本低，便于储存、运输；有效成分含量比粉剂高等。与其他剂型相比，在用同种农药防治同种害虫时，可湿性粉剂

的药效优于粉剂，残效优于可溶性粉剂，触杀效果略逊于乳油。中职学校植保类、种植类专业学生需要了解常见的农药可湿性粉剂的种类（包括杀虫剂、杀菌剂和除草剂）、一般的剂型加工流程、质量控制指标及检测方法等内容。

可湿性粉剂的质量控制指标通常由润湿性能、悬浮率、水分、pH、热贮稳定性等几个方面构成，每个评价指标都有相应的评价检测标准（国家标准或者行业标准）。目前生产上，存在多种不同类型的杀虫剂、杀菌剂及除草剂类可湿性粉剂的单剂或复配药品，为了更好地选择和恰当有效地使用可湿性粉剂类农药，要求种植类专业学生掌握常用的可湿性粉剂的质量控制指标及其相应的检测方法。

本案例的教学重心在于农药可湿性粉剂质量控制指标，以及每种指标相应的检测方法。学生选择当地农业生产中，常见的3～5种可湿性粉剂类农药产品，按照质量控制指标的检测要求，比较分析不同产品农药的质量性状。

主要教学过程如下。

教学方案设定：通过常见农药剂型分类、可湿性粉剂的使用现状、可湿性粉剂的构成及加工流程等介绍引出本案例的教学内容。在此阶段，让学生首先查询相关资料，了解农药可湿性粉剂的优点，在农业病虫草鼠等有害生物防治上的重要性，市场上流通的主要的可湿性粉剂类农药产品，以及可湿性粉剂的质量控制指标和相对应的检测方法，然后学生分组讨论，并分别与教师讨论，确定参与式教学的实施方案。通过主动参与，引起学生产生兴趣，激发学生的自主学习动力。

计划实施：本案例以6人小组的形式进行。每个小组根据参与式教学方案中的内容，在教师的引导监督下，在当地农药市场上购买常见的可湿性粉剂类农药产品，了解不同产品的相关背景信息，根据可湿性粉剂的质量控制指标和相对应的检测方法，检测不同产品可湿性粉剂农药的质量状况。在此过程中，小组内学生要充分讨论，根据查询的背景资料，购买生产上常用的可湿性粉剂类农药产品。实验过程中，要严格按照评价标准和检测方法实施，避免出现操作失误引起实验失败；教师要加强监督，增加与学生的互动交流，及时给予指导，防止学生出现较大的失误，引起教学过程失败。

控制与评估：要求各小组内学生按计划执行任务，采用张贴板法、PPT演示法等方式汇总各实验小组的试验进度，及时总结评估各小组、各成员出现的问题。加强小组间成员的沟通，培养学生分析问题、解决问题的能力及语言表达能力。

（二）"常用可湿性粉剂的质量控制与检测方法"案例教案

【教学目的】①了解农业生产中，常见的可湿性粉剂类农药产品类型。②了解可湿性粉剂的质量控制指标及检测方法。

【教学重点】可湿性粉剂的质量控制指标及检测方法。

【教学难点】可湿性粉剂的质量控制指标及检测方法。

【教学方法】参与式教学法。

【教学时数】4课时。

【教学过程】

1. **学生查询相关信息**   相关信息：农药可湿性粉剂的构成成分及其各自的作用（表16-8）；当地农业生产中常用的农药可湿性粉剂类产品类型、生产公司、作物名称、靶标生物等（表 16-9）。

表 16-8　农药可湿性粉剂的构成成分及其各自的作用

成分	作用	备注

表 16-9　当地农业生产中常见可湿性粉剂类农药信息登记表

产品名称	公司	作物名称	靶标生物
1			
2			
3			
4			
……			

参考材料：学生可以利用教材、图书馆查阅文献或者计算机网络查询相关资料。

教材：《现代农药剂型加工技术》、《农药制剂加工实验》等。

文献：可在"中国知网"、"万方数据库"、"中国农药信息网"等相关网站以"可湿性粉剂"为关键词查询相关文献。

2. 制订参与式教学实施方案　学生根据所查阅资料，完成信息卡（表 16-8，表 16-9）。

分组：按照学生意愿，划分教学小组，原则上 6 人一组。

每组学生根据查询资料，组内相互讨论，形成教学方案雏形，然后班级内各组间相互讨论，进一步完善实施方案，最后与教师讨论，确定实施方案（表 16-10）。

表 16-10　"常用可湿性粉剂的质量控制与检测方法"参与式教学实施方案

项目	内容	学生参与度	教师参与度	备注
教学目的	了解农业生产中，常见的可湿性粉剂类农药产品类型 了解可湿性粉剂的质量控制指标及检测方法	学生依据背景资料讨论确定初步的教学目的	教师根据教学大纲、培养目标指导学生确认教学目的	
重点难点	重点：可湿性粉剂的质量控制指标及检测方法 难点：可湿性粉剂的质量控制指标的检测方法	学生列举资料查询中存在的问题，讨论教学过程中的重难点	教师根据学生列举的问题及教学大纲，引导学生确定本教学过程的重点难点	
教学对象及特征	植保专业××级××班	学生讨论自身的特征	教师和学生讨论确认	
参与式教学内容选择与组织	内容：调查当地农业生产中可湿性粉剂类农药品种；根据可湿性粉剂的质量控制指标和检测方法，测定常用可湿性粉剂的质量水平 组织：采取小组（5～6 人）的方式进行试验	小组间学生相互讨论、自主实验	教师监督，并适时指导	小组人员视班级具体情况而定

续表

项目	内容	学生参与度	教师参与度	备注
实施方式	小组实验；PPT 演绎；张贴板法	小组间学生相互讨论、自主组织实施	教师指导、监督	
实施条件	实验室、相关药品、试剂、相关实验材料、多媒体教室、PPT 制作	小组间学生相互讨论、自主组织实施	教师提供相关材料、试剂、引导学生做完备的实验准备	
评价指标	资料查询、各小组制订的实施方案的可行性、实施过程、实施结果及反思评估等方面	教师学生相互讨论	教师学生相互讨论	
反馈与总结	通过本方案的实施所得经验教训，扬长避短，利于以后参与式教学方案的制订实施	教师学生相互讨论	教师学生相互讨论	

3. 实施计划 各小组、各位学生按照师生确立的参与式教学实施方案，进行实验准备，实验室用到的仪器、药品、试剂等，教师要引导和监督学生的实验准备情况。

各小组按照参与式教学实施方案，独立地实施计划。教师要监督各小组的计划完成状况，针对计划实施过程中出现的问题，及时引导。

4. 评价 评价方式：学生自评、小组间学生互评及教师评价相结合。

评价标准：农药可湿性粉剂背景知识查询，参与式教学方案的制订情况、实验材料的准备情况、各项质量评价标准鉴定情况等，以及项目执行过程中各位学生的工作态度、责任心等。具体标准见表 16-11。

总结：根据各小组的学生的评定结果，教师对学生课程内容的学习掌握情况进行总结。

表 16-11 评价标准明细表

评价项目（100 分）	评价方式	评价标准			
		优秀	良好	合格	不及格
资料查询 10	自评＋互评＋教师评价	各知识点了解充分；查询资料丰富；完全掌握相关背景知识	各知识点了解较好；查询资料较丰富；掌握相关背景知识	了解各知识点；查询相关资料；基本掌握相关背景知识	知识点了解不充分；很少查询资料；未能掌握相关背景知识
实施方案制订 30	自评＋互评＋教师评价	实施方案合理，具备切实的可行性，充分了解掌握可湿性粉剂类农药的质量评定标准和检测方法	实施方案合理，具备可行性，了解掌握可湿性粉剂类农药的质量评定标准和检测方法	实施方案合理，基本可行，了解可湿性粉剂类农药的质量评定标准和检测方法	实施方案不当，可行性较差或不具备可行性，不了解可湿性粉剂类农药的质量评定标准和检测方法
实验材料 10	自评＋互评＋教师评价	实验仪器、试剂、药品等实验材料准备充分完整	实验仪器、试剂、药品等实验材料准备较为充分完整	实验仪器、试剂、药品等实验材料在教师指导下准备完整	实验仪器、试剂、药品等实验材料未能完整准备
质量评价 30	自评＋互评＋教师评价	质量评价标准得当，检测方法正确，检测结果完整可靠	质量评价标准得当，检测方法正确，检测结果比较完整可靠	质量评价标准得当，检测方法基本正确，检测结果完整可靠	质量评价标准不恰当，检测方法有误，检测结果不完整，或者存在错误

续表

评价项目 （100分）	评价方式	评价标准			
		优秀	良好	合格	不及格
综合表现 20	自评＋互 评＋教师 评价	整个教学过程工作 踏实认真,工作态度 优良,具有很强的责 任心,按时保质完成 工作任务	整个教学过程工作 较为认真,工作态 度较好,具有责任 心,按时保质完成 工作任务	整个教学过程工 作基本认真,工作 态度一般,责任心 不强,基本完成工 作任务	整个教学过程工作不认真, 不积极,工作态度较差,没 有责任心,未能按时完成工 作任务

（三）"常用可湿性粉剂的质量控制与检测方法"案例应用体会

"常用可湿性粉剂的质量控制与检测方法"案例采用参与式教学法,有利于提高学生的自主学习的动力,激发学生自身的学习兴趣,发挥学生在教学过程中的主观能动作用。通过这种方法,学生在参与式教学方案的指引下,自主查询可湿性粉剂类农药产品的相关背景知识,调查当地农业生产上常用的可湿性粉剂类农药产品,根据可湿性粉剂类农药质量评定标准和检测方法对当地常用的 3～5 种可湿性粉剂类农药产品进行质量评定。学生自主参与包括教学方案设计在内的整个教学过程,可以直接对可湿性粉剂类农药产生感观认识,有利于教学效果的提升,并且对学生各项能力的培养也起到积极的推动作用。

思 考 题

1. 参与式教学法的概念?
2. 设计参与式教学方案应当注意的原则?
3. 参与式教学法在中职植物保护专业类教学中的应用领域有哪些?

第十七章　引导文教学法

【内容提要】　本章详细介绍了引导文教学法的主要内容、特征和设计原则。通过"小麦锈病的识别与鉴定"、"小麦黑穗病的识别与鉴定"和"植物病原细菌病害'喷菌现象'观察——以甘蓝黑腐病和水稻白叶枯病为例"三个引导文教学案例，着重介绍了引导文教学案例的设计方法，教学过程中所需的注意事项，为中职植保教学过程中引导文教学法的设计与实施提供详细的参考。

【学习目标】　了解引导文教学方法的含义；明确引导文教学过程的设计原则、适用条件及制约因素等，掌握引导文教学方案的主要内容和设计方法。

【学习重点】　引导文教学方案的设计方法。

第一节　引导文教学法概述

一、引导文教学法的概念及原则

1. 引导文教学法的概念　　行动导向的教学是当前职业教育领域具有国际领先水平的教学模式，在教学过程中，它强调"为了行动而学习"或者"通过行动来学习"，认为学习过程是获得对事物处理时的完整性行动，在教学活动中，通常将认知过程和职业活动结合在一起进行。20 世纪七八十年代，行动导向的教学方法在德国职业教育领域起源并向世界其他各国快速传播而来。在行动导向的教学模式中，德国职业教育领域开发并推出了引导文教学法、卡片展示法、大脑风暴法和项目教学法等系列的教学方法。

在上述背景下，引导文教学法作为行动导向教学模式的系列教学法中重要的组成部分产生而来。20 世纪 70 年代，引导文教学法是由德国戴姆勒-奔驰汽车公司实训教师施瓦尔茨（Schwarz）先生为提高学生独立工作的能力，开发的一种自学纲要（包括一个蒸汽机工作项目及相关配套的自学材料等），后在福特、西门子等国际知名大型工业公司得到广泛的应用，是行动导向教学模式中的一种教学方法，可视为项目教学法的完善和发展。目前，这种方法已被西方国家特别是德国的职业教育领域普遍采用。自 20 世纪 80 年代开始，我国开始引入引导文教学法，到目前为止，该方法仅在中职教育领域中计算机技术的相关教学研究中应用得较为普遍，但在其他职业教育课程中，该方法尚未得到有效的运用。

所谓引导文教学法（Leittext-Methode），是指在教学过程中，借助一种专门的教学文件，即引导文（leadtext，多以引导性问题的形式呈现），通过工作计划和自行控制工作过程等手段，引导学生独立学习、独立工作的一种教学方法。引导文教学法是一种强调以学生自主学习为中心，通过教师的咨询和引导作用，使学生达到预定的教学目标的教学方法。在这种教学方法中，学生在引导文的指导下，明确学习目的与工作任务，自主地查阅相关资料信息以解答引导问题，制订合理的工作计划、科学地评估并实施工作计划、最后对实施结果进行检查评价。由此可见，引导文教学法的核心是引导文，而其灵魂是在引导文的指引下引导学生独立学习和工作。

在引导文教学法中，引导文不同于一般职业教育实践领域或者企业生产活动中的操作指南、说明书等引导性质的文章，它主要由一系列的引导性问题构成，这些问题既有理论性的认知问题，也包括操作性的实践问题，要求学生既注重理论知识的学习，又理论联系实际，培养自身的实践能力。通过回答引导文中设置的问题，学生既弄清了"为什么做"，又可以懂得"怎么做"，这有利于培养学生独立制订工作计划，实施并检查工作结果的能力。同时，引导文还可以介绍学生未来所需具备的技能资格，并向学生展示了一个复杂工作过程中的各个步骤。通过引导文中设置的诸多问题，可以激发学生的学习积极性，取得更好的学习效果。

2. 引导文教学法的原则　　不同于传统的"教"与"学"的传授式教学方法，在引导文教学中，学生在教学过程中的自我能动作用得到强化，教师的作用更多地体现在编辑合理完善的引导文和后续的咨询与答疑方面。引导文教学法一般需要遵循以下几个原则。

促进学生的自主学习能力。引导文教学过程中，学生需要在引导文的指引下，独立地完成相关资料的查询，独立地设计工作方案，解决问题，并对获得结果进行评价。在这个过程中，教师需要督促学生形成自主学习，自己设计安排工作计划、收集信息、判断正误、评价成果，提高自身的综合能力。

针对具体学习内容，系统引导学习过程。在教学过程中，教师要根据不同的学习内容，合理设计引导文问题，既要有理论的知识，又要有具体的实践过程，针对学习中的关键性问题，要引导帮助学生解决。

合理发挥教师的作用。在引导文教学过程中，要求教师既具有高深的理论知识，又具有熟练的技术操作技能，既能将实践中涉及的理论背景知识讲解明细，又能够结合理论，将实践中可能遇到的具体问题给学生一个清晰的引导。

二、引导文教学法的特征

理论与实践相统一。在引导文教学过程中，理论知识与具体的实践操作在预设的引导问题中相互结合。学生在自主学习过程中，既要通过查询资料，了解所学习内容的主要理论背景，又要实际动手实践，体会理论知识在具体实践中的应用，并从中发现问题，通过查询资料或者请教教师，从而解决问题，培养自己独立思考和实际操作能力。

独立学习与完整行为模式的培养。在现代社会中，先进技术日新月异、发展迅速，技术人员仅靠书本知识和基本技能无法应对工作中的复杂问题，需要他们具备独立解决复杂问题的能力和具体的实践经验。在引导文教学中，学生可以从课本、技术视频、操作规范、设备说明书等大量的技术材料中独立获取相关的专业信息，独立制订工作计划并按计划完成工作任务，以获得解决新问题的能力，从而培养自己的"完整行为模式"。

培养学生的关键能力。学生的关键能力，广义的包括学生的专业能力、方法能力和社会能力。引导文教学，可以培养学生适应快速变化的市场要求，面对市场变化或者技术更新等问题，能够快速、准确地作出计划与决策的能力。

引导文教学法适合于学习的初始阶段。引导文教学法，对教学内容的归纳整理形成不同的引导问题，其中的理论问题，学生能通过独立地查询资料，较容易地获取相关知识；实践操作问题，学生能够得到重要操作过程的相关提示，易于操作，因此适合学生在初始阶段的独立学习。

三、引导文教学法的实施适用条件

自 20 世纪 80 年代引导文教学法开始引入国内，到目前为止，该方法在国内职业教育领域尚未得到有效的推广应用。而在德国职业教育领域，引导文教学法能够得到普遍的运用，对此蒙伙光（2010）、张星春和石百铮（2012）认为该方法要求具有如下几个条件。

师资队伍。引导文教学法中，既有理论知识的引导，又具有具体实践操作的技能问题，因此需要既具有深厚的理论素养，又具有熟练的操作技能的"双师型"、"复合型"教师。但是目前，国内的职业教育领域，常常是理论课教师具有全面系统的理论知识，但缺乏具体的操作技能和实践经验，而实习指导教师则反之。因此，需要加强职业教育领域师资队伍建设，有效锻炼理论教师的实际操作能力，增加其具体的实践经验；不断增加实习指导教师的理论知识素养。

学生素质。教师和学生是教学过程中的两个必不可少的主体，引导文教学法特别强调学生在教学过程中独立自主的学习能力。在我国，职业教育学校的生源一般来自地方普通中学，自身的文化基础较弱，传统的传授式教学方法又使得大部分学生在学习中主动性不强，对教师具有较强的依赖心理。因此，在引导文教学中，教师要充分调动学生的积极性，培养学生的兴趣及自主学习的能力，促使学生认识到自己在学习过程中的主体地位，从而由学习中的被动接受者变为主动求知者。

教学政策与教材。引导文教学法在西方国家特别是德国的职业教育界显示出很多传统教学方式所不具备的优越性。但是，在国内职业教育领域，尚不具备贴合引导文教学法的教学理念及教材。目前，国家层面并不具备相关的法律法规，不能通过政府主导的行为来规范实施这个教学过程，只能是学校和企业相互结合，互惠互利情况下，开放合作办学。教材方面，要打破原有的不符合生产实际和学生接受能力的编辑格局，针对性地对某些具体的内容编排既具有理论知识，又有实践操作内容的新型教材。

教学场所和资金保障。与传统的教学方式相比较，引导文教学法不仅要花费更多的时间，而且对教学场地和资金保障也提出了更高的要求。引导文教学法的教学场地要适合学生分组讨论，便于不同组间的学生相互观摩。在教学资金方面，引导文教学法在开发新的教材，以及日常的教学过程中所学的经费要多于不同教学方法。

适应范围。每一种教学方法都不可能适应于所有的教学过程，"教无定法"，职业教育教学中，教师要根据具体的教学内容，选择合适的教学方法。一般而言，引导文教学法适合于具有最终产品或者成果，并能够进行评估检验的教学内容。

四、引导文教学法的实施过程

引导文教学法以培养学生独立获取信息、制订工作计划、完成工作任务并对结果进行检查评估等独立工作能力为教学目标和出发点。整个教学过程一般包括 6 个阶段，每个阶段都是一个独立的教学环节，6 个阶段相互联系成为一个不可分割的整体。

获取信息。即学生根据教师在引导文中设置的相关问题收集资料的过程。在此过程中，学生应该通过各种方式，尽可能全面地收集各种与引导文中设置问题相关的资料，对于部分较难查询的资料，教师应当给予提示。信息收集结束后，学生应当以个人或者小组讨论的形式，出具一个简单的书面概括，教师组织学生交流讨论各自的答案，明确工作任务。

制订计划。学生根据收集资料汇总的答案，制订工作计划。在此过程中，要求学生制订的工作计划明确清晰可行，要包含按照计划进行工作的各个要素，如时间安排、关键步骤、注意事项、所需仪器设备及实验相关材料的准备等。即所订计划具有切实的可操作性。

作出决定。在此过程中，学生要把制订的工作计划与教师进行讨论。教师应当指出学生制订的工作计划中的优缺点，纠正计划中不具操作性的环节，充分肯定学生的新思想新建议。教师要和学生一起确定最终工作计划的可操作性、可执行性，确保学生按计划可以完成工作任务。

实施计划。首先学生准备好工作所需的工具材料和仪器设备，然后在教师的监督下，根据最终工作计划，独立或者按组分工实施工作计划。计划实施的过程，也是验证工作计划的过程，在实施中，要对工作计划作适度的调整，要求教师及时监督，并给予指导，使学生顺利实施完成工作计划。

检查与控制。学生根据引导文中的质量监控单或者自查控制表，自评或者由他人对自己的工作过程、工作结果进行评价。在此过程中，学生通过自评或者学生间的互评，了解自己工作中的不足之处，思考改进措施，进而增加自己独立工作的能力。

评价。此过程要求教师评定、学生自评及学生间的互评相互结合，对上述几个环节本身、最后结果及学生的工作态度、责任心等几个方面分别评价，学生应当根据评价结果，找出自身的缺点与不足，并对可改进之处进行讨论，借此过程全面增加自身的综合能力。

五、引导文教学法的其他注意事项

引导文设计。引导文是引导文教学法的核心，引导文问题设置的优劣直接关系到引导文教学法的效果。引导文编排时，教师要充分考量职业教育中不同学科、不同课程内容、不同实践操作问题等方面，结合自身的专业实际，结合当前的社会需求，在教学培养目标的指导下，设置引导问题，给出学习指导、资源提示等。另外，教师要注重引导文设置的连续性，根据不同学生的基础条件，循序渐进地设置问题，避免问题过于复杂困难，引起学生产生厌倦逃避的想法，不愿配合教学过程的实施，对部分基础较差的学生，教师应当给予更多的关心与指导，帮助他们在起始阶段就产生学习的动力。当前，引导文一般包括4个类型，分别是专题研讨型引导文、序列式引导文、岗位描述型引导文和项目工作式引导文。

师生关系。引导文教学法的目标是培养学生独立自主的学习工作能力，充分开发教学过程中学生的主动性，发挥学生在学习中的主体作用。这就要求教师在教学过程中，转变以往的传授式教学思维，把工作的重点转移到引导文设置，以及后续的监督指导中来。教师要在教学过程中，与学生进行充分的交流，了解、监督、引导学生在自主学习过程中遇到的各种问题，对学生的新思想、新建议加以鼓励、支持，充分调动学生的积极性，与学生交朋友，形成融洽的师生关系，以便于整个教学过程的顺利实行。

教学安排。相较于传统的教学法，引导文教学法所费时间较多，且要求时间上的连续性。当前，国内职业教育领域，绝大多数职业学校的教学计划还是按传统的教学方式进行，因此，教师采用引导文教学法时，要充分考虑教学进度，合理安排时间，避免影响课程其他内容的教学。对于部分教学实习环境不足的学校，教师还要充分考虑安排学生能够到合适的企业进行实践操作，防止实践教学环境的不足引起引导文教学法无法实行。

教学反思。选用任何教学方法，目标都是培养学生获得进步。在完成引导文教学法后，教师要对教学过程及时反思总结。根据学生在学习过程中遇到的问题、表现的状态及出现的意外情况等，调整引导文中的问题设置，增加复杂问题的引导提示，合理增减引导性问题。

第二节　引导文教学法的应用

一、引导文教学法案例——小麦锈病的识别与鉴定

（一）"小麦锈病的识别与鉴定"案例设计说明

小麦锈病（wheat rusts）是小麦上的一种常见的、危害严重的病害类型之一。该病害在世界各地的小麦产区均有发生，并有大面积流行的报道。在我国，小麦锈病广泛发生分布在华北、黄淮等地区的冬麦区，以及东北、内蒙古等地区的春麦区。小麦锈病可通过破坏叶绿素、影响光合作用、掠夺植株体内营养元素和水分等方式降低小麦的产量和品质。作为小麦上的一种重要的病害类型，小麦锈病是植物保护类、种植类专业学生应当了解学习的重要知识内容之一。

小麦锈病根据症状表现、病原种类等分为三种类型，包括小麦条锈病（wheat stripe rust）、小麦叶锈病（wheat leaf rust）和小麦秆锈病（wheat stem rust）。三种类型的小麦锈病在发生分布、危害时期及流行传播等方面存在区别。本案例拟通过田间调查、样品采集、症状观察和病原物的分离鉴定等方法，让学生鉴定区别这三种不同类型的小麦锈病。

本案例的教学重点和难点主要集中于三种小麦锈病病原物的分离鉴定上。学生对采集到的小麦锈病样品，在实验室内制作临时玻片，运用显微镜观察病原微生物的不同特征，以确定不同的病害类型。临时玻片的制作方法，显微镜下观察三种病原应该注意的事项，是本案例中应当注意的主要问题。

主要教学过程如下。

问题引导：通过小麦锈病田间危害照片、症状照片、小麦锈病的流行发生分布状况介绍等引出本案例的相关课题。在此阶段，让学生了解小麦锈病的在小麦生产上的重要性，引起学生对小麦锈病的流行暴发原因、病原类型、防治方法等方面产生兴趣，激发学生的学习动力。

制订实施计划：本案例以2人小组的形式进行。每个小组通过对小麦锈病相关背景资料的查询，独立采集病害样品，观察并记录不同的小麦锈病的发病部位、症状特征，而后在实验室内进行病原物的分离，制作临时玻片，观察并记录病原物的结构特征，确定病害类型。然后根据不同类型的小麦锈病，结合当地的农业生产状况，有针对性地提出综合防治的策略。

实施计划：学生在教师的引导监督下，亲自到田间识别并采集样品；样品采集后，回到实验室进行病原物的分离鉴定。在此过程中，小组内学生要充分讨论，根据引导文中所设置查询的背景资料，确保采集正确的样品；根据临时玻片的制作方法，讨论学习并实际制作小麦锈病病原物的临时玻片，观察并记录病原物的典型特征。教师要

加强监督，增加与学生的互动交流，及时给予指导，防止学生采集错误的样品，及时纠正学生在病原物临时玻片制作过程中出现的问题。最后，小组内讨论并制订病害的综合防治方法。

控制与评估：要求各小组内同学按计划执行任务，采用张贴板法等方式汇总各实验小组的试验进度，及时总结评估各小组、各成员出现的问题。加强小组间成员的沟通，培养学生分析问题、解决问题的能力及语言表达能力。

（二）"小麦锈病的识别与鉴定"案例教案

【**教学目的**】①指导学生通过田间调查、样品症状观察等，区分三种不同的小麦锈病类型。②要求掌握病原物的分离鉴定方法。

【**教学重点**】指导学生识别三种病害不同的症状类型。

【**教学难点**】病原物临时玻片的制作方法。

【**教学方法**】引导文教学法。

【**教学时数**】4 课时。

【**教学过程**】

1. 获取信息 教师问题引导：小麦锈病（wheat rusts）是小麦生产上的一种常见的重要病害类型。小麦锈病包括三种类型：小麦条锈病、小麦叶锈病和小麦秆锈病。小麦是我国主要的粮食作物之一，作为植保类、种植类专业的中职学生，要求了解掌握小麦三种锈病的鉴定方法和综合防治策略。

相关信息包括：小麦三种锈病的症状特征有哪些，相同点和区别分别是什么（表 17-1）；小麦三种锈病的病原类型分别是什么，如何区分这三种病原（表 17-2）；常见的病原物临时玻片的制作方法，在制作过程中，要注意的相关事项；麦类病害的综合防治方法，结合当地生产，提出小麦锈病的综合防治措施。

表 17-1　小麦三种锈病的症状特征

种类	症状	备注

表 17-2　小麦三种锈病病原物特征

种类	病原物类型	病原物特征

参考材料：学生可以利用教材、图书馆查阅文献、相关书籍或者计算机网络查询相关资料。

教材：《农业植物病理学》、《麦类作物病虫害诊断与防治原色图谱》、《普通植物病理学》、《普通植物病理学实验》等。

文献：可在"中国知网"、"万方数据库"等相关网站以"小麦锈病"为关键词查询相关文献。

2．制订计划　学生根据所查阅资料，完成背景信息查询。

分组：按照学生意愿，划分教学小组，考虑到实验内容及田间病害样品采集等过程，原则上 2 人一组，一组包括男女生各一名，以便于田间小麦锈病样品采集和后续实验安排。

每一小组采集小麦锈病样品 20 株，分别记录采集样品的相关信息，完成表 17-3 内容。

实验室鉴定采集的小麦锈病的病原类型。在此环节，各小组内成员讨论临时玻片的制作方法及显微镜观察病原物时的注意事项，形成书面的报告，小组间通过张贴板法相互交流，教师根据各组的书面报告，有针对性地作出引导和提示。

表 17-3　小麦锈病样品采集登记表

样品编号	采集地点	采集时间	采集人	症状类型	发病部位	备注
1						
2						
3						
4						
……						

3．作出决定　对上述计划安排，小组内讨论，不同小组间讨论，然后和教师讨论，确定工作计划。

小组汇报：以张贴板、PPT 演示的方式，对小组内的工作计划进行汇报。

最终决定：由师生共同讨论并修改每个小组的工作计划，确保各小组计划的可行性。

4．实施计划　各小组，各位同学按照师生最后确立的工作计划，进行实验准备，包括样品采集所用的各种工具、实验室病害鉴定用到的实验仪器等，教师要引导和监督学生的准备情况。

各小组按照计划，独立实施。教师要监督各小组的计划完成状况，针对计划实施过程中出现的问题，及时引导。

5．检查与控制　对各小组工作的实施情况，各小组成员在执行过程中要积极自觉检查，主动调整工作进度安排，保证按计划完成工作任务。

各小组积极完成工作进度情况调查表（表 17-4）。

教师要了解各小组学生工作计划的完成状况，适时督促部分执行不力的小组学生按计划完成任务。

表 17-4　各小组工作进度情况调查表

小组名称	背景知识	实验准备	样品采集	病原鉴定	病害防治	其他问题
1						
2						
3						
4						
……						

6．评价　评价方式：学生自评，组间同学互评及教师评价相结合。

评价标准：小麦锈病相关背景资料的查询情况，实验计划的制订情况、实验材料的准备情况、样品采集结果、病原鉴定结果、病害综合防治策略的合理性及项目执行过程中各位学生的工作态度、责任心等。具体标准见表17-5。

总结：根据各小组的学生的评定结果，教师对学生课程内容的学习掌握情况进行总结。

表 17-5 评价标准明细表

评价项目（100分）	评价方式	评价标准			
		优秀	良好	合格	不及格
资料查询 10	自评＋互评＋教师评价	各知识点了解充分；查询资料丰富；完全掌握相关背景知识	各知识点了解较好；查询资料较丰富；掌握相关背景知识	了解各知识点；查询相关资料；基本掌握相关背景知识	知识点了解不充分；很少查询资料；未能掌握相关背景知识
试验计划 10	自评＋互评＋教师评价	试验计划合理，具备切实的可行性，对关键步骤有明确的分析说明，提出新见解、新方法	试验计划合理，可行性较好，了解实验的关键步骤，对实验计划有充分的理解	试验计划较为合理，经修改后具备一定可操作性，了解实验的各个环节	试验计划不合理，可行性差，不了解工作计划中的各个环节
实验材料 10	自评＋互评＋教师评价	实验仪器、实验材料准备充分完整	实验仪器、实验材料准备较为充分完整	实验仪器、实验材料在教师指导下准备完整	实验仪器、实验材料未能完整准备
样品采集 20	自评＋互评＋教师评价	样品采集正确、采集登记表记录完整	样品采集多数正确，采集登记表记录完整	样品采集基本正确，采集登记表记录较为完整	样品采集错误较多、采集登记表记录不完善
病原鉴定 20	自评＋互评＋教师评价	临时玻片制作过程完整，病原鉴定观察过程正确，病原登记表记录完整	临时玻片制作过程较为完整，病原鉴定操作正确，病原登记表记录完整	基本完成临时玻片制作，基本鉴定观察不同病原特征，病原登记表基本完整	未制作出合格的临时玻片，未鉴定出病原或者鉴定错误，病原登记表记录不完善
防治策略 10	自评＋互评＋教师评价	防治措施制订合理正确，切合当地生产实际，具有较好的可行性	防治措施制订合理正确，基本符合当地生产实际，具有可行性	防治措施制订基本合理，与当地生产实际有偏差，可行性较差	防治措施制订错误，不符合当地生产实际，不具备可行性
综合表现 20	自评＋互评＋教师评价	整个教学过程工作踏实认真，工作态度优良，具有很强的责任心，按时保质完成工作任务	整个教学过程工作较为认真，工作态度较好，具有责任心，按时保质完成工作任务	整个教学过程工作基本认真，工作态度一般，责任心不强，基本完成工作任务	整个教学过程工作不认真，不积极，工作态度较差，没有责任心，未能按时完成工作任务

（三）"小麦锈病的识别与鉴定"案例应用体会

"小麦锈病的识别与鉴定"采用引导文教学法，充分调动学生在学习过程中的积极性，激发学习兴趣，发挥了学生自身的主观能动作用。通过这种方法，学生在引导文的指引下，自主查询小麦锈病的相关背景知识，了解三种小麦锈病的区别与联系，制订实验计划，评估并完善计划、实施计划并完成实验内容，提出小麦锈病的综合防治策略。

通过亲身参与整个教学过程，学生对小麦锈病产生直接的感观认识，学习兴趣高涨，有利于学生各项自身能力的提高。

二、引导文教学法案例——小麦黑穗病的识别与鉴定

（一）"小麦黑穗病的识别与鉴定"案例设计说明

麦类黑穗病（smuts of wheat and barley）是小麦和大麦上的一种常见病害，危害严重。在我国，麦类黑穗病于 20 世纪 50 年代初期发病十分严重，发病率一般达到 8%～10%，严重地区高达 70%，严重威胁我国小麦的生产安全。近年来，由于化学农药的广泛使用和栽培措施的调整，该病害已基本得到有效控制。但在局部地区，麦类黑穗病仍时有发生，是小麦生产上的一个常见病害类型。同小麦锈病类似，麦类黑穗病作为小麦上的一种常见的多发性病害类型，是植物保护类、种植类专业中职学生应当了解学习的重要内容之一。

麦类黑穗病根据寄主类型、症状表现、发病部位等不同，可分为小麦腥黑穗病（wheat bunts）、小麦散黑穗病（loose smut of wheat）、小麦秆黑穗病（wheat flag smut）、大麦散黑穗病（loose smut of barley）和大麦坚黑穗病（barley covered smut）等几种类型。其中小麦腥黑穗病又包括小麦矮腥黑穗病（wheat dwarf bunts）、小麦普遍腥黑穗病（wheat commow bunts）和小麦印度腥黑穗病（wheat karnal bunts）三种不同类型。本案例主要针对小麦上的几种黑穗害，通过田间病害调查、样品采集、症状观察和病原物的分离鉴定等方法，让学生鉴定区别这几种不同类型的小麦黑穗病害，并查询资料提出合理的病害防治意见。

本案例的教学重心主要集中于区分不同小麦黑穗病病原的冬孢子和夏孢子的类型及特征。学生对采集到的小麦黑穗病样品，根据症状特征、气味（有无鱼腥味）、发病部位等确定病害类型，然后在实验室内制作临时玻片，观察病原微生物冬孢子和夏孢子的不同特征。临时玻片的制作方法，显微镜下观察黑穗病病原应该注意的事项，是本案例中应当注意的主要问题。

主要教学过程如下。

问题引导：通过小麦黑穗病田间危害照片、症状照片及流行发生分布状况介绍等引出本案例的相关课题。在此阶段，让学生了解小麦黑穗病在小麦生产上的重要性，引起学生对小麦黑穗病的种类、病原类型及防治方法等方面产生兴趣，激发学生的学习动力。

制订实施计划：本案例拟通过 2 人小组的形式进行。每个小组通过对小麦黑穗病相关背景资料的查询，独立采集病害样品，观察并记录不同的小麦黑穗病的发病部位、症状特征、气味等，基本确定病害类型，而后在实验室内进行病原物的分离，制作临时玻片，观察并记录病原物的结构特征。然后根据不同类型的小麦黑穗病，结合当地的农业生产状况，有针对性地提出综合防治的策略。

实施计划：学生在教师的引导监督下，亲自到田间识别并采集样品；样品采集后，回到实验室进行病原物的分离鉴定。在此过程中，小组内学生要充分讨论，根据引导文中所设置查询的背景资料，确保采集正确的样品；根据临时玻片的制作方法，讨论学习并实际制作小麦黑穗病病原物的临时玻片，观察病原物的特征。教师要加强监督，增加与学生的互动交流，及时给予指导，防止学生采集错误的样品，及时纠正学生在病原物临时玻片制作过程中出现的问题。最后，小组内讨论并制订病害的综合防治方法。

控制与评估：要求各小组内学生按计划执行任务，采用 PPT 演示、张贴板等方式汇总各实验小组的实验进度，及时总结评估各小组、各成员出现的问题。加强小组间成员的沟通，培养学生分析问题、解决问题的能力及语言表达能力。

（二）"小麦黑穗病的识别与鉴定"案例教案

【教学目的】①指导学生通过田间调查、样品症状观察等，区分不同的小麦黑穗病类型。②要求学生掌握当地发生流行的小麦黑穗病的类型及其病原物的特征。

【教学重点】指导学生识别不同小麦黑穗病种类的症状特征。

【教学难点】显微镜下观察不同类型小麦黑穗病病原物的冬孢子和夏孢子的特征。

【教学方法】引导文教学法。

【教学时数】4 课时。

【教学过程】

1．获取信息　教师问题引导：小麦黑穗病是小麦生产上的一种常见的重要病害类型之一。主要危害小麦的穗部，严重影响小麦的质量和产量。小麦黑穗病包括几种类型：小麦腥黑穗病、小麦散黑穗病及小麦秆黑穗病等。小麦是我国特别是北方地区主要的粮食作物之一，作为植物保护类、种植类专业的学生，需要了解掌握小麦黑穗病的症状特征、鉴定方法和综合防治策略。

相关信息：当地小麦黑穗病的主要类型，分别具有的症状特征，有无特殊气味等（表 17-6）；当地小麦黑穗病的病原类型分别是什么，分别具有的特征（表 17-7）；常见的病原物临时玻片的制作方法，在制作过程中，要注意的相关事项；麦类黑穗病害的综合防治方法，结合当地生产，提出适合当地气候栽培条件的小麦黑穗病综合防治措施。

表 17-6　小麦黑穗病病害类型及症状特征

黑穗病种类	发病部位	症状特征	气味（鱼腥味）

表 17-7　本地区小麦黑穗病病原类型及其特征

黑穗病种类	病原物类型	病原物特征

参考材料：学生可以利用教材、图书馆查阅文献或者计算机网络查询相关资料。

教材：《农业植物病理学》、《麦类作物病虫害诊断与防治原色图谱》、《普通植物病理学》、《普通植物病理学实验》等。

文献：可在"中国知网"、"万方数据库"等相关网站以"小麦黑穗病"为关键词查询相关文献。

2．制订计划 学生查阅资料，查询、了解相关背景信息。

分组：按照学生意愿，划分教学小组，考虑到实验内容及田间病害样品采集等过程，原则上2人一组，一组包括男女生各一名，以便于田间病样的采集和后续实验安排。

每一小组采集小麦黑穗病样品20株，分别记录采集样品的相关信息，完成表17-8内容。

表17-8 小麦黑穗病样品采集登记表

样品编号	采集地点	采集时间	采集人	症状类型	发病部位	备注
1						
2						
3						
4						
……						

实验室鉴定采集小麦黑穗病的病原类型。在此环节，各小组内成员讨论临时玻片的制作方法及显微镜观察病原时的注意事项，形成书面的报告，通过PPT演示、张贴板等方式组间各成员相互交流，教师根据各组的书面报告，有针对性地作出提示。

3．作出决定 对上述计划安排，小组内讨论，不同小组间讨论，然后和教师讨论，确定工作计划。

小组汇报：通过张贴板的方式，对小组内的工作计划进行讨论汇报。

最终决定：由师生共同讨论并修改每个小组的工作计划，确保各小组计划的可行性。

4．实施计划 各小组，各位学生按照师生最后确立的工作计划，进行实验准备，包括样品采集所用的各种工具、实验室病害鉴定用到的实验仪器等，教师要引导和监督学生的准备情况。

各小组按照计划，独立实施。教师要监督各小组的计划完成状况，针对计划实施过程中出现的问题，及时引导。

5．检查与控制 对各小组工作的实施情况，各小组成员在执行过程中要积极自觉检查，主动调整工作进度安排，保证按计划完成工作任务。

各小组积极完成工作进度情况调查表（表17-9）。

表17-9 各小组工作进度情况调查表

小组名称	背景知识点	实验准备	样品采集	病原鉴定	病害防治	其他问题
1						
2						
3						
4						
……						

教师要了解各小组学生工作计划的完成状况，适时督促部分执行不力的小组学生按计划完成任务。

6．评价 评价方式：学生自评，组间学生互评及教师评价相结合。

评价标准：小麦黑穗病相关背景资料的查询情况、实验计划的制订情况、实验材料的准备情况、样品采集结果、病原鉴定结果、病害综合防治策略的合理性及项目执行过程中各位学生的工作态度、责任心等。具体标准见表17-10。

总结：根据各小组学生的评定结果，教师对学生课程内容的学习掌握情况进行总结。

表 17-10 评价标准明细表

评价项目 （100分）	评价方式	评价标准			
		优秀	良好	合格	不及格
资料查询 10	自评＋互评＋ 教师评价	各知识点了解充分；查询资料丰富；完全掌握相关背景知识	各知识点了解较好；查询资料较丰富；掌握相关背景知识	了解各知识点；查询相关资料；基本掌握相关背景知识	知识点了解不充分；很少查询资料；未能掌握相关背景知识
试验计划 10	自评＋互评＋ 教师评价	试验计划合理，具备切实的可行性，对关键步骤有明确的分析说明，提出新见解、新方法	试验计划合理，可行性较好，了解实验的关键步骤，对实验计划有充分的理解	试验计划较为合理，经修改后具备一定可操作性，了解实验的各个环节	试验计划不合理，可行性差，不了解工作计划中各个环节
实验材料 10	自评＋互评＋ 教师评价	实验仪器、实验材料准备充分完整	实验仪器、实验材料准备较为充分完整	实验仪器、实验材料在教师指导下准备完整	实验仪器、实验材料未能完整准备
样品采集 20	自评＋互评＋ 教师评价	样品采集正确、采集登记表记录完整	样品采集多数正确、采集登记表记录完整	样品采集基本正确、采集登记表记录较为完整	样品采集错误较多、采集登记表记录不完善
病原鉴定 20	自评＋互评＋ 教师评价	临时玻片制作过程完整，病原鉴定观察过程正确，病原登记表记录完整	临时玻片制作过程较为完整，病原鉴定操作正确，病原登记表记录完整	基本完成临时玻片制作，基本鉴定观察不同病原特征，病原登记表基本完整	未制作出合格的临时玻片，未鉴定出病原或者鉴定错误，病原登记表记录不完善
防治策略 10	自评＋互评＋ 教师评价	防治措施制订合理正确，切合当地生产实际，具有较好的可行性	防治措施制订合理正确，基本符合当地生产实际，具有可行性	防治措施制订基本合理，与当地生产实际有偏差，可行性较差	防治措施制订错误，不符合当地生产实际，不具备可行性
综合表现 20	自评＋互评＋ 教师评价	整个教学过程工作踏实认真，工作态度优良，具有很强的责任心，按时保质完成工作任务	整个教学过程工作较为认真，工作态度较好，具有责任心，按时保质完成工作任务	整个教学过程工作基本认真，工作态度一般，责任心不强，基本完成工作任务	整个教学过程工作不认真，不积极，工作态度较差，没有责任心，未能按时完成工作任务

（三）"小麦黑穗病的识别与鉴定"案例应用体会

"小麦黑穗病的识别与鉴定"采用引导文教学法，可以充分调动学生在教学过程中的积极性，激发学习兴趣，发挥学生自身的主观能动作用。通过这种方法，学生在引导文的指引下，自主查询小麦黑穗病的相关背景知识，了解当地小麦黑穗病的种类、病原类型及症状特征等；通过独立制订实验计划，评估并完善计划、实施计划并完成实验内容，以及提出小麦黑穗病的综合防治策略；学生可以对小麦黑穗病产生直接的感观认识，有利于学生各项自身能力的提高。

三、引导文教学法案例——植物病原细菌病害"喷菌现象"观察（以甘蓝黑腐病和水稻白叶枯病为例）

（一）"植物病原细菌病害'喷菌现象'观察——以甘蓝黑腐病和水稻白叶枯病为例"案例设计说明

"喷菌现象"（bacteria exudation，BE）是指在原核生物中，除了菌原体引起的病害以外，由其他细菌侵染所致病害，在受害部位病健交接处的薄壁细胞或维管束组织中一般都有大量细菌存在，通过制作徒手切片，在低倍显微镜下可以观察到有大量细菌从病部喷出，这种现象称为"喷菌现象"。"喷菌现象"是植物细菌性病害诊断过程中一种常用的、简单易行的方法，是区分细菌性病害、真菌性病害或病毒病害的方法之一。作为植物保护类、种植类专业学生，植物细菌病害是植物病害的一类重要的类型，应当熟练掌握并运用"喷菌现象"鉴定植物细菌性病害。

甘蓝黑腐病和水稻白叶枯病是江苏地区常见的两种细菌性病害类型。甘蓝黑腐病是甘蓝、花椰菜及萝卜等十字花科蔬菜作物上的常见细菌性病害，在甘蓝上，主要危害叶片，产生 V 字形病斑，影响甘蓝的产量和品质。水稻白叶枯病，在我国各省区的水稻栽培区广泛发生分布，受害水稻叶片干枯、瘪谷增多，米质变差，一般可造成水稻减产 10%～30%，严重地块可达 50%以上，甚至绝收。本案例通过田间样品采集、症状观察和实验室制作徒手切片并观察等方法，让学生以甘蓝黑腐病或者水稻白叶枯病为例，掌握"喷菌现象"鉴定植物细菌性病害的方法。

本案例的教学重点和难点集中于制作徒手切片及实验室观察"喷菌现象"两个方面。学生对采集到的甘蓝黑腐病或者水稻白叶枯病样品进行观察并记录典型的症状特征，选取恰当的样品，在实验室内制作徒手切片，在低倍镜观察下"喷菌现象"。样品的选择、徒手切片的制作及显微镜下正确观察"喷菌现象"是本案例中应当注意的主要问题。

主要教学过程如下。

问题引导：通过对甘蓝黑腐病和水稻白叶枯病田间危害状况、症状照片、流行传播及发生分布状况等的介绍引出植物细菌性病害的重要性，进一步通过图片实例简要介绍细菌性病害特有的"喷菌现象"。在此阶段，让学生以甘蓝黑腐病和水稻白叶枯病为例，了解植物细菌性病害在作物生产上的重要性，引起学生对植物细菌性病害鉴定方法产生兴趣，激发学生的学习动力。

制订实施计划：本案例以通过 2 人小组的形式进行。每个小组通过对甘蓝黑腐病或者水稻白叶枯病相关背景资料的查询，在田间独立采集病害样品，观察并记录甘蓝黑腐病和水稻白叶枯病的典型症状特征，而后在实验室内选择恰当的病害样品，徒手制作临时玻片，低倍镜下观察"喷菌现象"，比较两种病害"喷菌现象"的异同。然后总结评价利用"喷菌现象"鉴定植物细菌性病害的注意事项。

实施计划：学生在教师的引导监督下，亲自到田间识别并采集样品，注意观察甘蓝黑腐病和水稻白叶枯病典型的症状特征；样品采集后，回到实验室制作徒手玻片，通过显微镜观察"喷菌现象"。在此过程中，小组内学生要充分讨论，根据引导文中所设置查询的背景资料，确保采集正确的样品；根据观察"喷菌现象"的特定要求，注意临时玻片的制作方法，研究讨论实验过程中的关键过程和注意事项。教师要加强监督，增加与学生的互动交流，及时给予指导，防止学生采集错误的样品，及时纠正学生在病原物徒手切片制作过程中出现的问题。

控制与评估：要求各小组内学生按计划执行任务，采用张贴板法等方式汇总各实验小组的试验进度，及时总结评估各小组、各成员出现的问题。加强小组间成员的交流沟通，培养学生分析问题、解决问题的能力及语言表达能力。

（二）"植物病原细菌病害'喷菌现象'观察——以甘蓝黑腐病和水稻白叶枯病为例"案例教案

【教学目的】①了解重要的植物病原细菌病害的鉴定方法。②要求掌握制作徒手切片，观察植物病原细菌病害"喷菌现象"的方法。

【教学重点】制作徒手切片，观察植物病原细菌病害"喷菌现象"。

【教学难点】病原物徒手切片的制作方法。

【教学方法】引导文教学法。

【教学时数】4课时。

【教学过程】

1. 获取信息　　教师问题引导：植物细菌性病害是一类重要的植物病害类型。"喷菌现象"是植物细菌性病害诊断过程中一种常用的、简单易行的方法。甘蓝黑腐病和水稻白叶枯病是江苏地区常见的两种细菌性病害类型。本项目以甘蓝黑腐病和水稻白叶枯病为例，使种植类专业的学生，了解掌握利用"喷菌现象"诊断鉴定植物细菌性病害的方法。

相关信息：植物细菌性病害诊断方法；甘蓝黑腐病和水稻白叶枯病各自的典型症状特征、病原类型、发生分布等（表17-11）；观察"喷菌现象"，制作徒手切片时通常要注意的问题。

表 17-11　甘蓝黑腐病和水稻白叶枯病的相关背景信息统计

种类	甘蓝黑腐病	水稻白叶枯病
典型症状		
病原		
寄主范围		
传播方式		
发生分布		
危害		
防治策略		

参考材料：学生可以利用教材、图书馆查阅文献或者计算机网络查询相关资料。

教材：《农业植物病理学》、《植物病原细菌鉴定实验指导》、《普通植物病理学》、《普通植物病理学实验》等。

文献：可在"中国知网"、"万方数据库"等相关网站以"植物病原细菌性病害"、"喷菌现象"为关键词查询相关文献。

2. 制订计划　学生根据所查阅资料，完成信息卡（表 17-11）。

分组：按照学生意愿，划分教学小组，考虑到实验内容及田间病害样品采集等过程，原则上 2 人一组，一组包括男女生各一名，以便于田间病害样品采集和后续实验安排。

每一小组采集甘蓝黑腐病和水稻白叶枯病样品各 10 株，分别记录采集样品的相关信息，完成表 17-12 的各项内容。

表 17-12　甘蓝黑腐病和水稻白叶枯病样品采集登记表

样品编号	病害名称	采集地点	采集时间	采集人	典型症状	备注
1						
2						
3						
4						
……						

实验室制作徒手切片，分别观察甘蓝黑腐病和水稻白叶枯病的"喷菌现象"。在此环节，各小组内成员讨论徒手切片的制作方法及低倍显微镜观察"喷菌现象"时的注意事项，形成书面的报告，通过张贴板法组间各成员相互交流，教师根据各组的书面报告，有针对性地作出提示。

3. 作出决定　对上述计划安排，小组内讨论，不同小组间讨论，然后和教师讨论，确定工作计划。

小组汇报：以张贴板的方式，对小组内的工作计划进行汇报。

最终决定：由师生共同讨论并修改每个小组的工作计划，确保各小组计划的可行性。

4. 实施计划　各小组、各位学生按照师生最后确立的工作计划，进行实验准备，包括样品采集所用的各种工具、实验室观察鉴定用到的实验仪器等，教师要引导和监督学生的准备情况。

各小组按照计划，独立实施。教师要监督各小组的计划完成状况，针对计划实施过程中出现的问题，及时引导。

5. 检查与控制　对各小组工作的实施情况，各小组成员在执行过程中要积极自觉检查，主动调整工作进度安排，保证按计划完成工作任务。

各小组积极完成工作进度情况调查表（表 17-13）。

表 17-13　各小组工作进度情况调查表

小组名称	背景知识点	实验准备	样品采集	徒手切片	喷菌现象	其他问题
1						
2						
3						
4						
……						

教师要了解各小组学生工作计划的完成状况，适时督促部分执行不力的小组学生按计划完成任务。

6. 评价 评价方式：学生自评，小组间学生互评及教师评价相结合。

评价标准：植物细菌性病害、甘蓝黑腐病和水稻白叶枯病及"喷菌现象"相关背景资料的查询情况，试验计划的制订情况、实验材料的准备情况、样品采集结果、徒手切片制作、"喷菌现象"等，以及项目执行过程中各位学生的工作态度、责任心等。具体标准见表 17-14。

总结：根据各小组学生的评定结果，教师对学生课程内容的学习掌握情况进行总结。

表 17-14 评价标准明细表

评价项目（100分）	评价方式	评价标准			
		优秀	良好	合格	不及格
资料查询 10	自评＋互评＋教师评价	各知识点了解充分；查询资料丰富；完全掌握相关背景知识	各知识点了解较好；查询资料较丰富；掌握相关背景知识	了解各知识点；查询相关资料；基本掌握相关背景知识	知识点了解不充分；很少查询资料；未能掌握相关背景知识
试验计划 10	自评＋互评＋教师评价	试验计划合理，具备切实的可行性，对关键步骤有明确的分析说明，提出新见解、新方法	试验计划合理，可行性较好，了解实验的关键步骤，对实验计划有充分的理解	试验计划较为合理，经修改后具备一定可操作性，了解实验的各个环节	试验计划不合理，可行性差，不了解工作计划中的各个环节
实验材料 10	自评＋互评＋教师评价	实验仪器、实验材料准备充分完整	实验仪器、实验材料准备较为充分完整	实验仪器、实验材料在教师指导下准备完整	实验仪器、实验材料未能完整准备
样品采集 10	自评＋互评＋教师评价	样品采集正确、采集登记表记录完整	样品采集多数正确、采集登记表记录完整	样品采集基本正确、采集登记表记录较为完整	样品采集错误较多、采集登记表记录不完善
徒手切片 20	自评＋互评＋教师评价	样品选择恰当，徒手切片制作过程完整，玻片内无气泡	样品选择比较恰当，徒手切片制作过程较为完整，玻片内无气泡	样品选择基本恰当，徒手切片制作过程基本完整，玻片内有小气泡	样品选择不恰当，徒手切片制作过程失败或存在较大错误，玻片内有大气泡
喷菌现象 20	自评＋互评＋教师评价	低倍镜下观察到完整的喷菌现象，菌量大，喷菌时间长	低倍镜下观察到较完整的喷菌现象，菌量适中，喷菌时间较长	低倍镜下可观察到喷菌现象，菌量较小，喷菌时间较短	低倍镜下不能观察到喷菌现象
综合表现 20	自评＋互评＋教师评价	整个教学过程工作踏实认真，工作态度优良，具有很强的责任心，按时保质完成工作任务	整个教学过程工作较为认真，工作态度较好，具有责任心，按时保质完成工作任务	整个教学过程工作基本认真，工作态度一般，责任心不强，基本完成工作任务	整个教学过程工作不认真，不积极，工作态度较差，没有责任心，未能按时完成工作任务

（三）"植物病原细菌病害'喷菌现象'观察——以甘蓝黑腐病和水稻白叶枯病为例"案例应用体会

"植物病原细菌病害'喷菌现象'观察——以甘蓝黑腐病和水稻白叶枯病为例"采用引导文教学法，充分调动学生在学习过程中的积极性，发挥学生自身的主观能动作用。通过这种方法，学生在引导文的指引下，自主查询植物细菌性病害、甘蓝黑腐病和水稻白叶枯病及"喷菌现象"的相关背景知识，了解植物细菌性病害常用的鉴别方法，掌握利用"喷菌现象"鉴定植物细菌性病害的关键技术方法。以甘蓝黑腐病和水稻白叶枯病为例，通过学生独立的制订实验计划，评估并完善计划、实施计划并完成实验内容，观察这两种常见细菌性病害"喷菌现象"。通过参与整个教学过程，学生对利用"喷菌现象"诊断鉴定植物病原细菌性病害产生直接的感观认识，学习兴趣高涨，有利于学生各项自身能力的提高。

思 考 题

1. 引导文教学法的概念？
2. 引导文教学法的典型特征？
3. 引导文教学法主要过程有哪些？
4. 设计引导文教学方案应当注意的原则？
5. 引导文教学法在中职植物保护专业类教学中的应用领域有哪些？

参 考 文 献

白晓龙，顾卫兵，杨春和，等．2011．基于"任务驱动"模式的双师型教师培养［J］．中国电力教育，11：58～59．

卜庆峰．2013．中职教育中项目教学法的实践与思考［J］．河南科技，02：240．

曹玉兰．2011．浅谈项目教学法在中职教育专业课程中的教学体会［J］．文理导航，2：54～55．

常华．2006．教学媒体选择之我见［J］．职业技术，06：29．

陈达康．2005．浅谈直观教学在农技课中的应用［J］．中国农技教育，5：51．

陈克起，徐炜．2014．"会飞"的棉铃虫［J］．今古传奇，12：29～31．

陈兰萍．1998．讨论式教学的实践与思考［J］．渭南师范学院学报，13（4）：128～130．

陈利锋，徐敬友．2006．农业植物病理学［M］．北京：中国农业出版社．

陈玲娇．2011．直观教学在高中地理课堂中的应用［D］．大连：辽宁师范大学硕士学位论文．

陈敏，黄立，李建柱，等．2012．直观教学法在畜禽解剖学教学中的应用［J］．教学天地，4：170～171．

陈世雄，夏志，董恩省，等．2014．6%抗坏血酸水剂对马铃薯增产及晚疫病的防治效果［J］．贵州农业科学，42（10）：135～137．

陈颂阳．2013．中职学校项目教学有效性研究［D］．广州：广东技术师范学院硕士学位论文．

陈啸寅．2000．植物保护课程教学改革浅议［J］．中国农业教育，5：38～39．

陈啸寅．2009．理实一体《植物保护》项目课程的开发与实施［J］．中国农业教育，（3）：60～61．

陈艳芳．2012．案例教学法在法律英语教学中的应用［J］．黑龙江省政法管理干部学院学报，03：158～160．

陈英琪．2014．高中生物课堂教学中问题教学法的应用研究［D］．上海：上海师范大学硕士学位论文．

陈玉环，刘艾英，张焕玲，等．2015．不同光源对棉铃虫玉米螟棉盲蝽成虫诱测效果［J］．农业科技与信息，07：17～18．

褚晓红，刘成新．1997．刍议教学媒体的选择和设计［J］．教育科学，03：25～27．

崔允漷．2009．课程实施的新取向：基于课程标准的教学［J］．教育研究，1：74～78．

邓瑞卿．2009．项目教学法在中等职业学校土壤肥料学教学中的实践与研究［D］．上海：华东师范大学硕士学位论文．

邓泽民，姚梅林，王泽荣．2012．职业技能教学原则探究［J］．教育研究，5：74～77．

邓泽民．2012．职业教育教学论［M］．北京：中国铁道出版社：58．

董成仁．1997．推荐"引导文教学法"［J］．中国职业技术教育，（7）：38～40．

杜威．2001．民主主义与教育［M］．北京：人民教育出版社：125．

樊瑞苹．2014．浅谈项目教学法在《园林植物栽培与养护》课程中的应用［J］．天津职业院校联合学报，08：114～116．

方贤忠．2008．如何说课［M］．上海：华东师范大学出版社：12～49

冯华艳．2011．案例教学法的具体实施［J］．决策探索，10：51～52．

高小宁，黄丽丽，谢芳琴．2008．植物病理学实验教学改革的研究与探索［J］．高校实验室工作研究，3：7～10．

苟先涛，陈晓，苏远帮，等．2015．枯草芽孢子杆菌、多抗霉素对马铃薯晚疫病防治效果初探［J］．耕作与栽培，02：34～35．

顾金祥，杭浩，徐翠芳，等．2015．44%氯氟·毒死蜱水乳剂防治棉田4代棉铃虫效果［J］．中国棉花，05：30～31．

顾金祥，杭浩，徐翠芳，等．2015．5%阿维菌素·高效氯氟氰菊酯水乳剂防治棉田4代棉铃虫效果［J］．中国棉花，04：27～28．

顾琼，郑燕．2006．运用直观教学法提高学生对知识的感知［J］．护理研究，20（2）：362～363．

郭军. 2015. 药剂防治棉铃虫技术探讨 [J]. 现代农业, 04: 36.

郭卫华. 2014. 枯草芽孢杆菌防治马铃薯晚疫病药效试验 [J]. 农村科技, 12: 47~48.

郭扬. 2006. 中等职业学校课程标准的框架及其开发 [J]. 职教论坛, 11: 4~7.

郭忠兴. 2010. 案例教学过程优化研究 [J]. 中国大学教学, 01: 59~61.

韩德强, 陈学军. 2015. 循化县玉米棉铃虫的危害特性及综合防治措施 [J]. 现代农业科技, 11: 167.

韩召军. 2001. 植物保护学通论 [M]. 北京: 高等教育出版社.

何志勇. 2010. 项目教学法及其在中职技能教学中的应用 [D]. 武汉: 华中师范大学硕士学位论文.

纪宝玉, 裴莉昕, 董诚明. 2012. 直观教学法在药用植物学教学中的应用 [J]. 药学教育, 28 (2): 36~38.

季合春. 2015. 马铃薯晚疫病的发生与防治 [J]. 现代农村科技, 06: 24.

贾永红, 张富荣, 姚彤, 等. 2014. 高职高专非植保专业《植物保护技术》教学改革研究 [J]. 南方农业, 8 (36): 184~185.

江华. 2015-02-13. 棉铃虫有几条命 [N]. 农资导报, 003.

姜大源. 2007. 职业教育研究新论 [M]. 北京: 教育科学出版社.

姜玉英, 曾娟, 高永健, 等. 2015. 新型诱捕器及其自动计数系统在棉铃虫监测中的应用 [J]. 中国植保导刊, 35 (4): 56~59.

教育部关于印发《中等职业学校教师专业标准 (试行)》的通知教师〔2013〕12 号.

靳向前. 2011. 谈案例教学在《电子商务法律基础》课教学中的应用 [J]. 成功 (教育), 02: 84.

孔令秋. 2011. 浅论引导文教学法 [J]. 现代教育, 2: 44.

雷艳梅, 韦文添, 黄峰. 2012. 基于工作过程导向的《亚热带园艺植物保护》项目课程教学改革与实践 [J]. 华中师范大学学报, 4: 196~199.

雷振宏, 陈叶. 2015. 酱用番茄田棉铃虫的发生特点与防治 [J]. 蔬菜, 07: 78~79.

李定仁. 2000. 论教学研究 [J]. 教育研究, 11: 45~49.

李海玲. 2007. 项目教学法在《园林植物栽培养护学》课程中的应用初探 [J]. 当代教育论坛, 11: 83~84.

李慧. 2011. 高中生物课堂问题教学法的个案研究 [D]. 长春: 东北师范大学硕士学位论文.

李建平. 2015. 直观教学法在生物教学中的应用 [J]. 六盘水师范高等专科学校学报, 17 (3): 77~79.

李同吉, 徐朔. 2009. 中职生学习动机、学习策略自我调节和归因风格特点研究 [J]. 职业技育, 30 (1): 68~71.

李湘苏, 余先纯, 王力群, 等. 2011. 项目教学法应用于植物化学课程教学的实证研究——以 "桔皮中橙皮苷的提取" 项目教学为例 [J]. 安徽农业科学, 14: 8775~8776.

李小康. 2013. 案例教学法在动物卫生法学课中的应用 [J]. 教育教学论坛, 05: 83~84.

李晓静. 2014. 问题教学法应用于高中生物课堂的个案研究 [D]. 河南: 河南师范大学硕士学位论文.

李亚红, 赵俊, 金吉斌, 等. 2014. 云南省马铃薯晚疫病发生原因分析及治理对策 [J]. 中国植保导刊, 09: 22~24.

李妍, 罗军, 张巍, 等. 2014. 运用案例教学法以提高医学生物化学教学质量 [J]. 中国职工教育, 20: 166~167.

李妍红. 2010. 现代教学媒体与传统教学媒体选择原则之异同 [J]. 中国农业教育, (03): 38~40.

李玉香, 周艳红, 谷春玲. 2010. 应用 "任务驱动法" 培养学生创新能力 [J]. 教育与职业, 15: 156~157.

李镇西. 2011. 做最好的老师 [M]. 北京: 文化艺术出版社.

李宗红. 2014. 马铃薯晚疫病发病机理及防治措施 [J]. 农业科技与信息, 23: 12~14.

梁文伯. 2015. 马铃薯晚疫病发病机理及防治措施 [J]. 福建农业, 01: 85.

林美珍. 2004. 直观教学法在药用植物学教学中的应用 [J]. 卫生职业教育, 22: 65.

刘广文. 2012. 现代农药剂型加工技术 [M]. 北京: 化学工业出版社.

刘莉. 2015-08-18. 四代棉铃虫总体将中等发生 [N]. 河北科技报, B06.

刘莉. 2015-07-14. 我省三代棉铃虫发生趋势分析 [N]. 河北科技报, B06.

刘茜. 2007. 当代教学研究的发展趋势 [J]. 课程教材教法, 4: 16～21.

刘睿, 姜威, 刘书琪. 2010. 浅析管理专业案例教学 [J]. 哈尔滨金融高等专科学校学报, 03: 73～74.

刘霞. 2014. 在中职教学环境建议中加强德育 [J]. 广西教育, 6: 9～15.

刘永红, 张莉, 李歆, 等. 2014. 项目教学法在"植物生产与环境"课改中的应用 [J]. 杨凌职业技术学院学报, 02: 58～60.

刘玉玲. 2010. 高校教师教学研究之策略 [D]. 长沙: 湖南大学硕士学位论文.

刘月霞. 2015. 1%苦皮藤素防治棉铃虫试验 [J]. 现代农业, 05: 9.

龙向祥, 杨林, 邰裕朝, 等. 2015. 氟啶胺霜脲·嘧啶酯防治马铃薯晚疫病效果 [J]. 植物医生, 01: 33～35.

罗建军, 李志斌, 刘琼光, 等. 2014. 7种杀菌剂对马铃薯晚疫病菌的室内毒力测定及田间防控效果 [J]. 广东农业科学, 20: 91～95.

罗静. 2002. 讨论式教学法—实现民主课堂的方法和技巧 [M]. 北京: 中国轻工业出版社.

马国胜, 周英, 吴雪芬, 等. 2007. 高职院校《园林植物保护》教学现状与课程改革 [J]. 安徽农业科学, 35 (34): 11323～11324.

毛新平. 2014. 防治棉铃虫不同药剂药效试验 [J]. 农村科技, 08: 33～34.

蒙伙光. 2010. 浅议引导文教学法在平面设计中的应用 [J]. 广西教育, 9: 109～110.

苗玉辉, 赵玉青. 2007. 探究基于网络的案例型教学模式 [J]. 大众科技, 06: 131～132.

燊娟. 2011. 上海市中职课程标准实施的调查研究 [D]. 上海: 华东师范大学硕士学位论文: 14～24.

欧成勇. 2006. 浅议直观教学法在生物教学中的重要性 [J]. 读与写杂志, 3 (7): 39～40.

潘洪建, 孟凡丽. 2008. 活动教学原理与方法 [M]. 兰州: 甘肃教育出版社.

泮明增. 2012. 中职学校职业生涯发展教育的实践 [J]. 中等职业教育 (理论), 6 (3): 7～9.

彭海蕾. 2001. 我国教学设计研究的回顾与反思 [J]. 甘肃社会科学, (03): 88～92.

漆文选. 2015. 2012年高寒山区马铃薯晚疫病大发生特点成因与防治 [J]. 陕西农业科学, 01: 88～96.

齐慧霞. 2001. 提高园林植物保护学教学质量的探索与实践 [J]. 河北职业技术师范学院学报, 15 (01): 49～51.

钱兰华. 2014. 转Bt基因棉对棉铃虫影响的研究进展 [J]. 安徽农业科学, 17: 5467～5480.

钱立群. 2000. 对中等职业教育的定位的重新思考 [J]. 职教论坛, 29 (02): 14～15.

乔宝营, 孙斌. 2010. "问题教学法"在植保教学中的应用 [J]. 河南农业, 9: 25.

乔红, 周厚高. 2013. 项目教学法在教学中的应用与研究——以园林植物栽培与养护为例 [J]. 农业与技术, 04: 240.

乔亚科. 2012. 种植专业教学法 [M]. 北京: 高等教育出版社.

秦克铸. 2005. 谈谈教学与教学研究 [J]. 当代教育科学, 7: 38～40.

屈奇. 2005. 论法律基础课的案例教学法 [J]. 东莞理工学院学报, 02: 76～78, 89.

饶孝武, 谷勇, 李维群, 等. 2014. 3%丁子香酚防治马铃薯晚疫病试验初报 [J]. 湖北植保, 05: 7～8.

任魏娟. 2011. 职业教育项目教学法研究 [D]. 上海: 华东师范大学硕士学位论文.

阮桂春. 2014. 项目教学法在中职卫校化学教学中的运用探讨 [J]. 卫生职业教育, 32 (4): 46～47.

沈小碚, 童文学. 2003. 教学研究的进展及其问题 [J]. 山东师范大学学报, 48 (189): 132～135.

宋春丽. 2011. 案例教学法在高职高专《大学计算机基础》中的应用 [J]. 电脑知识与技术, 7 (8): 1963～1964.

宋金玉, 郝文宁, 陈刚, 等. 2014. 案例教学方法在课程内容建设方面的应用研究 [J]. 计算机工程与科学, S2: 250～253.

孙家隆, 穆卫. 2009. 农药学实验技术与指导 [M]. 北京: 化学工业出版社.

孙淑敏. 2005-08-22. 快治棉田三代棉铃虫 [N]. 河北科技报，006.

唐建锋，谈孝凤. 2014. 马铃薯晚疫病发病规律调查 [J]. 植物医生，06：16～17.

唐俊虎，王雪芳. 2014. 走特色教学之路，为创新教育助力 [J]. 教育教学论坛，08：113～114，50.

唐万权，李红丽，杨邦贵，等. 2015. 分期施药对马铃薯晚疫病的防治效果 [J]. 植物医生，02：31～32.

唐小俊，顾建军. 2009. 关于高职教育课程标准建设的几点思考 [J]. 江苏高教，4：132～134.

唐新燕. 2014. 棉铃虫防治药效对比试验 [J]. 农村科技，11：37～38.

陶建格. 2009. 案例教学在《管理学》教学中的应用研究 [J]. 中国校外教育，（8）：591.

田淑芬，周丽萍，计惠民，等. 2000. 案例教学在妇产科护理学试题中的应用及研究 [J]. 护士进修杂志，06：432～433.

田秀萍. 2010. 职业教育资源论 [M]. 北京：光明日报出版社：230～235.

王春燕. 2014. 关于《园林植物栽培与养护》课程中项目教学法的应用研究 [J]. 生物技术世界，11：186.

王翠颖，孙思. 2015. 7种杀菌剂对马铃薯晚疫病病菌菌丝的抑菌效果测定 [J]. 中国园艺文摘，02：41～193.

王丹萍，杜文鑫，唐丽萍，等. 2015. 马铃薯晚疫病问题的分析及对策 [J]. 吉林蔬菜，Z1：31.

王贵平，刘淑华，任珂，等. 2014. 呼伦贝尔地区马铃薯晚疫病防治策略分析 [J]. 中国马铃薯，04：230～232.

王晗，汪耀明，代华，等. 2015. 防控冬种马铃薯晚疫病的药剂筛选研究 [J]. 湖北植保，02：29～51.

王嘉毅. 1995. 教学研究的本质与特点 [J]. 教育研究，8：28～37.

王嘉毅. 2002. 教学研究的功能与价值——兼论新世纪我国教学研究的重点与方向 [J]. 西北师范大学报，39（5）：19～21.

王建政. 2002. 行动研究法实践反思法个案研究法的应用比较 [J]. 上海教育科研，5：42～44.

王健锋. 2012. 项目教学法在中职化工专业化学课程中的教学研究 [D]. 上海：上海师范大学硕士学位论文.

王靖，郑喜清，路慧，等. 2014. 植物生产类专业植物保护学教学建设与改革 [J]. 安徽农学通报，20（09）：161～164.

王美芹. 2008. 项目教学法在中职卫校化学课程教学中的应用研究 [D]. 济南：山东师范大学硕士学位论文.

王妮妮. 2010. 我国职业教育课程标准体系的建立研究 [D]. 上海：华东师范大学硕士学位论文：15～18.

王鹏，李芳弟，郭天顺，等. 2014. 马铃薯品种（系）晚疫病抗性鉴定 [J]. 中国马铃薯，05：264～269.

王淑锋. 2012. 项目教学法在中职教育教学中的探索与实践 [J]. 中国职业技术教育，29：46～48.

王小平，周兴苗，朱芬，等. 2009. 植物保护专业作物生产教学实习的实践与思考 [J]. 华中农业大学学报，2：97～99.

王秀娟. 2013. 新疆棉田棉铃虫综合防治技术 [J]. 农民致富之友，02：115.

王玉堂. 2014. 抓好秋冬耕，防治棉铃虫 [J]. 农村实用技术，12：36.

魏建国，李宁萍. 2009. 浅析中职学生的心理特点与教育 [J]. 哈尔滨职业技术学院学报，15（2）：15～16.

魏倩. 2013. 项目教学法在中职机械专业教学中的应用探究 [J]. 科技风，22：207.

乌美娜. 1994. 教学设计 [M]. 北京：高等教育出版社：68～70.

吴承金，李大春，颜学明，等. 2014. 五种药剂对马铃薯晚疫病的防治效果 [J]. 湖北农学，22：5419～5422.

吴存刚，张佳怡，李玉宏等. 2015. 医学影像学硕士研究生培养中应用案例教学法的实证研究 [J]. 辽宁医学院学报，01：46～48.

吴建祥. 2014. 案例教学法在高职数学教学中的运用和意义 [J]. 学园，08：69～70.

吴文君，罗万春. 2008. 农药学 [M]. 北京：中国农业出版社.

吴学民，冯建国，马超. 2014. 农药制剂加工实验（第二版）[M]. 北京：化学工业出版社.

吴永军. 2003. 校本教研：新课程的教学研究制度 [M]. 南京：江苏教育出版社：25～86.

武锡颖. 2010. 浅谈案例教学法在《建筑工程造价》课教学中的应用 [J]. 河南水利与南水北调，08：207～208.

幸嘉萍. 2013. 直观教学法在教学中的运用 [J]. 药学教育，29（2）：23～25.

徐锋. 2012. 中职学生学习动机的培养和激发 [J]. 当代职业教育，6（4）：56～57.

徐凤宇，钱爱东，胡桂学，等．2009．直观教学法在《动物微生物学》中的应用 [J]．农业教育研究，2：25～27．

徐光华．2000．试论"经验总结法"在现代教育科研中的应用 [J]．湖北民族学院学报，18（2）：108～110．

徐国庆．2009．职业教育项目课程开发指南 [M]．上海：华东师范大学出版社．

徐汉虹．2007．植物化学保护学 [M]．北京：中国农业出版社．

徐洪富．2003．植物保护学 [M]．北京：高等教育出版社．

徐世贵．2014．新课程备课问题诊断与对策 [M]．天津：天津教育出版社．

徐卫兵．2014．棉铃虫发生与综合防治技术 [J]．农村科技，04：37～38．

徐泽宇，滕艺萍，陈霞云．2006．直观教学法在《诊断学》课堂教学中的研究和应用 [J]．医学研究杂志，35（2）：79～80．

许长斌．2011．项目教学法实施过程中应注意的几个问题 [J]．长春理工大学学报，12（6）：202～203．

许红梅，孙皎．2012．项目教学法在《植物组织培养》课程综合实训中的应用 [J]．职业教育研究，（8）：142～143．

许文涛，朱龙佼，程楠，等．2015．案例教学法在食品安全课程教学中的应用 [J]．现代农业科技，（1）：341～346．

荀贤玉．2015．棉铃虫重发频次趋高原因探析与综合治理对策 [J]．科学种养，02：31～33．

鄢奋．2013．高校思想政治理论课参与式教学方法的设计原则 [J]．思想理论教育导刊，3：90～93．

闫梅红，马燕．2010．教师的教法阐释 [M]．长春：东北师范大学出版社．

严善春，迟德富．2005．昆虫学多媒体教学的必然性和教学效果 [J]．黑龙江高教研究，10：109～110．

严先元．2002．课程实施与教学改革 [M]．成都：四川大学出版社．

严贤春，肖淋．2011．基于项目教学法的园林植物栽培养护课程改革之初探 [J]．西华师范大学学报（自然科学版），32（4）：366～370．

杨建江．2015．棉铃虫防治策略及技术措施 [J]．农家顾问，02：64．

杨九俊．2005．新课程备课新思维 [M]．北京：教育科学出版社．

杨秀珍．2003．教学媒体选择中的媒体价值观 [J]．三明高等专科学校学报，20（02）：136～138．

尤·克·巴班斯基．2007．教学过程最优化——一般教学论方面 [M]．张定璋译．北京：人民教育出版社．

于跃．2010．中职学生学习动机的现状调查与激发策略研究 [D]．石家庄：河北师范大学硕士学位论文．

余宏章．2015-06-25．这几种马铃薯病害要重点防 [N]．农民日报，006

余露．2015．2015黑龙江稻瘟病仍有重发风险 马铃薯晚疫病．玉米大斑病呈重发趋势 [J]．农业市场信息，9：64．

袁金良．2008．浅谈中等职业学校课程标准的制订 [J]．中国科教创新导刊，02：6．

袁艳．2002．教师选用教学方法现状研究 [D]．广州：华南师范大学．

袁媛．2014．"广播电视概论"课程教学方法实践与总结 [J]．科技视界，32：169．

曾华娟．2009．农村中职学生心理健康问题的成因及教育对策 [J]．考试周刊，14：198～201．

曾祥翊．2011．研究性学习活动的教学设计模式研究 [J]．课程与教学，3：81～88．

张成兰．2014．海晏高寒地区马铃薯晚疫病综合防治策略研究 [J]．安徽农业科学，28：9762～9763．

张广兵．2009．参与式教学设计研究 [D]．重庆：西南大学博士学位论文．

张海燕，王丽艳，赵长江，等．2013．《园艺植物保护学》虫害部分实验教学改革的探讨 [J]．安徽农学通报，19（07）：162～163．

张韩芳．2011．问题教学法在高中生物学教学中的应用研究 [D]．杭州：浙江师范大学硕士学位论文．

张华建．2012．问题式学习提升植物病理学成效 [J]．安徽农业科学，40（31）：15540～15541．

张莉．2009．慎选教学媒体提高教学实效 [J]．天津电大学报，13（01）：63～65．

张力．2008．项目教学法在职业高中计算机专业课的应用研究 [D]．重庆：西南大学硕士学位论文．

张民杰．2006．案例教学——理论与实务 [M]．北京：九州出版社：67～68．

张明红, 马桂艳, 董凤林. 2014. 2012～2013 年固原市马铃薯晚疫病大流行原因分析及防控建议 [J]. 甘肃农业科技, 09：48～49.

张明娟, 韩玉芹. 2015. 2014 年吴桥县棉田二代棉铃虫重发生原因及防治对策 [J]. 河北农业, 05：30～31.

张素蕙. 2008. 中职生问题行为调配及对策研究——以邯郸市职教中心为例 [D]. 石家庄：河北师范大学硕士学位论文.

张为民. 2001. 谈"讨论式教学模式"[J]. 课程. 教材. 教法, 2：41～44.

张伟建. 2011. 浅谈教学研究 [J]. 教学探讨, 29（22）：67～69.

张卫东. 2005. 行动研究法, 教师成为研究者的必然选择 [J]. 思茅师范高等专科学校学报, 21（4）：87～88.

张星春, 石百铮. 2012. 引导文教学法的案例教学 [J]. 化工职业技术教育, 12：36～44.

张星春. 2010. 浅析引导文教学法在水质分析教学中的运用 [J]. 当代职业教育, 12：31～33.

张秀玲, 张志森. 2004. 简析"讨论式教学法"在数学教学中的应用 [J]. 教育与职业, 14：33～34.

张英彪, 郭冰, 欧军, 等. 2015. 25%唑菌酯·氟吗啉 SC 对马铃薯晚疫病的田间防效 [J]. 农药, 01：73～75.

张跃铭. 2005. 案例教学法在医事法学教学中的运用 [J]. 广东医学院学报, 03：357～358.

张中华, 相阳. 2008. 对我国新时期教学方法研究的反思 [J]. 教育科学研究, 11：9～13.

张祖金. 2015. 品种和种植密度对马铃薯产量及晚疫病的影响 [J]. 浙江农业科学, 03：376～377.

章燕玉. 2012. 项目教学法在园林植物环境实训教学中的应用 [J]. 职业教育研究, 11：119～120.

赵棣, 朱宏伟, 曲建东, 等. 2010. 案例教学在农民创业培训中的应用 [J]. 农业科技与信息, 22：61～62.

赵吉奥. 2002. 浅论高职教育中教学环境的优化 [J]. 湖北函授大学学报, 2：32～33.

赵建辉. 2014. 项目教学法在中职教育中的应用 [J]. 河南科技, 12：277～278.

赵俊侠. 2012.《植物保护》课程现场教学研究与实践 [J]. 价值工程, 12（84）：225～226.

赵秀兰, 魏世强, 王定勇, 等. 2015. 案例教学法在《污染生态学》教学中的应用 [J]. 西南师范大学学报, 01：158～162.

浙江行政学院课题组. 2008. 现场教学法研究 [J]. 天津行政学院学报, 5（10）：47～50.

郑庆伟. 2014. 河北省二代棉铃虫发生趋势预报 [J]. 农药市场信息, 17：53.

郑庆伟. 2015. 登记防治棉花棉铃虫部分农药产品一览表 [J]. 农药市场信息, 16：33.

郑庆伟. 2015. 二代棉铃虫发生趋势预报 [J]. 农药市场信息, 17：62.

郑庆伟. 2015. 马铃薯晚疫病广谱抗性机制研究取得重要进展 [J]. 农药市场信息, 09：52.

郑银华. 2006. 高校教师教学研究论 [D]. 长沙：湖南大学硕士学位论文.

郑之文. 2011. 动态直观教学法在植保教学中的应用 [J]. 安徽农学通报, 17（13）：208～210.

钟启泉, 崔允漷, 张华. 为了中华民族的复兴, 为了每位学生的发展——《基础课程改革纲要（试行）》解读 [M]. 上海：华东师范大学出版社.

仲彩萍, 杜立和, 漆文选, 等. 2015. 高寒山区马铃薯晚疫病预警系统实践与应用 [J]. 陕西农业科学, 02：45～47.

周慎, 张玲. 2011. 高职课程标准开发的原则和要点 [J]. 中国高校科技与产业化, 5：36～37

周希华, 姜国华. 1996. 直观教学法在微生物教学中的应用 [J]. 生物学杂志, 1：43.

周英, 耿晓东, 吴雪芬. 2012. 园林植物保护课程教学改革措施 [J]. 现代农业科技, 17：334～337.

朱翠林, 海江波, 冯炜. 2014.《农事操作》课程现场教学法的探索与实践 [J]. 高教论坛, 2：66～67.

宗晓. 2015-03-13. 马铃薯生长后期严防晚疫病 [N]. 农资导报, 006.